工业机器人应用技术

结构·控制 仿真·集成

孙巍伟◎编著

化学工业出版社
·北京·

内容简介

《工业机器人应用技术：结构·控制·仿真·集成》是一本全面系统介绍工业机器人技术的专业书籍。本书深入剖析了工业机器人的核心要素，从基础理论到实践操作，逐步展开。内容涵盖工业机器人的发展历程、基本概念、机械结构设计、数学基础（含坐标系、运动学与动力学）、传感系统（包括内外传感器及多传感器融合）、控制系统架构与控制策略，以及多种典型工业机器人的操作技巧。此外，本书还详细介绍了工业机器人仿真技术，通过RobotStudio等主流软件，帮助读者掌握虚拟环境下机器人行为的模拟与优化。同时，结合实际案例，如码垛、焊接、装配等工作站的设计与仿真，展现了工业机器人在智能制造中的广泛应用与集成能力。最后，本书配备同步课件及拓展阅读资源，可帮助读者更快更好地学习本书，提升技能。

本书主要可供智能制造、机器人等相关领域的工程技术人员阅读参考，也面向高等院校及职业院校智能制造工程、机器人工程及相关专业师生，可作为该专业领域的通识类教材。

图书在版编目（CIP）数据

工业机器人应用技术：结构·控制·仿真·集成 / 孙巍伟编著. -- 北京：化学工业出版社，2024.12.
ISBN 978-7-122-46580-1

Ⅰ. TP242.2

中国国家版本馆 CIP 数据核字第 202433J1Z3 号

责任编辑：雷桐辉　　文字编辑：蔡晓雅
责任校对：宋　夏　　装帧设计：王晓宇

出版发行：化学工业出版社
（北京市东城区青年湖南街 13 号　邮政编码 100011）
印　　装：河北鑫兆源印刷有限公司
787mm×1092mm　1/16　印张 19　字数 483 千字
2025 年 2 月北京第 1 版第 1 次印刷

购书咨询：010-64518888　　售后服务：010-64518899
网　　址：http://www.cip.com.cn
凡购买本书，如有缺损质量问题，本社销售中心负责调换。

定　　价：89.00 元　

前言
PREFACE

工业机器人是实现智能制造的重要智能装备，被誉为“制造业皇冠顶端的明珠”。为摆脱低端制造的标签，中国非常重视工业机器人的发展。近年来，随着工业 4.0 及“中国制造 2025”等概念的持续推进，中国工业机器人产业得到了较好的发展。

工业机器人是广泛用于工业领域的多关节机械手或多自由度的机器装置，具有一定的自动性，可依靠自身的动力能源和控制能力实现各种工业加工制造功能。工业机器人被广泛应用于电子、物流、化工等多个工业领域。

本书的写作条理清晰、要点突出，将工业机器人的软硬件、仿真与系统集成进行有序整合，阐述了工业机器人技术基础及其应用。全书共分为 9 章：第 1 章主要介绍工业机器人的发展及其基本概念；第 2 章主要介绍工业机器人的机械结构组成相关知识；第 3 章介绍了与工业机器人相关的数学基础，包括工业机器人的坐标系、运动学和动力学分析；第 4 章介绍了工业机器人的传感系统，包括内部传感器、外部传感器和多传感器融合等；第 5 章介绍了工业机器人的控制系统，包括控制系统结构、控制方式、控制策略和运动控制等；第 6 章介绍了 ABB、SCARA 等典型工业机器人的基本操作方法；第 7 章介绍了工业机器人虚拟仿真软件的使用，主要介绍了 RobotStudio 和 PQArt 两款软件；第 8 章介绍了工业机器人的码垛、焊接和装配工作站，并利用软件对码垛工作进行虚拟仿真。

在本书的撰写过程中，参阅了一些图书、论文以及其他形式的参考资料，并在书后的参考文献中列出，以便读者可以拓展阅读。由于参考文献较多，正文中未能一一详细标注，敬请原作者和读者谅解。

由于笔者理论和技术水平有限，本书难免有不妥之处，敬请专家、同行等广大读者批评指正。

编著者

扫码获取本书资源

目录

CONTENTS

第1章

工业机器人概述

【学习目标】

学习目标	学习目标分解	学习要求
知识目标	机器人的发展历程	了解
	机器人的定义	熟悉
	工业机器人的发展历程	了解
	工业机器人的定义	掌握
	工业机器人的分类	掌握
	工业机器人的组成	掌握
	工业机器人的核心部件	掌握
	工业机器人的主要技术参数	掌握
	工业机器人的应用	熟悉
	工业机器人的发展趋势	了解

【知识图谱】

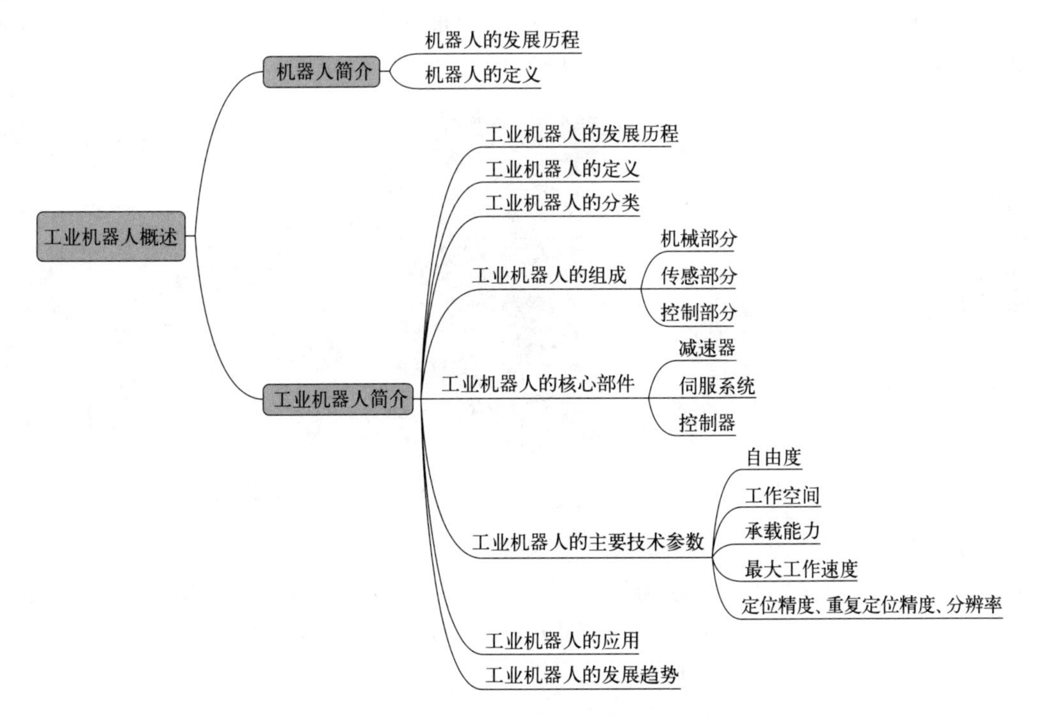

1.1 机器人简介

工业机器人常常被誉为“制造业皇冠顶端的明珠”。一方面，机器人是制造业实现数字化、智能化和信息化的重要载体，其研发、制造、应用是衡量一个国家科技创新和高端制造的重要依据；另一方面，机器人技术在社会生活领域的广泛应用，还催生了可从事修理、运输、清洗、救援、监护等工作的服务机器人和特种机器人，有望成为第四次工业革命的突破口。因此，当前的德国“工业 4.0”、美国“重振制造业计划”、日本“再兴战略”，以及我国的“中国制造 2025”等国家创新战略，都把发展机器人作为抢占技术和市场制高点的重要战略举措。机器人作为高新技术，其技术和产业发展历程与世界历次科技革命和产业变革如影随形。

1.1.1 机器人的发展历程

机器人发展至今已有三千多年的历史，各个国家都有一些进行机器人研制的记载。机器人概念的诞生和世界上第一台机器人的问世都是近几十年的事，然而，人类希望能制造出像人一样的机器代替自己工作却有几千年的历史。制造出像人一样的机器既是世界各国文明的不懈追求，也是人类对自身世界的探索。

据战国时期记述官营手工业的《考工记》一则寓言记载，中国的偃师（古代一种职业）用动物皮、木头、树脂制出了能歌善舞的伶人，不仅外貌完全像一个真人，而且还有思想感情。这虽然是寓言中的幻想，但其利用了战国当时的科技成果，也是中国最早记载的木头机器人雏形。

在古代中国文明中，有记载的“机器人”有黄帝时代发明的“指南车”、西周时期的“伶人”、东周时期鲁班的“鹊鸟”（图 1.1）、三国时期诸葛亮的“木牛流马”（图 1.2）等自动机械装置。在其他国家文明中，有公元前 1400 年左右古巴比伦人发明的“漏壶”（图 1.3），公元前 200 年古希腊人发明的“自动机”，中世纪欧洲著名科学家和艺术大师达·芬奇发明的以齿轮为驱动装置，可坐可站且头部会转动的“机器人”（图 1.4）。

图 1.1 鲁班的“鹊鸟”

图 1.2 “木牛流马”复原图

随着近代科学革命的发生，技术水平更高的“机器人”相继出现。例如，1738 年，法国天才技师戴·沃康松发明的“机器鸭”（图 1.5）；1773 年，瑞士钟表匠皮埃尔·雅克德罗父子发明的能写字的“玩偶”。以蒸汽机发明为标志的第一次工业革命发生后，1801 年，法国人雅卡尔发明了穿孔卡片控制的“自动织机”（图 1.6）；1822 年，英国人巴贝奇发明了可

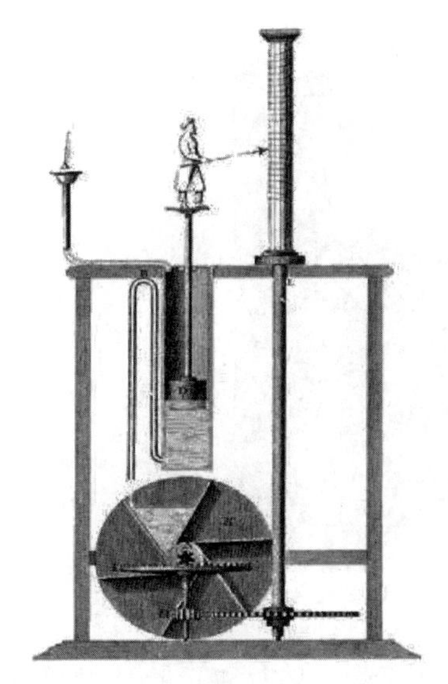

图 1.3　古巴比伦人发明的“漏壶”

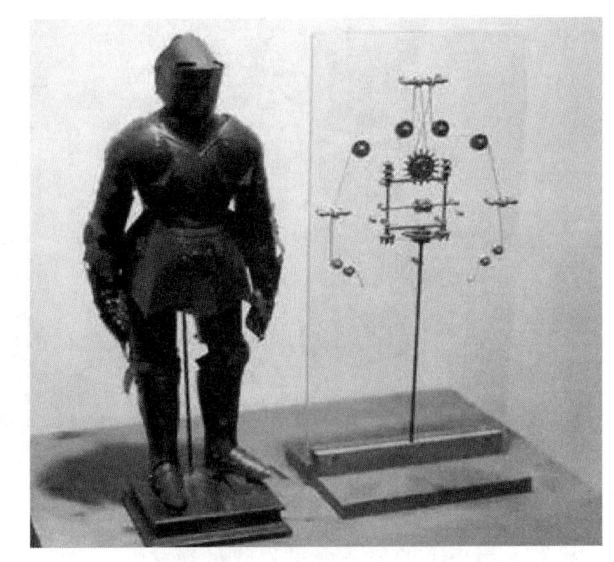

图 1.4　达·芬奇设计的机器人

图 1.5　机器鸭

图 1.6　雅卡尔提花织机

编程的机器“差分机”；1893 年，加拿大人摩尔发明了靠蒸汽驱动行走的“蒸汽人”；1927 年，美国西屋公司工程师温兹利发明了第一个电动机器人“电报箱”。就技术而言，“机器人”完成了从单一的机械动作发展到完成复杂的机械动作的过程，动力装置也从机械动力发展到电动装置，并且这种重复性的机械动力装置被逐渐应用到工厂劳动中。

1928 年，英国第一个机器人 Eric 问世，如图 1.7 所示。Eric 是由工程师和一位老兵共同创造的，它由两个人操作，可以移动头部和手臂，并通过无线电信号进行通话。它的动作由一系列齿轮、绳索和滑轮控制，据报道，机器人能从嘴里喷出火花。

20 世纪 20 年代，“robot”一词被引入，但直到 Isaac Asimov 在 1942 年发表的短篇小说 *Runaround* 问世后，才出现了“robotics”这个词。

1948 年，美国数学家诺伯特·维纳（Norbert Wiener）发表了《控制论：或关于在动物和机器中控制和通信的科学》（*Cybernetics: Or Control and Communication in the Animal and the Machine*）一书，这是实用机器人领域具有开创意义的著作，该书中阐述了机器中的通信和控制机能与人的神经、感觉机能的共同规律，率先提出以计算机为核心的自动化工厂的概念。

图 1.7　英国第一个机器人 Eric

机器人历史上的另一个里程碑时刻发生在 1950 年，当时阿兰 · 图灵概述了他对机器人工智能的测试，如图 1.8 所示。图灵测试已经成为人工智能的基准，因为它可以测量机器的智能与人类的智能是否相同。测试的目的是确定机器是否可以思考。他的工作为 1956 年达特茅斯学院建立人工智能提供了必要的框架。

图 1.8　阿兰 · 图灵

1954 年，美国乔治 · 德沃尔最早提出了工业机器人的概念，并申请了专利，这是世界第一台可编程的机器人“尤尼梅特”(Unimate)，如图 1.9 所示。

1958 年，被誉为工业机器人之父的美国人约瑟夫 · 恩格尔伯格创建了世界上第一家机器人公司 Unimation，并于 1959 年生产出第一台工业机器人（图 1.10），机器人的历史才算真正开始，由于恩格尔伯格对工业机器人的研发和宣传，因此被称为“工业机器人之父”。

1965 年，美国麻省理工学院（MIT）的 Roborts 演示了第一个具有视觉传感器的、能识别与定位简单积木的机器人系统，它通过计算机程序从数字图像中提取出诸如立方体、楔形体、棱柱体等多面体的三维结构，并对物体形状及物体的空间关系进行描述。Roborts 的研究工作开创了以了解三维场景为目的的三维机器视觉的研究。

1967 年，日本成立了专门的机器人研究学会——人工手研究会，现改名为仿生机构研究会，同年召开了日本首届机器人学术会议。

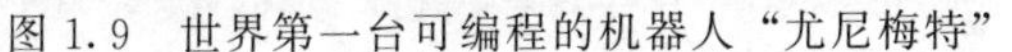

图 1.9　世界第一台可编程的机器人“尤尼梅特”

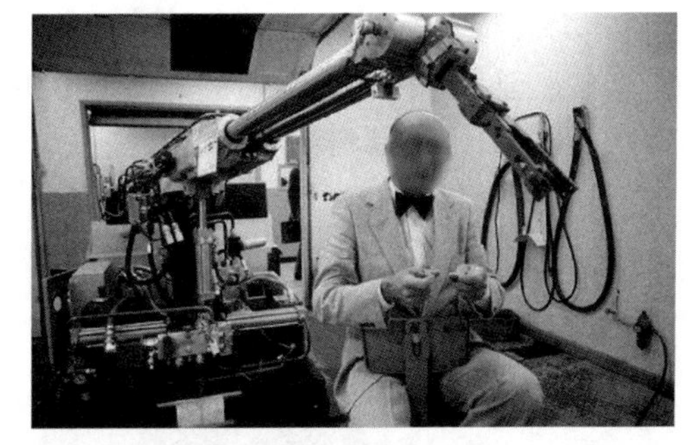

图 1.10　恩格尔伯格及其创造的第一台工业机器人

1968 年，美国斯坦福国际研究所成功研制出移动式机器人 Shakey，如图 1.11 所示。它是世界上第一台带有人工智能的机器人，能够自主进行感知、环境建模、行为规划等任务。该机器配有电视摄像机、三角法测距仪、碰撞传感器、驱动电动机以及编码器等硬件设备，并由两台计算机通过无线通信系统控制。限于当时的计算水平，Shakey 需要相当大的机房支持其进行功能运算，同时，规划行动也往往要耗时数小时。

1969 年，日本早稻田大学加藤一郎实验室研发出第一台用双脚走路的机器 WAP-1。WAP-1 采用橡胶制成的人工肌肉作为驱动器，实现了双足在平面上的运动，如图 1.12 所示。加藤一郎长期致力于研究仿人机器人，被誉为“仿人机器人之父”。

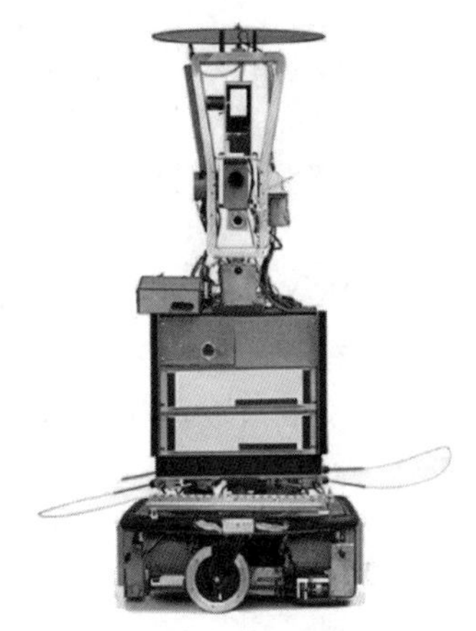

图 1.11　移动式机器人 Shakey

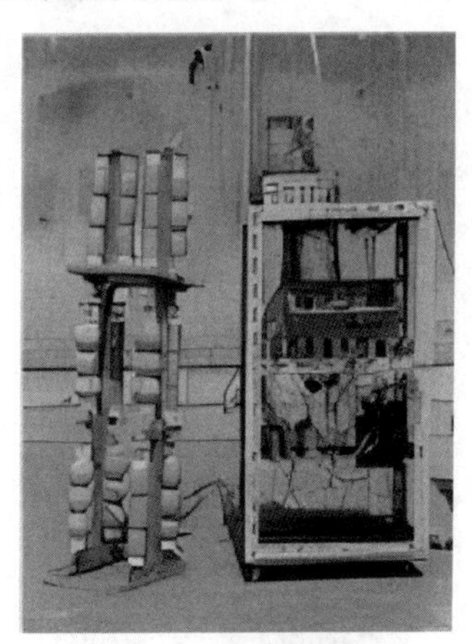

图 1.12　WAP-1 机器人

20 世纪 70 年代以后，电子计算机的广泛应用，建立了用计算机对运动轨迹辅助制图的算法和程序，使现代控制技术、传感技术、人工智能技术进一步发展，第二代机器人也得到了迅速的发展。20 世纪 70 年代初，世界上第一个全面拟人化机器人——WABOT-1 问世（图 1.13），由早稻田大学的加藤一郎创造。1974 年，美国辛辛那提-米拉克龙公司开发了多关节机器人。1979 年，Unimation 公司又推出了 PUMA 机器人，可配视觉、触觉、力觉传感器，是当时技术最先进的工业机器人。

图 1.13　第一个全面拟人化机器人——WABOT-1

20 世纪 80 年代，不同结构、不同控制方法和不同用途的工业机器人在发达国家进入了实用化普及阶段，同时机器人正式进入了主流消费市场。日本把 1980 年称为“机器人普及元年”，开始在各个领域推广使用机器人。1982 年，IBM 公司为机器人技术 AML（自适应建模语言）开发了一种编程语言，使用 IBM 个人计算机，制造工程师可以快速轻松地创建应用程序。1989 年，麻省理工学院研究人员制造的六足机器人 Genghis（图 1.14），通常被认为是现代历史上最重要的机器人之一。

1992 年，从麻省理工学院分离出来的波士顿动力公司（已被谷歌收购）相继研发出能够直立行走的军事机器人“Atlas”（图 1.15）以及四足全地形机器人“大狗”“机器猫”等。

图 1.14 六足机器人 Genghis

图 1.15 军事机器人 Atlas

图 1.16 八脚机器人但丁（Dante）

1993 年，一台名为但丁（Dante）的八脚机器人试图探索南极洲的埃里伯斯火山，这一具有里程碑意义的行动由研究人员在美国远程操控，开辟了机器人探索危险环境的新纪元，如图 1.16 所示。

1996 年，德国库卡（KUKA）公司推出了首个基于 PC 的机器人控制系统，首次有可能使用操作员控制设备上的 6D 鼠标实时移动机器人。该示教器具有 Windows 用户界面，用于控制和编程任务。

1997 年 5 月 11 日，IBM 开发的“深蓝”计算机（图 1.17）经过六场比赛，成为世界上首个击败世界国际象棋冠军卡斯帕罗夫的机器。

1998 年，瑞士古德尔（Güdel）推出了“roboLoop”系统，这是唯一的弯轨龙门和移送系统。roboLoop 概念使一个或多个机器人托架可以跟踪曲线并在封闭的系统中循环，从而为工厂自动化创造了新的可能性。

1999 年，索尼公司（Sony）的机器狗“爱宝”（AIBO）让科技产品爱好者一见倾心，这款售价 2000 美元的机器狗能够自由地在房间里走动，并且能够对有限的一组命令做出反应，如图 1.18 所示。

2000 年，麻省理工学院的辛西娅·布雷泽尔发明了一种能够识别和模拟情绪的机器人 Kismet，如图 1.19 所示。同年，本田汽车公司出品的人形机器人阿西莫（ASIMO）走上了舞台，它身高 1.3m，能够以接近人类的姿态走路和奔跑，如图 1.20 所示。

2002 年，iRobot 公司发布了 Roomba 真空保洁机器人，如图 1.21 所示，这款造型类似飞盘的产品售出了 600 多万台。从商业角度来看，它是史上最成功的家用机器人。

图 1.17　IBM 开发的“深蓝”计算机

图 1.18　机器狗“爱宝”(AIBO)

图 1.19　机器人 Kismet

图 1.20　能走路的阿西莫机器人

2004 年，美国宇航局（NASA）的“勇气号”探测器（SpiritRover）登陆火星，如图 1.22 所示，开始了探索火星的任务。这台探测器在原先预定的 90 天任务结束后继续运行了 6 年时间，总旅程超过 7.7 公里。

图 1.21　扫地机器人

图 1.22　“勇气号”探测器

2005 年，波士顿动力狗，或称“BigDog（大狗）”，是波士顿动力公司与福斯特米勒(Foster Miller)、喷气推进实验室和哈佛大学合作创建的一款四足机器人。它被设计成一种军用负重机器人，其身体上有 50 个传感器。BigDog 不使用轮子，而是使用四条腿进行运动，从而使它可以在难以通行的复杂地形移动穿越。BigDog被称为“世界上最雄心勃勃的腿式机器人”，它可以携带150kg负重，以6.4km/h的速度，与士兵一起、在35°的斜坡上穿越崎岖的地形，如图1.23所示。

2006年6月，微软公司推出Microsoft Robotics Studio，机器人模组化、平台统一化的趋势越来越明显，比尔·盖茨预言，家用机器人很快将席卷全球。

2011年，第一个太空人形机器人飞天。一架Robonaut（R2B）机器人升空到国际空间站，R2B是太空中的第一个人形机器人，如图1.24所示。

图1.23　波士顿动力狗

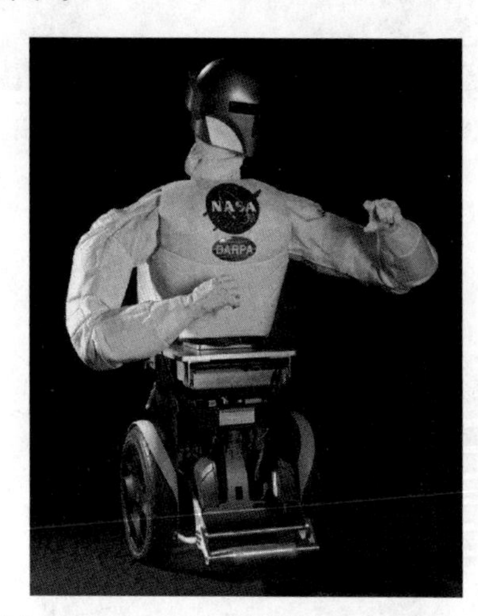

图1.24　太空中第一个人形机器人R2B

IBM的“沃森”（Watson）计算机系统，能够回答以自然语言提出的问题，2011年2月16日在美国最受欢迎的智力竞猜电视节目《危险边缘》中，击败该节目历史上两位最成功的选手肯·詹宁斯和布拉德·鲁特，夺得100万美元大奖，成为《危险边缘》节目新的王者。“沃森”电脑存储了海量的数据，而且拥有一套逻辑推理程序，可以推理出它认为最正确的答案。

2012年，内华达州机动车辆管理局（NDM）颁发了世界第一张无人驾驶汽车牌照。

2014年6月7日是图灵逝世60周年纪念日。这一天在英国皇家学会举行的“2014图灵测试”大会上，模拟13岁乌克兰男孩的聊天程序“尤金·古斯特曼”（Eugene Goostman）首次“通过”了图灵测试。英国皇家学会的测试规则是，在一系列时长为5min的键盘对话中，某台计算机被误认为是人类的比例超过30%，那么这台计算机就被认为通过了图灵测试（其中，30%是图灵对2000年时的机器思考能力的一个预测）。尤金的成绩是在总计150场对话中，骗过了30个评委里的10个，即尤金被误认为是人类的比例达到了33%。

图1.25　人形机器人Brett

2015年，在加州大学伯克利分校的一个实验室里，人形机器人Brett（图1.25）教会自己做儿童拼图游戏，如把钉子塞进不同形状的洞里。Brett机器人利用基于神经网络的深度学习算法，以试错方式主动学习。例如，对于组装玩具，机器人会不停尝试，直至它清楚组装的原理。理论上，这类机器人不需要再依赖人工更新，而是给足够时间让它学习就可以了。

2015年，大阪大学和京都大学等的研究团队开发出可使用人工智能流畅对话的美女机器人“ERICA”（图1.26），其特点是可以通过放置在附近的话筒和传感器收集信息，感知对方的声音和动作进行自主会话。

2016年，波士顿动力公司发布SpotMini机器人（图1.27）。它是一种小型的四条腿机器人，它重25kg（如果有一个机械臂，那么它重30kg）。这款全电动机器人相当灵活，在踩到香蕉皮摔倒，或在人类踢或拉它时，能够自己迅速爬起来。该型号的机器人就像是宠物一样，能够实现多种功能，除了能像普通动物一样活动之外，SpotMini有着长长的机械臂，可以为主人端茶倒水。

图1.26　机器人“ERICA”

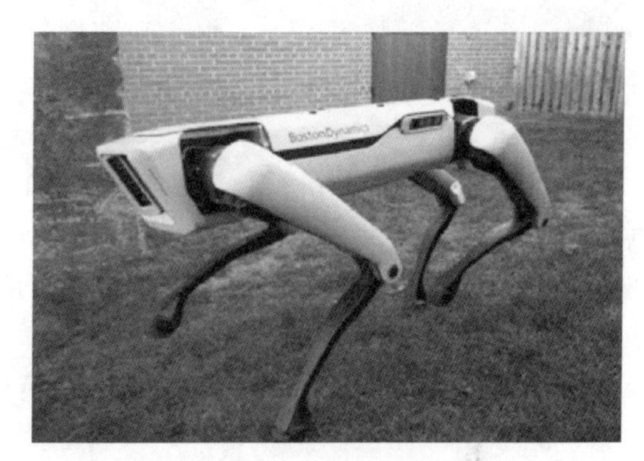

图1.27　SpotMini机器人

2016年3月9日至15日，在韩国首尔进行的计算机与人类之间的围棋比赛中，谷歌DeepMind的阿尔法围棋（AlphaGo）以总比分4比1战胜围棋九段棋手李世石。AlphaGo是第一个击败人类职业围棋选手、第一个战胜围棋世界冠军的人工智能程序，其主要工作原理是“深度学习”。

2017年4月，Google旗下的自动驾驶公司Waymo让美国亚利桑那州凤凰城的居民试乘其自动驾驶汽车。自动驾驶技术解放双手，也会更加安全和更加节油。计算机不会喝醉酒，不会打瞌睡。自动驾驶算法可以计算何时加速、刹车、转向，预测巡航控制可以自行判断下一阶段的道路状况，决定最经济的行驶方式。

2017年，日本东京大学展示了一款名叫Kengoro的机器人（图1.28）。Kengoro使用116个拉动电缆的执行器移动，可以做俯卧撑、仰卧起坐，甚至是背部伸展运动。Kengoro运动多了后也会产生热量，为了散热，研究人员为其配备了一个水冷系统，除了能帮助Kengoro散热外，还能实现类似人类的“流汗”生理反应。

2017年，美国新创公司Mayfield Robotics推出外观设计简洁、模样呆萌可爱的智能家用机器人“Kuri”，在居家生活中扮演智能助手与好伙伴的角色（图1.29）。

图1.28　Kengoro机器人

图1.29　智能家用机器人“Kuri”

2017年10月，沙特阿拉伯授予美国汉森机器人公司生产的“女性”机器人索菲亚公民身份，如图1.30所示。作为史上首个获得公民身份的机器人，索菲亚当天在沙特说，她希望用人工智能“帮助人类过上更美好的生活”，人类不用害怕机器人，“你们对我好，我也会对你们好”。索菲亚拥有仿生橡胶皮肤，可模拟62种面部表情，其“大脑”采用了人工智能和谷歌语音识别技术，能识别人类面部、理解语言、记住与人类的互动。次月，联合国开发署将“创新大赛冠军”颁发给索菲亚。索菲亚的人工智能是基于云的，可以进行深度学习，她可以识别和复制各种各样的人类面部表情。

图1.30 机器人索菲亚

2017年12月，Alphabet旗下人工智能部门DeepMind发布AlphaZero，它可以自学国际象棋、日本将棋和中国围棋，并且项项都能击败世界冠军。AlphaZero使用机器学习算法，通过与自己对弈并根据经验更新神经网络，从而发现国际象棋的原理，并迅速成为史上最好的棋手。

2018年，OpenAI研究人员使用强化模型的系统，通过反复试验来让机器人Dactyl（图1.31）能够精确抓住和操纵物体，教自己用手指翻转魔方。Dactyl具有“灵巧”手，这是一只五指共有24个自由度的机器人手，安装在铝制框架上以操纵物体。同时，两组摄像机——运动捕捉摄像机和RGB摄像机作为系统的眼睛，可以跟踪物体的旋转和移动方向。

2019年，麻省理工学院新推出的cheetah（猎豹）机器人，弹性十足，脚部轻盈，可与体操运动员媲美。四条腿十分有力，还可以在不平坦的地形上小跑，速度大约是普通人步行速度的2倍，如图1.32所示。

图1.31 机器人Dactyl

图1.32 cheetah（猎豹）机器人

2020年1月13日，美国佛蒙特大学（University of Vermont）在其官网上发布新闻稿，宣称佛蒙特大学与塔夫茨大学（Tufts University）的研究团队共同开展研究，利用非洲爪蟾早期胚胎中的皮肤细胞和心脏细胞，创造出了首个活体机器人“xenobots”（异种机器人）。这项研究已发表在世界顶级学术期刊《美国国家科学院院刊》（PNAS）上。研究提出并实现了用计算机设计生物体的概念，创造了基于青蛙DNA的可编程活体机器人xenobots（图1.33）。佛蒙特大学计算机科学家、机器人专家Joshua Bongard是这项研究的联合负责人，他表示：“它们既不是传统的机器人，也不是已知的一种动物物种。这是一种新的人工制品——一种活的、可编程的有机体。”

2021年，日本丰田推出第四代家务机器人Busboy（图1.34），运用了更高级的AI和机器学习技术，被设计用于解决老年家庭的家务问题。

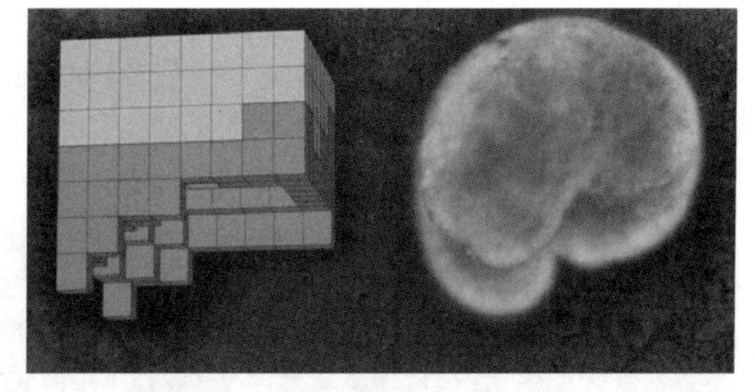
图1.33　活体机器人“xenobots”

2021年8月20日，特斯拉AI日上，特斯拉方面公布了一款名为Tesla Bot的人形仿生机器人（图1.35）。马斯克表示，特斯拉机器人不会是仅能完成重复性任务的人形机器人，它可能有自己的个性，成为人类伙伴，当然他并没有明确披露特斯拉机器人的上市安排。

图1.34　第四代家务机器人Busboy

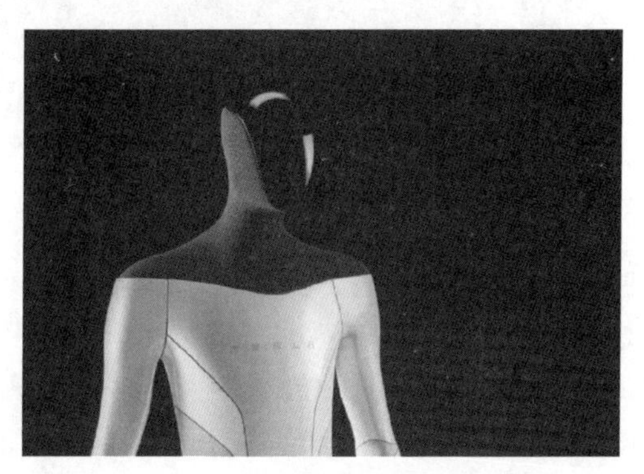
图1.35　Tesla Bot人形仿生机器人

2021年11月，美国塔夫茨大学（Tufts University）和佛蒙特大学（University of Vermont，UVM）的研发团队创造了第一个可以进行自我复制的活体机器人，基于非洲青蛙细胞结构的活体机器人Xenobots。此次开发的机器人属于第二代微型生物机器人Xenobots，同样基于非洲青蛙细胞构建（图1.36），相比于第一代，它的移动速度更快，寿命更长，能更好地适应各种环境。

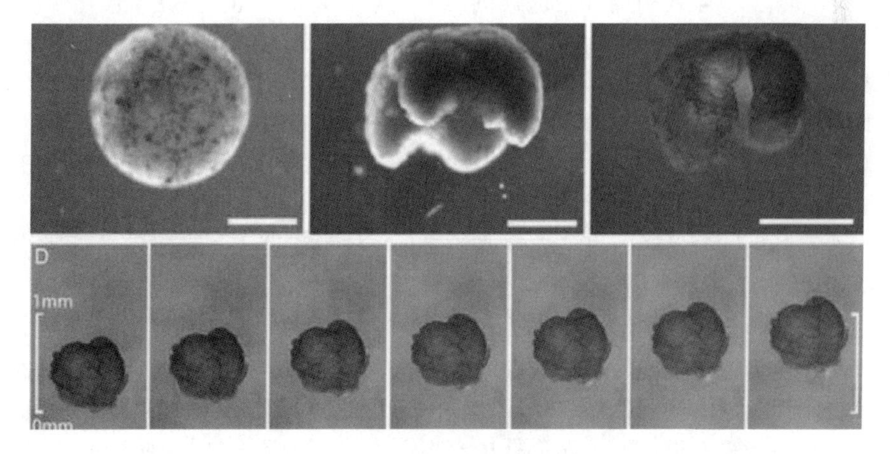

图1.36　活体机器人的细胞形态

2022年8月18日至21日，2022世界机器人大会上，500余台机器人现场“炫技”，犹如上演了一场场精彩纷呈的科技大片，内容涉及消防、医疗、农业、建筑、物流、餐饮服务等众多领域，让人大饱眼福。比如与人们生活密切相关的、非常接地气的煎饼果子机器人，三分钟就能完成一套煎饼，动作标准、一气呵成，丝毫不逊色于我们人类。还有能解放医护人员双手的智能咽拭子采集机器人、5G远程神经外科手术机器人，可保护消防战士生命安全的消防灭火机器人，以及仿生机器人等。

2022年10月，特斯拉2022AIDay上发布了人形机器人“擎天柱”（Optimus）原型机（图1.37），其主控芯片采用特斯拉自研SOC芯片，支持Wi-Fi、LTE以及音频功能，具备硬件级别安全功能。马斯克表示人形机器人具备一定程度智能化，可以替代体力劳动，有望在3～5年后实现量产，量产后将达到数百万台。

图1.37 人形机器人“擎天柱”（Optimus）原型机

在现代的生活和生产流程中，处处都离不开机器人。从工厂里制造产品的机械臂，到家用扫地机器人，都是机器人赋能生活的场景体现。你有没有想过，当有一天，你无须学会编程，只需告诉机器人“请加热我的午餐”，它就会自己找到微波炉。这是不是很神奇？凭借着写论文、写代码等强大功能冲击了整个科技界的ChatGPT，则有可能驱动机器人实现这一畅想，使人机交互直接迈入新时代。2023年2月，微软在其官网发表了一篇名为《机器人ChatGPT：设计原则和模型能力》（*ChatGPT for Robotics: Design Principles and Model Abilities*）的论文，它提出的一套新的实验框架，就在探索如何改变这一现实，实现用ChatGPT驱动机器人进行更自然的人机交互。

2023年3月，谷歌联合柏林工业大学的团队重磅推出了史上最大视觉语言模型——PaLM-E。作为一种多模态视觉语言模型（VLM），PaLM-E不仅可以理解图像，还能理解、生成语言，而且竟然还能将两者结合起来，处理复杂的机器人指令。以前，机器人通常需要人工的协助才能完成长跨度任务，但现在，PaLM-E通过自主学习就可以搞定任务了。

我国于20世纪70年代初期开始进行机器人技术研究，20世纪80年代初一些学术组织和相关研究机构相继成立，并实施国家“863计划”。我国的智能机器人和特种机器人在“863”计划的支持下，也取得了不少成果。其中最为突出的是水下机器人，6000m水下无缆机器人的成果水平较高，还开发出直接遥控机器人、双臂协调控制机器人、爬壁机器人、管道机器人等机种；在机器人视觉、力觉、触觉、声觉等基础技术的开发应用上开展了不少工作，有了一定的发展基础。进入21世纪后，我国机器人技术及产业得到迅猛发展。“十五”期间，国家对机器人发展做出了战略调整，从单纯的机器人技术研发向机器技术与自动化工业装备发展。“十一五”期间，重点开展了机器人共性技术的研究。“十二五”期间，重点放在促进机器人产业链逐步形成上。“十三五”期间，主要是加强顶层设计。《中国制造2025》把机器人作为重点发展领域，并专门出台《机器人产业发展规划（2016—2020年）》，机器人的发展成为实现《中国制造2025》的关键。国家“十四五”规划也在大力推动机器人产业发展，在大趋势的推动下，无论是技术难点攻关，还是场景落地应用，机器人产业发展将迎来一个至关重要的转折点。同时，国有自主化技术也迎来一个爆发期。2023年1月19日，我国工业和信息化部等十七部门印发《“机器人+”应用行动实施方案》，明确了机器人行业的发展目标和规划。由此，中国机器人产业将步入新的政策红利期。

当前，新一轮科技革命蓄势待发，机器人技术与新一代信息技术、生物技术、新材料技术、传感器技术的融合不断加快，为智能机器人、仿生机器人以及新一代机器人的诞生与发展打开了大门。未来的机器人将会越来越趋于专业化，在一些精细度较高或操作环境较为特殊的环境下还有替代人类的趋势，在未来的生产生活中，机器人将占有很大的比例，各行各业都有可能在机器人技术的推动下发生翻天覆地的变化。

1.1.2 机器人的定义

在科技界，科学家会给每一个科技术语一个明确的定义，但机器人问世已有几十年，机器人的定义仍然仁者见仁、智者见智，没有一个统一的意见。原因之一是机器人还在发展，新的机型、新的功能不断涌现。但根本原因主要是机器人涉及了人的概念，成为一个难以回答的哲学问题。就像机器人一词最早诞生于科幻小说中一样，人们对机器人充满了幻想。也许正是由于机器人定义的模糊，才给了人们充分的想象和创造空间。

其实并不是人们不想给机器人一个完整的定义，自机器人诞生之日起，人们就不断地尝试着说明到底什么是机器人。但随着机器人技术的飞速发展和信息时代的到来，机器人所涵盖的内容越来越丰富，机器人的定义也不断充实和创新。机器人概念的诞生和认知过程反映了人们对科学技术的期待与担忧。

为了防止机器人伤害人类，1950年科幻作家阿西莫夫在《我是机器人》一书中提出了“机器人三原则”：

① 机器人必须不伤害人类，也不允许它见人类将受到伤害而袖手旁观；

② 机器人必须服从人类的命令，除非人类的命令与第一条相违背；

③ 机器人必须保护自身不受伤害，除非这与上述两条相违背。

这三条原则，给机器人社会赋予新的伦理性，会为机器人研究人员、设计制造厂家和用户提供十分有意义的指导方针。

1967年，在日本召开的第一届机器人学术会议上就提出了两个有代表性的定义。一是森政弘与合田周平提出的“机器人是一种具有移动性、个体性、智能性、通用性、半机械半人性、自动性、奴隶性7个特征的柔性机器”。另一个是加藤一郎提出的具有如下3个条件的机器称为机器人：①具有脑、手、脚等三要素的个体；②具有非接触传感器（用眼、耳接收远方信息）和接触传感器；③具有平衡觉和固有觉的传感器。

从技术形态上，1981年，美国国家标准局（NBS）提出了一个世界公认的机器人定义：一种通过编程可以自动完成操作或移动作业的机器装置。

1987年，国际标准化组织对工业机器人进行了定义：工业机器人是一种具有自动控制的操作和移动功能，能完成各种作业的可编程操作机。至此，机器人概念才明确下来。

1988年，法国的埃斯皮奥将机器人学定义为：机器人学是指设计能根据传感器信息实现预先规划好的作业系统，并以此系统的使用方法作为研究对象的学科。

我国科学家对机器人的定义是：机器人是一种自动化的机器，所不同的是这种机器具备一些与人或生物相似的智能能力，如感知能力、规划能力、动作能力和协同能力，是一种具有高度灵活性的自动化机器。

近年来，随着传感器和人工智能等技术的进步，机器人正朝向与信息技术相融合的趋势发展。由此诞生的具有“自律化”“数据终端化”“网络化”等技术的机器人正在全世界范围内不断地获取数据、获得应用，形成数据驱动型的创新。机器人在这一过程中，在制造、服务领域带动产生新附加值的同时，还将成为在各种信息传达、娱乐和日常通信领域带来极大变革的关键设备。

机器人概念也将发生变化。以往，机器人主要是指具备传感器、智能控制系统、驱动系统等三个要素的机械。然而，随着数字化的进展、云计算等网络平台的充实，以及人工智能技术的进步，一些机器人即便没有驱动系统，也能通过独立的智能控制系统驱动，来联网访问现实世界的各种物体或人类。

未来，随着物联网世界的进化，机器人仅仅通过智能控制系统，就能够应用于社会的各个场景之中。如此一来，兼具三个所有要素的机械才能称为机器人的定义，将有可能发生改变，下一代机器人将会涵盖更广泛的概念。

1.2 工业机器人简介

1.2.1 工业机器人的发展历程

1.2.1.1 国外工业机器人的发展

从国外的技术发展历程来看，工业机器人技术的发展经历了三个阶段。

(1) 产生和初步发展阶段：1958 年—1969 年

乔治·德沃尔与约瑟夫·恩格尔伯格于 1958 年合作成立了世界上第一个机器人公司 Unimation，并在 1959 年共同制造了世界上第一台工业机器人 Unimate，并称之为 Robot，其含义是“人手把着机械手，把应当完成的任务做一遍，机器人再按照事先教给它们的程序进行重复工作”。Unimate 机器人的精确率达 1/10000 英寸[1]，率先于 1961 年在通用汽车的生产车间里开始使用，用于将铸件取出，Unimate 机器人的使用为工业机器人的历史拉开了帷幕。

20 世纪 60 年代到 70 年代期间，美国当时失业率高达 6.65%，政府担心发展机器人会造成更多人失业，因此并未把工业机器人列入重点发展项目，既未投入财政支持，也未组织研制机器人。在这一阶段美国的工业机器人主要处于研究阶段，只有几所大学和少数公司开展了相关的研究工作。与此同时，20 世纪 70 年代的日本正面临着严重的劳动力短缺问题，这个问题已成为制约其经济发展的一个主要问题。1967 年，日本川崎重工业公司首先从美国引进机器人及技术，建立生产厂房，并于 1968 年试制出第一台日本产 Unimate 机器人。

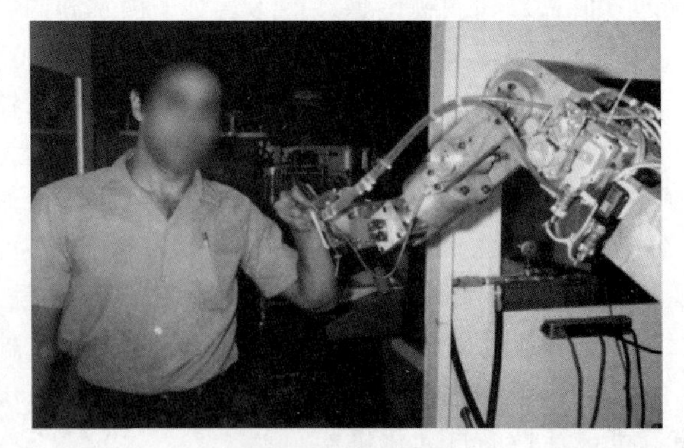

图 1.38 斯坦福臂

1969 年，机器人先驱维克多·舍恩曼 (Victor Scheinman) 开发了斯坦福臂 (Stanford Arm)，这是世界上第一个电动关节型机器人臂（图 1.38）。它被看作是机器人技术的一个突破，因为它在 6 轴上操作，比以前的单轴或双轴机器人有更大的运动自由度。斯坦福臂标志着关节型机器人革命的开始，它改变了制造业的装配线，并推动了包括库卡（KUKA）和 ABB 机器人在内的多家商业机器人公司的发展。

---

[1] 1 英寸 (in)≈2.54 厘米 (cm)。

(2) 技术快速进步与商业化规模运用阶段：1970年—1984年

1970年，在美国芝加哥举行了第一届美国工业机器人研讨会。一年以后，该研讨会升级为国际工业机器人研讨会（International Symposium on Industrial Robots，ISIR）。举行国际工业机器人研讨会的目的是给在机器人领域的世界各地的研究人员和工程师提供一个机会，以展示他们的作品，并分享自己的想法。

1971年，日本机器人协会成立。这是世界上第一个国家机器人协会。日本机器人协会最初是一个非官方的自发组织，以开展工业机器人座谈会的形式成立。1972年，工业机器人座谈会改名为日本工业机器人协会（Japan Industrial Robot Association，JIRA），1973年正式注册成立。

1972年，意大利的菲亚特汽车公司（FIAT）和日本日产汽车公司（Nissan）安装运行了世界第一条点焊机器人生产线（图1.39）。

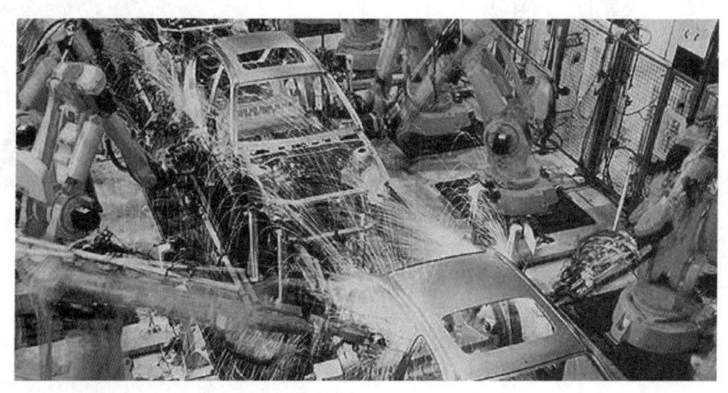

图1.39　点焊机器人生产线

1973年，第一台机电驱动的6轴机器人面世。德国库卡公司（KUKA）将其使用的Unimate机器人研发改造成其第一台产业机器人，命名为FAMULUS，这是世界上第一台机电驱动的6轴机器人，如图1.40所示。

1974年，瑞典通用电机公司（ASEA，ABB公司的前身）开发出世界上第一台全电力驱动、由微处理器控制的工业机器人IRB-6，如图1.41所示。IRB-6采用仿人化设计，其手臂动作模仿人类的手臂，载重6kg载荷，5轴，主要应用于工件的取放和物料的搬运。1975年生产出第一台焊接机器人。

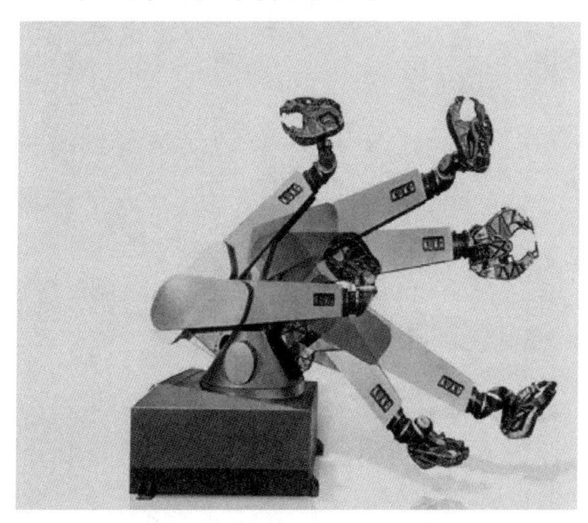

图1.40　FAMULUS机械臂

图1.41　工业机器人IRB-6

1975 年，ABB 开发了一种工业机器人 IRB60，如图 1.42 所示。其有效载荷高达 60kg，这满足了汽车行业对更大负载、更大灵活性的需求，最初交付给瑞典的萨博用于焊接车身。

1975 年，Olivetti 公司开发出直角坐标机器人“西格玛（SIGMA）”，它是一个应用于组装领域的工业机器人，在意大利的一家组装厂安装运行，如图 1.43 所示。

图 1.42 工业机器人 IRB60

图 1.43 直角坐标机器人“西格玛（SIGMA）”

1978 年，美国 Unimation 公司推出通用工业机器人（programmable universal machine for assembly，PUMA），如图 1.44 所示，应用于通用汽车装配线，这标志着工业机器人技术已经完全成熟，PUMA 至今仍然工作在工厂第一线。

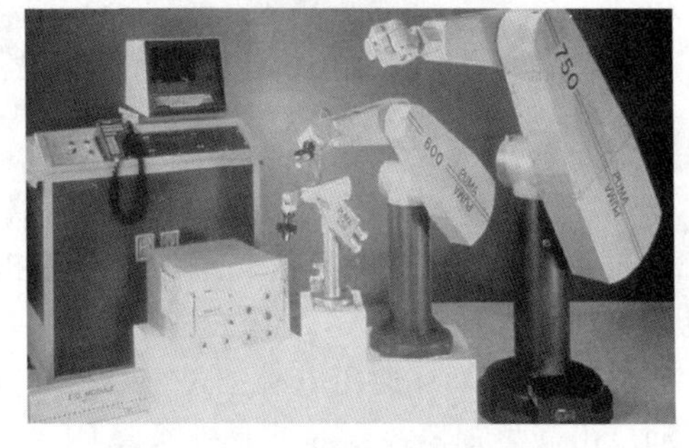

图 1.44 PUMA 机器人

1978 年，日本山梨大学的牧野洋发明了选择顺应性装配机器手臂（selective compliance assembly robot arm，SCARA）。这是世界第一台 SCARA 工业机器人。

1978 年，德国徕斯机器人公司开发了首款拥有独立控制系统的六轴机器人 RE15，如图 1.45 所示。

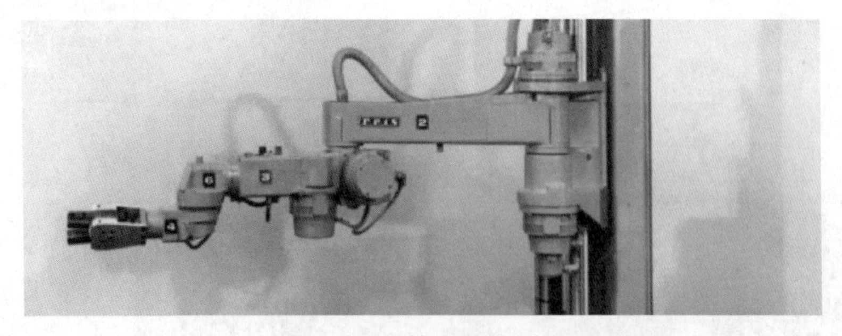

图 1.45 六轴机器人 RE15

1979 年，日本不二越株式会社（Nachi）研制出第一台电机驱动的机器人，如图 1.46 所示。这台电机驱动的点焊机器人开创了电力驱动机器人的新纪元，从此告别液压驱动机器人时代。

1980年被称为日本的“机器人普及元年”，日本开始在各个领域推广使用机器人，这大大缓解了市场劳动力严重短缺的社会矛盾。再加上日本政府采取的多方面鼓励政策，这些机器人受到了广大企业的欢迎。

1981年，美国PaR Systems公司推出第一台龙门式工业机器人，如图1.47。龙门式机器人的运动范围比基座机器人（pedestal robots）大很多，可取代多台机器人。

图1.46　第一台电机驱动的机器人

图1.47　龙门式工业机器人

1984年，美国Adept Technology公司开发出第一台直接驱动的选择顺应性装配机械手臂（SCARA），命名为AdeptOne。如图1.48所示，AdeptOne的电动机直接和机器手臂连接，省去了中间齿轮或链条传动，所以显著提高了机器人合成速度及定位精度。

1984年，瑞典ABB生产出了最快的组装机器人（IRB 1000），它配备了一个垂直臂，是一种悬挂式摆锤机器人，如图1.49所示。该机器人可以在大范围内快速运行，而无须移动。它的工作效率比传统的手臂机器人快50%。

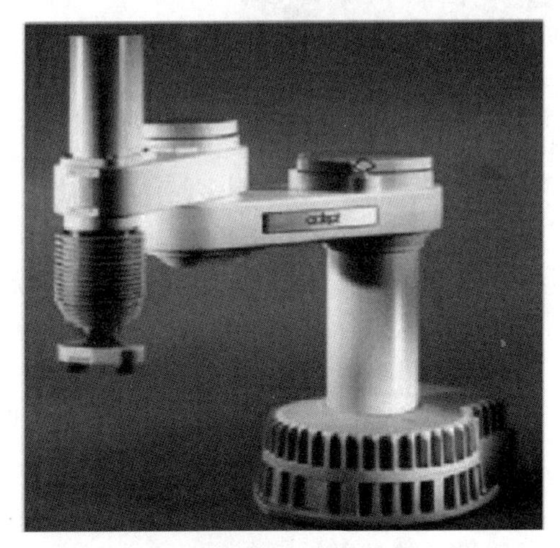

图1.48　SCARA机器人

图1.49　组装机器人（IRB 1000）

这一时期的技术相较于此前有很大进步，工业机器人开始具有一定的感知功能和自适应能力的离线编程，可以根据作业对象的状况改变作业内容。伴随着技术的快速进步，这一时期的工业机器人还突出表现出商业化运用迅猛发展的特点，工业机器人的“四大家族”——库卡、ABB、安川、FANUC公司分别在1974年、1976年、1978年和1979年开始了全球专利的布局。

(3) 智能机器人阶段：1985 年至今

智能机器人带有多种传感器，可以将传感器得到的信息进行融合，有效地适应变化的环境，因而具有很强的自适应能力、学习能力和自治功能。

1985 年，德国库卡公司（KUKA）开发出一款新的 Z 形机器人手臂，它的设计摒弃了传统的平行四边形造型。该 Z 形机器人手臂可实现 3 个平移运动和 3 个旋转运动共 6 个自由度的运动维度，大大节省了制造工厂的场地空间。

1987 年，国际机器人联合会（International Federation of Robotics，IFR）成立。在 1987 年举办的第 17 届国际工业机器人研讨会上，来自 15 个国家的机器人组织成立了国际机器人联合会（IFR）。IFR 是一个非营利性的专业化组织，以推动机器人领域里的研究、开发、应用和国际合作为己任，在与机器人技术相关的活动中已成为一个重要的国际组织。

1992 年，瑞典 ABB 公司推出了世界上第一款开放式控制系统（S4），如图 1.50 所示。S4 控制器的设计，改善了人机界面并提升了机器人的技术性能。

图 1.50 开放式控制系统（S4）

1994 年，Motoman 推出了第一个机器人控制系统（MRC），该系统可同时控制两个机器人。MRC 还使在普通 PC 编辑机器人作业成为可能。MRC 提供了控制多达 21 个轴的功能。它还可以同步两个机器人的动作。

1996 年，德国库卡公司（KUKA）开发出第一台基于个人计算机的机器人控制系统。该机器人控制系统配置有一个集成 6D 鼠标的控制面板，操纵鼠标，便可实时控制机械手臂的运动。

1998 年，瑞典 ABB 公司开发出灵手（FlexPicker）机器人，如图 1.51 所示，它是当时世界上速度最快的采摘机器人。

1999 年，德国徕斯（Reis）机器人公司在机器人手臂内引入集成激光束指导系统。徕斯（Reis）机器人公司在机器人手臂内安装获得专利的集成激光束指导系统并开发出 RV6L-CO_2 激光机器人原型，如图 1.52 所示。该技术取代了光束引导装置，从而使机器人能够使用激光在高动态工况下没有碰撞地完成操作。

2004 年，日本安川（Motoman）机器人公司开发了改进的机器人控制系统（NX100），它能够同步控制四台机器人，可达 38 轴。NX100 机器人控制系统的示教编程由触摸屏显示并采用基于 Windows CE 的操作系统。

图 1.51　FlexPicker 机器人

图 1.52　RV6L-CO_2 激光机器人模型

2006 年，意大利柯马公司（Comau）推出了第一款无线示教器（wireless teach pendant，WiTP）。柯马无线示教器中的所有传统数据交互和机器人编程能由线缆连接到控制柜无限制地执行，同时保证绝对安全。

2006 年，德国库卡推出首台轻型机器人。KUKA 轻型机器人的外部结构由铝制成，如图 1.53 所示。它具有 7kg 的有效负载能力，由于它的质量仅为 16kg（第一台机器人重达 2t!），因此它既节能又便携，可以执行各种不同的任务。

2007 年，日本安川（Motoman）机器人公司推出超高速弧焊机器人，如图 1.54 所示，节省了 15%的时间，这是当时最快的焊接机器人。

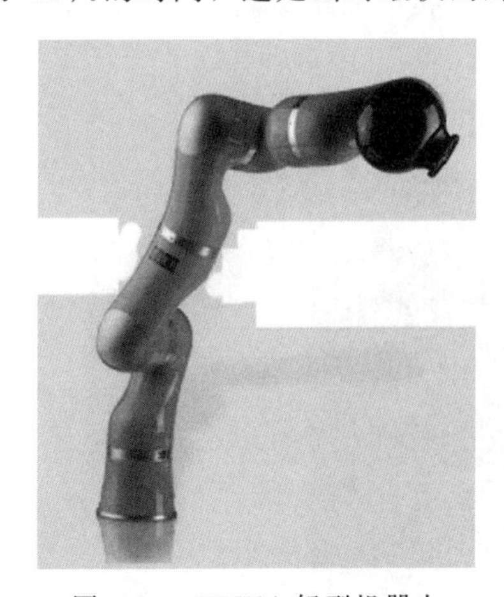

图 1.53　KUKA 轻型机器人

图 1.54　超高速弧焊机器人

2007 年，德国库卡公司推出了首台有效载荷为 1000kg 的远程机器人和重型机器人，它扩展了工业机器人的应用可能性，并创建了新的作用域和有效载荷组合，如图 1.55 所示。

2008 年，日本发那科（FANUC）公司推出了一款新的重型机器人 M-2000iA，其有效载荷达 1200kg。M-2000iA 系列是世界上规模最大、实力最强的 6 轴机器人，可搬运超重物体，它有两种型号，分别为一次可举起 900kg 重物的 M-2000iA/900L 和一次可举起 1200kg 重物的 M-2000iA/1200，能够做到更快、更稳、更精确地移动大型部件。作为发那科公司的成熟产品，M-2000iA 机器人专门为重型、大型工件量身定制。当需要处理超重部件，如机床组装、车身定位时，M-2000iA 机器人可实现安全快捷地安置，能代替起重机、运输班车、龙门吊工作。

2009 年，瑞典 ABB 公司推出了世界上最小的多用途工业机器人 IRB120，如图 1.56。

图 1.55　重型机器人

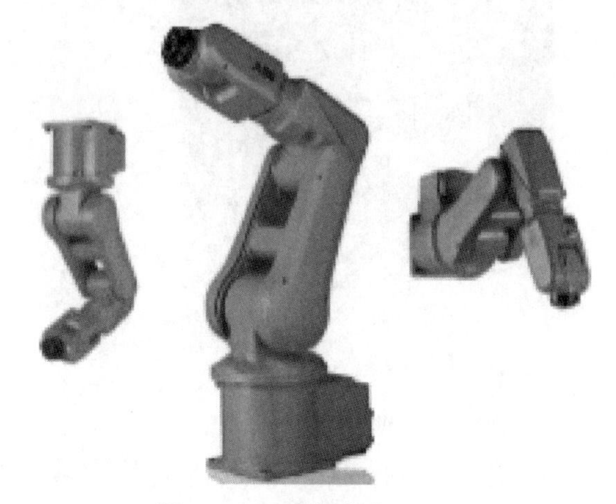

图 1.56　工业机器人 IRB120

同样在 2009 年，Universal Robots（优傲机器人）的首台产品 UR5 上市，是一种 6 关节铰接式手臂机器人，UR5 协作式机器人彻底改变了工业机器人市场。UR5 重 18kg，有效负载高达 5kg，工作范围为 85cm，如图 1.57 所示。

2010 年，德国库卡公司（KUKA）推出了一系列新的货架式机器人（Quantec），如图 1.58 所示。该系列机器人拥有 KR C4 机器人控制器。KR C4 是一款集机器人控制、运动控制、逻辑控制和过程控制于一体的控制系统。不仅如此，整个安全控制器被无缝集成至 KR C4 控制系统中，这意味着 KR C4 能够一次性执行所有任务。

图 1.57　优傲机器人 UR5

图 1.58　货架式机器人

近年来，随着计算机技术向智能化方向的不断发展，机器人应用领域的不断拓展和深化，以及系统中的群体应用（FMS、CIMS），工业机器人也向智能化方向发展，以适应“敏捷制造”，满足多样化和个性化的需求，适应多变的非结构化环境，进军非制造领域。

“工业 4.0”强调自动化与信息化相互融合，工业机器人作为自动化制造过程的重要参与者，直接影响着工业制造自动化水平。随着工业产品工艺复杂程度和精度的要求不断提高，机器人的应用场所和应用需求也越来越复杂和苛刻，工业机器人的计算平台已经从传统的PC平台、嵌入式平台扩展到智能手机、平板电脑等移动设备，工业机器人配备的传感器从简单的光电开关、触碰开关发展到触觉、声觉、视觉等高端传感器，工业机器人伺服系统与控制系统之间的通信方式也由原来的“脉冲＋方向”的通信线缆，发展到通信更高效、通信数据量更大的各种现场总线。工业机器人控制系统正朝着开放化的方向转变，工业物联网、大数据分析以及虚拟化等技术的发展，也使工业机器人更好地融入制造业应用。

1.2.1.2　国内工业机器人的发展

我国的工业机器人发展历程具有不同于国外的特点，起步相对较晚，大致可分为4个阶段。

(1) 理论研究阶段：20世纪70年代到80年代初

由于当时国家经济条件等因素的制约，我国主要从事工业机器人基础理论的研究，在机器人机构学等方面取得了一定的进展，为后续工业机器人的研究奠定了基础。

(2) 样机研发阶段：20世纪80年代中后期

随着工业发达国家开始大量应用和普及工业机器人，我国的工业机器人研究得到政府的重视和支持，国家组织了对工业机器人需求行业的调研，投入大量的资金开展工业机器人的研究，进入了样机开发阶段。

1986年2月21日，我国机器人研究先驱蔡鹤皋等人，自行设计研制了第一台华宇Ⅰ型弧焊机器人，并在哈尔滨星光机器厂通过鉴定，如图1.59所示。

图1.59　华宇Ⅰ型弧焊机器人

(3) 示范应用阶段：20世纪90年代

我国在这一阶段研制出平面关节型统配机器人、直角坐标机器人、弧焊机器人、点焊机器人等7种工业机器人系列产品，102种特种机器人，实施了100余项机器人应用工程。为了促进国产机器人的产业化，在90年代末建立了9个机器人产业化基地和7个科研基地。

(4) 初步产业化阶段：21世纪以来

《国家中长期科学和技术发展规划纲要（2006—2020年）》突出增强自主创新能力这一条主线，着力营造有利于自主创新的政策环境，加快促进企业成为创新主体，大力倡导企业为主体，产学研紧密结合，国内一大批企业或自主研制或与科研院所合作，加入工业机器人研制和生产行列，我国工业机器人进入初步产业化阶段。

经过上述四个阶段的发展，我国的工业机器人得到一定程度的普及。但是，与先进的制造业国家相比，我国工业机器人的使用密度仍有不少差距，工业机器人的保有量仍有巨大上升空间。

2023年，工业和信息化部、教育部、公安部等十七个部门联合发布《“机器人＋”应用行动实施方案》(以下简称《实施方案》)，明确提出了2025年制造业机器人发展目标以及机器人十大应用场景，为我国机器人产业的发展指明了方向。

《实施方案》提出了具体发展目标，即到2025年，制造业机器人密度较2020年实现翻番，服务机器人、特种机器人行业应用深度和广度显著提升，机器人促进经济社会高质量发展的能力明显增强。聚焦十大应用重点领域，突破100种以上机器人创新应用技术及解决方案，推广200个以上具有较高技术水平、创新应用模式和显著应用成效的机器人典型应用场景，打造一批“机器人+”应用标杆企业。

同时，《实施方案》明确了机器人十大应用重点领域，分别是经济发展领域的制造业、农业、建筑、能源、商贸物流，社会民生领域的医疗健康、养老服务、教育、商业社区服务、安全应急和极限环境应用。

针对增强“机器人+”应用基础支撑能力，《实施方案》还提出了五大举措：一是构建机器人产用协同创新体系；二是建设“机器人+”应用体验和试验验证中心；三是加快机器人应用标准研制与推广；四是开展行业和区域“机器人+”应用创新实践；五是搭建“机器人+”应用供需对接平台。

工业机器人正在越来越多的场景得到应用，从十年前的25个行业大类52个行业中类，拓展到今天超过60个行业大类168个行业中类。正如我们所看到的，工业机器人不仅在航空航天、汽车、船舶、半导体等高端制造业得到应用，还在家具、食品、建材、纺织等传统行业实现应用，有效解决了高风险作业、精密加工难度大、招工难用工难等问题。

1.2.2 工业机器人的定义

各个机构对于工业机器人的定义虽然不完全一样，但是基本上差不多。

美国机器人协会的定义：工业机器人是用来搬运材料、零件、工具或专用装置的，通过可编程的动作来执行各种任务的，具有编程能力的多功能机械手。

日本机器人协会对工业机器人的定义：工业机器人是一种装备有记忆装置和末端执行器的，能够通过自动化的动作代替人类劳动的通用机器。

我国国家标准GB/T 12643—2013的定义：工业机器人是一种自动控制的、可重复编程、多用途的操作机，可对三个或三个以上轴进行编程。它可以是固定式或移动式。在工业自动化中使用。

和传统的工业设备相比，工业机器人的主要特点如下：

① 拟人化。工业机器人可以是固定式或者是移动式的，在机械结构上能实现类似于人的行走、腰部回转、大臂回转、小臂回转、腕部回转、手爪抓取等功能，通过示教器和控制器可以进行编程，控制机器人的运动。

② 通用性。工业机器人一般分为通用和专用两类，除了专门设计的专用的工业机器人外，一般通用工业机器人能执行不同的作业任务，完成不同的功能。比如，更换工业机器人手部末端操作器（手爪、工具等）便可执行搬运、焊接等不同的作业任务。

③ 可编程。工业机器人可随其工作环境变化的需要而再编程，因此它在小批量多品种的柔性制造过程中能发挥很好的功用，是柔性制造系统中的一个重要组成部分。

④ 智能化。智能化工业机器人上安装有多种类型传感器，如皮肤型接触传感器、力传感器、负载传感器、视觉传感器、声觉传感器、语言功能等，传感器提高了工业机器人对周围环境的自适应能力，使工业机器人具有不同程度的智能功能。

1.2.3 工业机器人的分类

目前，关于工业机器人的分类方法，国际上尚未统一，本节主要从如下几个方面进行划分。

1.2.3.1 按结构特征划分

(1) 直角坐标型机器人

这种机器人的外形轮廓与数控镗铣床或三坐标测量机相似，如图1.60所示。3个关节都是移动关节，关节轴线相互垂直，相当于笛卡儿坐标系的 x、y 和 z 轴。主要用于生产设备的上下料，也可用于高精度的装卸和检测作业。

这种形式的机器人主要特点如下：

① 结构简单、直观，刚度高。多做成大型龙门式或框架式机器人。

② 3 个关节的运动相互独立，没有耦合，运动学求解简单，不产生奇异状态。采用直线滚动导轨后，速度和定位精度高。

③ 工件的装卸、夹具的安装等受到立柱、横梁等构件的限制。

④ 容易编程和控制，控制方式与数控机床类似。

⑤ 导轨面防护比较困难。移动部件的惯量比较大，增加了驱动装置的尺寸和能量消耗，操作灵活性较差。

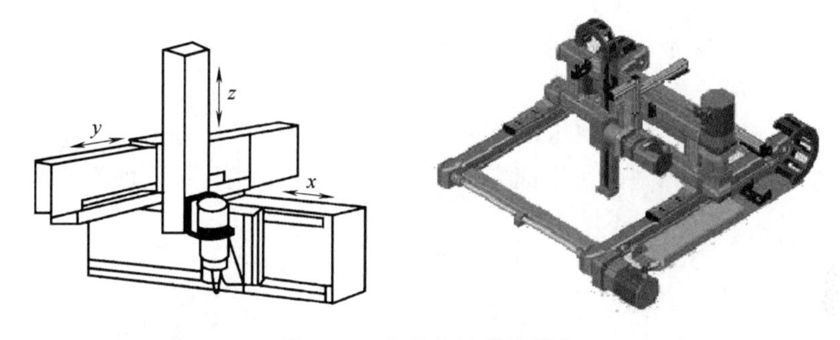

图 1.60 直角坐标型机器人

(2) 圆柱坐标型机器人

如图 1.61 所示，这种机器人以 θ、z 和 r 为参数构成坐标系。手腕参考点的位置可表示为 $P=f(\theta, z, r)$。其中，r 是手臂的径向长度，θ 是手臂绕水平轴的角位移，z 是在垂直轴上的高度。如果 r 不变，操作臂的运动将形成一个圆柱表面，空间定位比较直观。操作臂收回后，其后端可能与工作空间内的其他物体相碰，移动关节不易防护。

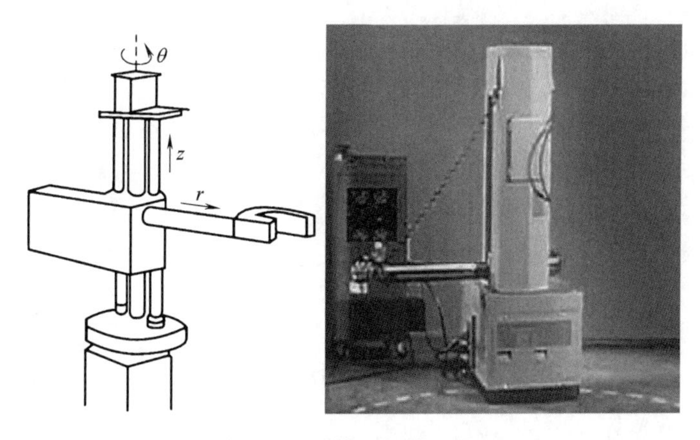

图 1.61 圆柱坐标型机器人

(3) 球（极）坐标型机器人

如图 1.62 所示，腕部参考点运动所形成的最大轨迹表面是半径为 r 的球面的一部分，以 θ、φ、r 为坐标，任意点可表示为 $P=f(\theta, \varphi, r)$。这类机器人占地面积小，工作空间较大，但移动关节不易防护。

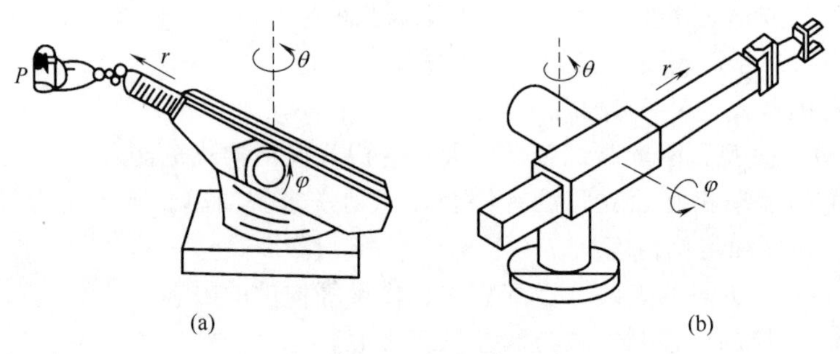

图 1.62　球（极）坐标型机器人

(4) 平面双关节型机器人

SCARA 机器人有 3 个旋转关节，其轴线相互平行，在平面内进行定位和定向，另一个关节是移动关节，用于完成末端件垂直于平面的运动。手腕参考点的位置是由两旋转关节的角位移 φ_1、φ_2 和移动关节的位移 z 决定的，即 $P=f(\varphi_1, \varphi_2, z)$，如图 1.63 所示。这类机器人结构轻便、响应快。例如 Adept Ⅰ型 SCARA 机器人的运动速度可达 10m/s，比一般关节式机器人快数倍。它最适用于平面定位，而在垂直方向进行装配的作业。

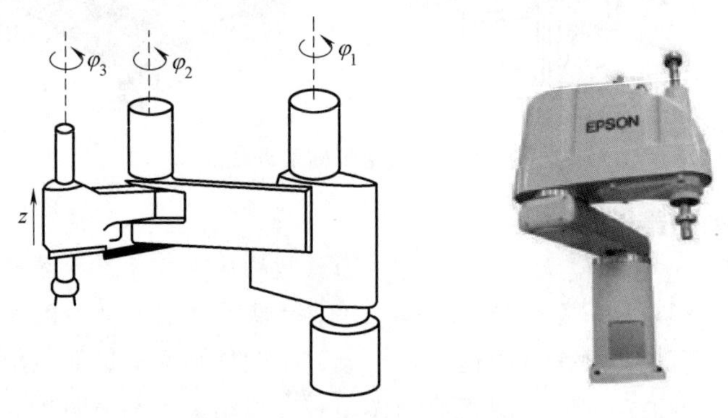

图 1.63　平面双关节型机器人

(5) 关节型机器人

这类机器人由 2 个肩关节和 1 个肘关节进行定位，由 2 个或 3 个腕关节进行定向。其中，一个肩关节绕铅直轴旋转，另一个肩关节实现俯仰，这两个肩关节轴线正交，肘关节平行于第二个肩关节轴线，如图 1.64 所示。这种构形动作灵活，工作空间大，在作业空间内

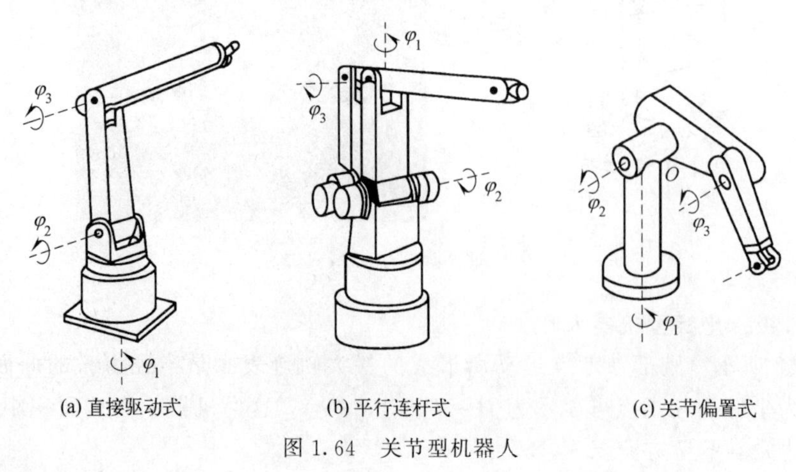

图 1.64　关节型机器人

手臂的干涉最小，结构紧凑，占地面积小，关节上相对运动部位容易密封防尘。这类机器人运动学较复杂，运动学反解困难，确定末端件执行器的位姿不直观，控制时计算量比较大。

(6) 并联机器人

并联机器人，可以定义为动平台和定平台通过至少两个独立的运动链相连接，机构具有2个或2个以上自由度，且以并联方式驱动的一种闭环机构，如图1.65所示。并联机器人的特点呈现为无累积误差，精度较高；驱动装置可置于定平台上或接近定平台的位置，这样运动部分重量轻，速度快，动态响应好。

图 1.65　并联机器人

1.2.3.2　按控制方式划分

(1) 点位控制工业机器人

采用点到点的控制方式，它只在目标点处准确控制工业机器人手部的位姿，完成预定的操作要求，而不对点与点之间的运动过程进行严格的控制。

目前已经应用的工业机器人中，多数属于点位控制方式，如上下料搬运机器人、点焊机器人等。

(2) 连续轨迹控制工业机器人

各关节同时做受控运动，准确控制工业机器人手部按预定轨迹和速度运动，而手部的姿态也可以通过腕关节的运动得以控制。

如工业中常用的弧焊、喷漆和检测机器人均属连续轨迹控制方式。

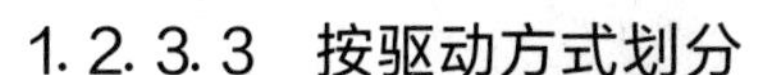

1.2.3.3　按驱动方式划分

工业机器人的驱动系统，按动力源不同可以划分为液压驱动、气压驱动、电力驱动、新型驱动方式共四种基本类型，根据需要驱动系统也可以是四种基本类型的组合。

(1) 气压驱动

气压驱动机器人是以压缩空气来驱动执行机构的，具有速度快、系统结构简单、维修方便、价格低等特点。气压系统的压力一般为0.7MPa，因空气具有可压缩性，其工作速度稳定性差，定位精度不高，所以适用于节拍快、负载小且精度要求不高的场合，如在上、下料或冲压机器人中应用较多。

(2) 液压驱动

液压驱动机器人是以液体油液来驱动执行机构的，结构紧凑，传动平稳，负载能力大，适用于重载搬运或零件加工，但液压驱动系统对密封要求较高，并且存在管路复杂、清洁困难等问题，因此，不宜用于高温、低温环境或装配作业的工作场合。

(3) 电力驱动

电力驱动机器人是用电动机产生的力矩来驱动执行机构的，在工业机器人中应用得最为普遍。电动机可分为步进电机、直流伺服电机、交流伺服电机三种。电力驱动不需能量转换，使用方便，控制灵活，运动精度高，大多数电动机后面需安装精密的传动机构，适用于中等负载，尤其是动作复杂、运动轨迹严格的各类机器人。

(4) 新型驱动方式

伴随着机器人技术的发展，出现了利用新的工作原理制造的新型驱动器，如静电驱动器、压电驱动器、形状记忆合金驱动器、人工肌肉、磁致伸缩驱动、超声波电机驱动和光驱动器等。

1.2.3.4 按机器人用途划分

依据工业机器人具体的作业用途，可分为搬运、码垛、焊接、涂装、装配机器人等。

① 搬运机器人被广泛应用于机床上下料、冲压机自动化生产线、自动装配流水线、码垛搬运、集装箱等的自动搬运。

② 码垛机器人被广泛应用于化工、饮料、食品、啤酒、塑料等生产企业，对纸箱、袋装、罐装、啤酒箱、瓶装等各种形状的包装成品都适用。

③ 焊接机器人最早应用在装配生产线上，开拓了一种柔性自动化生产方式，实现了在一条焊接机器人生产线上同时自动生产若干种焊件。

④ 涂装机器人被广泛应用于汽车、汽车零配件、铁路、家电、建材、机械等行业。

⑤ 装配机器人被广泛应用于各种电器的制造行业及流水线产品的组装作业，具有高效、精确、不间断工作的特点。

1.2.3.5 按机器人负载能力和动作空间划分

① 超大型机器人。负载能力 1000kg 以上。

② 大型机器人。负载能力 100～1000kg，动作空间 $10m^2$ 以上。

③ 中型机器人。负载能力 10～100kg，动作空间 1～$10m^2$。

④ 小型机器人。负载能力 0.1～10kg，动作空间 0.1～$1m^2$。

⑤ 超小型机器人。负载能力 0.1kg 以下，动作空间 $0.1m^2$ 以下。

1.2.3.6 按机器人技术等级划分

(1) 示教再现机器人

第一代工业机器人能够按照人类预先示教的轨迹、行为、顺序和速度重复作业，示教可由操作员手把手进行或通过示教器完成。

(2) 感知机器人

第二代工业机器人具有环境感知装置，能在一定程度上适应环境的变化，目前已经进入应用阶段。

(3) 智能机器人

第三代工业机器人具有发现问题，并且能自主地解决问题的能力，尚处于实验研究阶段。到目前为止，在世界范围内还没有一个统一的智能机器人定义。大多数专家认为智能机器人至少要具备以下三个要素：

① 感觉要素。用来认识周围环境状态。

② 运动要素。对外界做出反应性动作。

③ 思考要素。根据感觉要素所得到的信息，思考出采用什么样的动作。

1.2.4 工业机器人的组成

一般来说，工业机器人由三大部分、六个子系统组成。三大部分是：机械部分、传感部分和控制部分。六个子系统分别是：机械结构系统、驱动系统、感知系统、机器人-环境交互系统、人机交互系统和控制系统。工业机器人的组成结构框图如图 1.66 所示。

(1) 机械结构系统

机械结构系统包括机器人的机体结构和机械传动系统。机体结构一般包括机身、手臂、手腕及末端执行器等，根据机器人的种类不同，其机械系统组成也有一定的差异。每一个部分具有若干的自由度，构成一个多自由度的机械系统。末端操作器是直接安装在手腕上的一个重要部件，它可以是多手指的手爪，也可以是喷漆枪或者焊具等作业工具。

(2) 驱动系统

驱动系统是向机械结构系统提供动力的装置。根据控制指令，输出功率驱动机械手臂，通常由配电保护系统、驱动器等硬件组成。

① 配电保护系统。机器人电气系统首先是一套电气系统，所以配电保护是必须配备的，配置要求基本与普通的电气成套系统一致。

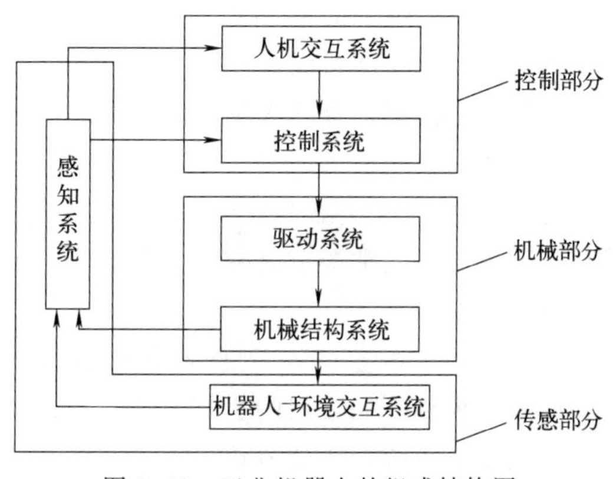

图 1.66　工业机器人的组成结构图

② 驱动器。机器人系统的重要组件，负责为机器人的工作提供输入功率，实现对工业机器人各个电动机位置、速度、转矩的控制。如今的驱动器一般都是伺服驱动器，配备绝缘栅双极型晶体管 IGBT，可以是集成式、模块式和独立型。

根据动力源不同，驱动系统的传动方式分为液压式、气压式、电气式和机械式 4 种。早期的工业机器人采用液压驱动。由于液压系统存在泄漏、噪声和低速不稳定等问题，并且功率单元笨重和昂贵，目前只有大型重载机器人、并联加工机器人和一些特殊应用场合使用液压驱动的工业机器人。气压驱动具有速度快、系统结构简单、维修方便、价格低等优点。但是气压装置的工作压强低，不易精确定位，一般仅用于工业机器人末端执行器的驱动。气动手抓、旋转气缸和气动吸盘作为末端执行器，可用于中、小负荷的工件抓取和装配。电力驱动是目前使用最多的一种驱动方式，其特点是电源取用方便，响应快，驱动力大，信号检测、传递、处理方便，并可以采用多种灵活的控制方式，驱动电机一般采用步进电机或伺服电机，目前也有采用直接驱动电机的，但是造价较高，控制也较为复杂，和电机相配的减速器一般采用谐波减速器、摆线针轮减速器或者行星齿轮减速器。

(3) 感知系统

机器人感知系统把机器人各种内部状态信息和环境信息从信号转变为机器人自身或者机器人之间能够理解和应用的数据和信息，除了需要感知与自身工作状态相关的机械量，如位移、速度和力等，视觉感知技术是工业机器人感知的另一个重要方面。视觉伺服系统将视觉信息作为反馈信号，用于控制调整机器人的位置和姿态。机器视觉系统还在质量检测、识别工件、食品分拣、包装等方面得到了广泛应用。感知系统由内部传感器模块和外部传感器模块组成，智能传感器的使用提高了机器人的机动性、适应性和智能化水平。

(4) 机器人-环境交互系统

机器人-环境交互系统是实现机器人与外部环境中的设备相互联系和协调的系统。机器人与外部设备集成为一个功能单元，如加工制造单元、焊接单元、装配单元等。当然也可以是多台机器人集成为一个去执行复杂任务的功能单元。

(5) 人机交互系统

人机交互系统是人与机器人进行联系和参与机器人控制的装置。例如：计算机的标准终端、指令控制台、信息显示板、危险信号报警器等。

(6) 控制系统

控制系统的任务是根据机器人的作业指令以及从传感器反馈回来的信号，支配机器人的执行机构去完成规定的运动和功能。通常由控制器、机器人操作系统OS、功能安全系统、示教器等软件和硬件组成。

控制器是控制系统的大脑，承载着工业机器人的操作系统OS，接收各种各样的反馈信号，处理各种中断请求，实时地发送控制指令。控制器可由工业计算机IPC或可编程逻辑控制器PLC构成，实际行业内一般用工业计算机，工业计算机在本质上同普通的计算机并没有区别，但是通常会带有网络、传感器、驱动器等硬件接口，同时兼容性好、软件安装方便、通信方便。

机器人操作系统OS，处理各种控制指令、信号、中断请求等，一般在系统中预设了机器人参数、模型。如常用的机器人操作系统（ROS）。

功能安全系统主要是避免机器人系统对操作人员构成伤害。

示教器，由显示器、键盘组成，大多数的机器人操作都可以用示教器来完成。如今在行业内，示教器的显示器多是触摸屏，并且欧美系工业机器人（ABB、KUKA）的示教器会多一个6自由度的摇杆，方便调试人员示教机械手臂的运动。示教器的作用是作为人机交互的界面，帮助调试人员在现场直观地示教机械手臂的运动、调试程序、设置机器人操作系统的系统参数。一个符合人机工程学、带有便捷操作界面以及快速响应的示教器能够给现场调试人员带来极大便利，缩短现场调试的工作周期。

1.2.5 工业机器人的核心部件

一台工业机器人的成本构成中，减速器、伺服系统、控制器分别占总成本的35%、20%、15%，合计占总成本的70%，是工业机器人最重要的组成部分，三大核心部件之于机器人，像极了发动机之于汽车的重要位置。

(1) 减速器

减速器是连接动力源与执行机构之间的传动机构，能将马达的转速降低，并让转矩提升。其将电动机、内燃机等高速运转的动力，透过输入轴上的小齿轮啮合后，再输出至轴上的大齿轮以达到减速的目的，并借此传递更大的力矩，精确控制机器人动作。机器人减速器分为两种：一种是安装在机座、大臂、肩膀等重负载位置的RV减速器；另一种是安装在小臂、腕部或手部等轻负载位置的谐波减速器。

① RV减速器。少齿差啮合，但相对于谐波减速器，RV减速器通常用的是摆线针轮，由摆线针轮和行星支架组成。相比谐波减速器，RV减速器的关键在于加工工艺和装配工艺。RV减速器具有更高的疲劳强度、刚度和寿命，不像谐波传动那样随着使用时间增长，运动精度会显著降低，其缺点是重量重，外形尺寸较大。RV减速器用于转矩大的机器人腿部、腰部和肘部三个关节，负载大的工业机器人，一、二、三轴都是用RV减速器。

② 谐波减速器。谐波传动装置的一种，谐波传动装置包括谐波加速器和谐波减速器。谐波减速器主要由刚轮、柔轮和径向变形的波发生器三者组成。它是利用柔性齿轮产生可控制的弹性变形波，引起刚轮与柔轮的齿间相对错齿来传递动力和运动的。这种传动与一般的齿轮传递具有本质上的差别，在啮合理论、集合计算和结构设计方面具有特殊性。谐波齿轮减速器具有高精度、高承载力等优点，和普通减速器相比，由于使用的材料要少50%，其体积及重量至少减少1/3。所以谐波减速器主要用于小型机器人，特点是体积小、重量轻、承载能力大、运动精度高、单级传动比大。一般用于负载小的工业机器人或大型机器人末端几个轴。

(2) 伺服系统

伺服系统是用来精确地跟随或复现某个过程的反馈控制系统，常被视为“工业神经系统”。在工业机器人中，伺服系统通过接收并精确执行控制器发出的运动指令，完成工业机器人的多轴运动控制。在构成方面，伺服系统由伺服电机、伺服驱动器、伺服编码器三部分组成。其中，伺服电机是执行机构，用于驱动机器人的关节，从而实现运动。为与机器人体型相匹配并满足机器人的运行性能需求，工业机器人伺服电机须具备小体积集成和大功率应用的技术能力。伺服驱动器是接收控制器发出的指令，并驱动电机工作的装置。伺服编码器是伺服系统的反馈装置，用来反馈伺服电机的信号并依此精确调速，控制伺服电机达到最佳工作状态，从而提升伺服系统精度。

(3) 控制器

衡量机器人的优劣有两个重要标准：稳定性和精确性。核心控制器是影响稳定性和决定机器人性能的关键要素，是工业机器人的“大脑”，由控制柜、示教柜等硬件和控制算法、编程程序等软件构成。

“大脑”接收来自其他各组元的信号，根据已编程的系统进行处理后，向各组元发出指令，从而控制各组元的运行。

1.2.6 工业机器人的主要技术参数

工业机器人的技术参数是各工业机器人制造商在产品供货时所提供的技术参数，反映了机器人的适用范围和工作性能。工业机器人的主要技术参数包括自由度、工作空间、承载能力、最大工作速度、定位精度、重复定位精度、分辨率等。

(1) 自由度

自由度（degree of freedom，DOF），又称坐标轴数或轴数，是指机器人具有的独立坐标轴运动的数目，不包括末端执行器的动作。机器人的自由度数一般等于关节数目，机器人常用的自由度数一般为3～6个，也就是常说的3轴、4轴、5轴和6轴机器人。通常来说，自由度越多，机器人动作越灵活，可以完成的动作越复杂，通用性越强，应用范围也越广，但机械臂结构也越复杂，会降低机器人的刚性，增大控制难度。如图1.67所示，6轴机器人有6个自由度。

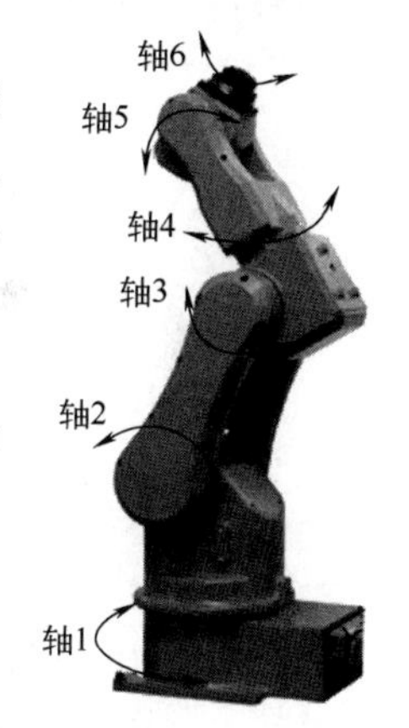

图1.67 6自由度工业机器人

(2) 工作空间

工作空间也称为工作范围，是指机器人在运动时，其手腕参考点或末端执行器安装点所能到达的所有点所占的空间体积，一般用侧视图和俯视图的投影表示。为真实反映机器人的特征参数，工作空间一般不包括末端执行器本身所能到达的区域。如图1.68、图1.69所示，型号为IRB 120的ABB机器人工作空间可达580mm，轴1旋转范围为±165°。

(3) 承载能力

承载能力是指机器人在工作空间内的任何位姿上所能承受的最大质量。机器人的承载能力不仅取决于负载的质量，而且还和机器人的运行速度和加速度的大小和方向有关。为了安全起见，承载能力是指高速运行时的承载能力。通常情况下，承载能力不仅包括负载质量，也包括末端执行器的质量。

(4) 最大工作速度

不同的工业机器人厂家对最大工作速度规定的内容有不同之处，有的厂家定义为工业机

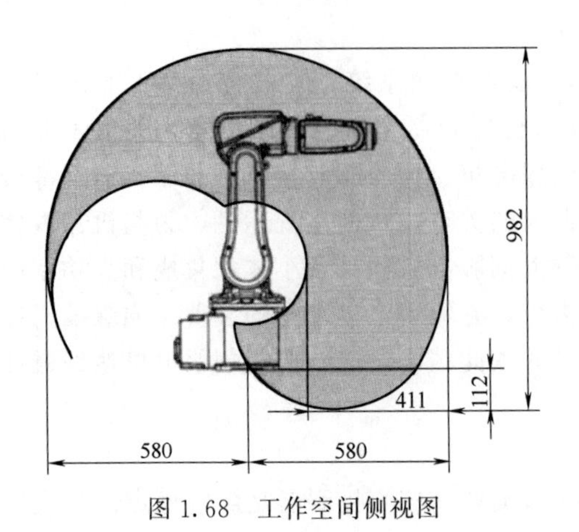

图 1.68 工作空间侧视图

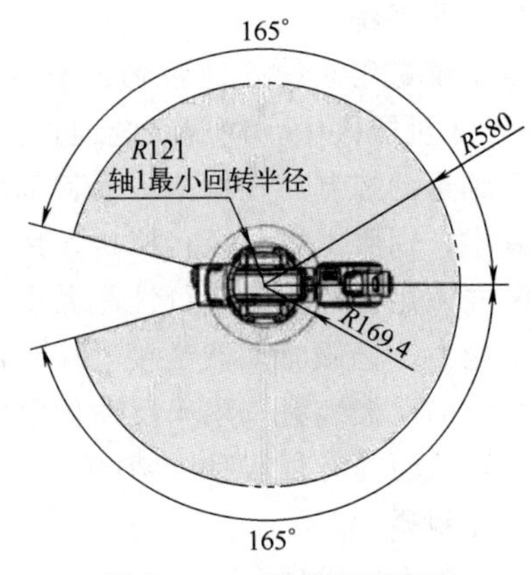

图 1.69 工作空间俯视图

器人主要关节上最大的稳定速度；有的厂家定义为工业机器人手臂末端所能达到的最大的合成线速度。工作速度越大，相应的工作效率就越高，但是也要花费更多的时间去升速或降速。

(5) 定位精度、重复定位精度、分辨率

定位精度和重复定位精度是机器人的两个精度指标。工业机器人的定位精度是指每次机器人末端执行器定位一个位置产生的误差，可预测和校正；重复定位精度是机器人反复定位一个位置产生误差的均值，属于随机误差的范围，无法消除；而分辨率则是指机器人的每个关节能够实现的最小移动距离或者最小转动角度。精度和分辨率不一定相关，定位精度、重复定位精度、分辨率之间的关系如图 1.70 所示。

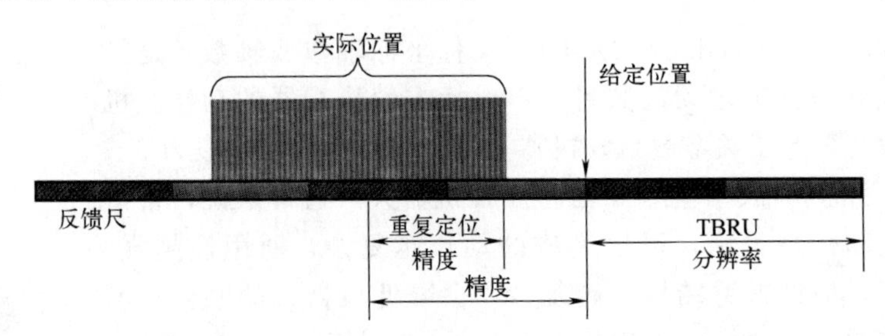

图 1.70 定位精度、重复定位精度、分辨率的关系

1.2.7 工业机器人的应用

在智能制造领域，多关节工业机器人、并联机器人、移动机器人的本体开发及批量生产，使得机器人技术在焊接、搬运、喷涂、加工、装配、检测、清洁生产等领域得到规模化集成应用，极大地提高了生产效率和产品质量，降低了生产和劳动力成本。

(1) 焊接机器人

有着“工业裁缝”之称的焊接机器人在工业生产领域起着举足轻重的作用。近些年来，随着科学技术的不断发展，高质量产品的需求量大大地增加，同时也对焊接技术提出了更高的要求。传统的手工焊接技术在质量和效率上已经无法满足当今产品生产的需要，所以焊接的自动化逐渐被世人重视起来。焊接机器人作为工业机器人最重要的应用板块，发展非常迅速，已广泛应用于工业制造各领域，占整个工业机器人应用领域的 40%左右，焊接机器人已经成为焊接自动化的标志。

焊接机器人是从事焊接（包括切割与喷涂）的工业机器人。焊接机器人主要包括机器人和焊接设备两部分。机器人由机器人本体和控制柜（硬件及软件）组成。而焊接装备，以弧焊及点焊为例，则由焊接电源（包括其控制系统）、送丝机（弧焊）、焊枪（钳）等部分组成。对于智能机器人还应有传感系统，如激光或摄像传感器及其控制装置等。

焊接机器人是工业机器人的重要组成部分。在中国工业机器人市场，焊接同样是工业机器人最重要的应用领域之一。焊接机器人在汽车、摩托车、工程机械等领域都得到了广泛应用。焊接机器人在提高生产效率、改善工人劳动强度及环境、提高焊接质量等方面发挥着重要作用。焊接机器人的出现消除了对人力的需求，通过有效且高效地执行重复任务来确保卓越的操作。此外，国家鼓励使用新的先进技术来开发焊接机器人。还可以对焊接机器人进行定制，以满足特定要求，例如在线焊缝跟踪和远程监控，以及有效的物理结构，以通过使用创新技术来改善与人工的兼容性。如图1.71所示为焊接机器人。

(2) 喷涂机器人

喷涂机器人又叫喷漆机器人（spray painting robot），是可进行自动喷漆或喷涂其他涂料的工业机器人。1969年由挪威Trallfa公司（后并入ABB集团）发明。喷漆机器人（图1.72）主要由机器人本体、计算机和相应的控制系统组成，液压驱动的喷漆机器人还包括液压油源，如油泵、油箱和电机等。多采用5或6自由度关节式结构，手臂有较大的运动空间，并可做复杂的轨迹运动，其腕部一般有2～3个自由度，可灵活运动。较先进的喷漆机器人腕部采用柔性手腕，既可向各个方向弯曲，又可转动，其动作类似人的手腕，能方便地通过较小的孔伸入工件内部，喷涂其内表面。喷漆机器人一般采用液压驱动，具有动作速度快、防爆性能好等特点，可通过手把手示教或点位示数来实现示教。喷漆机器人广泛用于汽车、仪表、电器、搪瓷等领域。

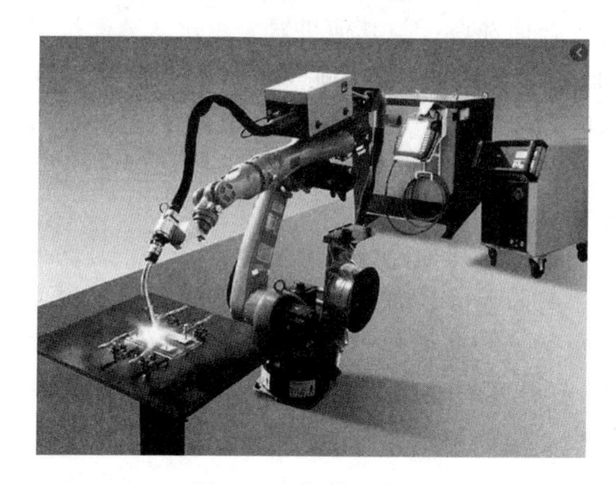

图1.71　焊接机器人

图1.72　喷涂机器人

喷涂机器人的主要优点：柔性大，工作范围大；提高了喷涂质量和材料使用率；易于操作和维护；可离线编程，大大地缩短了现场调试时间；设备利用率高，喷涂机器人的利用率可达90%～95%。

喷涂机器人与人工相比，可以提升60%的效率、节省30%的涂料。同时，机器人喷涂的产品良率可以接近100%。传统往复机由于不够灵活，因此无法完成精细化操作，且对喷漆的利用率低，而且喷漆成品良率也偏低，与喷涂机器人相比，可运用的领域受限。喷涂机器人的适用范围则相对较广，与往复机和人工比较，除了设备投资与维护费用较大外，其他指标均有明显优势，特别是在喷漆的利用率和喷漆成品质量方面。

综合来讲，喷涂机器人的总涂装成本小，优势较为明显。与手工喷涂和往复机喷涂相比，喷涂机器人在良率、误差、总成本方面有较明显的优势。

(3) 装配机器人

装配是工业产品生产的后续工序，在制造业中占有重要地位。随着劳动力成本的不断上升，以及现代制造业的不断换代升级，机器人在工业生产中装配方面的应用越来越广泛，与人工装配相比，机器人装配可使工人从繁重、重复、危险的体力劳动中解放出来，用机器人来实现自动化装配作业是现代化生产的必然趋势。

据统计，机器人装配作业中的85%是轴与孔的插装作业，如销、轴、电子元件脚等插入相应的孔，螺栓拧入螺孔等。如图1.73所示，在轴与孔存在误差的情况下进行装配，需要机器人具有动作的柔顺性。主动柔顺性是根据传感器反馈的信息调整机器人手部动作，而从动柔顺性则利用不带动力的机构来控制手爪的运动以补偿其位置误差。用于装配的机器人比一般工业机器人具有柔顺性好、定位精度高、工作范围小、能与其他系统配套使用等特点。

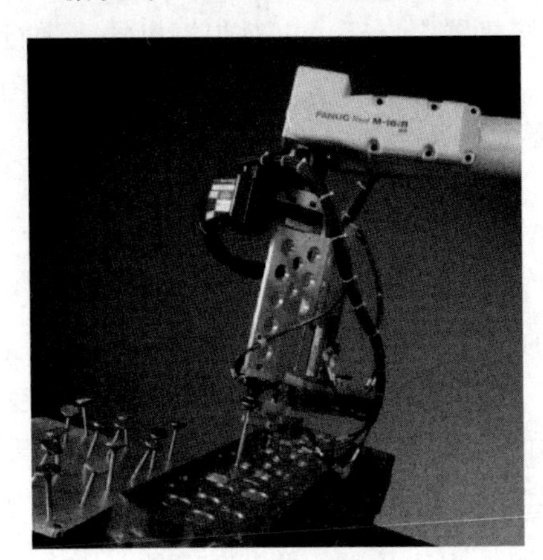

图1.73 装配机器人

装配机器人是柔性自动化装配系统的核心设备。常用的装配机器人是由机器人本体、末端执行器、控制系统和感知系统组成的，其中机器人本体的结构类型有垂直多关节、水平多关节、直角坐标型、柱面坐标型、并联机器人等，以适合不同的装配作业，企业可根据需要进行合理选择；末端执行器种类很多，有吸附式、夹钳式、专用式和组合式，根据夹持需求合理选择；与其他机器人相比，装配机器人的控制系统能够使机器人实现更高的速度、加速度、定位精度，能够对外部信号实时反应；在机器人上安装有各种传感器，组成机器人的感知系统，用于获取装配机器人与装配对象、外部环境之间的相互作用信息。

(4) 搬运机器人

搬运作业是指用一种设备握持工件，从一个加工位置移到另一个加工位置。使用机器人代替人工来实现搬运作业，不仅减轻了工人的体力劳动强度，而且提高了工作效率。根据安装在机器人本体末端的执行器不同（机械手爪、电磁铁、真空吸盘等），可以实现不同形状和状态的工件搬运工作，目前世界上已有超过10万台各类型的搬运机器人，主要应用于自动化装配流水线、物料搬运、堆垛码垛、集装箱搬运等各种自动搬运作业。

用于搬运作业的机器人包括：

① 可以移动的搬运小车（AGV）。用于实现自主循迹、规避障碍、抓放物品等功能；

② 多关节6轴机器人。多用于各行业的重载搬运作业；

③ 4轴码垛机器人。如图1.74所示，运动轨迹接近于直线，在搬运过程中，物体始终平行于地面，适合于高速码垛、包装等作业；

④ SCARA机器人。具有4个独立运动关节，多用于高速轻载的工作场合；

图1.74 搬运机器人

⑤ 并联机器人。多用于食品、医药和电子等行业，目前ABB公司最新产品加速度可达15g，每分钟抓取次数可达180次。

搬运机器人在国外已经形成了非常成熟的理论体系和产品，并得到了广泛的应用，国内起步虽然比较晚，但近些年的发展非常迅速，取得了一系列成果。随着科技的发展和技术的进步，搬运机器人越来越朝着智能化、高负载、高可靠性以及和谐的人机交互等方向发展。

(5) 加工机器人

随着生产制造向着智能化和信息化发展，机器人技术越来越多地应用到制造加工的打磨、抛光、钻削、铣削、钻孔等工序当中。与进行加工作业的工人相比，加工机器人对工作环境的要求相对较低，具备持续加工的能力，同时加工产品质量稳定、生产效率高，能够加工多种材料类型的工件，如铝、不锈钢、铜、复合材料、树脂、木材和玻璃等，有能力完成各类高精度、大批量、高难度的复杂加工任务。

相比机床加工，工业机器人的缺点在于其自身的弱刚性。但是加工机器人具有较大的工作空间、较高的灵活性和较低的制造成本，对于小批量多品种工件的定制化加工，机器人在灵活性和成本方面显示出较大优势；同时，机器人更加适合与传感器技术、人工智能技术相结合，在航空、汽车、木制品、塑料制品、食品等领域具有广阔的应用前景。

1.2.8 工业机器人的发展趋势

在智能制造领域中，以机器人为主体的制造业体现了智能化、数字化和网络化的发展要求，现代工业生产中大规模应用工业机器人正成为企业重要的发展策略。现代工业机器人已从功能单一、仅可执行某些固定动作的机械臂，发展为多功能、多任务的可编程、高柔性智能机器人。尽管系统中工业机器人个体是柔性可编程的，但目前采用的大多数固定式自动化生产系统柔性较差，适用于长周期、单一产品的大批量生产，而难以适应柔性化、智能化、高度集成化的现代智能制造模式。为了应对智能制造的发展需求，未来工业机器人系统有以下的发展趋势。

(1) 一体化发展趋势

一体化是工业机器人未来的发展趋势。可以对工业机器人进行多功能一体化的设计，使其具备进行多道工序加工的能力，对生产环节进行优化，实现测量、操作、加工一体化，能够减少生产过程中的累计误差，大大提升生产线的生产效率和自动化水平，降低制造中的时间成本和运输成本，适合集成化的智能制造模式。

(2) 智能信息化发展趋势

未来以“互联网+机器人”为核心的数字化工厂智能制造模式将成为制造业的发展方向，真正意义上实现了机器人、互联网、信息技术和智能设备在制造业的完美融合，涵盖了生产、质量检测、物流等环节，是智能制造的典型代表。结合工业互联网技术、机器视觉技术、人机交互技术和智能控制算法等相关技术，工业机器人能够快速获取加工信息，精确识别和定位作业目标，排除工厂环境以及作业目标尺寸、形状多样性的干扰，实现多机器人智能协作生产，满足智能制造的多样化、精细化需求。

(3) 柔性化发展趋势

现代智能制造模式对工业机器人系统提出了柔性化的要求。通过开发工业机器人开放式的控制系统，使其具有可拓展和可移植的特点；同时设计制造工业机器人模块化、可重构化的机械结构，例如关节模块中实现伺服电机、减速器、检测系统三位一体化，使得生产车间能够根据生产制造的需求自行拓展或者组合系统的模块，提高生产线的柔性化程度，有能力完成各类小批量、定制化生产任务。

(4) 人机/多机协作化发展趋势

针对目前工业机器人存在的操作灵活性不足、在线感知与实时作业能力弱等问题，人机/多机协作化是其未来的发展趋势。通过研发机器人多模态感知、环境建模、优化决策等关键技术，强化人机交互体验与人机协作效能，实现机器人和人在感知、理解、决策等不同层面上的优势互补，能够有效提高工业机器人的复杂作业能力。同时通过研发工业机器人多机协同技术，实现群体机器人的分布式协同控制，其协同工作能力提高了任务的执行效率，以及其具有的冗余特性提高了任务应用的鲁棒性，能完成单一系统无法完成的各种高难度、高精度和分布式的作业任务。

(5) 大范围作业发展趋势

现代柔性制造系统对物流运输、生产作业等环节的效率、可靠性和适应性提出了较高的要求，在需要大范围作业的工作环境中，固定基座的工业机器人很难完成工作任务，通过引入移动机器人技术，可以有效增大工业机器人的工作空间，提高机器人的灵巧性。

【本章小结】

本章首先介绍了机器人的发展历程和定义，然后介绍了工业机器人的发展历程、定义、分类、组成、主要技术参数、应用及发展趋势。

【思考题】

1-1 我国对机器人的定义是什么？

1-2 我国对工业机器人的定义是什么？

1-3 工业机器人如何进行分类？

1-4 工业机器人由哪几部分组成？各部分的作用分别是什么？

1-5 查找相关文献资料，以一款机械臂为例，分析其主要的技术参数。

第2章

工业机器人的机械结构

【学习目标】

学习目标	学习目标分解	学习要求
知识目标	工业机器人的机身	了解
	工业机器人的手臂	熟悉
	工业机器人的手腕	了解
	工业机器人的手部	掌握
	工业机器人的驱动系统	掌握

【知识图谱】

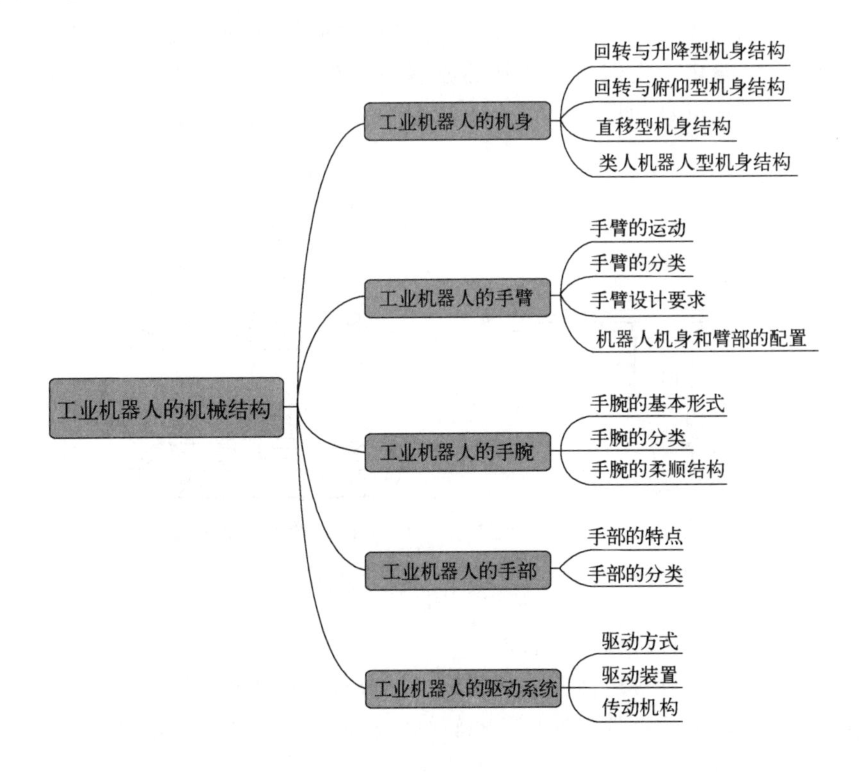

工业机器人的机械结构系统又称操作机或执行机构系统，是机器人的主要承载体，包括机器人的机体结构和驱动系统，是工业机器人至关重要的组成部分。机体结构一般包括机身、手臂、手腕及手部等；驱动系统一般包括驱动装置和传动机构两部分。

2.1 工业机器人的机身

工业机器人的机身是机器人的基础部分，起支撑作用。对固定机器人，机身直接连接在地面基础上，对移动式机器人，则安装在移动机构上。机身是直接连接、支撑和传动手臂及行走机构的部件。它是由臂部运动（升降、平移、回转、俯仰）机构及有关的导向装置、支撑件等组成的。由于机器人的运动形式、使用条件、负载能力各不相同，所采用的驱动装置、传动机构、导向装置也不同，致使机身结构有很大差异。

常用的机身结构有回转与升降型机身结构、回转与俯仰型机身结构、直移型机身结构及类人机器人型机身结构。

2.1.1 回转与升降型机身结构

回转与升降型机身结构由实现臂部的回转和升降的机构组成，回转通常由直线液（气）压缸驱动的传动链、蜗轮蜗杆机械传动回转轴完成；升降通常由直线缸驱动、丝杠-螺母机构驱动、直线缸驱动的连杆升降台完成。

(1) 回转与升降型机身结构特点

① 升降油缸在下，回转油缸在上，回转运动采用摆动油缸驱动，因摆动油缸安置在升降活塞杆的上方，故活塞杆的尺寸要加大。

② 回转油缸在下，升降油缸在上，回转运动采用摆动油缸驱动，相比之下，回转油缸的驱动力矩要设计得大一些。

③ 链条链轮传动是将链条的直线运动变为链轮的回转运动，其回转角度可大于 360°。图 2.1 所示为链条链轮传动实现机身回转的原理图，其中图 2.1（a）为单杆活塞气缸驱动链条链轮传动机构实现机身的回转运动，图 2.1（b）为双杆活塞气缸驱动链条链轮回转的方式。

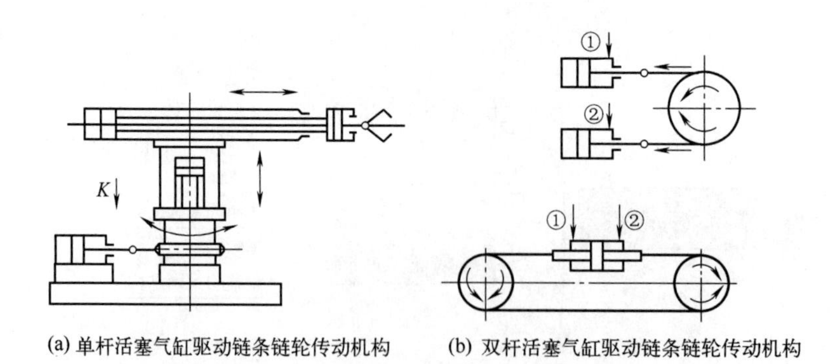

(a) 单杆活塞气缸驱动链条链轮传动机构　(b) 双杆活塞气缸驱动链条链轮传动机构

图 2.1　链条链轮传动机构

(2) 回转与升降型机身结构工作原理

如图 2.2 所示设计的机身包括两个运动，机身的回转和升降。机身回转机构置于升降缸之上。手臂部件与回转缸的上端盖连接，回转缸的动片与缸体相连，由缸体带动手臂回转运动。回转缸的转轴与升降缸的活塞杆是一体的。活塞杆采用空心结构，内装一花键套与花键轴配合，活塞升降由花键轴导向。花键轴与升降缸的下端盖用键来固定，下端盖与连接地面的底座固定。这样就固定了花键轴，也就通过花键轴固定了活塞杆。这种结构中导向杆在内部，结构紧凑。

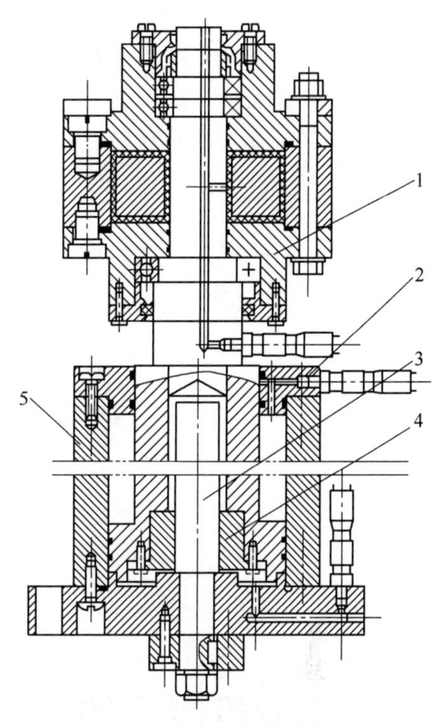

图 2.2　回转升降型机身结构
1—回转缸；2—活塞；3—花键轴；4—花键轴套；5—升降缸

2.1.2　回转与俯仰型机身结构

回转与俯仰型机身结构由实现手臂左右回转和上下俯仰的部件组成，它用手臂的俯仰运动部件代替手臂的升降运动部件。俯仰运动大多采用摆式直线缸驱动。

机器人手臂的俯仰运动一般采用活塞缸与连杆机构实现。手臂俯仰运动用的活塞缸位于手臂的下方，其活塞杆和手臂用铰链连接，缸体采用尾部耳环或中部销轴等方式与立柱连接，如图 2.3 所示。此外有时也采用无杆活塞缸驱动齿条齿轮或四连杆机构实现手臂俯仰运动。

2.1.3　直移型机身结构

直移型机身结构多为悬挂式，机身实际是悬挂手臂的横梁。为使手臂能沿横梁平移，除了要有驱动和传动机构外，导轨也是一个重要的部件，如图 2.4 所示。

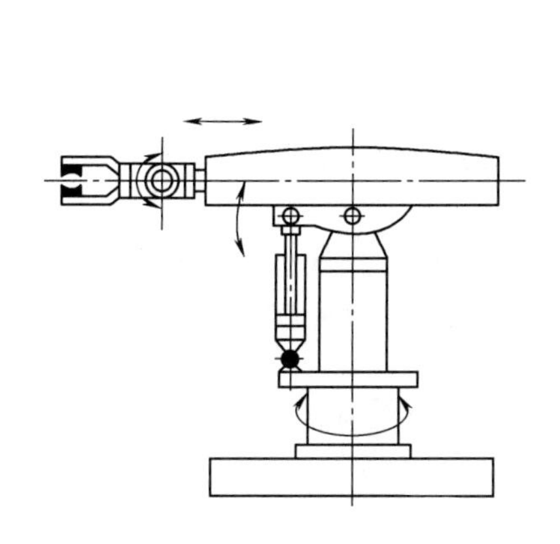
图 2.3　俯仰型机身结构

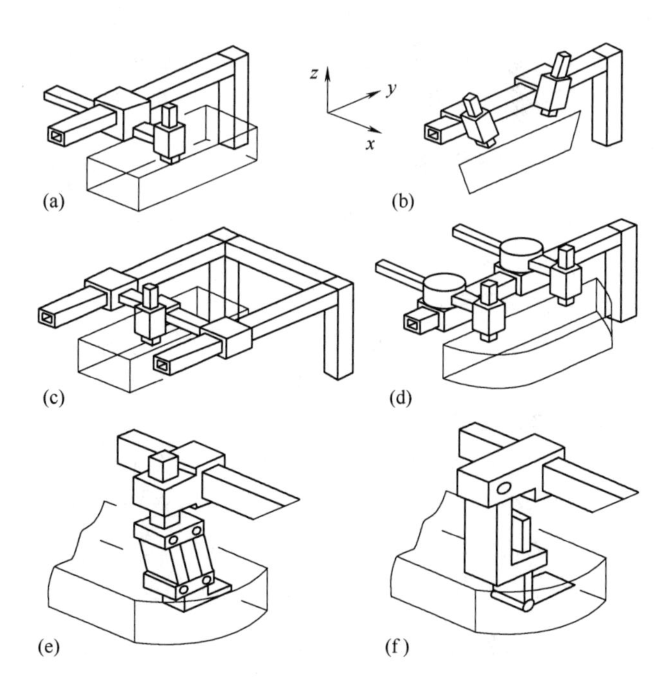

图 2.4　直移型机身结构

2.1.4 类人机器人型机身结构

类人机器人型机身结构的机身上除了装有驱动臂部的运动装置外，还应该有驱动腿部运动的装置和腰部关节，如图 2.5 所示。类人机器人机身结构的机身靠腿部的屈伸运动来实现升降，腰部关节实现左右和前后的俯仰及机身轴线方向的回转运动。

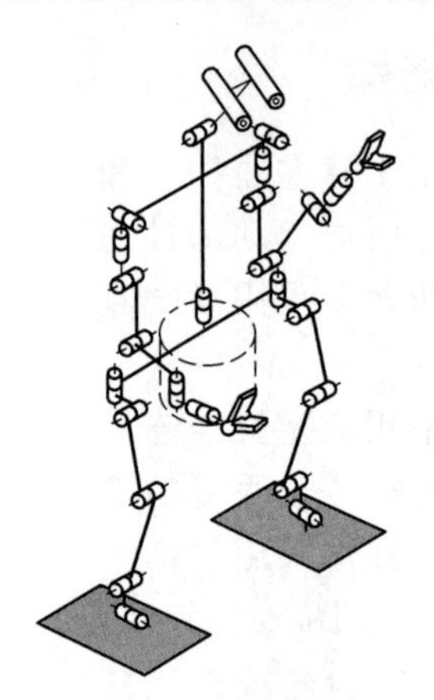

图 2.5 类人机器人机身

2.2 工业机器人的手臂

工业机器人的手臂是连接机身和手腕的部分，主要用于改变手部的空间位置，满足机器人对作业空间的要求，并将各种载荷传递到基座。

手臂部件（简称臂部）是机器人的主要执行部件，它的主要作用是支撑腕部和手部，并带动它们在空间运动。机器人的臂部主要包括臂杆以及与其伸缩、屈伸或自转等运动有关的构件，如传动机构、驱动装置、导向定位装置、支撑连接和位置检测元件等。此外，还有与腕部或臂部的运动和连接支撑等有关的构件、配管配线等。

2.2.1 手臂的运动

一般来讲，为了让机器人的手爪或末端操作器可以到达任务目标，手臂至少能够完成三个运动：垂直移动、径向移动、回转运动。

(1) 垂直移动

垂直移动是指机器人手臂的上下运动。这种运动通常采用液压缸机构或其他垂直升降机构来完成，也可以通过调整整个机器人机身在垂直方向上的安装位置来实现。

(2) 径向移动

径向移动是指手臂的伸缩运动。机器人手臂的伸缩使其手臂的工作长度发生变化。在圆柱坐标式结构中，手臂的最大工作长度决定于其末端所能达到的圆柱表面直径。

(3) 回转运动

回转运动是指机器人绕铅垂轴的转动，这种运动决定了机器人的手臂所能到达的角度位置。

2.2.2 手臂的分类

根据臂部的运动和布局、驱动方式、传动和导向装置的不同，工业机器人的手臂可分为：

① 伸缩型臂部结构；

② 转动伸缩型臂部结构；

③ 屈伸型臂部结构；

④ 其他专用的机械转动臂部结构。

根据手臂的结构形式，可分为单臂式臂部结构、双臂式臂部结构和悬挂式臂部结构等三类，如图 2.6 所示。

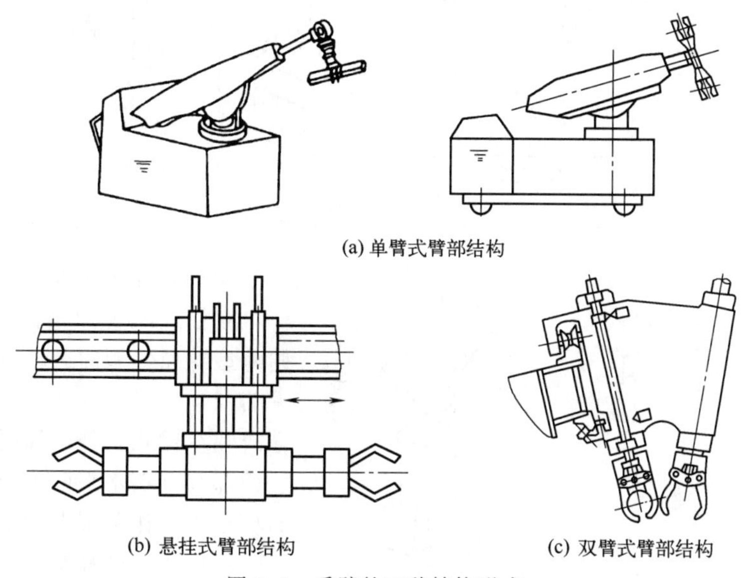

(a) 单臂式臂部结构

(b) 悬挂式臂部结构　(c) 双臂式臂部结构

图 2.6　手臂的三种结构形式

根据手臂的运动形式，可分为直线运动型臂部结构、回转运动型臂部结构和复合运动型臂部结构等三类。其中直线运动是指手臂的伸缩、升降及横向（或纵向）移动；回转运动是指手臂的左右回转、上下摆动（即俯仰）；复合运动是指直线运动和回转运动的组合、两直线运动的组合、两回转运动的组合。

2.2.3　手臂设计要求

① 手臂的结构应该满足机器人作业空间的要求。

② 合理选择手臂截面形状和使用高强度轻质材料，工字形截面的弯曲刚度一般比圆截面大，空心管的弯曲刚度和扭转刚度都比实心轴大得多，所以常用钢管制作臂杆及导向杆，用工字钢和槽钢制作支承板。

③ 尽量减轻手臂重量和整个手臂相对于转动关节的转动惯量，以减小运动时的动载荷与冲击。

④ 合理设计与腕和机身的连接部位，臂部安装形式和位置不仅关系到机器人的强度、刚度和承载能力，而且还直接影响机器人的外观。

2.2.4　机器人机身和臂部的配置

机身和臂部的配置形式基本反映了机器人的总体布局。由于机器人的运动要求、工作对象、作业环境和场地等因素的不同，出现了各种不同的配置形式。常用的有如下几种形式。

(1) 横梁式配置

机身设计成横梁式，用于悬挂手臂部件，横梁式配置通常分为单臂悬挂式和双臂悬挂式两种，如图 2.7 所示。这类机器人的运动形式大多为移动式。它具有占地面积小、能有效利用空间、动作简单直观等优点。一般横梁安装在厂房原有建筑的柱梁或有关设备上，也可从地面架设。

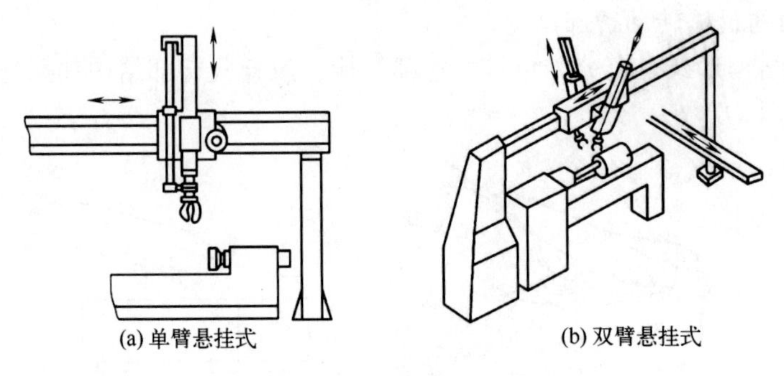

(a) 单臂悬挂式　　(b) 双臂悬挂式

图 2.7　横梁式配置

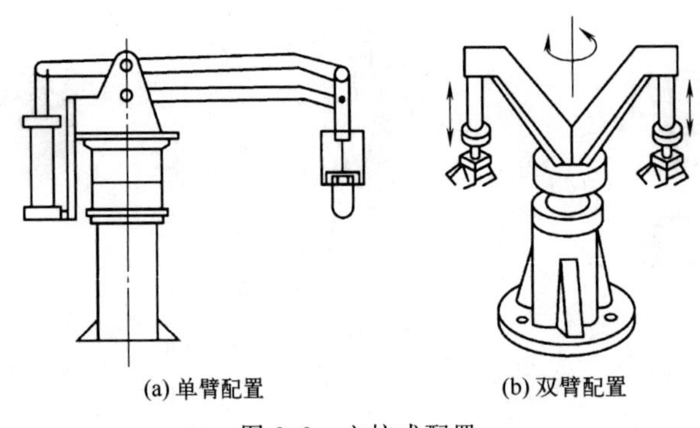

(a) 单臂配置　　(b) 双臂配置

图 2.8　立柱式配置

(2) 立柱式配置

立柱式配置的臂部多采用回转型、俯仰型或屈伸型的运动形式，是一种常见的配置形式。立柱式配置通常分为单臂式和双臂式两种，如图 2.8 所示。一般臂部都可在水平面内回转，具有占地面积小、工作范围大的特点。

(3) 机座式配置

机座式配置的臂部可以是独立的、自成系统的完整装置，可以随意安放和搬运，也可以具有行走机构，如沿地面上的专用轨道移动，以扩大其活动范围。各种运动形式均可设计成机座式，机座式配置通常分为单臂回转式、双臂回转式和多臂回转式，如图 2.9 所示。

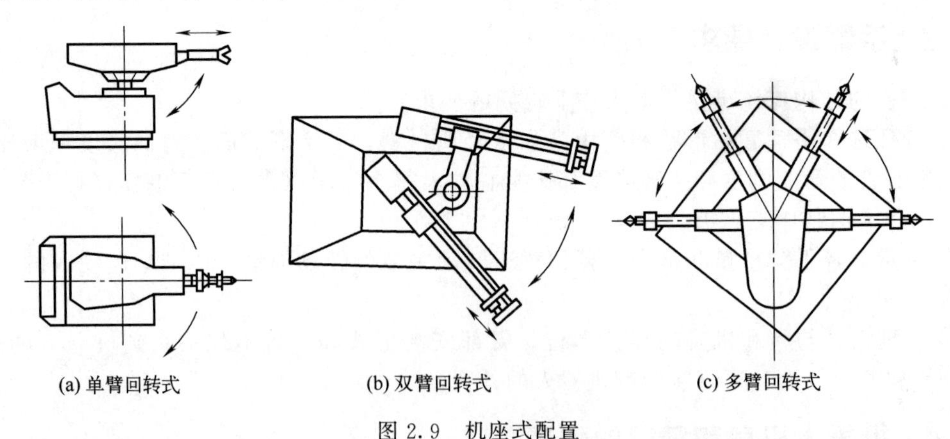

(a) 单臂回转式　　(b) 双臂回转式　　(c) 多臂回转式

图 2.9　机座式配置

(4) 屈伸式配置

屈伸式配置的臂部由大小臂组成，大小臂间有相对运动，称为屈伸臂。屈伸臂与机身间的配置形式（平面屈伸式和立体屈伸式）关系到机器人的运动轨迹，平面屈伸式可以实现平面运动，立体屈伸式可以实现空间运动，如图 2.10 所示。

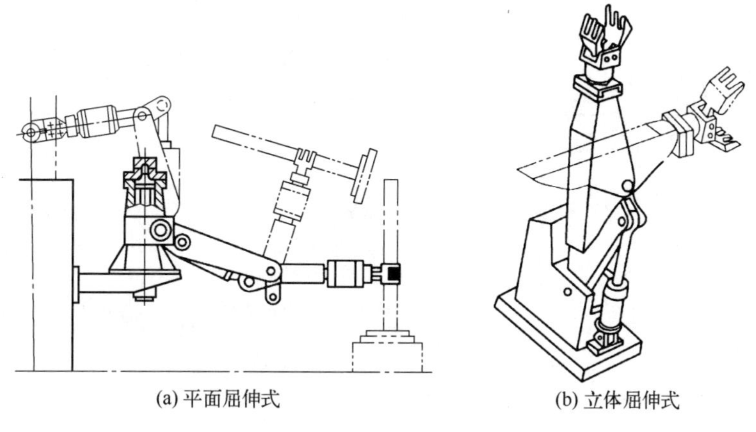

图 2.10　屈伸式配置

2.3 工业机器人的手腕

2.3.1 手腕的基本形式

工业机器人的手腕是连接手部和手臂的部件，主要作用是改变手部的空间方向和将作业载荷传递到手臂。因此它具有独立的自由度，以使机器人手部可以完成复杂的姿态。

要确定手部的作业方向，一般需要 3 个自由度，这 3 个自由度分别为臂转、手转和腕摆，如图 2.11 所示。

① 臂转。绕小臂轴线方向的旋转。

② 手转。使手部绕自身的轴线方向旋转。

③ 腕摆。使手部相对于臂进行摆动。

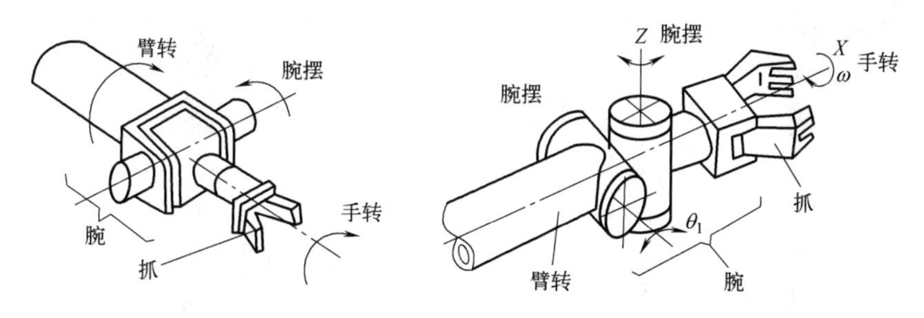

图 2.11　手腕回转运动的形式

为了使手部能处于空间任意方向，要求腕部能实现对空间 3 个坐标轴 X、Y、Z 的转动，即具有翻转、俯仰和偏转 3 个自由度，如图 2.12 所示。通常把腕部的翻转称为 roll，用 R 表示；把腕部的俯仰称为 pitch，用 P 表示；把腕部的偏转称为 yaw，用 Y 表示。图 2.13 所示手腕可以实现 RPY 运动。

2.3.2 手腕的分类

(1) 按自由度分类

手腕按自由度可分为单自由度手腕、二自由度手腕和三自由度手腕。

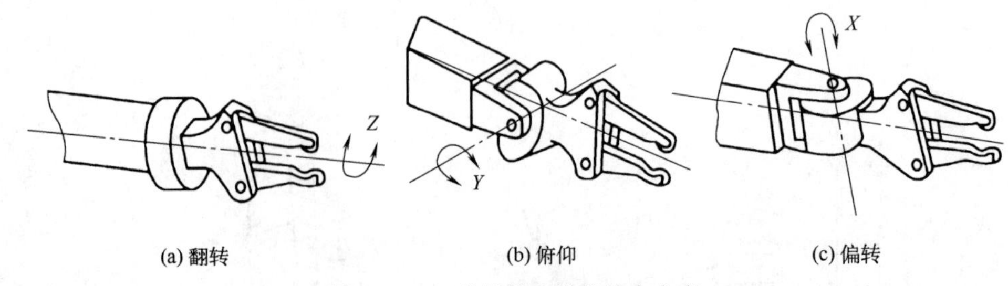

图 2.12 工业机器人腕部的自由度

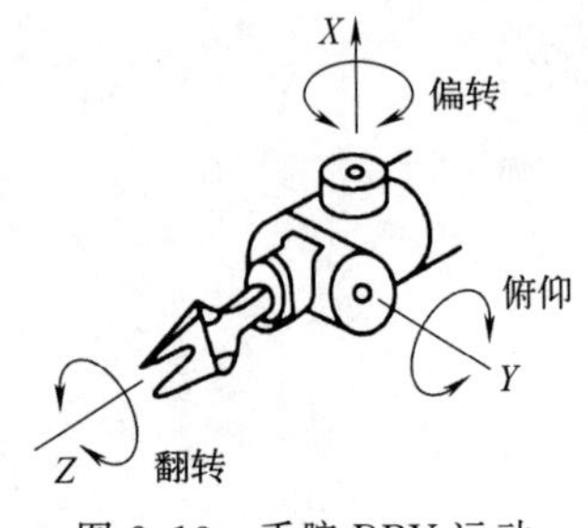

图 2.13 手腕 RPY 运动

① 单自由度手腕。单自由度手腕如图 2.14 所示。其中，图 2.14（a）所示为翻转（roll）关节，也称 R 关节，它使手臂纵轴线和手腕关节轴线构成共轴线形式，其旋转角度大，可达 360°。图 2.14（b）、图 2.14（c）所示为弯曲（bend）关节，也称 B 关节，关节轴线与前、后两个连接件的轴线相垂直。B 关节因为受到结构上的干涉，旋转角度小，方向角大大受限。图 2.14（d）所示为移动（translate）关节，也称 T 关节。

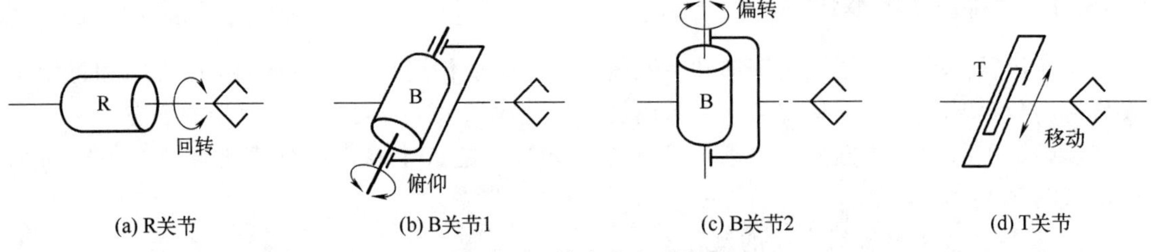

图 2.14 单自由度手腕

② 二自由度手腕。二自由度手腕如图 2.15 所示。二自由度手腕可以是由一个 R 关节和一个 B 关节组成的 BR 手腕，如图 2.15（a），也可以是由两个 B 关节组成的 BB 手腕，如图 2.15（b）。但是不能由两个 RR 关节组成 RR 手腕，因为两个 R 关节共轴线，所以会减少一个自由度，实际只构成单自由度手腕，如图 2.15（c）。二自由度手腕中最常用的是 BR 手腕。

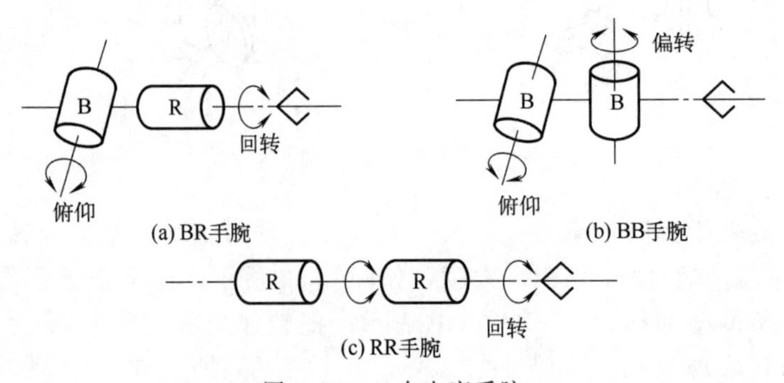

图 2.15 二自由度手腕

③ 三自由度手腕。三自由度手腕如图 2.16 所示。三自由度手腕可以是由 B 关节和 R 关节组成的多种形式的手腕，但在实际应用中，常用的有 BBR、RRR、BRR 和 RBR 四种，如图 2.16 所示。

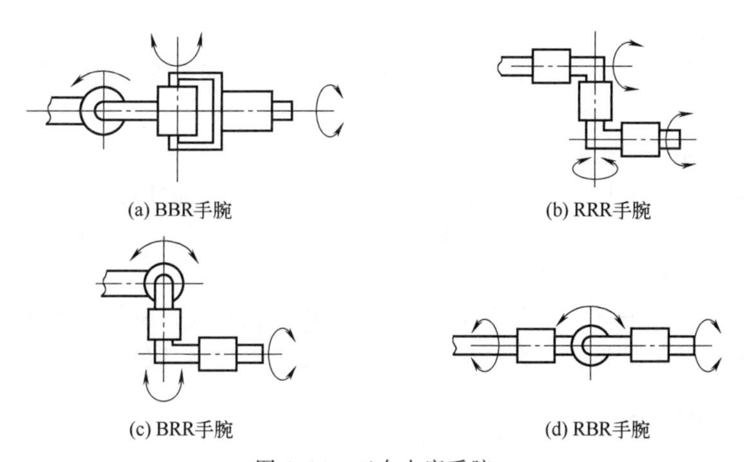

图 2.16　三自由度手腕

(2) 按驱动方式分类

手腕按驱动方式来分，可分为直接驱动手腕和远距离传动手腕。

① 直接驱动手腕的驱动源直接装在手腕上，这种直接驱动手腕的关键是能否设计和加工出尺寸小、重量轻而驱动力矩大、驱动性能好的驱动电机或液压马达；

② 远距离传动手腕的驱动器安装在机器人的大臂、基座或小臂远端上，通过连杆、链条或其他传动机构间接驱动腕部关节运动，因而手腕的结构紧凑，尺寸和质量小，对改善机器人的整体动态性能有好处，但传动设计复杂，传动刚度也降低了。

2.3.3　手腕的柔顺结构

柔顺手腕是顺应现代机器人装配作业产生的一项技术，它主要被应用于机器人轴孔装配作业中。在用机器人进行的精密装配作业中，若被装配零件之间的配合精度相当高，由于被装配零件的不一致性，工件的定位夹具、机器人手爪的定位精度无法满足装配要求时，会导致装配困难，这就要求在装配时具有柔顺性。柔顺性装配技术有两种，包括主动柔顺装配和被动柔顺装配。

① 主动柔顺装配是从检测、控制的角度出发，采取各种不同的搜索检测方法，实现边校正边装配，其中部分手爪还配有检测元件，如视觉传感器、力传感器等；

② 被动柔顺装配是从结构的角度出发，在手腕部配置一个柔顺环节，使其具有一定的柔性和适应性，可以自适应地与其他零件进行匹配和装配，以满足柔顺装配的需要。

2.4　工业机器人的手部

机器人为进行作业，在手腕上配置了操作机构，称为工业机器人的手部或手爪，也可称为末端执行器。

2.4.1　手部的特点

(1) 手部与手腕相连处可拆卸

根据夹持对象的不同，手部结构会有差异，通常一个机器人配有多个手部装置或工具，因此要求手部与手腕处的接头具有通用性和互换性。

（2）手部是机器人末端执行器

可以是类人的手爪，也可以是进行专业作业的工具，如装在机器人手腕上的喷枪、焊枪等。

（3）手部的通用性比较差

机器人手部通常是专用的装置，比如：一种手爪往往只能抓握一种或几种在形状、尺寸、重量等方面相近似的工件；一种工具只能执行一种作业任务。

（4）手部是一个独立的部件

假如把手腕归属于手臂，那么机器人机械系统的三大件就是机身、手臂和手部。手部对于整个工业机器人来说是完成作业好坏、作业柔性好坏的关键部件之一。

2.4.2 手部的分类

2.4.2.1 按用途分类

工业机器人的手部按用途可以分为手爪和专用操作器，如图 2.17 所示。手爪具有一定的通用性，它的主要功能是：抓住工件—握持工件—释放工件。专用操作器也称作工具，是进行某种作业的专用工具，如机器人涂装用喷枪、机器人焊接用焊枪等。

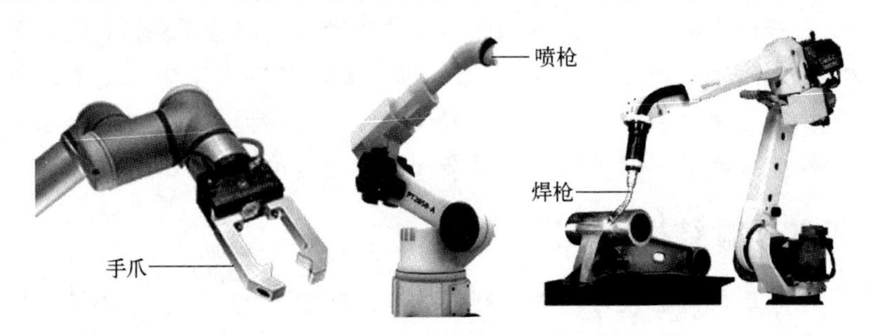

图 2.17 手爪和专用操作器

2.4.2.2 按夹持方式分类

工业机器人的手部按夹持方式划分，可以分为外夹式、内撑式和内外夹持式三类。

2.4.2.3 按工作原理分类

工业机器人的手部按工作原理划分，可以分为夹持类手部、吸附类手部和仿生多指灵巧手部。

（1）夹持类手部

通常又叫机械手爪，夹持类手部除常用的夹钳式外，还有脱钩式和弹簧式。此类手部按其手指夹持工件时的运动方式又可分为手指回转型和指面平移型。

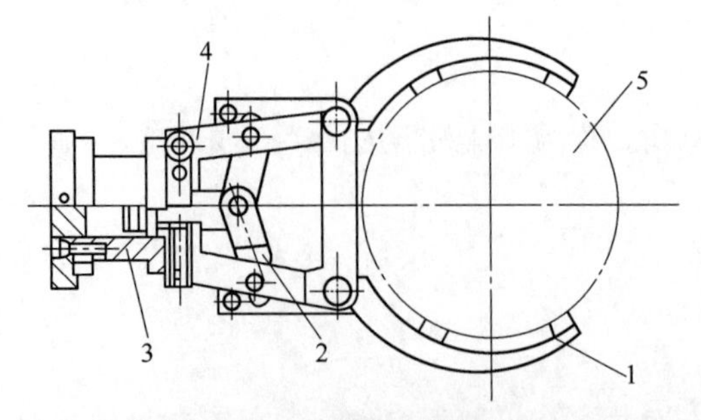

图 2.18 夹钳式手部的组成

1—手指；2—传动机构；3—驱动装置；4—支架；5—工件

夹钳式是工业机器人最常用的一种手部形式，一般夹钳式手部（图 2.18）由以下几部分组成——手指、传动机构、驱动装置和支架，能通过手爪的开闭动作实现对物体的夹持。

（2）吸附类手部

吸附类手部有真空（气吸）类吸盘和磁力类吸盘两种。

① 真空（气吸）类吸盘。气吸式手部是工业机器人常用的一种吸持工件的装置。它由吸盘、吸盘架及进排气系统组成，具有结构简单、重量轻、使用方便可靠且对工件表面没有损伤、吸附力分布均匀等优点，广泛应用于非金属材料（或不可有剩磁材料）的吸附。使用气吸式手部时要求工件上与吸盘接触部位光滑平整、清洁，被吸工件材质致密，没有透气空隙。气吸式手部利用吸盘内的压力和大气压之间的压力差工作，按形成压力差的方法，可分为真空吸附取料手、气流负压吸附取料手和挤压排气式取料手。

a. 真空吸附取料手：如图 2.19 所示，真空吸附取料手在取料时，碟形橡胶吸盘与物体表面接触，橡胶吸盘在边缘既起到密封作用，又起到缓冲作用。然后真空抽气，吸盘内腔形成真空，吸取物料。放料时，管路接通大气，失去真空，物体放下。为避免在取、放料时产生撞击，有的还在支撑杆上配有弹簧缓冲。

b. 气流负压吸附取料手：如图 2.20 所示，气流负压吸附取料手是利用流体力学的原理，当需要取物时，压缩空气高速流经喷嘴，其出口处的气压低于吸盘腔内的气压，于是腔内的气体被高速气流带走而形成负压，完成取物动作；当需要释放时，切断压缩空气即可。

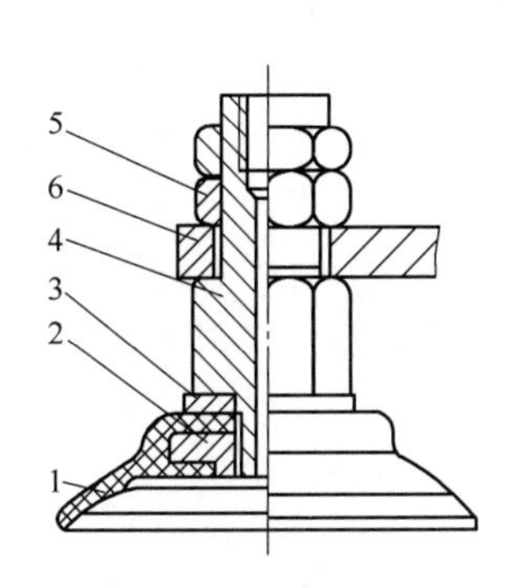

图 2.19　真空吸附取料手

1—橡胶吸盘；2—固定环；3—垫片；4—支撑杆；5—基板；6—螺母

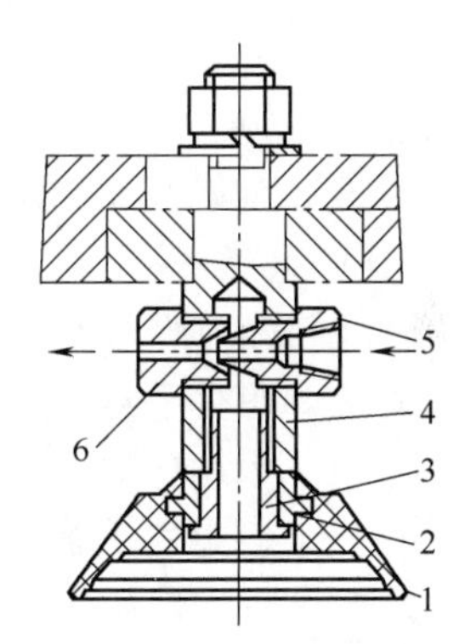

图 2.20　气流负压吸附取料手

1—橡胶吸盘；2—心套；3—通气螺钉；4—支承杆；5—喷嘴；6—喷嘴套

c. 挤压排气式取料手：如图 2.21 所示，取料时吸盘压紧物体，橡胶吸盘变形，挤出腔内多余的空气，取料手上升，靠橡胶吸盘的恢复力形成负压，将物体吸住；释放时，压下拉杆 3，使吸盘腔与大气连通而失去负压。

② 磁力类吸盘。磁力类吸盘有电磁吸盘和永磁吸盘两种。磁力吸盘的特点：体积小，自重轻，吸附力强，可在水里使用。磁力吸盘广泛应用于钢铁、机械加工、模具、仓库等搬运吊装过程中对块状、圆柱形导磁性钢铁材料工件的吸取，可大大提高工件装卸、搬运的效率，是工厂、码头、仓库和交通运输行业最理想的吊装工具。

磁力吸盘是在手部装上电磁铁，通过磁场吸力把工件吸住，如图 2.22 所示。线圈通电后产生磁性吸力将工件吸住，断电后磁性吸力消失将工件松开。若采用永久磁铁作为吸盘，则必须是强迫性取下工件。电磁吸盘只能吸住铁磁材料制成的工件，吸不住有色金属和非金属材料的工件。

磁力吸盘的缺点是被吸取工件有剩磁，吸盘上常会吸附一些铁屑，致使其不能可靠地吸住工件。对于不准有剩磁的场合，不能选用磁力吸盘，应采用真空吸盘，如钟表及仪表零件等。另外，高温条件下不宜使用磁力吸盘，主要原因是钢、铁等磁性物质在居里温度以上时，磁性会消失。

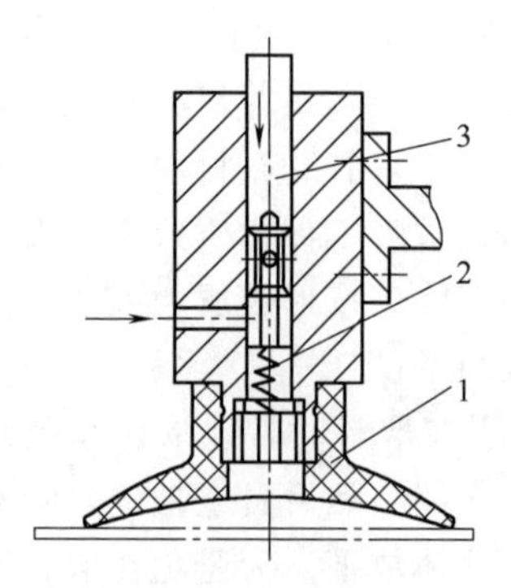

图 2.21　挤压排气式取料手

1—橡胶吸盘；2—弹簧；3—拉杆

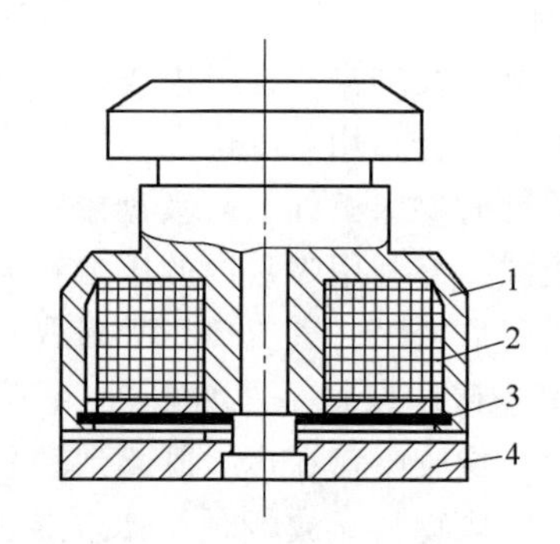

图 2.22　电磁吸盘的结构

1—外壳体；2—线圈；3—防尘盖；4—磁盘

(3) 仿生多指灵巧手部

简单的夹钳式取料手不能适应物体外形的变化，不能使物体表面承受比较均匀的夹持力，因此，无法满足对复杂形状、不同材质的物体实施夹持和操作的要求。为了提高机器人手爪和手腕的操作能力、灵活性和快速反应能力，使机器人手能像人手一样进行各种复杂的作业，如装配作业、维修作业、设备操作以及机器人模特的礼仪手势等，就必须有一个运动灵活、动作多 样的灵巧手。

① 柔性手。图 2.23 所示为多关节柔性手，它能针对不同外形物体实施抓取，并使物体表面受力比较均匀，每个手指由多个关节串接而成。手指传动部分由牵引钢丝绳及摩擦滚轮组成。每个手指由 2 根钢丝绳牵引，一侧为握紧，另一侧为放松。驱动源可采用电机驱动或液压、气动元件驱动。柔性手腕可抓取凹凸外形物体并使其受力较为均匀。

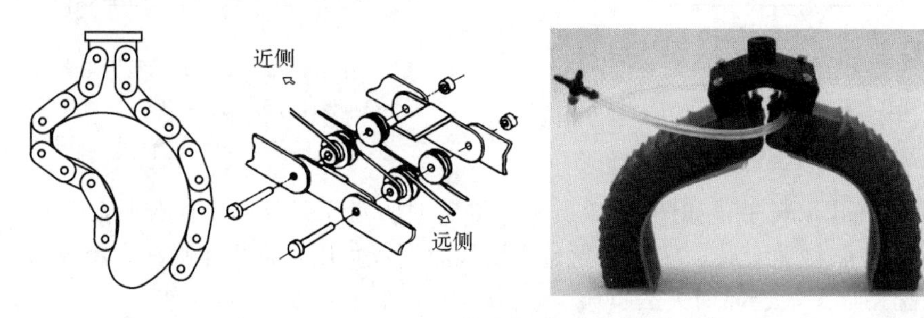

图 2.23　多关节柔性手

图 2.24 为使用柔性材料做成的柔性手，是一端固定，一端为自由端的双管合一的柔性管状手爪。当一侧管内充入气体（液体），另一侧管抽出气体（液体）时，形成压力差，柔

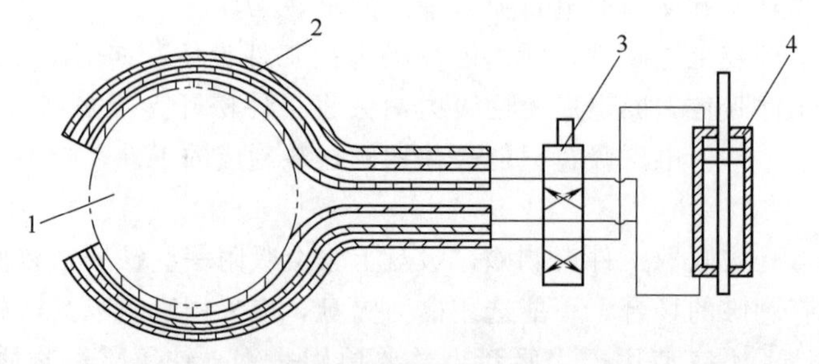

图 2.24　柔性手

1—工件；2—手指；3—电磁阀；4—油缸

性手爪就向抽空侧弯曲。此种柔性手适用于抓取轻型、圆形物体，如玻璃器皿等。

② 多指灵巧手。机器人手爪和手腕最完美的形式是模仿人手的多指灵巧手。如图2.25所示为因时机器人基于连杆传动的灵巧手和浙江工业大学开发的全驱气动灵巧手，人手能完成的各种复杂动作它几乎都能模仿，诸如拧螺钉、弹钢琴、做礼仪手势等动作。在手部配置触觉、力觉、视觉、温度传感器，将会使多指灵巧手达到更完美的程度。多指灵巧手的应用前景十分广泛，可在各种极限环境下完成人无法实现的操作，如核工业领域、宇宙空间作业、在高温/高压/高真空环境下作业等。

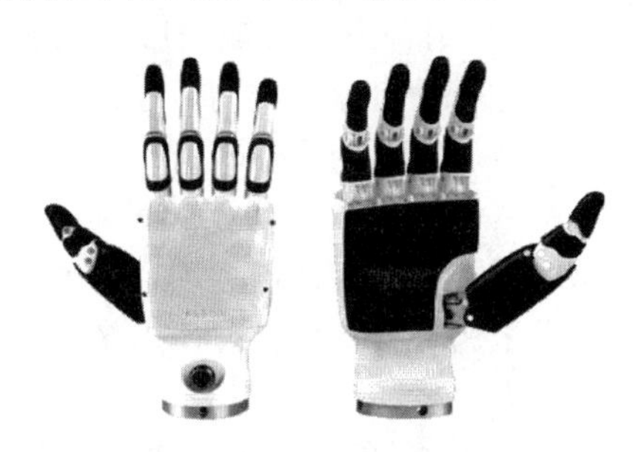
(a) 因时机器人——RH56DFX

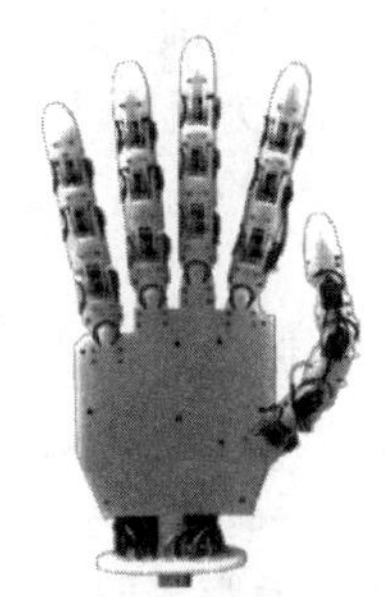
(b) 浙江工业大学全驱气动灵巧手

图2.25　多指灵巧手

2.4.2.4　按手指或吸盘数目分类

按手指数目可分为二指手爪及多指手爪。

2.4.2.5　按智能化分类

按手部的智能化划分，可以分为普通式手爪和智能化手爪两类。普通式手爪不具备传感器；智能化手爪具备一种或多种传感器，如力传感器、触觉传感器及滑觉传感器等，手爪与传感器集成成为智能化手爪。

2.5　工业机器人的驱动系统

驱动系统是驱使工业机器人机械臂运动的机构。它按照控制系统发出的指令信号，借助于动力元件使机器人产生动作，相当于人的肌肉、筋络。工业机器人的驱动系统包括驱动装置和传动机构两部分，它们通常与执行机构连成机器人本体。

2.5.1　驱动方式

工业机器人的驱动方式主要分为直接驱动和间接驱动。

(1) 直接驱动

直接驱动方式是指驱动器的输出轴和机器人手臂的关节轴直接相连的方式。这种方式的驱动器和关节之间的机械系统较少，因而能够减少摩擦等非线性因素的影响，控制性能比较好。直接驱动方式的机器人通常称为DD机器人（direct drive robot，DDR）。

DD机器人驱动电动机通过机械接口直接与关节连接，在驱动电动机和关节之间没有速度和转矩的转换。

DD机器人与间接驱动机器人相比，其优点是：机械传动精度高；振动小，结构刚度好；机械传动损耗小；结构紧凑，可靠性高；电动机峰值转矩大，电气时间常数小，短时间内可以产生很大转矩，响应速度快，调速范围宽；控制性能较好。

DD机器人目前主要存在的问题是：载荷变化、耦合转矩及非线性转矩对驱动及控制影响显著，使控制系统设计困难和复杂；对位置、速度传感元件提出了相当高的要求；需开发小型实用的DD电动机；电动机成本高。

(2) 间接驱动

间接驱动方式是把驱动器的动力经过减速器、钢丝绳、传送带或平行连杆等装置后传递给关节。间接驱动方式包含带减速器的电动机驱动和远距离驱动两种。

① 带减速器的电动机驱动。中小型机器人一般采用普通的直流伺服电动机、交流伺服电动机或步进电动机作为机器人的执行电动机，由于电动机速度较高，所以需配以大速比减速装置；通常其电动机的输出力矩远远小于驱动关节所需要的力矩，所以必须使用带减速器的电动机驱动。

但是，间接驱动带来了机械传动中不可避免的误差，引起冲击振动，影响机器人系统的可靠性，并且增加关节质量和尺寸。由于手臂通常采用悬臂梁结构，所以多自由度机器人关节上安装减速器会使手臂根部关节驱动器的负荷增大。

② 远距离驱动。远距离驱动将驱动器与关节分离，目的在于减小关节的体积、减轻关节重量。一般来说，驱动器的输出力矩都远远小于驱动关节所需要的力矩，因此也需要通过减速器来增大驱动力矩。远距离驱动的优点在于能够将多自由度机器人关节驱动所必需的多个驱动器设置在合适的场所。由于机器人手臂都采用悬臂梁结构，所以使用远距离驱动是减轻位于手臂根部关节的驱动器负载的一种措施。

2.5.2 驱动装置

工业机器人驱动装置是带动臂部到达指定位置的动力源。通常动力是直接经电缆、齿轮箱或其他方法送至臂部。工业机器人驱动系统常用的驱动方式主要有液压驱动、气压驱动以及电气驱动三种，此外，随着科技的发展，也逐渐出现了一些新型的驱动方式。

2.5.2.1 液压驱动装置

液压驱动方式是由发动机带动液压泵在运行过程中产生较高的压力，将压力转为动力驱动工业机器人运动。在液压传动方式支持下，高压液体通过液压管线和液压马达的连接，促使液压马达形成驱动机器人工作的动力。液压驱动方式大多用于要求输出力较大的场合，在低压驱动条件下比气压驱动速度低。

液压驱动的输出力和功率很大，能构成伺服机构，常用于大型机器人关节的驱动。液压驱动系统主要由液压缸和液压阀等组成。液压缸是将液压能转变为机械能的、做直线往复运动或摆动运动的液压执行元件。它结构简单、工作可靠。用液压缸来实现往复运动时，可免去减速装置，且没有传动间隙，运动平稳，因此在各种液压系统中得到广泛应用。

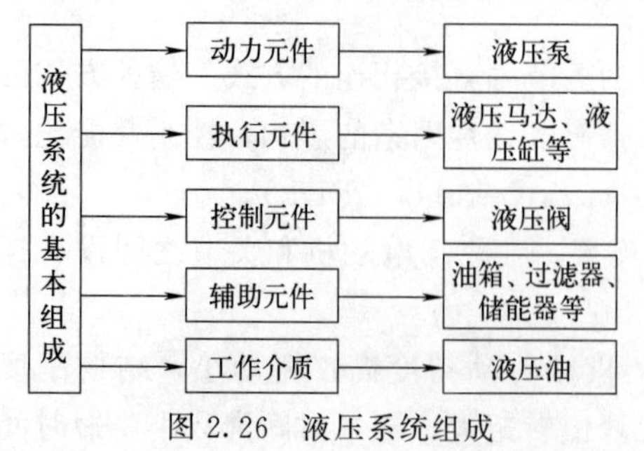

图 2.26　液压系统组成

(1) 液压系统的组成

液压系统的基本组成结构是液压系统能够顺利工作的保障。动力元件、执行元件、控制元件、辅助元件（附件）和工作介质，这五个部分是液压系统最基本的组成要素。液压系统的基本组成如图 2.26 所示。

① 动力元件。通常为液压泵，其作用是供给液压驱动系统的压力油，将电动机输出的机械能

转换为传动液的压力能，用带有压力的传动液驱动整个液压系统的工作。

② 执行元件。由传动液驱动运动部件对外工作的部分。手臂做直线运动，液动机就是手臂伸缩液压缸；做回转运动的液动机，一般叫作液压马达；回转角度小于 360°的液动机，一般叫回转液压缸（或摆动液压缸）。

③ 控制元件。各种阀类，如单向阀、换向阀、节流阀、调速阀、减压阀、顺序阀等，分别起一定的作用，使机器人的手臂、手腕、手指等能够完成所要求的运动。

④ 辅助元件。如油箱、过滤器、储能器、管路和管接头以及压力表等。

⑤ 工作介质。一般使用液压油。

(2) 液压驱动的分类

① 从运动形式来分。可以分为直线驱动（如直线运动液压缸）和旋转驱动（如液压马达、摆动液压缸）。

用电磁阀控制的直线液压缸是最简单和最便宜的开环液压驱动装置。在直线液压缸的操作中，通过受控节流口调节流量。可以在到达运动终点时实现减速，使停止过程得到控制。大直径液压缸本身造价较高，需配备昂贵的电液伺服阀，但能得到较大的力，工作压力通常达 14MPa。

无论是直线液压缸还是旋转液压马达，它们的工作都是基于高压油对活塞或对叶片的作用。液压油是经控制阀被送到液压缸一端的。在开环系统中，阀是由电磁铁打开和控制的；而在闭环系统中，则是用电液伺服阀或手动阀来控制的。图 2.27 给出了直线液压缸中阀的控制示意图。

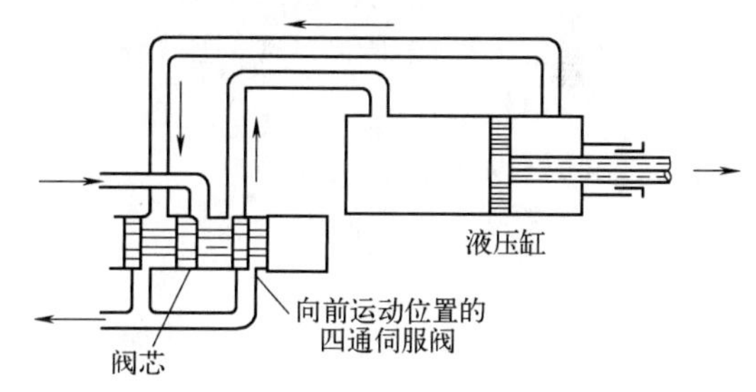

图 2.27 直线液压缸中阀的控制

② 从控制水平的高低来分。可以分为开环液压控制系统和闭环液压控制系统。

开环液压控制系统性能主要由所用液压元件的性能实现。开环系统精度取决于系统各个组成元件的精度，系统的响应特性直接与各个组成元件的响应特性有关；开环液压控制系统无法对外部干扰和内部参数变化引起的系统输出变化进行抑制或补偿；从系统设计方面看，开环液压控制系统结构简单，控制系统一定是稳定的，因此系统分析、系统设计及系统安装等均相对容易，而且还可以借鉴液压传动系统的分析与设计经验。开环液压控制系统与液压传动系统具有较多的共性，区别主要是侧重点有所不同。开环液压系统经常用于控制精度要求不高，外部环境干扰较小，内部参数变化不大，并且允许系统响应速度较慢的情况。

闭环液压控制系统经常采用电液伺服阀或直驱阀作控制元件，也称液压反馈控制系统，依据反馈作用原理工作。闭环液压控制系统结构形成闭环回路。闭环控制系统存在稳定性问题，控制精度与动态响应速度均需细致设计与调试，所以闭环系统分析、系统设计及系统调试等均较为烦琐。采用闭环控制（反馈控制）方式，用精度相对不高、抗干扰能力相对不强的液压元件有可能建构控制精度高和抗干扰能力强的控制系统，或者在现有液压元件性能的条件下，有可能利用闭环控制获取更好的控制系统性能及控制效果。

(3) 液压驱动的优缺点

液压驱动所使用的压力为 0.5～14MPa。与其他两种驱动方式相比，其优点为：

① 驱动力或驱动力矩大，即功率质量比大。

② 可以把工作液压缸直接做成关节的一部分，因此结构简单紧凑、刚度好。

③ 由于液体的不可压缩性，定位精度比气压驱动高，并可实现任意位置的停止。

④ 液压驱动调速比较简单，能在很大调整范围内实现无级调速。

⑤ 液压驱动平稳，且系统的固有效率较高，可以实现频繁而平稳的变速与换向。

⑥ 使用安全阀，可简单有效地防止过载现象发生。

⑦ 有良好的润滑性能，寿命长。

液压驱动的主要缺点：

① 油液容易泄漏，影响工作的稳定性与定位精度，易造成环境污染。

② 油液黏度随温度变化，不但影响工作性能，而且在高温与低温条件下很难应用，有时需要采用油温管理措施。

③ 油液中容易混入气泡、水分等，使系统的刚性降低，速度响应特性及定位不稳定。

④ 需配备压力源及复杂的管路系统，因而成本较高。

⑤ 易燃烧。

2.5.2.2 气动驱动装置

气动驱动（气压驱动）是利用空气作为工作介质，通过压缩空气形成压力，来带动机器人的运行。气动执行元件既有直线气缸，也有旋转气动马达。

该驱动方式具有速度快、系统结构简单、维修方便、价格低等特点，适于在中、小负荷的机器人中采用。但因难以实现伺服控制，多用于程序控制的机器人中，如在上、下料和冲压机器人中应用较多。

(1) 气动驱动系统的组成

气动驱动系统一般由四部分组成，分别为气源装置、气动控制元件、气动执行元件和辅助元件。

① 气源装置。气源装置是获得压缩空气的装置。其主体部分是空气压缩机，它将原动机供给的机械能转变为气体的压力能。

气压驱动系统中的气源装置的作用是为气动系统提供满足一定质量要求的压缩空气，它是气压传动系统的重要组成部分。由空气压缩机产生的压缩空气，必须经过降温、净化、减压、稳压等一系列处理后才能供给控制元件和执行元件使用。而用过的压缩空气排向大气时，会产生噪声，应采取措施，降低噪声，改善劳动条件和环境质量。

压缩空气站的设备一般包括产生压缩空气的空气压缩机和使气源净化的辅助设备，如气压发生装置空气压缩机，净化、储存压缩空气的装置和设备，管件与管路系统，气动三大件等。图 2.28 是压缩空气站设备组成及布置示意图。

图 2.28 中，空气压缩机用于产生压缩空气，一般由电动机带动。其吸气口装有空气过

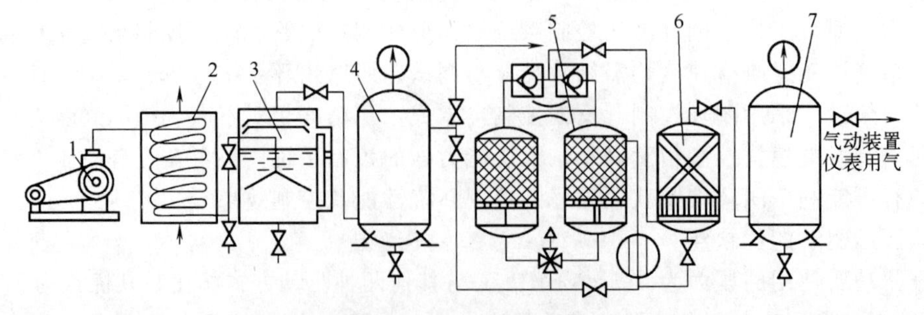

图 2.28 压缩空气站设备组成及布置示意图

1—空压机；2—后冷却器；3—油水分离器；4,7—储气罐；5—干燥器；6—过滤器

滤器，以减少进入空气压缩机的杂质量。后冷却器用于降温冷却压缩空气，使净化的水凝结出来。油水分离器用于分离并排出降温冷却的水滴、油滴、杂质等。储气罐用于储存压缩空气，稳定压缩空气的压力，并除去部分油分和水分。干燥器用于进一步吸收或排除压缩空气中的水分和油分，使之成为干燥空气。过滤器用于进一步过滤压缩空气中的灰尘、杂质颗粒。储气罐 4 输出的压缩空气可用于一般要求的气压传动系统，储气罐 7 输出的压缩空气可用于要求较高的气动系统（气动仪表及射流元件组成的控制回路等）。

② 气动控制元件。气动控制元件是用来控制压缩空气的压力、流量和流动方向的，以便使执行机构完成预定的工作循环，它包括各种压力控制阀、流量控制阀和方向控制阀等。

压力控制阀用来控制气动控制系统中压缩空气的压力，以满足各种压力需求或节能，将压力减到每台装置所需的压力，并使压力稳定保持在所需的压力值上。气动压力控制阀主要有安全阀、顺序阀和减压阀三种。

在气压传动系统中，有时需要控制气缸的运动速度，有时需要控制换向阀的切换时间和气动信号的传递速度，这些都需要调节压缩空气的流量来实现。流量控制阀就是通过改变阀的流通截面积来实现流量控制的元件。流量控制阀包括节流阀、单向节流阀、排气节流阀和快速排气阀等。

气动方向阀是气压传动系统中通过改变压缩空气的流动方向和气流的通断，来控制执行元件启动、停止及运动方向的气动元件。

③ 气动执行元件。是将气体能转换成机械能以实现往复运动或回转运动的执行元件，也是根据来自控制器的控制信息完成对受控对象的控制作用的元件。它将气体能转换成机械能或其他能量形式，按照控制要求改变受控对象的机械运动状态或其他状态（如温度、压力等）。它直接作用于受控对象，能起到“手”和“脚”的作用。

其中，实现直线往复运动的气动执行元件称为气缸，实现回转运动的称为气动马达，如图 2.29 所示。此外，在低于大气压力下工作的真空元件也是一类气动执行元件，广泛应用于电子元件组装和机器人等领域；气爪又称气动手指，是由气缸驱动的另一类气动执行元件。

(a) 气缸

(b) 气动马达

图 2.29　气动执行元件

气动马达和液压马达比较，具有长时间工作温升很小、输送系统安全便宜，以及可以瞬间升到全速等优点。气动马达功率由几分之一到几十马力（1 马力=735.499W），转速由零到每分钟几万转，适应的工作范围较广，常用于无级调速、经常变向转动、高温、潮湿、防爆等工作场合。

(2) 气动驱动系统的特点

① 空气取之不竭，用过之后排入大气，不需回收和处理，不污染环境，偶然地或少量

地泄漏不至于对生产造成严重的影响。

② 空气的黏性很小，管路中压力损失也就很小（一般气路阻力损失不到油路阻力损失的千分之一），便于远距离输送。

③ 压缩空气的工作压力较低，因此对气动元件的材质和制造精度要求可以降低，一般说来，往复运动推力在19620N以下时，用气动经济性较好。

④ 与液压传动相比，它的动作和反应较快，这是气动的突出优点之一。

⑤ 空气介质清洁，亦不会变质，管路不易堵塞。

⑥ 可安全地应用在易燃、易爆和粉尘大的场合，便于实现过载自动保护。

2.5.2.3 电动驱动装置

电动驱动（电气驱动）是利用各种电动机产生的力或力矩，直接经过减速机构去驱动机器人关节，以获得所要求的位置、速度和加速度。

电动机驱动可分为普通交、直流电动机驱动，交、直流伺服电动机驱动和步进电动机驱动。

普通交、直流电动机驱动需加装减速装置，输出力矩大，但控制性能差、惯性大，适用于中型或重型机器人。伺服电动机和步进电动机输出力矩相对小，控制性能好，可实现速度和位置的精确控制，适用于中小型机器人。交、直流伺服电动机用于闭环控制系统，而步进电动机主要用于开环控制系统，一般用于速度和位置精度要求不高的场合。

(1) 步进电动机驱动

步进电动机是一种将电脉冲信号转换成相应的角位移或直线位移的数字/模拟装置，常用的步进电动机及其内部结构如图2.30所示。

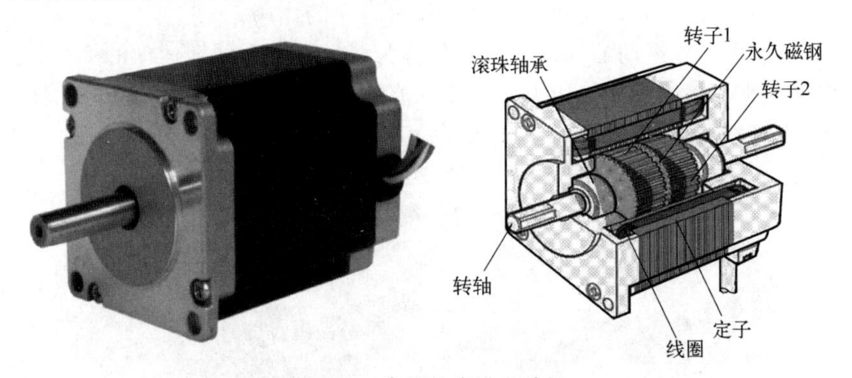

图2.30 常用的步进电动机

步进电动机有回转式步进电动机和直线式步进电动机两种。对于回转式步进电动机，每当一个电脉冲输入后，步进电动机输出轴就转动一定角度，如果不断地输入电脉冲信号，步进电动机就一步一步地转动，且步进电动机转过的角度与输入脉冲个数成严格比例关系，能方便地实现正、反转控制及调速和定位。

步进电动机不同于通用的流量和交流电动机，它必须与驱动器和直流电源组成系统才能工作。通常我们所说的步进电动机，一般是指步进电动机和驱动器的成套装置，步进电动机的性能在很大程度上取决于“矩-频”特性，“矩-频”特性又和驱动器的性能高低密切相关。

步进电动机驱动的特点如下：

① 输出角与输入脉冲严格成比例，且在时间上同步。

② 容易实现正反转和启停控制，启停时间短。

③ 输出转角的精度高，无累积误差。

④ 直接用数字信号控制，易于通过计算机实现控制。

⑤ 维修方便，寿命长。

(2) 直流伺服电动机驱动

近年来，直流伺服电动机受到无刷电动机的挑战和冲击，但在中小功率的系统中，永磁式直流伺服电动机的应用比例仍较高。20 世纪 70 年代研制的大惯量宽调速直流电动机，可输出较大转矩，且动态特性也得到了改善，既具有一般直流伺服电动机的优点，又具有小惯量直流伺服电动机的快速响应性能，易与大惯量负载匹配，能较好地满足伺服驱动的要求，因而在高精度数控机床和工业机器人等机电一体化产品中得到了广泛的应用。

直流伺服电动机的优点是启动转矩大，体积小，重量轻，转速易控制，效率高。缺点是有电刷和换向器，需要定期维修、更换电刷，电动机使用寿命短、噪声大。

① 机器人对直流伺服电动机的基本要求。

a. 宽广的调速范围。

b. 机械特性和调速特性均为线性。

c. 无自转现象（控制电压降到零时，伺服电动机能立即自行停转）。

d. 快速响应好。

② 直流伺服电动机的分类。按励磁方式，直流伺服电动机分为电磁式直流伺服电动机（简称直流伺服电动机）和永磁式直流伺服电动机。电磁式直流伺服电动机如同普通直流电动机，分为串励式、并励式和他励式。

按其电枢结构形式不同，直流伺服电动机分为普通电枢型、印制绕组盘式电枢型、线绕盘式电枢型、空心杯绕组电枢型和无槽电枢型（无换向器和电刷）。

a. 印制绕组直流伺服电动机：盘形转子、盘形定子轴向黏结柱状磁钢，转子转动惯量小，无齿槽效应，无饱和效应，输出转矩大。

b. 线绕盘式直流伺服电机：盘形转子、定子轴向黏结柱状磁钢，转子转动惯量小，控制性能优于其他直流伺服电动机，效率高，输出转矩大。

c. 杯型电枢永磁直流电动机：空心杯转子，转子转动惯量小，适用于增量运动伺服系统。

d. 无刷直流伺服电动机：定子为多相绕组，转子为永磁式，可带转子位置传感器，无火花干扰，寿命长，噪声小。

③ 直流伺服电动机的结构。如图 2.31 为电磁式直流伺服电动机结构，其中包括三个主要部分。

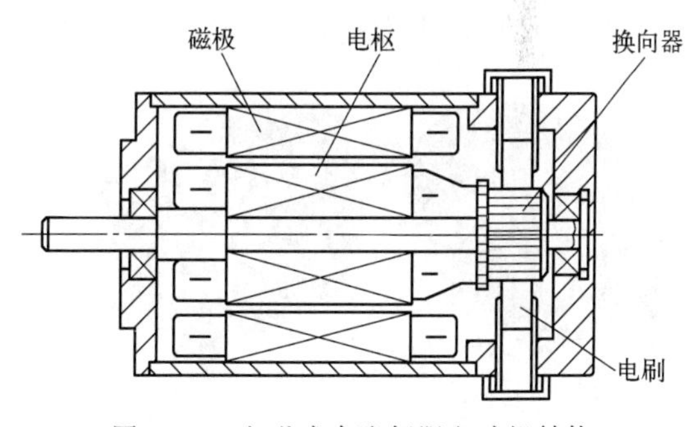

图 2.31　电磁式直流伺服电动机结构

a. 定子：定子磁极磁场由定子的磁极产生。根据产生磁场的方式，直流伺服电动机可分为永磁式和他励式。永磁式磁极由永磁材料制成，他励式磁极由冲压硅钢片叠压而成，外绕线圈通以直流电流产生恒定磁场。

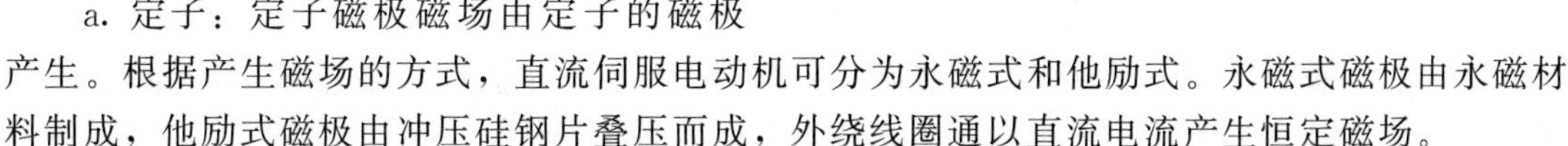

b. 转子：又称为电枢，由硅钢片叠压而成，表面嵌有线圈，通以直流电时，在定子磁场作用下产生带动负载旋转的电磁转矩。

c. 电刷和换向片：为使所产生的电磁转矩保持恒定方向，转子能沿固定方向均匀连续旋转，电刷与外加直流电源相接，换向片与电枢导体相接。

（3）无刷伺服电动机驱动

直流电动机在结构上存在机械换向器和电刷，使它具有一些难以克服的固有缺点，如维护困难、寿命短、转速低（通常低于 2000r/min）、功率体积比不高等。将交流电动机的定子和转子互换位置，形成无刷电动机。转子由永磁铁组成，定子绕有通电线圈，并安装用于检测转子位置的霍尔元件、光码盘或旋转编码器。无刷电动机的检测元件检测转子的位置，决定电流的换向。无刷直流电动机在运行过程中要进行转速和换向两种控制。改变提供给定子线圈的电流，就可以控制转子的转速，在转子到达指定位置时，霍尔元件检测到该位置，并改变定子导通相，实现定子磁场改变，从而实现无接触换向。图 2.32 为无刷电动机。

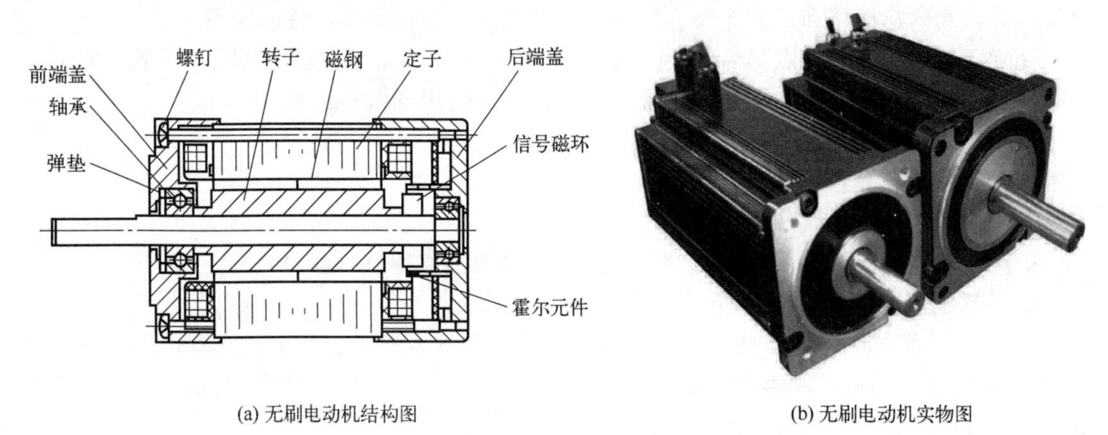

(a) 无刷电动机结构图　　(b) 无刷电动机实物图

图 2.32　无刷电动机

同直流电动机相比，无刷电动机具有以下优点：

① 无刷电动机没有电刷，不需要定期维护，可靠性更高。

② 没有机械换向装置，因而有更高的转速。

③ 克服大电流在机械式换向器换向时易产生火花、电蚀的问题，因而可以制造更大容量的电动机。

无刷电动机分为无刷直流电动机和无刷交流电动机（交流伺服电动机），如图 2.33 所示。无刷直流电动机迅速推广应用的重要因素之一是近 10 年来大功率集成电路的技术进步，特别是无刷直流电动机专用的控制集成电路出现，缓解了良好控制性能和昂贵成本的矛盾。

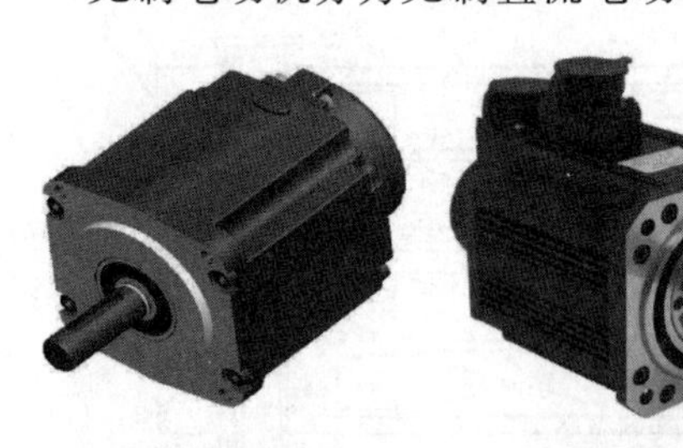

(a) 无刷直流电动机　　(b) 无刷交流电动机

图 2.33　无刷电动机

（4）交流伺服电动机驱动

近年来，在机器人电动驱动系统中，交流伺服电动机正在取代传统的直流伺服电动机。交流伺服电动机的发展速度取决于 PWM（脉冲宽度调制）控制技术，高速运算芯片（如 DSP）和先进的控制理论，如矢量控制、直接转矩控制等。电动机控制系统通过引入微处理芯片实现模拟控制向数字控制的转变，数字控制系统促进了各种现代控制理论的应用，非线性解耦控制、人工神经网络、自适应控制、模糊控制等控制策略纷纷引入电动机控制中。由于微处理器的处理速度和存储容量均有大幅度提高，一些复杂的算法也能实现，原来由硬件实现的任务现在通过算法实现，不仅提高了可靠度，还降低了成本。

交流伺服电动机分为两种：异步型和同步型。

a. 异步型交流电动机：异步型交流伺服电动机指的是交流感应电动机。它有三相和单相之分，也有笼型和线绕型之分，通常多用笼型三相感应电动机。笼型转子交流伺服电动机结构如图2.34（a）所示，笼型转子由转轴、转子铁芯和转子绕组等组成，其转子绕组如图2.34（b）所示。

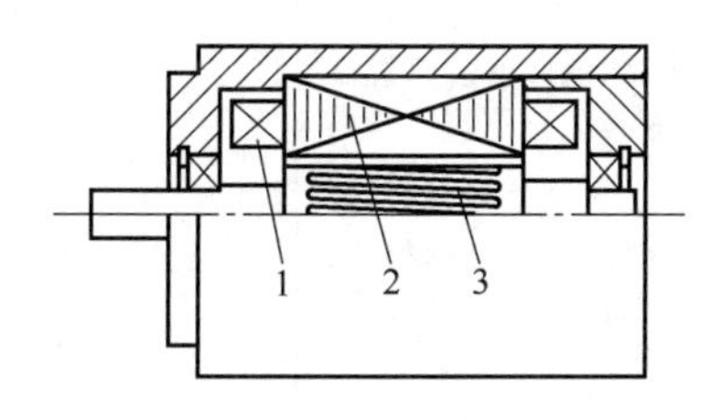

(a) 笼型转子交流伺服电动机结构
1—定子绕组；2—定子铁芯；3—笼型转子

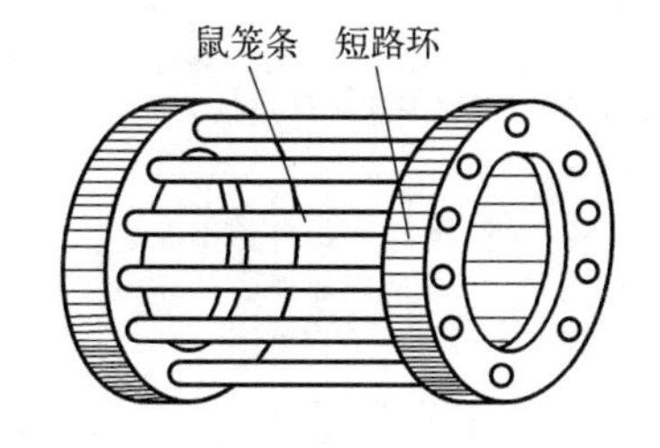

(b) 笼型转子绕组

图2.34　笼型转子交流伺服电动机

笼型转子交流伺服电动机的特点是体积小、重量轻、效率高；启动电压低、灵敏度高、激励电流较小；机械强度较高、可靠性好；耐高温、振动、冲击等恶劣环境条件；但是低速运转时不够平滑，有抖动等现象。主要应用于小功率伺服控制系统。

b. 同步型交流电动机：同步型交流伺服电动机虽较感应电动机复杂，但比直流电动机简单。它的定子与感应电动机一样，都在定子上装有对称三相绕组。而转子却不同，按不同的转子结构又分电磁式及非电磁式两大类。非电磁式又分为磁滞式、永磁式和反应式多种。

目前交流伺服系统中执行元件主要采用永磁同步交流电动机，其结构如图2.35所示。

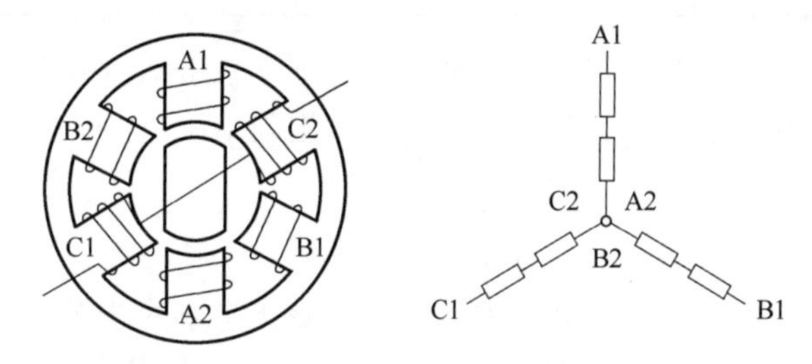

图2.35　永磁同步交流电动机结构

同步交流电动机由定子、转子及测量转子位置的传感器构成，定子和一般三相感应电动机类似，采用三相对称绕组结构，其轴线在空间彼此相差120°；转子上贴有磁性体，一般有两对以上的磁极；位置传感器一般为光电编码器或旋转变压器。

早期的机械手和机器人中，其操作机多应用连杆机构中的导杆、滑块、曲柄，多采用液压（气压）活塞缸（或回转缸）来实现其直线和旋转运动。随着控制技术的发展，对机器人操作机各部分动作要求的不断提高，电动驱动在机器人中的应用日益广泛。目前，除个别运动精度不高、重载荷或有防爆要求的机器人采用电液、气动驱动外，工业机器人大多采用电动驱动，而其中属交流伺服电动机应用最广，且驱动器布置大多采用一个关节一个驱动器。液压、气动和电动机驱动的对比如表2.1所示。

驱动的选择应以作业要求、生产环境为先决条件，以价格高低、技术水平为评价标准，一般来说：

① 负荷为100kg以下的，可优先考虑电动驱动。

② 只需点位控制且功率较小者，可采用气动驱动。

③ 负荷较大或机器人周围已有液压源的场合，可采用液压驱动。

表 2.1 三种驱动方式对比表

内容	驱动方式		
	液压驱动	气动驱动	电动机驱动
输出功率	很大，压力范围为 0.5～14MPa	较大，压力范围为 0.4～0.6MPa	较大
控制性能	利用液体的不可压缩性，控制精度较高，输出功率大，可无级调速，反应灵敏，可实现连续轨迹控制	气体压缩性大，精度低，阻尼效果差，低速不易控制，难以实现高速、高精度的连续轨迹控制	伺服特性好，控制精度高，功率较大，定位精度高，反应灵敏，可实现高速、高精度的联系轨迹控制，但是控制系统复杂
响应速度	结构适当，执行机构可标准化、模块化，易实现直接驱动。功率/质量比大，体积小，结构紧凑	结构适当，执行机构可标准化、模块化，易实现直接驱动。功率/质量比大，体积小，结构紧凑	伺服电动机易于标准化，结构性能好，噪声低，电动机一般需配置减速装置，难以直接驱动，结构紧凑
密封性	密封问题较大	密封问题较小	无密封问题
安全性	防爆性能较好，用液压油作传动介质，在一定条件下有火灾危险	防爆性能好，高于 1000kPa 时，应注意设备的抗压性	设备自身无爆炸和火灾危险
环境影响	液压系统易漏油，对环境有污染	排气时有噪声	无
成本	成本较高	成本低	成本高
维修	方便，但油液对环境温度有一定要求	方便	不方便
工业应用	适用于重载、低速驱动，电液伺服系统适用于喷涂机器人、点焊机器人和托运机器人等	适用于中小负载驱动、精度要求较低的有限点位程序控制机器人，如冲压机器人本体气动平衡、装配机器人气动夹具	适用于中小负载、要求具有较高的位置控制精度和轨迹控制精度、速度较高的机器人，如喷涂机器人、点焊机器人、弧焊机器人、装配机器人等

对于驱动器来说，最重要的是要求启动力矩大，调速范围宽，惯量小，尺寸小，同时还要有性能好的、与之配套的数字控制系统。

2.5.2.4 新型驱动

(1) 磁致伸缩驱动

铁磁材料和亚铁磁材料由于磁化状态的改变，其长度和体积都要发生微小的变化，这种现象称为磁致伸缩。20 世纪 60 年代发现某些稀土元素在低温时磁致伸缩系数达 $3000\times10^{-6}\sim10000\times10^{-6}$，人们开始关注研究有实用价值的磁致伸缩材料。研究发现，$TbFe_2$（铽铁）、$SmFe_2$（钐铁）、$DyFe_2$（镝铁）、$HoFe_2$（钬铁）、$TbDyFe_2$（铽镝铁）等稀土-铁系化合物不仅磁致伸缩系数值高，而且居里点高于室温，室温磁致伸缩系数值为 $1000\times10^{-6}\sim2500\times10^{-6}$，是传统磁致伸缩材料如铁、镍等的 10～100 倍，这种材料称为超磁致伸缩材料。超磁致伸缩材料有伸缩效应大、机电耦合的系数高、响应速度快、输出力大等特点，因此，它的出现为新型驱动器的研制与开发又提供了一种行之有效的方法，并引起了国际上的极大关注。

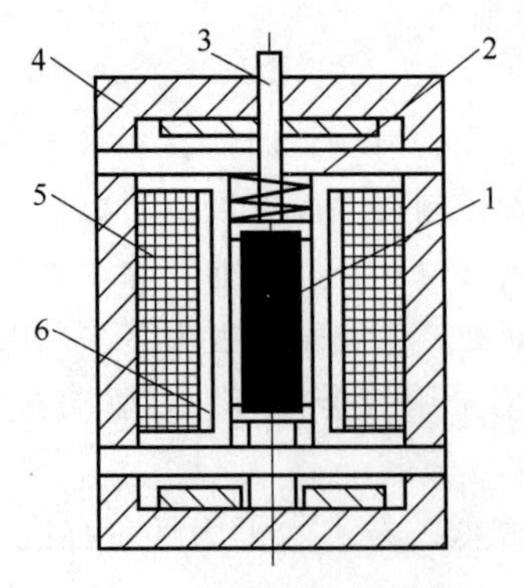

图 2.36 超磁致伸缩驱动器

1—超磁致伸缩材料；2—预压弹簧；3—输出杆；4—压盖；5—激励线圈；6—铜管

磁致伸缩驱动是通过迟滞伸缩现象达到驱动效果，简言之就是运用磁致伸缩材料磁化状态改变导致长度的微小变化，达到驱动的效果，一般都用于微小驱动场合。如图 2.36 为超磁致伸缩驱动器结构简图。

(2) 压电驱动

压电效应的原理是，如果对压电材料施加压力，它便会产生电位差（称为正压电效应）；反之，施加电压，则产生机械应力（称为逆压电效应）。

压电驱动器是利用逆压电效应，将电能转变为机械能或机械运动，实现微量位移的执行装置。常用的压电材料为压电陶瓷，在工业机器人制作中将压电陶瓷材料作为驱动元件，有助于实现智能化、微型化，具有蛇形流动能力的机器人。主要是因为压电陶瓷的响应速度、位移线微小，所以这一压电驱动方式在工业机器人中能够促使工业机器人向迅捷灵巧、体积小、重量轻、精度高的方向不断发展。

如燕山大学和哈尔滨工业大学团队在 *Frontiers of Mechanical Engineering* 期刊上发表的研究——《基于黏滑运动机制的压电惯性微型管道机器人》，如图 2.37 所示。该机器人的驱动由两个压电叠堆、一个主体、两个柔性连接板、四个支撑足和两个驱动足构成，为了适应管道内不同任务的需要，在左侧主体上设置了安装孔，孔内可以安装不同的功能模块，非常方便。

图 2.37　压电惯性微型管道机器人

(3) 形状记忆合金驱动

这一驱动方式主要是借助带有记忆功能的特殊合金实现工业机器人的运作。遇到外力发生变形的合金在温度达到某一限值的时候，形状记忆合金会再次恢复之前的状态。由于这类驱动形式的体积小、结构简单、操作容易，所以通常会被应用于微型机器人设计中。

图 2.38 为具有相当于肩、肘、臂、腕、指 5 个自由度的微型机器人的结构示意图。手指和手腕靠 SMA (NiTi 合金) 线圈的伸缩、肘和肩靠直线状 SMA 丝的伸缩分别实现开闭和屈伸动作。每个元件由微型计算机控制，通过由脉冲宽度控制的电流调节位置和动作速度。由于 SMA 丝很细（$\phi 0.2$mm），因而动作很快。

(4) 超声波电机

超声波振动驱动方式通过振动来驱动机器人工作。在超声波作用下振动物体与移动物体会因为相对运动产生摩擦力，从而驱动机器人运动。这一驱动除了体积小、结构简单之外，还具有速度响应的特征，适合高精尖端工业机器人驱动设计。

① 超声波电动机的定义和特点。超声波电动机 (ultrasonic motor，USM)，是 20 世纪 80 年代中期发展起来的一种全新概念的新型驱动装置。它利用压电

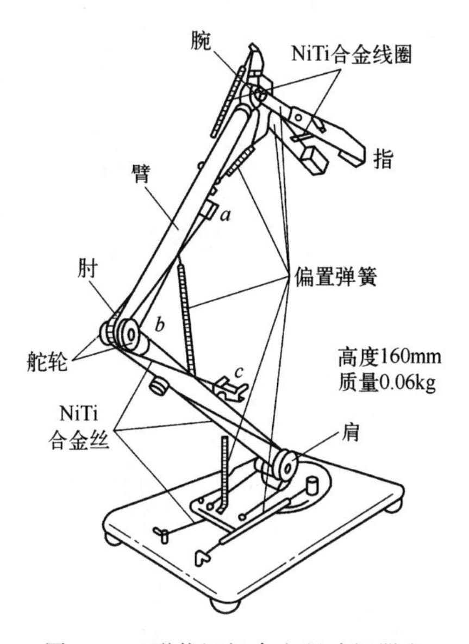

图 2.38　形状记忆合金驱动机器人

材料的逆压电效应，将电能转换为弹性体的超声振动，并将摩擦传动转换成运动体的回转或直线运动。

与传统电磁式电动机相比，超声波电动机具有以下特点：

a. 转矩/质量比大，结构简单、紧凑。

b. 低速大转矩，无须齿轮减速机构，可实现直接驱动。

c. 动作响应快（毫秒级），控制性能好。

d. 断电自锁。

e. 不产生磁场，也不受外界磁场干扰。

f. 运行噪声小。

g. 摩擦损耗大，效率低，只有 10%～40%。

h. 输出功率小，目前实际应用的只有 10W 左右。

i. 寿命短，只有 1000～5000h，不适合连续工作。

② 超声波电动机的分类。

a. 按自身形状和结构可分为：圆盘或环形，棒状或杆状及平板形。

b. 按功能可分为：旋转型，直线移动型和球型。

c. 按动作方式可分为：行波型和驻波型。

(5) 人工肌肉驱动器

随着机器人技术的发展，驱动器从传统的电机-减速器的机械运动方式，发展为骨架-腱-肌肉的生物运动方式。为了使机器人手臂能完成比较柔顺的作业任务，实现骨骼-肌肉的部分功能而研制的驱动装置称为人工肌肉驱动器。

现在已经研制出了多种不同类型的人工肌肉，例如利用机械化学物质的高分子凝胶、形状记忆合金（SMA）制作的人工肌肉，但应用最多的还是气动人工肌肉（pneumatic muscle actuators）。

如图 2.39 所示为英国 Shadow 公司的 Mckibben 型气动人工肌肉安装位置示意图。其传动方式采用人工腱传动。所有手指由柔索驱动，而人工肌肉则固定于前臂上，柔索穿过手掌与人工肌肉相连。驱动手腕动作的人工肌肉固定于大臂上。

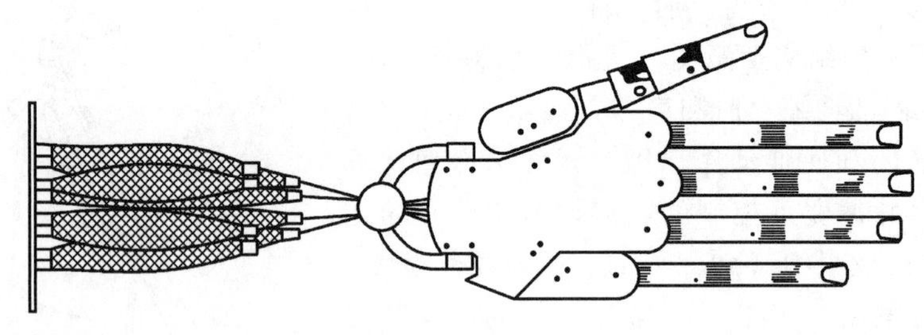

图 2.39 人工肌肉

2.5.3 传动机构

机器人传动系统，是将驱动器输出的运动和动力传送到工作单元的一种装置。工业机器人的传动系统要求结构紧凑、重量轻、转动惯量和体积小，要求消除传动间隙，提高其运动和位置精度。

传动系统的基本功用为：

① 调速。工作单元往往和驱动器速度不一致，利用传动机构达到改变输出速度的目的。

② 调转矩。调整驱动器的转矩使其适合工作单元使用。

③ 改变运动形式。驱动器的输出轴一般是等速回转运动，而工作单元要求的运动形式则是多种多样的，如直线运动、螺旋运动等，靠传动机构实现运动形式的改变。

④ 动力和运动的传递和分配。用一台驱动器带动若干个不同速度、不同负载的工作单元。

根据传动类型的不同，传动部件可以分为两大类：直线传动机构和旋转传动机构。

2.5.3.1　直线传动机构

工业机器人常用的直线传动机构可以直接由气缸或液压缸和活塞产生，也可以采用移动关节导轨、齿轮齿条、滚珠丝杠螺母等传动元件得到。

（1）移动关节导轨

在运动过程中，移动关节导轨可以起到保证位置精度和导向的作用。移动关节导轨有普通滑动导轨、液压动压滑动导轨、液压静压滑动导轨、气浮导轨和滚动导轨 5 种。

前两种导轨具有结构简单、成本低的优点，但是它必须留有间隙，以便润滑，而机器人载荷的大小和方向变化很快，间隙的存在又将会引起坐标位置的变化和有效载荷的变化；另外，这种导轨的摩擦系数又随着速度的变化而变化，在低速时容易产生爬行现象等。第三种导轨能产生预载荷，能完全消除间隙，具有高刚度、低摩擦、高阻尼等优点，但是它需要单独的液压系统和回收润滑油的机构。第四种导轨的缺点是刚度和阻尼较低。

目前，第五种导轨在工业机器人中应用最为广泛，图 2.40 所示为包容式滚动导轨的结构，其由支承座支撑，可以方便地与任何平面相连，此时套筒必须是开放式的，嵌在滑枕中，既增强了刚度，也方便与其他元件进行连接。

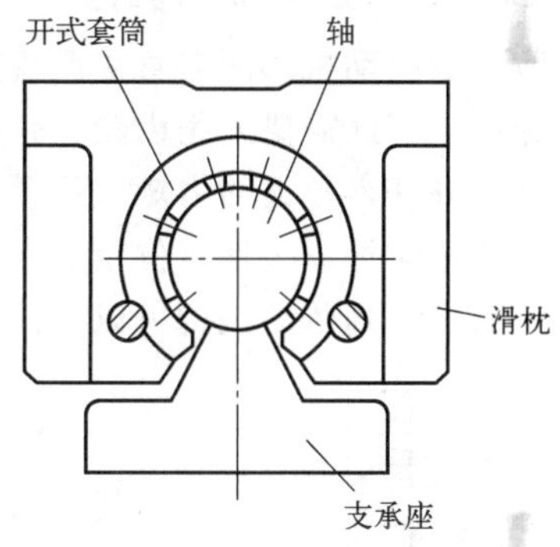

图 2.40　包容式滚动导轨的结构

（2）齿轮齿条传动

通常，齿条是固定不动的，当齿轮传动时，齿轮轴连同拖板沿齿条方向做直线运动，这样，齿轮的旋转运动就转换成为拖板的直线运动，如图 2.41 所示。拖板是由导杆或导轨支承的。但是该装置的回差较大。

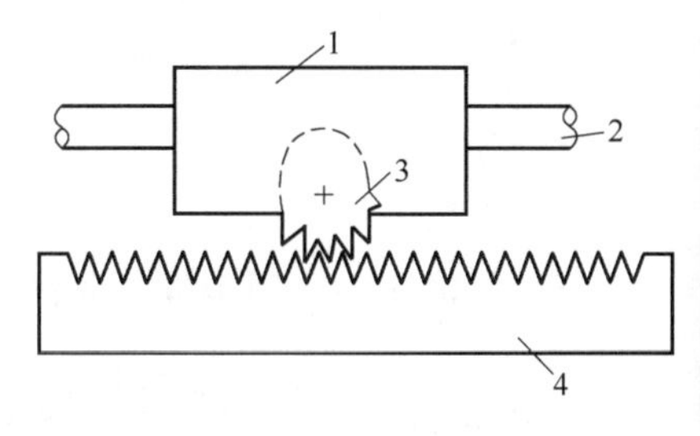

图 2.41　齿轮齿条装置

1—拖板；2—导向杆；3—齿轮；4—齿条

（3）丝杠传动

① 普通丝杠传动。普通丝杠传动是由一个旋转的精密丝杠驱动一个螺母沿丝杠轴向移动。由于普通丝杠的摩擦力较大、效率低、惯性大，在低速时容易产生爬行现象，而且精度

低、回差大，因此在机器人上很少采用。

② 滚珠丝杠传动。在机器人上经常采用滚珠丝杠，这是因为滚珠丝杠的摩擦力很小且运动响应速度快。由于滚珠丝杠在丝杠螺母的螺旋槽里放置了许多滚珠，传动过程中所受的摩擦力是滚动摩擦，可极大地减小摩擦力，因此传动效率高，消除了低速运动时的爬行现象。在装配时施加一定的预紧力，可消除回差。

图 2.42 所示滚珠丝杠螺母副里的滚珠经过研磨的导槽循环往复传递运动与动力。滚珠丝杠的传动效率可以达到 90%。

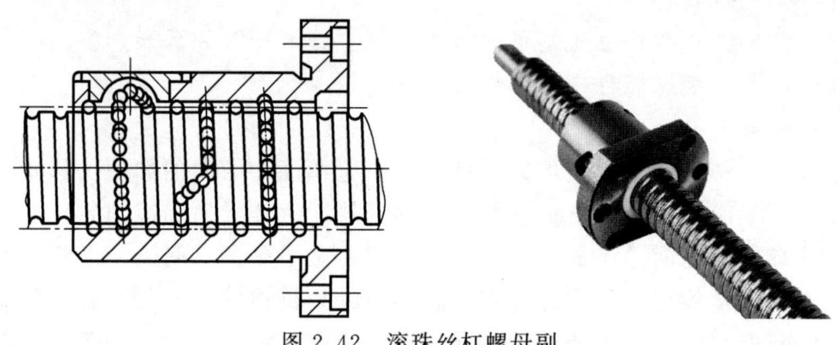

图 2.42 滚珠丝杠螺母副

2.5.3.2 旋转传动机构

一般电动机都能够直接产生旋转运动，但其输出力矩比所要求的力矩小，转速比要求的转速高，因此需要采用齿轮、带传动装置或其他运动传动机构，把较高的转速转换成较低的转速，并获得较大的力矩。运动的传递和转换必须高效率地完成，并且不能有损机器人系统所需要的特性，包括定位精度、重复定位精度和可靠性等。

通过下列传动机构可以实现运动的传递和转换。

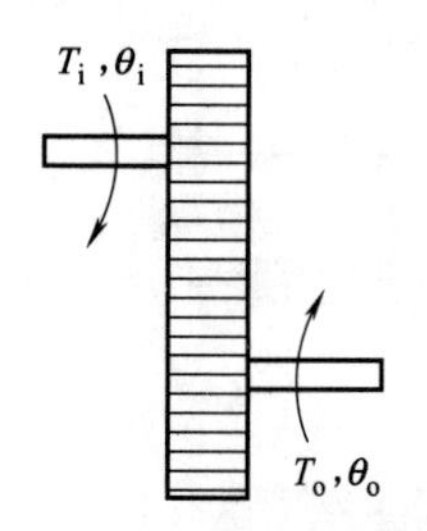

图 2.43 齿轮传动副

(1) 齿轮副

齿轮副不但可以传递运动角位移和角速度，而且可以传递力和力矩。如图 2.43 所示，一个齿轮装在输入轴上，另一个齿轮装在输出轴上，齿轮的齿数与其转速成反比（式 2.1），输出力矩与输入力矩之比等于输出齿数与输入齿数之比（式 2.2）。

$$\frac{z_i}{z_o}=\frac{n_o}{n_i} \tag{2.1}$$

$$\frac{T_o}{T_i}=\frac{z_o}{z_i} \tag{2.2}$$

(2) 同步带传动装置

在工业机器人中，同步带传动主要用来传递平行轴间的运动。同步传送带和带轮的接触面都制成相应的齿形，靠啮合传递功率，其传动原理如图 2.44 所示。齿的节距用包络带轮时的圆节距 t 表示。

同步带传动的优点为：传动时无滑动，传动比较准确且平稳；速比范围大；初始拉力小；轴与轴承不易过载。但是，这种传动机构的制造及安装要求严格，对带的材料要求也较高，因而成本较高。同步带

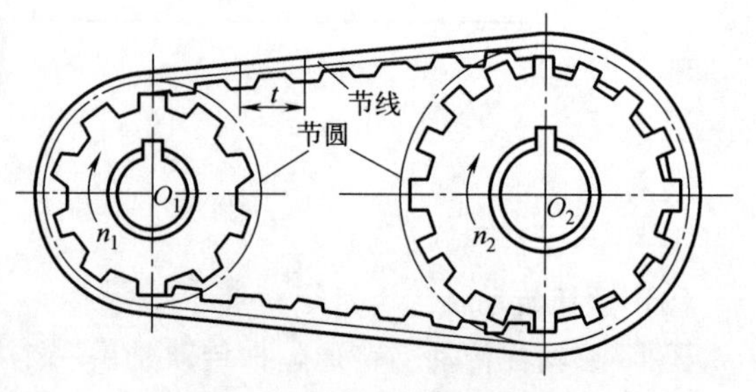

图 2.44 同步带的传动原理

传动适合于电动机与高减速比减速器之间的传动。

(3) 谐波齿轮

目前，工业机器人的旋转关节有 60%～70%都使用谐波齿轮传动。谐波齿轮传动由刚性齿轮、谐波发生器和柔性齿轮 3 个主要零件组成，如图 2.45 所示。

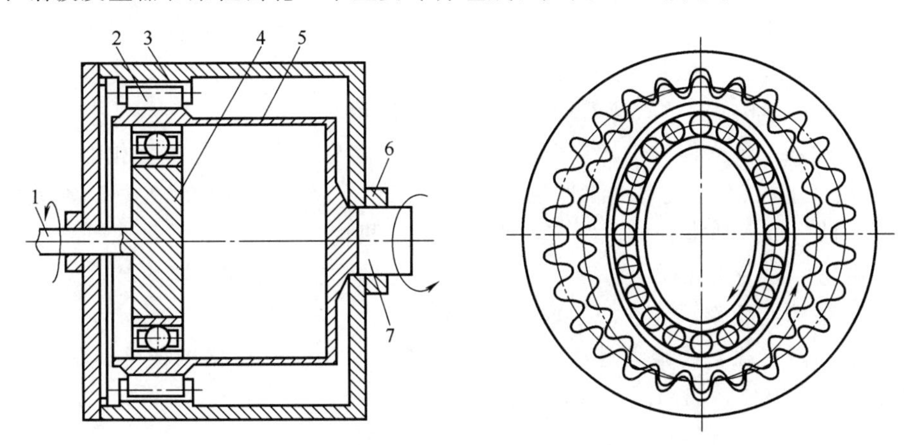

图 2.45　谐波齿轮传动

1—输入轴；2—柔性外齿圈；3—刚性内齿圈；4—谐波发生器；5—柔性齿轮；6—刚性齿轮；7—输出轴

工作时，刚性齿轮 6 固定安装，各齿均匀分布于圆周上，具有柔性外齿圈 2 的柔性齿轮 5 沿刚性内齿圈 3 转动。柔性齿轮比刚性齿轮少两个齿，所以柔性齿轮沿刚性齿轮每转一圈就反向转过两个齿的相应转角。谐波发生器 4 具有椭圆形轮廓，装在其上的滚珠用于支撑柔性齿轮，谐波发生器驱动柔性齿轮旋转，使之发生塑性变形。转动时，柔性齿轮的椭圆形端部只有少数齿与刚性齿轮啮合。只有这样，柔性齿轮才能相对于刚性齿轮自由地转过一定的角度。通常刚性齿轮固定，谐波发生器作为输入端，柔性齿轮与输出轴相连。

谐波齿轮传动的主要优点有：

① 传动速比大。单级谐波齿轮传动速比范围为 70～320，在某些装置中可达到 1000，多级传动速比可达 30000 以上。它不仅可用于减速的场合，也可用于增速的场合。

② 承载能力高。这是因为谐波齿轮传动中同时啮合的齿数多，双波传动同时啮合的齿数可达总齿数的 30%以上，而且柔性轮采用了高强度材料，齿与齿之间是面接触。

③ 传动精度高。这是因为谐波齿轮传动中同时啮合的齿数多，误差平均化，即多齿啮合对误差有相互补偿作用，故传动精度高。在齿轮精度等级相同的情况下，传动误差只有普通圆柱齿轮传动的 1/4 左右。同时可采用微量改变波发生器的半径来增加柔性轮的变形的方法使齿隙变小，甚至能做到无侧隙啮合，故谐波齿轮减速机传动空程小，适用于反向转动。

④ 传动效率高、运动平稳。由于柔性轮轮齿在传动过程中做均匀的径向移动，因此，即使输入速度很高，轮齿的相对滑移速度仍是极低（为普通渐开线齿轮传动的百分之一）的，所以，轮齿磨损小，效率高（可达 69%～96%）。又由于啮入和啮出时，齿轮的两侧都参加工作，因而无冲击现象，运动平稳。

⑤ 结构简单、零件数少、安装方便。仅有三个基本构件，且输入与输出轴同轴线，所以结构简单，安装方便。

⑥ 体积小、重量轻。与一般减速器比较，输出力矩相同时，谐波齿轮减速器的体积可减小 2/3，质量可减轻 1/2。

⑦ 可向密闭空间传递运动。柔性轮的柔性特点，是现有其他传动无法比拟的。

(4) RV减速器

相比于谐波减速器，RV减速器具有更高的刚度和回转精度。因此在关节型机器人中，一般将RV减速器放置在机座、大臂、肩部等重负载的位置；而将谐波减速器放置在小臂、腕部或手部；行星减速器一般用在直角坐标系机器人上。自1986年投入市场以来，因其传动比大、传动效率高、运动精度高、回差小、低振动、刚性大和可靠性高等优点，RV减速器成为机器人的“御用”减速器。

① RV减速器结构。RV减速器结构如图2.46所示。

a. 输入齿轮轴：输入齿轮轴用来传递输入功率，且与渐开线行星轮互相啮合。

b. 行星轮（正齿轮）：它与曲轴固连，两个或三个行星轮均匀分布在一个圆周上，起功率分流作用，即将输入功率分成几路传递给摆线针轮机构。

c. RV齿轮：为了实现径向力的平衡，一般采用两个完全相同的摆线针轮。

d. 针齿：针齿与机架固连在一起成为针轮壳体。

e. 刚性盘与输出盘：输出盘是RV减速器与外界从动机相连接的构件，输出盘和刚性盘相连接成为一个整体，输出运动或动力。

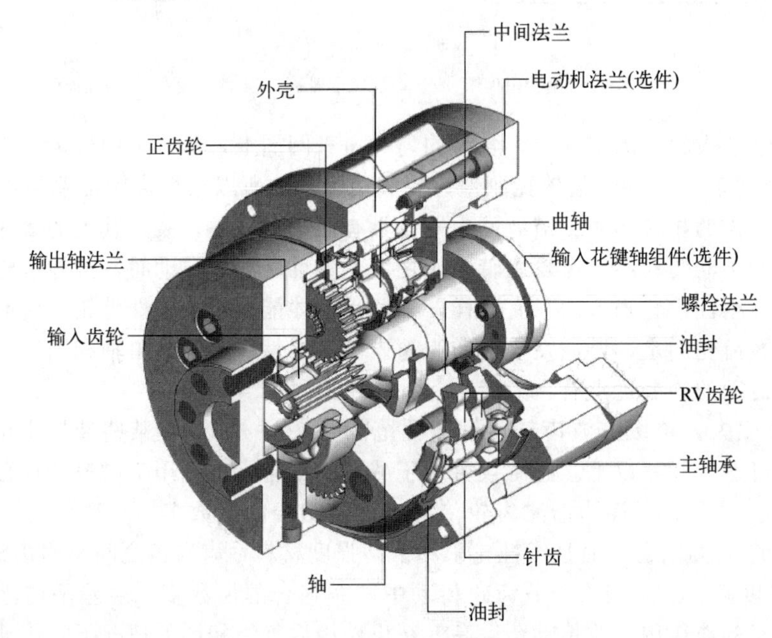

图2.46 RV减速器结构

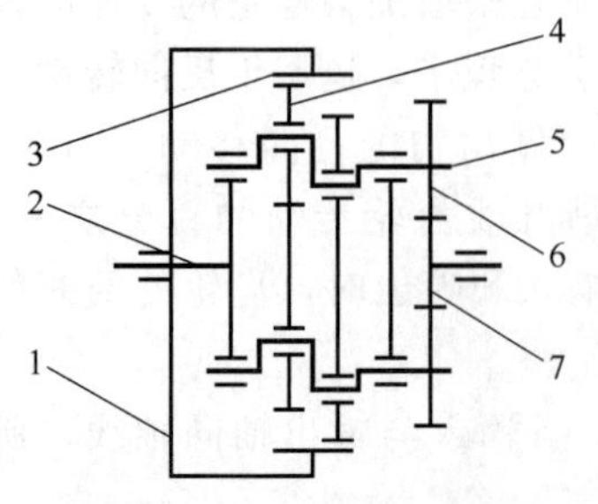

图2.47 摆线针轮传动减速器
1—针齿壳；2—输出轴；3—针齿；4—摆线轮；5—曲柄轴；6—渐开线行星轮；7—渐开线中心轮

② RV减速器工作原理。RV减速器是在摆线针轮传动的基础上发展起来的，具有二级减速和中心圆盘支撑结构。20世纪80年代日本研制出的用于机器人关节的摆线针轮传动减速器，如图2.47所示。

摆线针轮传动减速器由渐开线圆柱齿轮行星减速机构和摆线针轮行星减速机构两部分组成。渐开线行星轮6与曲柄轴5连成一体，作为摆线针轮传动的输入部分。如果渐开线中心轮7顺时针旋转，那么渐开线行星齿轮在公转的同时还逆时针自转，并通过曲柄轴带动摆线轮做平面运动。此时，摆线轮因受与之啮合的针轮的约束，在其轴线绕针轮轴线公转的同时，还将反方向自转，即顺时针转动。同时，它通过曲柄轴推动行星架输出机构顺时针转动。

【本章小结】

本章主要讲述工业机器人的机械结构，包括机器人的机体结构和驱动系统。机体结构系统一般包括机身、手臂、手腕及手部等；驱动系统一般包括驱动装置和传动机构两部分。本章详细介绍了机器人的升降回转型、俯仰回转型、直移型、类人机器人型机身；讲解了机器人手臂的运动及分类；讲述了机器人手腕的基本形式及分类；介绍了机器人手部特点与夹持分类；最后对机器人的驱动系统进行了详细描述。

【思考题】

2-1　工业机器人常用的机身结构有哪些?

2-2　工业机器人常用的手臂结构有哪些?

2-3　工业机器人常用的手腕结构有哪些?

2-4　工业机器人常用的手部结构有哪些?

2-5　工业机器人常用的驱动形式有哪些?

2-6　工业机器人常用的传动机构有哪些?

第3章

工业机器人的数学基础

【学习目标】

学习目标	学习目标分解	学习要求
知识目标	工业机器人的运动轴与坐标系	熟悉
	工业机器人的运动学分析	掌握
	工业机器人的动力学分析	掌握
	Matlab Robotics 工具包	掌握

【知识图谱】

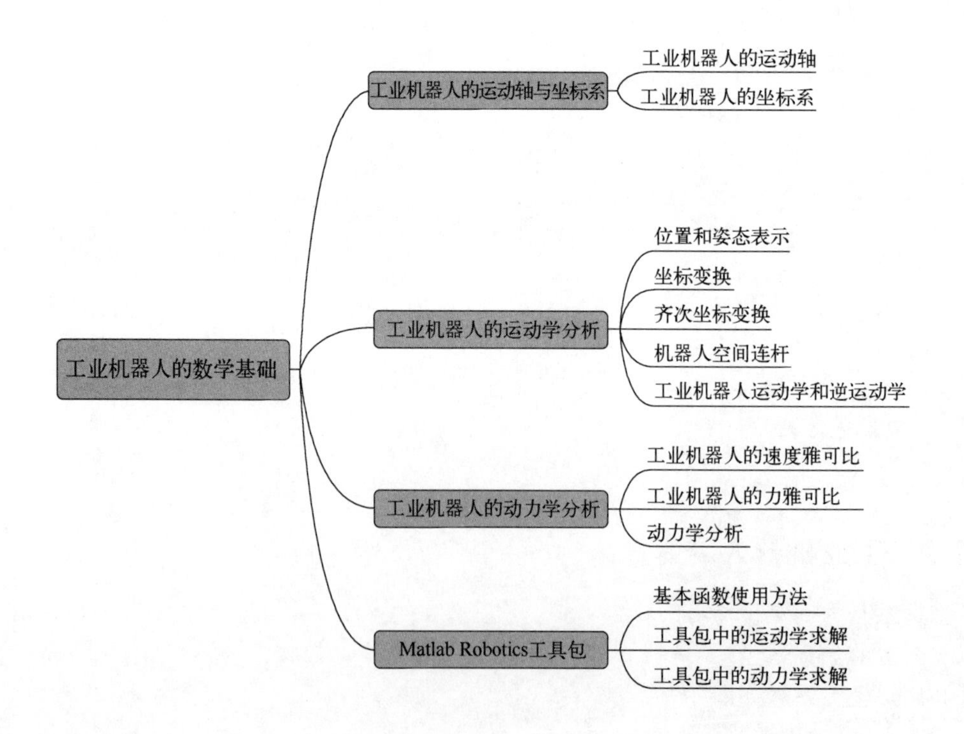

3.1　工业机器人的运动轴与坐标系

3.1.1　工业机器人的运动轴

工业生产中的机器人，一般需要配备保持自身性能特点的外围设备，如翻转变位机、回转工作平台、水平移动平台等。这些外围设备的运动和位置控制都需要与工业机器人相配合并要求相应精度。通常机器人运动轴按其功能可划分为机器人轴、基座轴和工装轴，基座轴和工装轴统称为外部轴。

机器人轴是指机器人本体的轴，目前商用的工业机器人以6轴为主；基座轴是使机器人移动的轴的总称，主要指行走轴（移动滑台或导轨）；工装轴是除机器人轴、基座轴以外轴的总称，指使工件、工装夹具翻转和回转的轴，如回转台、翻转台等，如图3.1所示。

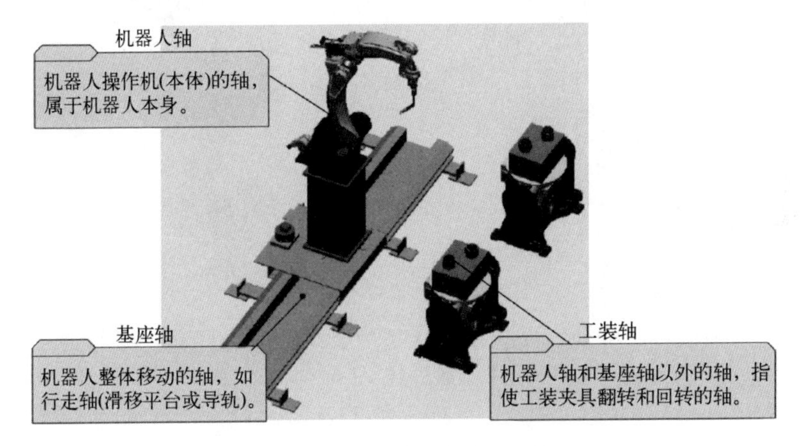

图3.1　工业机器人的运动轴

常用工业机器人本体运动轴的定义如表3.1所示，不同的工业机器人本体运动轴的定义不同，用于保证末端执行器到达工作空间任意位置的轴称为基本轴或主轴；用于实现末端执行器任意空间姿态的轴，称为腕部轴或次轴。其对应机器人如图3.2所示。

表3.1　常用工业机器人本体运动轴的定义

轴类型	轴名称				动作说明
	KUKA	ABB	YASKAWA	FANUC	
主轴（基本轴）	A1	轴1	S轴	J1	本体回旋
	A2	轴2	L轴	J2	大臂运动
	A3	轴3	U轴	J3	小臂运动
次轴（腕部运动）	A4	轴4	R轴	J4	手腕选择运动
	A5	轴5	B轴	J5	手腕上下摆运动
	A6	轴6	T轴	J6	手腕圆周运动

3.1.2　工业机器人的坐标系

坐标系是为确定机器人的位置和姿态而在机器人或其他空间上设定的位姿指标系统。工业机器人上的坐标系包括六种：大地坐标系、基坐标系、关节坐标系、工具坐标系、工件坐标系和用户坐标系，如图3.3所示。

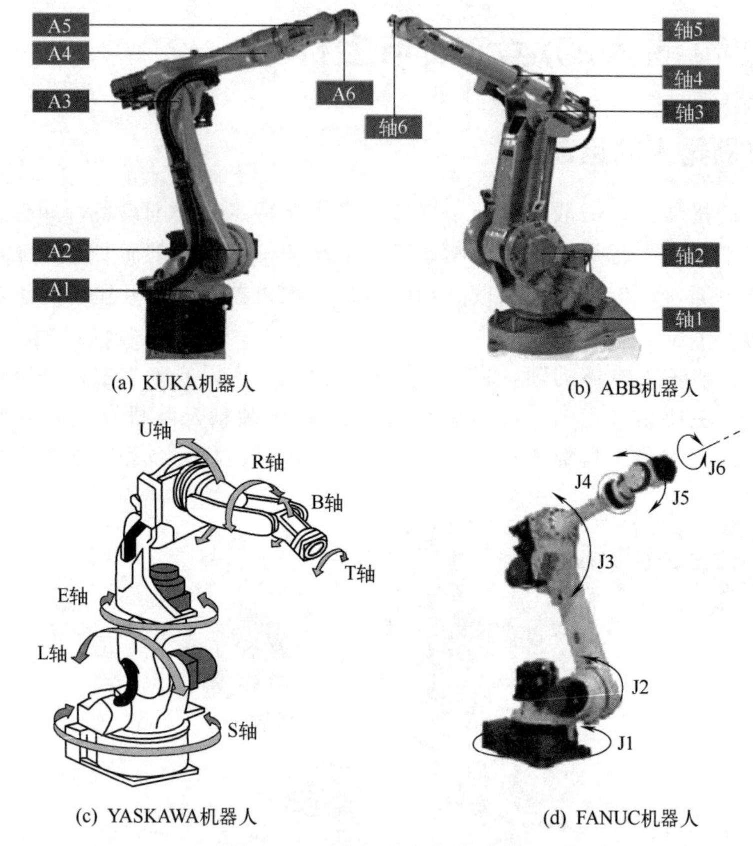

图 3.2 工业机器人各轴的定义

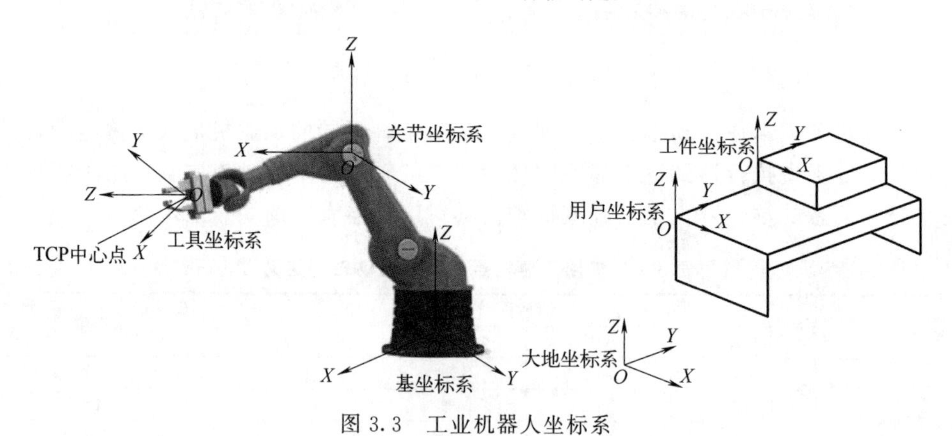

图 3.3 工业机器人坐标系

(1) 大地坐标系

大地坐标系（world coordinates），又称为基础坐标系、世界坐标系，是工业机器人在惯性空间的定位基础坐标系，在工作单元或工作站中的固定位置。在多机器人协同作业系统或使用机器人变位器的系统中，为了确定机器人（基座）的位置，需要建立大地坐标系。

(2) 基坐标系

基坐标系（base coordinates）亦称为机器人坐标系，由机器人底座基点与坐标方位组成，该坐标系是机器人其他坐标系的基础，是机器人示教或编程常用的坐标系之一，一般处于机器人的基座中心位置。原点定义在机器人安装面与第一转动轴的交点处，X 轴向前，Z

轴向上，Y 轴按右手法则确定，如图 3.4 所示。

(3) 关节坐标系

关节坐标系是设定在机器人关节中的坐标系，它是每个轴相对其原点位置的绝对角度。在关节坐标系下，机器人各轴均可实现单独正向或反向运动。关节坐标系在机器人调试完成后就设定完成，不可更改。

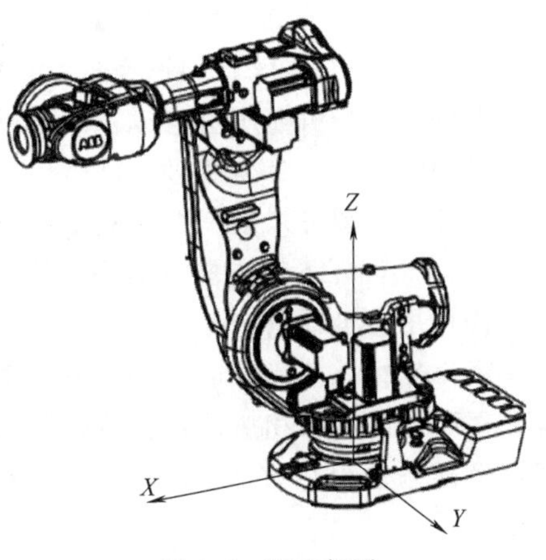

图 3.4　基坐标系

(4) 工具坐标系

在工业机器人的末端安装某种特殊的部件作为工具，通常要在工具上的某个固定位置上建立一个坐标系，即工具坐标系（tool coordinates）。工具坐标系是机器人作业必需的坐标系，用来确定工具的位姿，它由工具中心点（TCP）与坐标方位组成。

机械手在出厂时都有一个默认的工具坐标系 Tool 0：位置在法兰中心。但机械手实际运动中往往会在法兰中心安装吸盘、焊枪、气缸等工具，若机械手运动中心依然在法兰中心，会造成很大的不便，因此根据实际情况去示教需要的工具坐标系就显得必要。在没有定义的时候，将由默认工具坐标系来替代该坐标系，如 TCP 与 Tool 0 重合的位置，如图 3.5 所示。

例如：焊接的时候，我们所使用的工具是焊枪，所以可把工具坐标系移植为焊枪的顶点；而用吸盘吸工件时使用的是吸盘，所以我们可以把工具坐标系移植为吸盘的表面。

工具坐标系的定义方法：

① N（$N \geqslant 4$）点法/TCP 法。机器人 TCP 通过 N 种不同姿态同某定点相接触，得出多组结果，通过计算得出当前 TCP 与工具安装法兰中心点（Tool 0）的相应位置，坐标系方向与 Tool 0 一致，如图 3.6 所示。

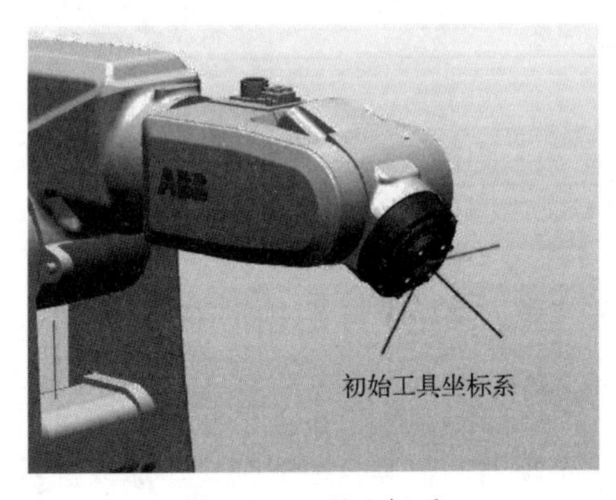

图 3.5　工具坐标系

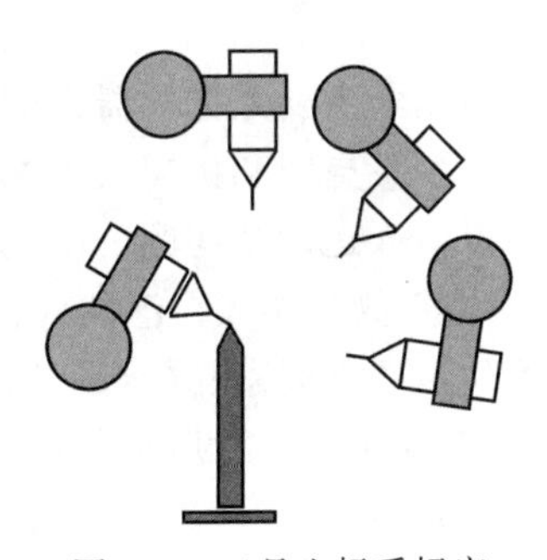

图 3.6　工具坐标系标定

② TCP&Z 法。在 N 点法基础上，Z 点与定点连线为坐标系 Z 方向。

③ TCP&X、Z 法。在 N 点法基础上，X 点与定点连线为坐标系 X 方向，Z 点与定点连线为坐标系 Z 方向。

(5) 工件坐标系

工件坐标系（object coordinates）是以工件为基准来描述 TCP 运动的虚拟笛卡儿坐标

系。通过建立工件坐标系，机器人需要对不同工件进行相同作业时，只需要改变工件坐标系，就能保证工具 TCP 到达指令点，而无须对程序进行其他修改。

工件坐标系可在用户坐标系的基础上建立，并允许有多个。对于工具固定、机器人用于工件移动的作业，必须通过工件坐标系来描述 TCP 与工件的相对运动。

工件坐标系可采用三点法确定：点 X_1 与点 X_2 连线组成 X 轴，通过点 Y_1 向 X 轴作的垂直线为 Y 轴，Z 轴方向以右手定则确定，如图 3.7 所示。

(6) 用户坐标系

用户坐标系（user coordinates）是用户对每个作业空间进行自定义的直角坐标系，用于位置寄存器的示教和执行、位置补偿指令的执行等。在没有定义的时候，由大地坐标系来替代该坐标系。当机器人配备多个工作台时，选用户坐标系可使操作更为简单，如图 3.8 所示。

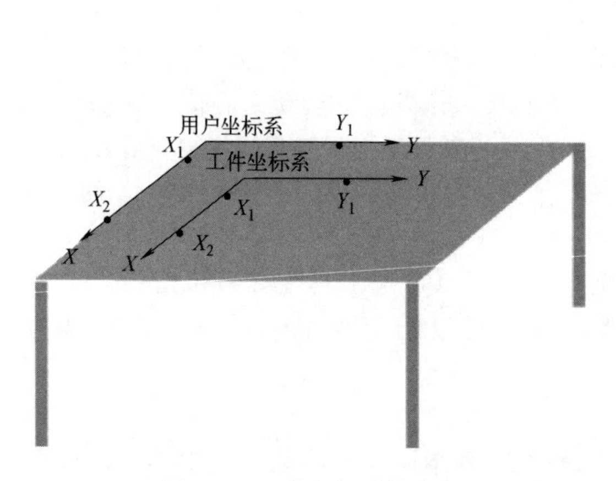

图 3.7 工件坐标系的确定

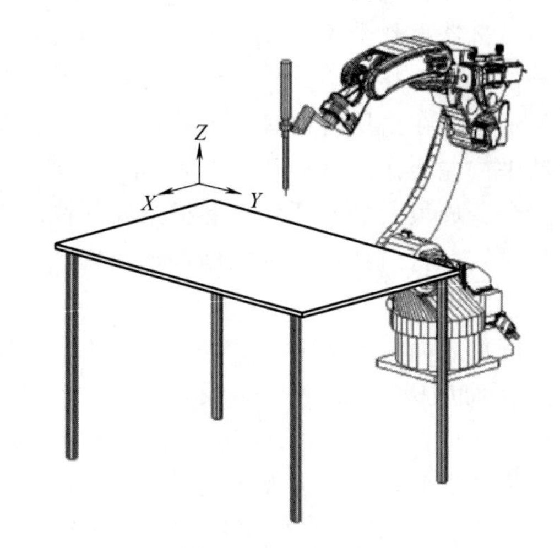

图 3.8 用户坐标系

3.2 工业机器人的运动学分析

机器人运动学主要是把机器人的空间位姿解析地表示为时间或者关节变量的函数，特别是要研究关节变量空间和机器人末端执行器位置和姿态之间的关系。

常见的机器人运动学问题可归纳如下：

① 对一给定的机器人，已知杆件几何参数和关节角矢量，求机器人末端执行器相对于参考坐标系的位置和姿态。(运动学正问题)

② 已知机器人杆件的几何参数，给定机器人末端执行器相对于参考坐标系的期望位置和姿态（位姿），机器人能否使其末端执行器到达这个预期的位姿？如能到达，那么机器人有几种不同形态可满足同样的条件？(运动学逆问题)

3.2.1 位置和姿态表示

(1) 点的位置描述

在直角坐标系 A 中，如图 3.9 所示，空间任意一点 p 的位置可用 3×1 列向量（位置矢量）表示：

$$^{A}\boldsymbol{p}=\begin{bmatrix}p_x\\p_y\\p_z\end{bmatrix} \tag{3.1}$$

式中，p_x、p_y、p_z 是点 p 在坐标系 $\{A\}$ 中的三个坐标分量；$^{A}\boldsymbol{p}$ 为位置矢量；上标 A 代表参考坐标系 $\{A\}$。

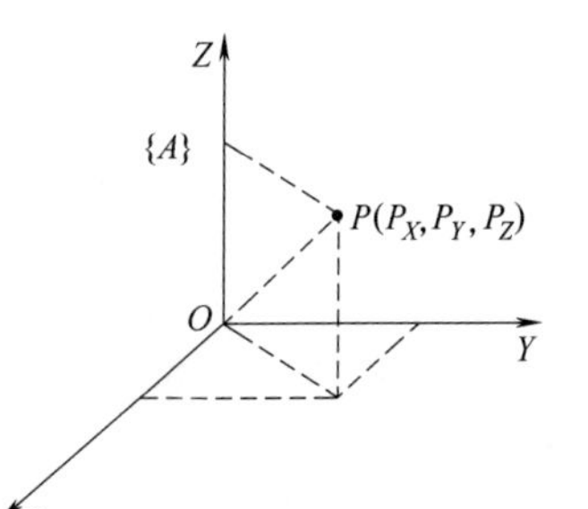

图 3.9　点的位置描述

(2) 方位描述

在描述机器人运动的轨迹过程中，需明确某个点的具体位置，并且还应当标明方位。通常情况下，物体方位是参考某一个坐标系来进行描述的。对于空间中存在的某一个刚体 B，可以使用坐标系 $\{B\}$ 来作为参考。为确定空间坐标系 $\{B\}$ 的方位，利用参考坐标系 $\{A\}$，用坐标系 $\{B\}$ 的三个单位主矢量 x_B、y_B、z_B 相对于坐标系 $\{A\}$ 的方向余弦组成 (3×3) 矩阵为：

$$^{A}_{B}\boldsymbol{R}=\begin{bmatrix}^{A}_{B}\boldsymbol{x} & ^{A}_{B}\boldsymbol{y} & ^{A}_{B}\boldsymbol{z}\end{bmatrix}=\begin{bmatrix}r_{11} & r_{12} & r_{13}\\r_{21} & r_{22} & r_{23}\\r_{31} & r_{32} & r_{33}\end{bmatrix} \tag{3.2}$$

式 (3.2) 主要体现了刚体在坐标系当中的方位，上标 A 代表参考坐标系 $\{A\}$；下标 B 代表被描述的坐标系 $\{B\}$。上面的矩阵称为旋转矩阵；三个列向量 $^{A}_{B}\boldsymbol{x}$、$^{A}_{B}\boldsymbol{y}$、$^{A}_{B}\boldsymbol{z}$ 都是单位矢量，且两两垂直。

所以它的 9 个元素满足 6 个约束条件（即正交条件）：

$$^{A}_{B}\boldsymbol{x}\cdot{}^{A}_{B}\boldsymbol{x}={}^{A}_{B}\boldsymbol{y}\cdot{}^{A}_{B}\boldsymbol{y}={}^{A}_{B}\boldsymbol{z}\cdot{}^{A}_{B}\boldsymbol{z}=1 \tag{3.3}$$

$$^{A}_{B}\boldsymbol{x}\cdot{}^{A}_{B}\boldsymbol{y}={}^{A}_{B}\boldsymbol{y}\cdot{}^{A}_{B}\boldsymbol{z}={}^{A}_{B}\boldsymbol{z}\cdot{}^{A}_{B}\boldsymbol{x}=0 \tag{3.4}$$

从上述等式中，可以发现 $^{A}_{B}\boldsymbol{R}$ 呈现为正交情况，并满足如下条件：

$$^{A}_{B}\boldsymbol{R}^{-1}={}^{A}_{B}\boldsymbol{R}^{\mathrm{T}};\ |{}^{A}_{B}\boldsymbol{R}|=1 \tag{3.5}$$

在以上算式中，T 代表转置计算，而 $|\cdot|$ 表示行列式。

将矩阵按照三个坐标轴进行旋转变换，变换角度设置为 θ，可以得到基本旋转矩阵：

$$\boldsymbol{Rot}(x,\theta)=\begin{bmatrix}1 & 0 & 0\\0 & \cos\theta & -\sin\theta\\0 & \sin\theta & \cos\theta\end{bmatrix} \tag{3.6}$$

$$\boldsymbol{Rot}(y,\theta)=\begin{bmatrix}\cos\theta & 0 & \sin\theta\\0 & 1 & 0\\-\sin\theta & 0 & \cos\theta\end{bmatrix} \tag{3.7}$$

$$\boldsymbol{Rot}(z,\theta)=\begin{bmatrix}\cos\theta & -\sin\theta & 0\\\sin\theta & \cos\theta & 0\\0 & 0 & 1\end{bmatrix} \tag{3.8}$$

(3) 齐次坐标

如果用 4 个数组成的 (4×1) 列阵表示三维空间直角坐标系 $\{A\}$ 中的点 P，则该列向量称为三维空间点 P 的齐次坐标，表示如下：

$$\boldsymbol{P}=\begin{bmatrix}P_x\\P_y\\P_z\\1\end{bmatrix} \tag{3.9}$$

齐次坐标并不是唯一的，当列向量的每一项分别乘以一个非零因子 ω 时，则有：

$$\boldsymbol{P}=\begin{bmatrix}a\\b\\c\\\omega\end{bmatrix} \tag{3.10}$$

式中，$a=\omega P_x$；$b=\omega P_y$；$c=\omega P_z$。

该列向量也表示 P 点，因此齐次坐标的表示不是唯一的。

$\boldsymbol{i}$、$\boldsymbol{j}$、$\boldsymbol{k}$ 分别是直角坐标系中 X、Y、Z 坐标轴的单位矢量。若用齐次坐标来描述 X、Y、Z 轴，则定义下面三个（4×1）列阵分别为单位矢量 $\boldsymbol{i}$、$\boldsymbol{j}$、$\boldsymbol{k}$（即 X、Y、Z 坐标轴）的方向列阵。

$$\boldsymbol{i}=[1\quad 0\quad 0\quad 0]^{\mathrm{T}};\boldsymbol{j}=[0\quad 1\quad 0\quad 0]^{\mathrm{T}};\boldsymbol{k}=[0\quad 0\quad 1\quad 0]^{\mathrm{T}} \tag{3.11}$$

综上所述，可得出以下结论：

①（4×1）列阵 $[a\quad b\quad c\quad \omega]^{\mathrm{T}}$ 中第四个元素不为零，则表示空间某点的位置；

②（4×1）列阵 $[a\quad b\quad c\quad \omega]^{\mathrm{T}}$ 中第四个元素为零，且 $a^2+b^2+c^2=1$，则表示某个坐标轴（或某个矢量）的方向，$[a\quad b\quad c\quad 0]^{\mathrm{T}}$ 称为该矢量的方向列阵。

（4）位姿描述

对于空间中点的位置，一般是通过位置矢量来表示的。另外，描述物体的方位通常则借助于旋转矩阵来计算得出。如果想要更为详细地描述刚体 B 的位置以及表现的姿态，则需要将物体跟相接的坐标系 $\{B\}$ 综合起来考虑。对于坐标系 $\{B\}$ 来说，原点通常是在物体的某一特征点上，比如质心。我们可以用位置矢量 ${}^{A}_{B_o}\boldsymbol{p}$、旋转矢量 ${}^{A}_{B}\boldsymbol{R}$ 来表示 $\{B\}$ 相对于 $\{A\}$ 的原点位置和坐标轴方位信息，如此一来，刚体 B 的位姿可通过 $\{B\}$ 来描述。具体为：

$$\{B\}=\{{}^{A}_{B}\boldsymbol{R}\quad {}^{A}_{B_o}\boldsymbol{p}\} \tag{3.12}$$

表示位置时：旋转矩阵 ${}^{A}_{B}\boldsymbol{R}=\boldsymbol{I}$（单位矩阵）；

表示姿态时：位置矢量 ${}^{A}_{B_o}\boldsymbol{p}=\boldsymbol{0}$。

① 刚体的位姿描述。机器人的每一个连杆均可视为一个刚体，刚体上某一点的位置和姿态在空间上是唯一确定的，可以用唯一的一个位姿矩阵来描述。如图 3.10 所示，令坐标系 $O'X'Y'Z'$ 与刚体 Q 固连，称为动坐标系。则刚体 Q 在固定坐标系 $OXYZ$ 中的位置可用齐次坐标形式表示为：

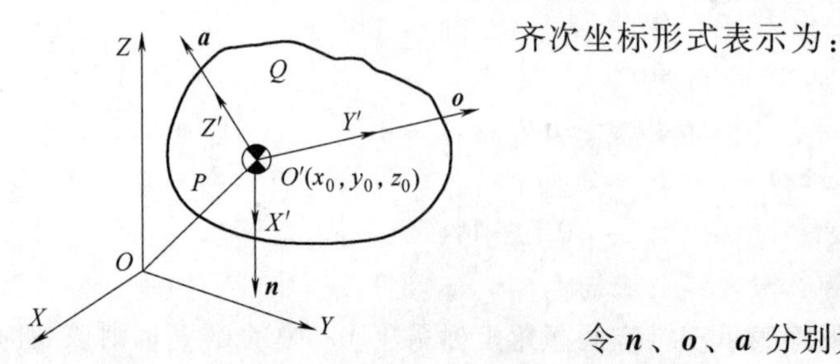

图 3.10 刚体的位姿描述

$$\boldsymbol{P}=\begin{bmatrix}x_0\\y_0\\z_0\\1\end{bmatrix} \tag{3.13}$$

令 $\boldsymbol{n}$、$\boldsymbol{o}$、$\boldsymbol{a}$ 分别为 X'、Y'、Z' 坐标轴的单位方向矢量，则有：

$$n=\begin{bmatrix}n_x\\n_y\\n_z\\0\end{bmatrix}\quad o=\begin{bmatrix}o_x\\o_y\\o_z\\0\end{bmatrix}\quad a=\begin{bmatrix}a_x\\a_y\\a_z\\0\end{bmatrix}\tag{3.14}$$

刚体的（4×4）位姿矩阵表示为：

$$\boldsymbol{T}=[\boldsymbol{n}\quad \boldsymbol{o}\quad \boldsymbol{a}\quad \boldsymbol{P}]=\begin{bmatrix}n_x & o_x & a_x & x_0\\n_y & o_y & a_y & y_0\\n_z & o_z & a_z & z_0\\0 & 0 & 0 & 1\end{bmatrix}\tag{3.15}$$

② 机器人末端操作臂的位姿描述。图 3.11 表示机器人的一个机械手。为了描述机器人手部的位姿，选定参考坐标系 {A}，可用固连于手部的坐标系 {B} 的位姿来表示。坐标系 {B} 由原点位置和三个单位矢量唯一确定，即：

a. 原点：取手部中心点为原点 O_B；

b. Z 轴：设在手指接近物体的方向，即关节轴的方向，称为接近矢量 $\boldsymbol{a}$；

c. Y 轴：设在手指连线的方向，称为方向矢量 $\boldsymbol{o}$；

d. X 轴：根据右手法则确定，同时垂直于 $\boldsymbol{a}$、$\boldsymbol{o}$ 矢量，以 $\boldsymbol{n}$ 表示，称为法线矢量，即$\boldsymbol{n}=\boldsymbol{o}\times\boldsymbol{a}$。

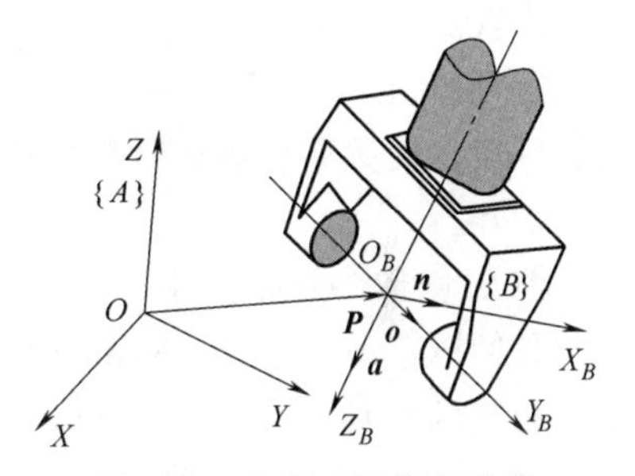

图 3.11　机器人手部的位姿

手部位置矢量为从固定参考坐标系 $OXYZ$ 原点指向手部坐标系 {B} 原点的矢量 $\boldsymbol{P}$，手部的方向矢量为 $\boldsymbol{n}$、$\boldsymbol{o}$、$\boldsymbol{a}$。手部的（4×4）位姿矩阵为：

$$\boldsymbol{T}=[\boldsymbol{n}\quad \boldsymbol{o}\quad \boldsymbol{a}\quad \boldsymbol{P}]=\begin{bmatrix}n_x & o_x & a_x & P_x\\n_y & o_y & a_y & P_y\\n_z & o_z & a_z & P_z\\0 & 0 & 0 & 1\end{bmatrix}=\begin{bmatrix}\boldsymbol{R}_{3\times3} & \boldsymbol{P}_{1\times3}\\0 & 1\end{bmatrix}\tag{3.16}$$

式中，$\boldsymbol{R}_{3\times3}$ 代表了机器人的姿态；$\boldsymbol{P}_{1\times3}$ 代表了机械手的位置；$\boldsymbol{T}$ 描述了机器人的位姿。

3.2.2　坐标变换

(1) 平移变换

如果两个不同的坐标系 {A} 以及 {B} 在方位上是保持一致的，但两者的坐标系原点不相同。我们可以通过${}^{A}_{B_o}\boldsymbol{p}$ 来表示 {B} 的原点在坐标系 {A} 当中的位置信息，具体可以参考图 3.12，以${}^{A}_{B_o}\boldsymbol{p}$ 作为平移矢量，如果点 p 在 {B} 中的位置为${}^{B}\boldsymbol{p}$，则我们可以通过矢量相加的方法来得到该物体在坐标系 {A} 中的位置，具体为：

$${}^{A}\boldsymbol{p}={}^{B}\boldsymbol{p}+{}^{A}_{B_o}\boldsymbol{p}\tag{3.17}$$

式（3.17）表示的是坐标的平移计算方程。

(2) 旋转坐标变换

如果两个不同的坐标系拥有同一个原点，但是在方位表现上存在差异，具体可以参考图 3.13。

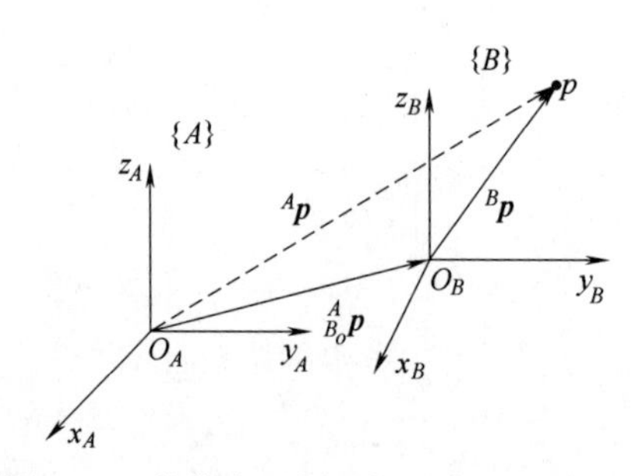

图 3.12 物体在不同坐标系中的平移运动

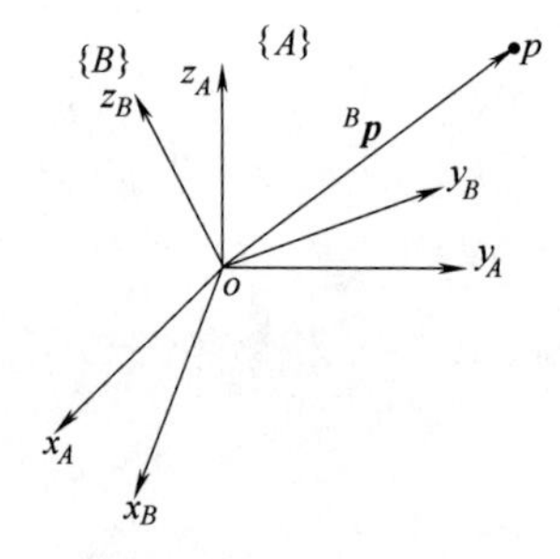

图 3.13 旋转变换示意图

则可以利用旋转矩阵${}^{A}_{B}\boldsymbol{R}$来表示坐标系{B}相对于另一个坐标系{A}的方位信息，则式（3.17）中节点p在{A}和{B}中的表达式${}^{A}\boldsymbol{p}$和${}^{B}\boldsymbol{p}$具备如下变换关系：

$$ {}^{A}\boldsymbol{p}={}^{A}_{B}\boldsymbol{R}\,{}^{B}\boldsymbol{p} \tag{3.18}$$

式（3.18）为坐标旋转变换提供了计算方法。

假设以${}^{A}_{B}\boldsymbol{R}$表示在坐标系{B}的参考下，另一个坐标系{A}的方位，此时由于${}^{A}_{B}\boldsymbol{R}$与前者呈现正交关系，因此，可以得到以下等式：

$$ {}^{A}_{B}\boldsymbol{R}={}^{A}_{B}\boldsymbol{R}^{-1}={}^{A}_{B}\boldsymbol{R}^{\mathrm{T}} \tag{3.19}$$

但在大多数时候，两个坐标系的原点是不相同的，并且在方位上也表现出明显的差异。假设我们以${}^{A}_{B_o}\boldsymbol{p}$来表示坐标系{$B$}的原点在另一个坐标系{$A$}中的位置信息，并以${}^{A}_{B}\boldsymbol{R}$作为相应的方位描述，具体可以参见图3.14。那么对于点p来说，在两个坐标系中的描述${}^{A}\boldsymbol{p}$和${}^{B}\boldsymbol{p}$具备如下变换关系：

$$ {}^{A}\boldsymbol{p}={}^{A}_{B}\boldsymbol{R}\,{}^{B}\boldsymbol{p}+{}^{A}_{B_o}\boldsymbol{p} \tag{3.20}$$

以上等式表示平移和旋转两类变换都存在的情况。

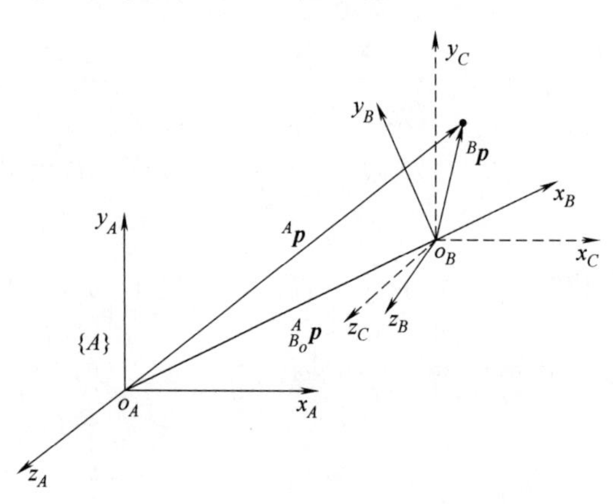

图 3.14 复合变换示意图

3.2.3 齐次坐标变换

如果某一个点在直角坐标系中的具体位置是已知的，则可以用齐次变换的方式来得出这点在另一个坐标系中的位置信息。

(1) 齐次变换

在式（3.20）中，所提出的变换关系等式并不是齐次的，通过不同的变换可以改变其形式，具体方法如下：

$$\begin{bmatrix} {}^{A}\boldsymbol{p} \\ 1 \end{bmatrix}=\begin{bmatrix} {}^{A}_{B}\boldsymbol{R} & {}^{A}_{B_o}\boldsymbol{p} \\ 0 & 1 \end{bmatrix}=\begin{bmatrix} {}^{B}\boldsymbol{p} \\ 1 \end{bmatrix} \tag{3.21}$$

在上述等式中，4×1的列向量可以表示点在三维当中的坐标，因此也被称为齐次坐标，仍可将其设置成${}^{A}\boldsymbol{p}$或${}^{B}\boldsymbol{p}$。两者之间存在以下矩阵形式：

$$ {}^{A}\boldsymbol{p}={}^{A}_{B}\boldsymbol{T}\,{}^{B}\boldsymbol{p} \tag{3.22}$$

在上述等式中，${}^{A}\boldsymbol{p}$和${}^{B}\boldsymbol{p}$皆属4×1的列矢量，一共包含了四个元素。${}^{A}_{B}\boldsymbol{T}$方阵主要表示齐次变换的做法，其具备以下形式：

$$ {}_B^A\boldsymbol{T}=\begin{bmatrix} {}_B^A\boldsymbol{R} & {}_{B_o}^{A}\boldsymbol{p} \\ 0 & 1 \end{bmatrix} \tag{3.23} $$

从上述等式中，可以发现${}_B^A\boldsymbol{T}$囊括了平移以及旋转两种不同的变换方式。

(2) 平移齐次坐标变换

如果某一点在空间中的位置用$a\boldsymbol{i}+b\boldsymbol{j}+c\boldsymbol{k}$进行描述，其中$\boldsymbol{i}$、$\boldsymbol{j}$、$\boldsymbol{k}$表示位于三个不同坐标轴$x$、$y$、$z$上的单位矢量。则此时的点位可以通过平移齐次变换的方式来得出位置信息，具体为：

$$ \mathrm{Trans}(a,b,c)=\begin{bmatrix} 1 & 0 & 0 & a \\ 0 & 1 & 0 & b \\ 0 & 0 & 1 & c \\ 0 & 0 & 0 & 1 \end{bmatrix} \tag{3.24} $$

在式（3.24）中，Trans 等同于做了平移变换。

如果存在某一个矢量$\boldsymbol{u}=[x,\ y,\ z,\ w]^{\mathrm{T}}$，在其完成平移变换之后就能够得到以下矢量$\boldsymbol{v}$：

$$ \boldsymbol{v}=\begin{bmatrix} 1 & 0 & 0 & a \\ 0 & 1 & 0 & b \\ 0 & 0 & 1 & c \\ 0 & 0 & 0 & 1 \end{bmatrix}\begin{bmatrix} x \\ y \\ z \\ w \end{bmatrix}=\begin{bmatrix} x+aw \\ y+bw \\ z+cw \\ w \end{bmatrix}=\begin{bmatrix} x/w+a \\ y/w+b \\ z/w+c \\ 1 \end{bmatrix} \tag{3.25} $$

上述平移变换等同于两个不同矢量$(x/w)\boldsymbol{i}+(y/w)\boldsymbol{j}+(z/w)\boldsymbol{k}$、$a\boldsymbol{i}+b\boldsymbol{j}+c\boldsymbol{k}$之和。则可以看出如果以非零常数与变换矩阵当中的所有元素相乘，则该矩阵本身的性质是不发生变化的。

(3) 旋转齐次坐标变换

如果按照三个不同的坐标轴x、y、z进行旋转变换，旋转角度为θ，那么可得到如下各等式：

$$ \mathrm{Rot}(x,\theta)=\begin{bmatrix} 1 & 0 & 0 & 0 \\ 0 & \cos\theta & -\sin\theta & 0 \\ 0 & \sin\theta & \cos\theta & 0 \\ 0 & 0 & 0 & 1 \end{bmatrix} \tag{3.26} $$

$$ \mathrm{Rot}(y,\theta)=\begin{bmatrix} \cos\theta & 0 & \sin\theta & 0 \\ 0 & 1 & 0 & 0 \\ -\sin\theta & 0 & \cos\theta & 0 \\ 0 & 0 & 0 & 1 \end{bmatrix} \tag{3.27} $$

$$ \mathrm{Rot}(z,\theta)=\begin{bmatrix} \cos\theta & -\sin\theta & 0 & 0 \\ \sin\theta & \cos\theta & 0 & 0 \\ 0 & 0 & 1 & 0 \\ 0 & 0 & 0 & 1 \end{bmatrix} \tag{3.28} $$

上面各式中，Rot 表示旋转变换。

(4) 齐次变换的逆变换

逆变换，其实就是将经过变换之后的坐标系进行还原，相当于参考坐标系对于被变换了的坐标系的描述。

通常情况下，对于已经经过变换操作后$\boldsymbol{T}$的各元素情况如式（3.15）所示。

则其逆变换为：

$$\boldsymbol{T}^{-1}=\begin{bmatrix} n_x & n_y & n_z & -\boldsymbol{p}\cdot\boldsymbol{n} \\ o_x & o_y & o_z & -\boldsymbol{p}\cdot\boldsymbol{o} \\ a_x & a_y & a_z & -\boldsymbol{p}\cdot\boldsymbol{a} \\ 0 & 0 & 0 & 1 \end{bmatrix} \tag{3.29}$$

式中，“·”表示矢量的点乘；$\boldsymbol{p}$、$\boldsymbol{n}$、$\boldsymbol{o}$ 和 $\boldsymbol{a}$ 表示四大列向量，第一项是原点矢量，第二项是法线矢量，第三项是方向矢量，最后一项属于接近矢量。

3.2.4　机器人空间连杆

(1) 机器人空间连杆描述

机器人可以看作是将各个不同关节连接在一起的运动系统。在工业领域，将整条关节链上的部分都叫作连杆。不管是移动某一个关节，或者是转动关节，都可以通过连杆来带动其他关节的运动。

描述该连杆可以通过两个几何参数：连杆长度和扭角。连杆两端关节轴线公垂线段的长 a_n 即为连杆长度，这两条异面直线间的夹角 α_n 即为连杆扭角，如图 3.15 所示。

相邻杆件 n 与 $n-1$ 的关系参数可由连杆转角和连杆距离描述。沿关节 n 轴线两个公垂线间的距离 d_n 即为连杆距离；垂直于关节 n 轴线的平面内两个公垂线的夹角 θ_n 即为连杆转角，如图 3.16 所示。

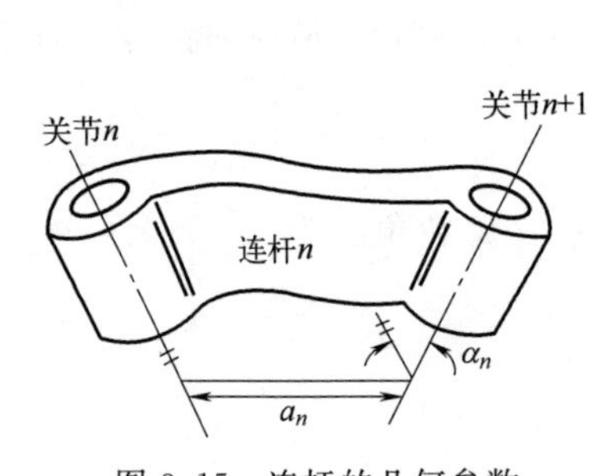

图 3.15　连杆的几何参数

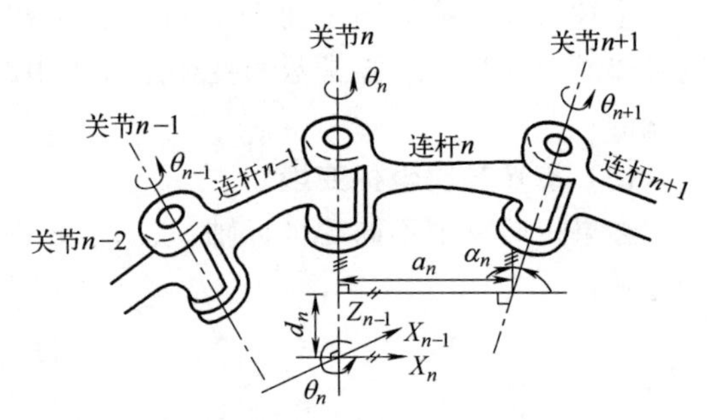

图 3.16　连杆的关系参数

从图 3.16 可以看出，每个连杆可以由 4 个参数来描述，其中两个是连杆尺寸，两个表示连杆与相邻连杆的连接关系。当连杆 n 旋转时，关节变量 θ_n 随之改变，其他 3 个参数不变；当连杆进行平移运动时，关节变量 d_n 随之改变，其他 3 个参数不变。这种用连杆参数描述机构运动关系的规则称为 Denavit-Hartenberg 参数，即 D-H 参数。

对于运动链中的末端连杆，其连杆长度和连杆扭角通常设定为 0，即 $a_0=a_n=0$，$\alpha_n=\alpha_0=0$，从关节 2 到关节 n 的连杆偏距 d_i 和关节角 θ_i 是根据前面的规定进行定义的。关节 1（或 n）若为转动关节，则 θ_1 的零位可以任意选取，并规定 $d_1=0$，关节 1（或 n）若为移动关节，则 d_1 的零位可以任意选取，并规定 $\theta_1=0$。

建立连杆坐标系的规则如下：

① 连杆 n 坐标系的坐标原点位于 $n+1$ 关节轴线上，是关节 $n+1$ 的关节轴线与 n 和 $n+1$ 关节轴线公垂线的交点；

② Z 轴与 $n+1$ 关节轴线重合；

③ X 轴与公垂线重合；从 n 指向 $n+1$ 关节；

④ Y 轴按右手螺旋法则确定。

连杆参数及坐标系如表3.2所示。

表3.2　连杆参数及坐标系

名称	含义	正负	性质
转角 θ_n	连杆 n 绕关节 n 的 Z_{n-1} 轴的转角	右手法则	转动关节为变量 移动关节为常量
距离 d_n	连杆 n 绕关节 n 的 Z_{n-1} 轴的位移	沿 Z_{n-1} 正向为+	转动关节为常量 移动关节为变量
长度 α_n	沿 X_n 方向上，连杆 n 的长度，尺寸参数	与 X_n 正向一致	常量
扭角 α_n	连杆 n 两关节轴线之间的扭角，尺寸参数	右手法则	常量
连杆 n 的坐标系 $O_n Z_n X_n Y_n$			
原点 O_n	轴 Z_n	轴 X_n	轴 Y_n
位于关节 $n+1$ 轴线与连杆 n 两关节轴线的公垂线的交点处	与关节 $n+1$ 轴线重合	沿连杆 n 两关节轴线之公垂线，并指向 $n+1$ 关节	按右手法则确定

(2) 连杆坐标系之间的变换矩阵

建立了各连杆坐标系后，$n-1$ 系与 n 系之间的变换关系可以用坐标系的平移、旋转来实现。从 $n-1$ 系到 n 系的变换步骤如下：

① 令 $n-1$ 系绕 Z_{n-1} 轴旋转 θ_n 角，使 X_{n-1} 与 X_n 平行，算子为 $\mathrm{Rot}(z, \theta_n)$。

② 沿 Z_{n-1} 轴平移 d_n，使 X_{n-1} 与 X_n 重合，算子为 $\mathrm{Trans}(0, 0, d_n)$。

③ 沿 X_n 轴平移 a_n，使两个坐标系原点重合，算子为 $\mathrm{Trans}(a_n, 0, 0)$。

④ 绕 X_n 轴旋转 α_n 角，使得 $n-1$ 系与 n 系重合，算子为 $\mathrm{Rot}(x, \alpha_n)$。

该变换过程可以用一个总的变换矩阵 $\boldsymbol{A}_n$ 来综合表示。上述四次变换时应注意到坐标系在每次旋转或平移后发生了变动，后一次变换都是相对于动系进行的，因此在运算中变换算子应该右乘。因此，连杆 n 的齐次变换矩阵为：

$$
\begin{aligned}
\boldsymbol{A}_n &= \mathrm{Rot}(z,\theta_n)\mathrm{Trans}(0,0,d_n)\mathrm{Trans}(a_n,0,0)\mathrm{Rot}(x,\alpha_n) \\
&= \begin{bmatrix} \cos\theta_n & -\sin\theta_n & 0 & 0 \\ \sin\theta_n & \cos\theta_n & 0 & 0 \\ 0 & 0 & 1 & 0 \\ 0 & 0 & 0 & 1 \end{bmatrix} \begin{bmatrix} 1 & 0 & 0 & a_n \\ 0 & 1 & 0 & 0 \\ 0 & 0 & 1 & d_n \\ 0 & 0 & 0 & 1 \end{bmatrix} \begin{bmatrix} 1 & 0 & 0 & 0 \\ 0 & \cos\alpha_n & -\sin\alpha_n & 0 \\ 0 & \sin\alpha_n & \cos\alpha_n & 0 \\ 0 & 0 & 0 & 1 \end{bmatrix} \\
&= \begin{bmatrix} \cos\theta_n & -\sin\theta_n\cos\alpha_n & \sin\theta_n\sin\alpha_n & a_n\cos\theta_n \\ \sin\theta_n & \cos\theta_n\cos\alpha_n & -\cos\theta_n\sin\alpha_n & a_n\sin\theta_n \\ 0 & \sin\alpha_n & \cos\alpha_n & d_n \\ 0 & 0 & 0 & 1 \end{bmatrix}
\end{aligned}
\tag{3.30}
$$

实际的计算过程中，多数机器人连杆参数取特殊值，如 $a_n=0$ 或 $d_n=0$，可使计算简单且控制方便。

3.2.5　工业机器人运动学和逆运动学

(1) 工业机器人正运动学

求解工业机器人正运动学的过程中，为机器人的每一个连杆建立一个坐标系，并用齐次变换来描述这些坐标系间的相对关系。其基本步骤为：

① 首先建立工业机器人各个连杆关节处的坐标系；

② 获得各个连杆的 D-H 参数；

③ 确定相邻连杆间的齐次坐标变换矩阵；

④ 将各个矩阵相乘，获得机器人末端执行器相对于基坐标系的总变换矩阵；

⑤ 构建包含末端执行器的位姿矩阵和总变换矩阵的机器人运动学方程，并求解。

通常，把描述一个连杆坐标系与下一个连杆坐标系间的相对关系的变换矩阵叫作 $\boldsymbol{A}_i$ 变换矩阵，简称 $\boldsymbol{A}_i$ 矩阵。$\boldsymbol{A}_i$ 能描述连杆坐标系之间相对平移和旋转的齐次变换，表示第 i 个连杆相对于第 $i-1$ 个连杆的位姿矩阵。

第二个连杆坐标系在固定坐标系中的位姿可用 $\boldsymbol{A}_1$ 和 $\boldsymbol{A}_2$ 的乘积来表示：

$$\boldsymbol{T}_2=\boldsymbol{A}_1\boldsymbol{A}_2 \tag{3.31}$$

同理，若 $\boldsymbol{A}_3$ 矩阵表示第三个连杆坐标系相对于第二个连杆坐标系的位姿，则有：

$$\boldsymbol{T}_3=\boldsymbol{A}_1\boldsymbol{A}_2\boldsymbol{A}_3 \tag{3.32}$$

如此类推，对于六连杆机器人，有下列 $\boldsymbol{T}_6$ 矩阵：

$$\boldsymbol{T}_6=\boldsymbol{A}_1\boldsymbol{A}_2\boldsymbol{A}_3\boldsymbol{A}_4\boldsymbol{A}_5\boldsymbol{A}_6 \tag{3.33}$$

该等式称为机器人的运动学方程。等式右边为从固定参考系到手部坐标系的各连杆坐标系之间变换矩阵的连乘；等式左边 $\boldsymbol{T}_6$ 表示这些矩阵的乘积，即机器人手部坐标系相对于固定参考系的位姿。

式（3.33）也可写成如下形式：

$$\boldsymbol{T}_6=\begin{bmatrix} n_x & o_x & a_x & p_x \\ n_y & o_y & a_y & p_y \\ n_z & o_z & a_z & p_z \\ 0 & 0 & 0 & 1 \end{bmatrix} \tag{3.34}$$

该矩阵前三列表示手部的姿态；第四列表示手部中心点的位置。

例：如图 3.17 所示为斯坦福（STANFORD）机器人及赋给各连杆的坐标系。表 3.3 是斯坦福机器人各连杆的 D-H 参数。根据各连杆坐标系的关系写出齐次变换矩阵 $\boldsymbol{A}_i$。

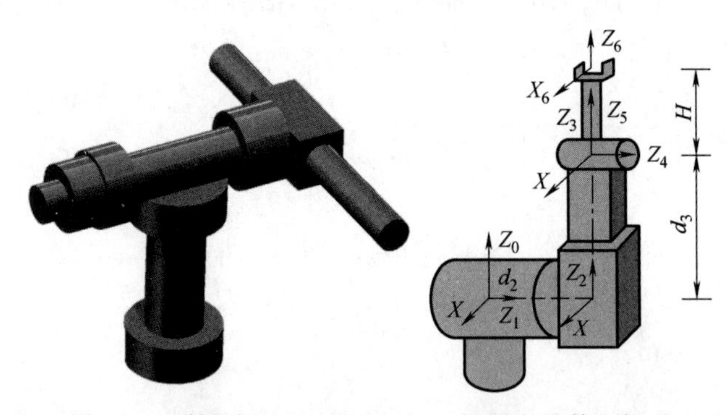

图 3.17　斯坦福（STANFORD）机器人及其坐标系

表 3.3　斯坦福（STANFORD）机器人的连杆参数

杆号	关节转角 θ	两连杆距离 d	连杆长度 a	连杆扭角 α
连杆 1	θ_1	0	0	$-90°$
连杆 2	θ_2	d_2	0	$90°$
连杆 3	0	d_3	0	$0°$
连杆 4	θ_4	0	0	$-90°$
连杆 5	θ_5	0	0	$90°$
连杆 6	θ_6	H	0	$0°$

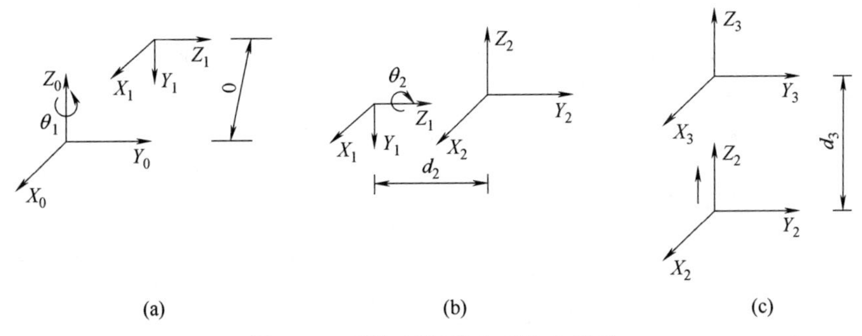

图 3.18　斯坦福机器人手臂坐标系

{1} 系与 {0} 系是旋转关节连接，如图 3.18 (a) 所示。坐标系 {1} 相对于固定坐标系 {0} 的 Z_0 轴旋转 θ_1 角，然后绕自身坐标系 X_1 轴旋转 α_1 角，且 $\alpha_1=-90°$ 。因此有：

$$\begin{aligned}\boldsymbol{A}_1&=\mathrm{Rot}(Z_0,\theta_1)\mathrm{Rot}(X_1,\alpha_1)\\&=\begin{bmatrix}\cos\theta_1 & -\sin\theta_1 & 0 & 0\\ \sin\theta_1 & \cos\theta_1 & 0 & 0\\ 0 & 0 & 1 & 0\\ 0 & 0 & 0 & 1\end{bmatrix}\begin{bmatrix}1 & 0 & 0 & 0\\ 0 & 0 & 1 & 0\\ 0 & -1 & 0 & 0\\ 0 & 0 & 0 & 1\end{bmatrix}\\&=\begin{bmatrix}\cos\theta_1 & 0 & -\sin\theta_1 & 0\\ \sin\theta_1 & 0 & \cos\theta_1 & 0\\ 0 & -1 & 0 & 0\\ 0 & 0 & 0 & 1\end{bmatrix}\end{aligned}\tag{3.35}$$

{2} 系与 {1} 系是旋转关节连接，连杆距离为 d_2，如图 3.18 (b) 所示。坐标系 {2} 相对于坐标系 {1} 的 Z_1 轴旋转 θ_2 角，然后沿 {1} 系的 Z_1 轴正向移动 d_2 距离，最后绕自身坐标系的 X_2 轴旋转 α_2 角，且 $\alpha_2=90°$。因此有：

$$\begin{aligned}\boldsymbol{A}_2&=\mathrm{Rot}(Z_1,\theta_2)\mathrm{Trans}(0,0,d_2)\mathrm{Rot}(X_2,\alpha_2)\\&=\begin{bmatrix}\cos\theta_2 & -\sin\theta_2 & 0 & 0\\ \sin\theta_2 & \cos\theta_2 & 0 & 0\\ 0 & 0 & 1 & 0\\ 0 & 0 & 0 & 1\end{bmatrix}\begin{bmatrix}1 & 0 & 0 & 0\\ 0 & 1 & 0 & 0\\ 0 & 0 & 1 & d_2\\ 0 & 0 & 0 & 1\end{bmatrix}\begin{bmatrix}1 & 0 & 0 & 0\\ 0 & 0 & -1 & 0\\ 0 & 1 & 0 & 0\\ 0 & 0 & 0 & 1\end{bmatrix}\\&=\begin{bmatrix}\cos\theta_2 & 0 & -\sin\theta_2 & 0\\ \sin\theta_2 & 0 & -\cos\theta_2 & 0\\ 0 & 1 & 0 & d_2\\ 0 & 0 & 0 & 1\end{bmatrix}\end{aligned}\tag{3.36}$$

{3} 系与 {2} 系是移动关节连接，如图 3.18 (c) 所示。坐标系 {3} 沿坐标系 {2} 的 Z_2 轴平移 d_3 距离。因此有：

$$\boldsymbol{A}_3=\mathrm{Trans}(0,0,d_3)=\begin{bmatrix}1 & 0 & 0 & 0\\ 0 & 1 & 0 & 0\\ 0 & 0 & 1 & d_3\\ 0 & 0 & 0 & 1\end{bmatrix}\tag{3.37}$$

图 3.19 是斯坦福机器人手腕三个关节的示意图，它们都是转动关节，关节变量为 θ_4、

θ_5、θ_6，并且三个关节的中心重合。

如图 3.20（a）所示，坐标系｛4｝相对于坐标系｛3｝的 Z_3 轴旋转 θ_4 角，然后绕自身坐标 X_4 轴旋转 α_4 角，且 $\alpha_4=-90°$。因此有：

$$\begin{aligned}\mathbf{A}_4&=\mathrm{Rot}(Z_3,\theta_4)\mathrm{Rot}(X_4,\alpha_4)\\&=\begin{bmatrix}\cos\theta_4 & -\sin\theta_4 & 0 & 0\\ \sin\theta_4 & \cos\theta_4 & 0 & 0\\ 0 & 0 & 1 & 0\\ 0 & 0 & 0 & 1\end{bmatrix}\begin{bmatrix}1 & 0 & 0 & 0\\ 0 & 0 & 1 & 0\\ 0 & -1 & 0 & 0\\ 0 & 0 & 0 & 1\end{bmatrix}\\&=\begin{bmatrix}\cos\theta_4 & 0 & -\sin\theta_4 & 0\\ \sin\theta_4 & 0 & \cos\theta_4 & 0\\ 0 & -1 & 0 & 0\\ 0 & 0 & 0 & 1\end{bmatrix}\end{aligned}\tag{3.38}$$

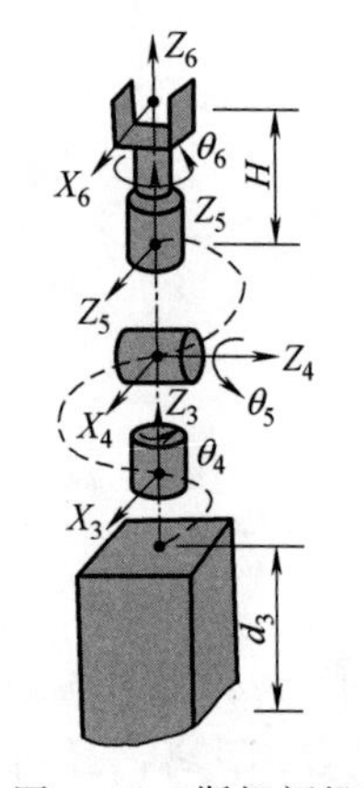

图 3.19　斯坦福机器人手腕关节

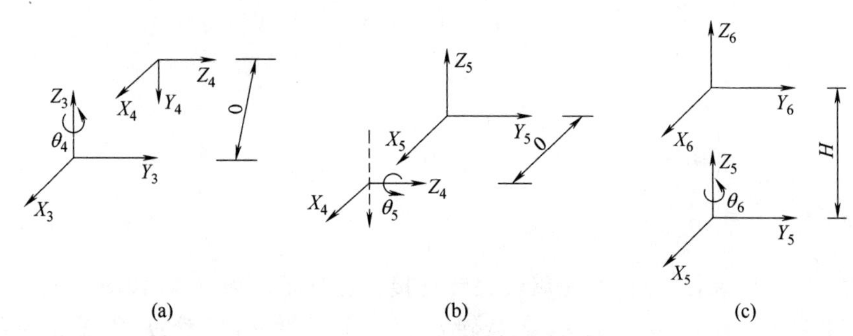

图 3.20　斯坦福机器人手臂坐标系

如图 3.20（b）所示，坐标系｛5｝相对于坐标系｛4｝的轴 Z_4 旋转 θ_5 角，然后绕自身坐标系轴 X_5 旋转 α_5 角，且 $\alpha_5=90°$。因此有：

$$\begin{aligned}\mathbf{A}_5&=\mathrm{Rot}(Z_4,\theta_5)\mathrm{Rot}(X_5,\alpha_5)\\&=\begin{bmatrix}\cos\theta_5 & -\sin\theta_5 & 0 & 0\\ \sin\theta_5 & \cos\theta_5 & 0 & 0\\ 0 & 0 & 1 & 0\\ 0 & 0 & 0 & 1\end{bmatrix}\begin{bmatrix}1 & 0 & 0 & 0\\ 0 & 0 & -1 & 0\\ 0 & 1 & 0 & 0\\ 0 & 0 & 0 & 1\end{bmatrix}\\&=\begin{bmatrix}\cos\theta_5 & 0 & \sin\theta_5 & 0\\ \sin\theta_5 & 0 & -\cos\theta_5 & 0\\ 0 & 1 & 0 & 0\\ 0 & 0 & 0 & 1\end{bmatrix}\end{aligned}\tag{3.39}$$

如图 3.20（c）所示，坐标系｛6｝相对于坐标系｛5｝的轴 Z_5 旋转 θ_6 角，并沿轴 Z_5 移动距离 H。因此有：

$$A_6 = \mathrm{Rot}(Z_5,\theta_6)\mathrm{Trans}(0,0,H) = \begin{bmatrix} \cos\theta_6 & -\sin\theta_6 & 0 & 0 \\ \sin\theta_6 & \cos\theta_6 & 0 & 0 \\ 0 & 0 & 1 & H \\ 0 & 0 & 0 & 1 \end{bmatrix} \tag{3.40}$$

综上分析，所有杆的 $\boldsymbol{A}_i$ 矩阵已建立。如果要知道非相邻杆件间的关系，就用相应的 $\boldsymbol{A}_i$ 矩阵连乘即可。因此，斯坦福机器人运动学方程为：

$$^0\boldsymbol{T}_6 = \boldsymbol{A}_1\boldsymbol{A}_2\boldsymbol{A}_3\boldsymbol{A}_4\boldsymbol{A}_5\boldsymbol{A}_6 \tag{3.41}$$

方程 $^0\boldsymbol{T}_6$ 右边的结果就是最后一个坐标系｛6｝的位姿矩阵，各元素均为 θ_i 和 d_i 的函数。当 θ_i 和 d_i 给出后，可以计算出斯坦福机器人手部坐标系｛6｝的位置向量 $\boldsymbol{p}$ 和姿态向量 $\boldsymbol{n}$、$\boldsymbol{o}$、$\boldsymbol{a}$。这就是斯坦福机器人手部位姿的解，这个求解过程称为斯坦福机器人的正运动学分析。

(2) 工业机器人逆运动学

在机器人的控制中，往往已知手部到达的目标位姿，需要求出关节变量，以驱动各关节的电机，使手部的位姿得到满足，这就是运动学的反向问题，也称逆运动学。

机器人运动学逆解问题的求解存在如下三个问题：

① 解可能不存在。机器人具有一定的工作域，假如给定手部位置在工作域之外，则解不存在。如图 3.21 所示三自由度平面关节机械手，假如给定手部位置矢量（$\boldsymbol{x}$，$\boldsymbol{y}$）位于外半径为 $\boldsymbol{l}_1+\boldsymbol{l}_2$ 与内半径为 $|\boldsymbol{l}_1+\boldsymbol{l}_2|$ 的圆环之外，则无法求出逆解 $\boldsymbol{\theta}_1$ 及 $\boldsymbol{\theta}_2$，即该逆解不存在。

② 解的多重性。机器人的逆运动学问题可能出现多解。图 3.22（a）对于给定的在机器人工作域内的手部位置 A($\boldsymbol{x}$，$\boldsymbol{y}$）可以得到两个逆解 $\boldsymbol{\theta}_1$、$\boldsymbol{\theta}_2$ 及 $\boldsymbol{\theta}_1'$、$\boldsymbol{\theta}_2'$，手部不能以任意方向到达目标点 A。图 3.22（b）增加一个手腕关节自由度，可实现手部以任意方向到达目标点 A。

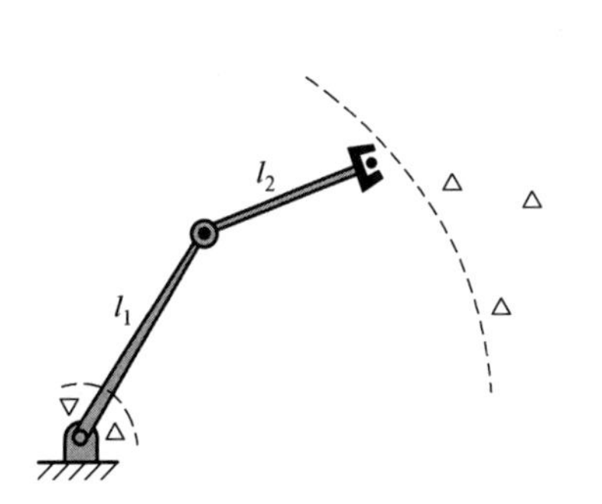

图 3.21　工作域外逆解不存在

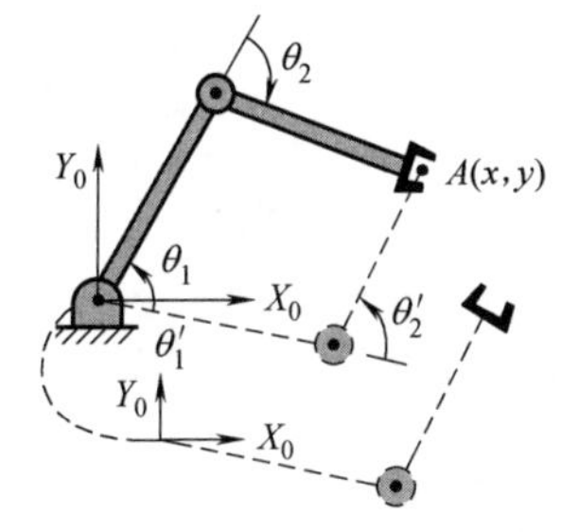

(a) 二自由度平面关节机械手

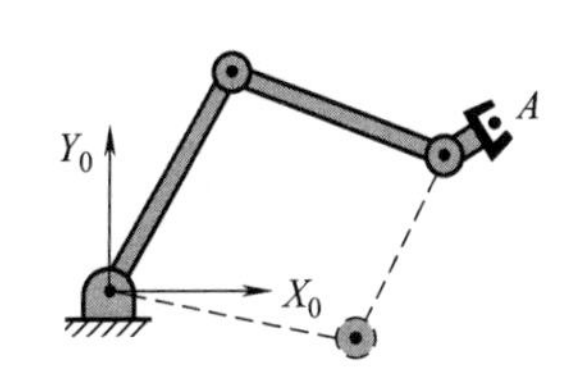

(b) 三自由度平面关节机械手

图 3.22　逆解的多重性

在多解情况下，一定有一个最接近解，即最接近起始点的解。图 3.23（a）表示 3R 机械手的手部从起始点 A 运动到目标点 B，完成实线所表示的解为最接近解，是一个“最短行程”的优化解。

但在有障碍的情况下，上述的最接近解会引起碰撞，只能采用另一解，如图 3.23（b）中实线所示。大臂、小臂只能经过“遥远”的行程到达目标点，这就为解的多重性带来选择。

③ 求解方法的多样性。机器人逆运动学求解有多种方法，一般分为两类：封闭解和数值解。不同学者对同一机器人的运动学逆解也提出了不同的解法。应该从计算方法的计算效

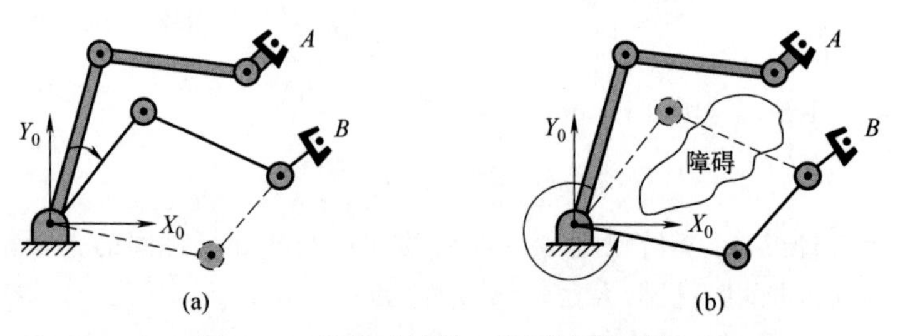

图 3.23 避免碰撞的一个可能实现的解

率、计算精度等要求出发，选择较好的解法。

例：对于前文中的斯坦福机器人来说，其逆运动学解决的问题是：已知手部位姿各矢量 $\boldsymbol{n}$、$\boldsymbol{o}$、$\boldsymbol{a}$ 和 $\boldsymbol{p}$，求各个关节的变量和 $\boldsymbol{d}$。

机器人连杆坐标系如图 3.17 所示，设坐标系｛6｝与坐标系｛5｝原点重合，其运动学方程为：

$$^0\boldsymbol{T}_6=\boldsymbol{T}_6=\boldsymbol{A}_1\boldsymbol{A}_2\boldsymbol{A}_3\boldsymbol{A}_4\boldsymbol{A}_5\boldsymbol{A}_6=\boldsymbol{A}_1{}^1\boldsymbol{T}_6=\begin{bmatrix} n_x & o_x & a_x & p_x \\ n_y & o_y & a_y & p_y \\ n_z & o_z & a_z & p_z \\ 0 & 0 & 0 & 1 \end{bmatrix} \tag{3.42}$$

现给出 $\boldsymbol{T}_6$ 矩阵即各杆参数 a、α、d，求关节变量 $\theta_1 \sim \theta_6$，其中 $\theta_3=d_3$。

已知式（3.42）矩阵中各元素的值，即有：

$$\begin{aligned}
n_x &= \mathrm{c}_1[\mathrm{c}_2(\mathrm{c}_4\mathrm{c}_5\mathrm{c}_6-\mathrm{s}_4\mathrm{s}_6)-\mathrm{s}_2\mathrm{s}_5\mathrm{c}_6]-\mathrm{s}_1(\mathrm{s}_4\mathrm{c}_5\mathrm{c}_6+\mathrm{c}_4\mathrm{s}_6);\\
n_y &= \mathrm{s}_1[\mathrm{c}_2(\mathrm{c}_4\mathrm{c}_5\mathrm{c}_6-\mathrm{s}_4\mathrm{s}_6)-\mathrm{s}_2\mathrm{s}_5\mathrm{c}_6]+\mathrm{c}_1(\mathrm{s}_4\mathrm{c}_5\mathrm{c}_6+\mathrm{c}_4\mathrm{s}_6);\\
n_z &= -\mathrm{s}_2(\mathrm{c}_4\mathrm{c}_5\mathrm{c}_6-\mathrm{s}_4\mathrm{s}_6)-\mathrm{c}_2\mathrm{s}_5\mathrm{c}_6;\\
o_x &= \mathrm{c}_1[-\mathrm{c}_2(\mathrm{c}_4\mathrm{c}_5\mathrm{s}_6+\mathrm{s}_4\mathrm{c}_6)+\mathrm{s}_2\mathrm{s}_5\mathrm{s}_6]-\mathrm{s}_1(-\mathrm{s}_4\mathrm{c}_5\mathrm{s}_6+\mathrm{c}_4\mathrm{c}_6);\\
o_y &= \mathrm{s}_1[-\mathrm{c}_2(\mathrm{c}_4\mathrm{c}_5\mathrm{s}_6+\mathrm{s}_4\mathrm{c}_6)+\mathrm{s}_2\mathrm{s}_5\mathrm{s}_6]-\mathrm{c}_1(-\mathrm{s}_4\mathrm{c}_5\mathrm{s}_6+\mathrm{c}_4\mathrm{c}_6);\\
o_z &= \mathrm{s}_2(\mathrm{c}_4\mathrm{c}_5\mathrm{s}_6+\mathrm{s}_4\mathrm{c}_6)+\mathrm{c}_2\mathrm{s}_5\mathrm{s}_6;\\
a_x &= \mathrm{c}_1(\mathrm{c}_2\mathrm{c}_4\mathrm{s}_5+\mathrm{s}_2\mathrm{c}_5)-\mathrm{s}_1\mathrm{s}_4\mathrm{s}_5;\\
a_y &= \mathrm{s}_1(\mathrm{c}_2\mathrm{c}_4\mathrm{s}_5+\mathrm{s}_2\mathrm{c}_5)+\mathrm{c}_1\mathrm{s}_4\mathrm{s}_5;\\
a_z &= -\mathrm{s}_2\mathrm{c}_4\mathrm{s}_5+\mathrm{c}_2\mathrm{c}_5;\\
p_x &= -\mathrm{c}_1\mathrm{s}_2d_3-\mathrm{s}_1d_2;\\
p_y &= \mathrm{s}_1\mathrm{s}_2d_3+\mathrm{c}_1d_2;\\
p_z &= \mathrm{c}_2d_3。
\end{aligned} \tag{3.43}$$

式中，c_1 为 $\cos\theta_1$ 的简写；s_1 为 $\sin\theta_1$ 的简写，依次类推。

分别用 $\boldsymbol{A}_i$（$i=1$，2，…，5）的逆左乘，有：

$$\boldsymbol{A}_1{}^{-1}\boldsymbol{T}_6={}^1\boldsymbol{T}_6=\boldsymbol{A}_2\boldsymbol{A}_3\boldsymbol{A}_4\boldsymbol{A}_5\boldsymbol{A}_6 \tag{3.44}$$

$$\boldsymbol{A}_2{}^{-1}\boldsymbol{A}_1{}^{-1}\boldsymbol{T}_6={}^2\boldsymbol{T}_6=\boldsymbol{A}_3\boldsymbol{A}_4\boldsymbol{A}_5\boldsymbol{A}_6 \tag{3.45}$$

$$\boldsymbol{A}_3{}^{-1}\boldsymbol{A}_2{}^{-1}\boldsymbol{A}_1{}^{-1}\boldsymbol{T}_6={}^3\boldsymbol{T}_6=\boldsymbol{A}_4\boldsymbol{A}_5\boldsymbol{A}_6 \tag{3.46}$$

$$\boldsymbol{A}_4{}^{-1}\boldsymbol{A}_3{}^{-1}\boldsymbol{A}_2{}^{-1}\boldsymbol{A}_1{}^{-1}\boldsymbol{T}_6={}^4\boldsymbol{T}_6=\boldsymbol{A}_5\boldsymbol{A}_6 \tag{3.47}$$

$$\boldsymbol{A}_5{}^{-1}\boldsymbol{A}_4{}^{-1}\boldsymbol{A}_3{}^{-1}\boldsymbol{A}_2{}^{-1}\boldsymbol{A}_1{}^{-1}\boldsymbol{T}_6={}^5\boldsymbol{T}_6=\boldsymbol{A}_6 \tag{3.48}$$

找出上述五个矩阵方程右端为常数的元素，并令这些元素与左端对应元素相等，得到若干个可解的代数方程，便可求出关节变量 θ_i 或 d_i。

解：方程式（3.44）的左端为

$$\boldsymbol{A}_1^{-1}\boldsymbol{T}_6=\begin{bmatrix} c_1 & s_1 & 0 & 0 \\ 0 & 0 & -1 & 0 \\ -s_1 & c_1 & 0 & 0 \\ 0 & 0 & 0 & 1 \end{bmatrix}\begin{bmatrix} n_x & o_x & a_x & p_x \\ n_y & o_y & a_y & p_y \\ n_z & o_z & a_z & p_z \\ 0 & 0 & 0 & 1 \end{bmatrix} \tag{3.49}$$

将它表示为：

$$\boldsymbol{A}_1^{-1}\boldsymbol{T}_6=\begin{bmatrix} f_{11}(n) & f_{11}(o) & f_{11}(a) & f_{11}(p) \\ f_{12}(n) & f_{12}(o) & f_{12}(a) & f_{12}(p) \\ f_{13}(n) & f_{13}(o) & f_{13}(a) & f_{13}(p) \\ 0 & 0 & 0 & 1 \end{bmatrix} \tag{3.50}$$

其中：

$$f_{11}(i)=c_1 i_x+s_1 i_y$$
$$f_{12}(i)=-i_z$$
$$f_{13}(i)=-s_1 i_x+c_1 i_y$$
$$i=n,o,a,p$$

$${}^1\boldsymbol{T}_6=\boldsymbol{A}_2\boldsymbol{A}_3\boldsymbol{A}_4\boldsymbol{A}_5\boldsymbol{A}_6=\begin{bmatrix} c_2(c_4c_5c_6-s_4s_6)-s_2s_5c_6 & -c_2(c_4c_5c_6+s_4c_6)+s_2s_5s_6 & c_2c_4s_5+s_2c_5 & s_2d_3 \\ s_2(c_4c_5c_6-s_4s_6)-c_2s_5c_6 & s_2(c_4c_5c_6+s_4c_6)-c_2c_5s_6 & s_2c_4s_5-c_2c_5 & -c_2d_3 \\ s_4c_5c_6+c_4s_6 & -s_2s_5s_6+c_4c_6 & s_4c_5 & d_2 \\ 0 & 0 & 0 & 1 \end{bmatrix} \tag{3.51}$$

式（3.51）中3行4列元素为常数，利用式（3.50）对应元素的相等关系可得：

$$f_{13}(p)=d_2 \quad 即 \quad -s_1 i_x+c_1 i_y=d_2$$

为了解此类方程，作如下三角代换：

$$p_x=r\cos\varphi，p_y=r\sin\varphi \tag{3.52}$$

式中，$r=\sqrt{p_x^2+p_y^2}$；$\varphi=\arctan\left(\dfrac{p_y}{p_x}\right)$

将式（3.52）代入式（3.51）得：

$$\sin\varphi\cos\theta_1-\cos\varphi\sin\theta_1=d_2/r$$
$$\sin(\varphi-\theta_1)=d_2/r$$

由于 $0<d_2/r\leqslant 1$，说明角度（$\varphi-\theta_1$）在 $0\sim\pi$ 范围内：$0<\varphi-\theta_1<\pi$

$$\cos(\varphi-\theta_1)=\pm\sqrt{1-\sin^2(\varphi-\theta_1)}=\pm\sqrt{1-(d_2/r)^2}$$

$$\varphi-\theta_1=\arctan\frac{d_2}{\pm\sqrt{r^2-d_2^2}}$$

可以求出 θ_1，如式（3.53）所示：

$$\theta_1=\arctan\frac{p_y}{p_x}-\arctan\frac{d_2}{\pm\sqrt{r^2-d_2^2}} \tag{3.53}$$

式（3.53）中，正负号对应于 θ_1 的两个可能解。

根据机器人运动连续性及回避障碍的需要，确定一个 θ_1，从而式（3.44）左边已知。由式（3.50）的1行4列及2行4列和式（3.44）对应元素相等，列出：

$$s_2 d_3 = c_1 p_x + s_1 p_y$$
$$-c_2 d_3 = -p_z$$

由于 $d_3>0$，可求出 θ_2：

$$\theta_2 = \arctan \frac{c_1 p_x + s_1 p_y}{p_z} \tag{3.54}$$

进而可求出 d_3：

$$d_3 = s_2(c_1 p_x + s_1 p_y) + c_2 p_z$$

因此：

$$\theta_3 = d_3 = s_2(c_1 p_x + s_1 p_y) + c_2 p_z \tag{3.55}$$

计算式（3.47）得：

$$\begin{bmatrix} f_{41}(n) & f_{41}(o) & f_{41}(a) & f_{41}(p) \\ f_{42}(n) & f_{42}(o) & f_{42}(a) & f_{42}(p) \\ f_{43}(n) & f_{43}(o) & f_{43}(a) & f_{43}(p) \\ 0 & 0 & 0 & 1 \end{bmatrix} = \begin{bmatrix} c_5 c_6 & -c_5 s_6 & s_5 & 0 \\ s_5 c_6 & s_5 s_6 & -c_5 & 0 \\ s_6 & c_6 & 0 & 0 \\ 0 & 0 & 0 & 1 \end{bmatrix} \tag{3.56}$$

式中：

$$f_{41}(i) = c_4[c_2(c_1 i_x + s_1 i_y) - s_2 i_z] + s_4(-s_1 i_x + c_1 i_y)$$
$$f_{42}(i) = -s_2(c_1 i_x + s_1 i_y) - c_2 i_z$$
$$f_{43}(i) = -s_4[c_2(c_1 i_x + s_1 i_y) - s_2 i_z] + c_4(-s_1 i_x + c_1 i_y)$$
$$i = n, o, a, p$$

由式（3.56）第 3 行 3 列为 0，可得：

$$f_{43}(a) = 0$$

即：$-s_4[c_2(c_1 a_x + s_1 a_y) - s_2 a_z] + c_4(-s_1 a_x + c_1 a_y) = 0$

进而可以求出：

$$\begin{aligned} \theta_4 &= \arctan \frac{-s_1 a_x + c_1 a_y}{c_2(c_1 a_x + s_1 a_y) - s_2 a_z}, \quad \theta_5>0 \\ \theta_4 &= \theta_4 + 180°, \quad \theta_5<0 \end{aligned} \tag{3.57}$$

由式（3.56）第 1 行 3 列和第 2 行 3 列，可得：

$$s_5 = c_4[c_2(c_1 a_x + s_1 a_y) - s_2 a_z] + s_4(-s_1 a_x + c_1 a_y)$$
$$c_5 = s_2(c_1 a_x + s_1 a_y) + c_2 a_z$$

可求出 θ_5：

$$\theta_5 = \arctan \frac{c_4[c_2(c_1 a_x + s_1 a_y) - s_2 a_z] + s_4(-s_1 a_x + c_1 a_y)}{s_2(c_1 a_x + s_1 a_y) + c_2 a_z} \tag{3.58}$$

由式（3.48）可得：

$$\begin{bmatrix} f_{51}(n) & f_{51}(o) & 0 & 0 \\ f_{52}(n) & f_{52}(o) & 0 & 0 \\ f_{53}(n) & f_{53}(o) & 1 & 0 \\ 0 & 0 & 0 & 1 \end{bmatrix} = \begin{bmatrix} c_6 & -s_6 & 0 & 0 \\ s_6 & c_6 & 0 & 0 \\ 0 & 0 & 1 & 0 \\ 0 & 0 & 0 & 1 \end{bmatrix}$$

类似可以求得：

$$s_6 = -c_5\{c_4[c_2(c_1 o_x + s_1 o_y) - s_2 o_z] + s_4(-s_1 o_x + c_1 o_y)\} + s_5[s_2(c_1 o_x + s_1 o_y) + c_2 o_z]$$
$$c_5 = s_4[c_2(c_1 o_x + s_1 o_y) - s_2 o_z] + c_4(-s_1 o_x + c_1 o_y)$$

最终，可求出 θ_6：

$$\theta_6 = \arctan \frac{s_5}{s_6} \tag{3.59}$$

至此，可以求出关节变量 $\theta_1 \sim \theta_6$ 的值。

3.3 工业机器人的动力学分析

机器人的动力学研究物体的运动与受力之间的关系。机器人动力学方程是机器人机械系统的运动方程，它表示机器人各关节的关节位置、关节速度、关节加速度与各关节执行器驱动力或力矩之间的关系。

机器人的动力学有两个相反的问题：一是已知机器人各关节执行器的驱动力或力矩，求解机器人各关节的位置、速度、加速度，这是动力学正问题；二是已知各关节的位置、速度、加速度，求各关节所需的驱动力或力矩，这是动力学逆问题。

机器人的动力学正问题主要用于机器人的运动仿真。例如在机器人设计时，需根据连杆质量、运动学和动力学参数、传动机构特征及负载大小进行动态仿真，从而决定机器人的结构参数和传动方案，验算设计方案的合理性和可行性，以及结构优化的程度；在机器人离线编程时，为了估计机器人高速运动引起的动载荷和路径偏差，要进行路径控制仿真和动态模型仿真。

研究机器人动力学逆问题的目的是对机器人的运动进行有效的实时控制，以实现预期的轨迹运动，并达到良好的动态性能和最优指标。由于机器人是个复杂的动力学系统，由多个连杆和关节组成，具有多个输入和输出，存在着错综复杂的耦合关系和严重的非线性，因此动力学的实时计算很复杂，在实际控制时需要做一些简化假设。

机器人雅可比矩阵表达式是机器人控制中的重要概念之一，描述了机器人末端执行器的速度与关节速度之间的关系。机器人雅可比矩阵不仅可以表示两个空间的速度映射关系，也可以描述两者的力映射关系，因此，可以利用雅可比矩阵对机器人进行速度和力的分析，进而建立机器人动力学方程。

3.3.1 工业机器人的速度雅可比

雅可比矩阵是多维形式的导数。如假设有 6 个函数，每个函数都有 6 个独立的变量：

$$\begin{cases} y_1 = f_1(x_1, x_2, x_3, x_4, x_5, x_6) \\ y_2 = f_2(x_1, x_2, x_3, x_4, x_5, x_6) \\ \vdots \\ y_6 = f_6(x_1, x_2, x_3, x_4, x_5, x_6) \end{cases} \tag{3.60}$$

可写成：

$$\boldsymbol{Y} = F(\boldsymbol{X})$$

将其微分，得：

$$\begin{cases} \mathrm{d}y_1 = \dfrac{\partial f_1}{\partial x_1}\mathrm{d}x_1 + \dfrac{\partial f_1}{\partial x_2}\mathrm{d}x_2 + \cdots + \dfrac{\partial f_1}{\partial x_6}\mathrm{d}x_6 \\ \mathrm{d}y_2 = \dfrac{\partial f_2}{\partial x_1}\mathrm{d}x_1 + \dfrac{\partial f_2}{\partial x_2}\mathrm{d}x_2 + \cdots + \dfrac{\partial f_2}{\partial x_6}\mathrm{d}x_6 \\ \vdots \\ \mathrm{d}y_6 = \dfrac{\partial f_6}{\partial x_1}\mathrm{d}x_1 + \dfrac{\partial f_6}{\partial x_2}\mathrm{d}x_2 + \cdots + \dfrac{\partial f_6}{\partial x_6}\mathrm{d}x_6 \end{cases} \tag{3.61}$$

也可简写成：

$$\mathrm{d}\boldsymbol{Y}=\frac{\partial F}{\partial \boldsymbol{X}}\mathrm{d}\boldsymbol{X} \tag{3.62}$$

式（3.62）中的（6×6）矩阵$\frac{\partial F}{\partial X}$叫作雅可比矩阵。在工业机器人速度分析和以后的静力学分析中都将遇到类似的矩阵，我们称之为工业机器人雅可比矩阵，或简称雅可比。一般用符号 $\boldsymbol{J}$ 表示。

以二自由度平面关节型工业机器人（2R 工业机器人）为例，如图 3.24 所示，其端点位置 x、y 与关节变量 θ_1、θ_2 的关系为：

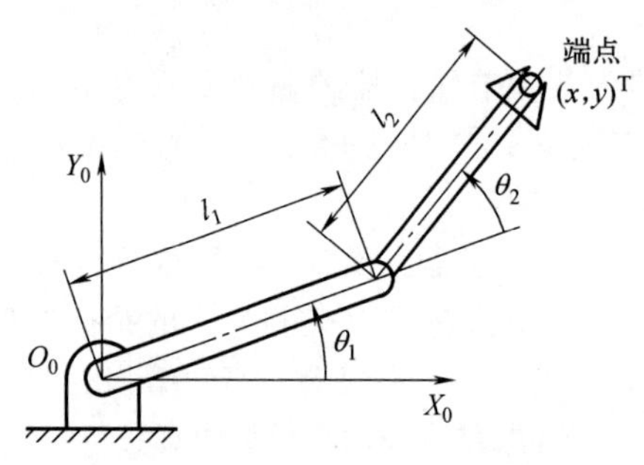

图 3.24 二自由度平面关节工业机器人

$$\begin{cases}x=x(\theta_1,\theta_2)\\ y=y(\theta_1,\theta_2)\end{cases} \tag{3.63}$$

即：

$$\begin{cases}x=l_1\cos\theta_1+l_2\cos(\theta_1+\theta_2)\\ y=l_1\sin\theta_1+l_2\sin(\theta_1+\theta_2)\end{cases} \tag{3.64}$$

将上式进行微分，可得：

$$\begin{cases}\mathrm{d}x=\dfrac{\partial x}{\partial\theta_1}\mathrm{d}\theta_1+\dfrac{\partial x}{\partial\theta_2}\mathrm{d}\theta_2\\ \mathrm{d}y=\dfrac{\partial y}{\partial\theta_1}\mathrm{d}\theta_1+\dfrac{\partial y}{\partial\theta_2}\mathrm{d}\theta_2\end{cases} \tag{3.65}$$

将其写成矩阵形式为：

$$\begin{bmatrix}\mathrm{d}x\\ \mathrm{d}y\end{bmatrix}=\begin{bmatrix}\dfrac{\partial x}{\partial\theta_1} & \dfrac{\partial x}{\partial\theta_2}\\ \dfrac{\partial y}{\partial\theta_1} & \dfrac{\partial y}{\partial\theta_2}\end{bmatrix}\begin{bmatrix}\mathrm{d}\theta_1\\ \mathrm{d}\theta_2\end{bmatrix} \tag{3.66}$$

令：

$$\boldsymbol{J}=\begin{bmatrix}\dfrac{\partial x}{\partial\theta_1} & \dfrac{\partial x}{\partial\theta_2}\\ \dfrac{\partial y}{\partial\theta_1} & \dfrac{\partial y}{\partial\theta_2}\end{bmatrix} \tag{3.67}$$

式（3.66）可简写为：

$$\mathrm{d}\boldsymbol{X}=\boldsymbol{J}\,\mathrm{d}\boldsymbol{\theta} \tag{3.68}$$

上式中，$\mathrm{d}\boldsymbol{X}=\begin{bmatrix}\mathrm{d}x\\ \mathrm{d}y\end{bmatrix}$；$\mathrm{d}\boldsymbol{\theta}=\begin{bmatrix}\mathrm{d}\theta_1\\ \mathrm{d}\theta_2\end{bmatrix}$

将 $\boldsymbol{J}$ 称为图 3.24 所示二自由度平面关节型工业机器人的速度雅可比，它反映了关节空间微小运动 $\mathrm{d}\boldsymbol{\theta}$ 与手部作业空间微小位移 $\mathrm{d}\boldsymbol{X}$ 之间的关系。

因此，进一步计算可知，2R 工业机器人的雅可比为：

$$\boldsymbol{J}=\begin{bmatrix}-l_1\sin\theta_1-l_2\sin(\theta_1+\theta_2) & -l_2\sin(\theta_1+\theta_2)\\ l_1\cos\theta_1+l_2\cos(\theta_1+\theta_2) & l_2\cos(\theta_1+\theta_2)\end{bmatrix} \tag{3.69}$$

可以将其进一步推广到 n 自由度的机器人，广义关节变量可以使用 $\boldsymbol{q}=[q_1\quad q_2\quad\cdots\quad q_n]^{\mathrm{T}}$ 来表示，若关节变量为转动关节，则：$q_i=\theta_i$；若关节变量为移动关节，则：$q_i=d_i$。因此，$\mathrm{d}\boldsymbol{q}=[\mathrm{d}q_1\quad \mathrm{d}q_2\quad\cdots\quad \mathrm{d}q_n]^{\mathrm{T}}$ 反映了关节空间的微小运动。

工业机器人手部在操作空间的运动参数用 $\boldsymbol{X}$ 表示，它是关节变量的函数，即 $\boldsymbol{X}=\boldsymbol{X}(\boldsymbol{q})$，并且是一个 6 维列矢量，$\mathrm{d}\boldsymbol{X}=[\mathrm{d}x \quad \mathrm{d}y \quad \mathrm{d}z \quad \delta\varphi_x \quad \delta\varphi_y \quad \delta\varphi_z]^{\mathrm{T}}$，$\mathrm{d}\boldsymbol{X}$ 反映了操作空间的微小运动，它由工业机器人手部微小线位移和微小角位移（微小转动）组成。

可得 n 自由度机器人关节空间微小运动 $\mathrm{d}\boldsymbol{q}$ 与末端执行器微小位移 $\mathrm{d}\boldsymbol{X}$ 的关系为：

$$\mathrm{d}\boldsymbol{X}=\boldsymbol{J}(\boldsymbol{q})\mathrm{d}\boldsymbol{q} \tag{3.70}$$

式中，$\boldsymbol{J}(\boldsymbol{q})$ 表示 n 自由度的速度雅可比矩阵，且有：

$$\boldsymbol{J}(\boldsymbol{q})=\begin{bmatrix} \dfrac{\partial x}{\partial q_1} & \dfrac{\partial x}{\partial q_2} & \cdots & \dfrac{\partial x}{\partial q_n} \\ \dfrac{\partial y}{\partial q_1} & \dfrac{\partial y}{\partial q_2} & \cdots & \dfrac{\partial y}{\partial q_n} \\ \dfrac{\partial z}{\partial q_1} & \dfrac{\partial z}{\partial q_2} & \cdots & \dfrac{\partial z}{\partial q_n} \\ \dfrac{\partial \varphi_x}{\partial q_1} & \dfrac{\partial \varphi_x}{\partial q_2} & \cdots & \dfrac{\partial \varphi_x}{\partial q_n} \\ \dfrac{\partial \varphi_y}{\partial q_1} & \dfrac{\partial \varphi_y}{\partial q_2} & \cdots & \dfrac{\partial \varphi_y}{\partial q_n} \\ \dfrac{\partial \varphi_z}{\partial q_1} & \dfrac{\partial \varphi_z}{\partial q_2} & \cdots & \dfrac{\partial \varphi_z}{\partial q_n} \end{bmatrix} \tag{3.71}$$

对式（3.70）左、右两边各除以 $\mathrm{d}t$，得：

$$\frac{\mathrm{d}\boldsymbol{X}}{\mathrm{d}t}=\boldsymbol{J}(\boldsymbol{q})\frac{\mathrm{d}\boldsymbol{q}}{\mathrm{d}t} \tag{3.72}$$

即：

$$\boldsymbol{V}=\boldsymbol{J}(\boldsymbol{q})\dot{\boldsymbol{q}} \tag{3.73}$$

式中　$\boldsymbol{V}$——工业机器人手部在操作空间中的广义速度，$\boldsymbol{V}=\dot{\boldsymbol{X}}$；

$\dot{\boldsymbol{q}}$——工业机器人关节在关节空间中的关节速度；

$\boldsymbol{J}(\boldsymbol{q})$——确定关节空间速度 $\dot{\boldsymbol{q}}$ 与操作空间速度 $\boldsymbol{V}$ 之间关系的雅可比矩阵。

对于图 3.24 所示 2R 工业机器人，若令 $\boldsymbol{J}_1$、$\boldsymbol{J}_2$ 分别为式（3.69）所示雅可比的第一列矢量和第二列矢量，则：

$$\boldsymbol{V}=\boldsymbol{J}_1\dot{\theta}_1+\boldsymbol{J}_2\dot{\theta}_2 \tag{3.74}$$

式中，右边第一项表示仅由第一个关节运动引起的端点速度；右边第二项表示仅由第二个关节运动引起的端点速度；总的端点速度为这两个速度矢量的合成。

图 3.24 所示二自由度平面关节型工业机器人手部的速度为：

$$\begin{aligned} \boldsymbol{V} &= \begin{bmatrix} v_x \\ v_y \end{bmatrix} = \begin{bmatrix} -l_1\sin\theta_1-l_2\sin(\theta_1+\theta_2) & -l_2\sin(\theta_1+\theta_2) \\ l_1\cos\theta_1+l_2\cos(\theta_1+\theta_2) & l_2\cos(\theta_1+\theta_2) \end{bmatrix} \begin{bmatrix} \dot{\theta}_1 \\ \dot{\theta}_2 \end{bmatrix} \\ &= \begin{bmatrix} -[l_1\sin\theta_1+l_2\sin(\theta_1+\theta_2)]\dot{\theta}_1-l_2\sin(\theta_1+\theta_2)\dot{\theta}_2 \\ [l_1\cos\theta_1+l_2\cos(\theta_1+\theta_2)]\dot{\theta}_1+l_2\cos(\theta_1+\theta_2)\dot{\theta}_2 \end{bmatrix} \end{aligned} \tag{3.75}$$

利用上式，根据关节瞬时速度即可求得机器人末端执行器的瞬时速度。反之，假如给定工业机器人手部速度，也可解出相应的关节速度，即：

$$\dot{q}=\boldsymbol{J}^{-1}\boldsymbol{V} \tag{3.76}$$

式中，$\boldsymbol{J}^{-1}$ 称为工业机器人逆速度雅可比。

一般来说，求 $\boldsymbol{J}^{-1}$ 是比较困难的，有时还会出现奇异解，就无法解算关节速度。

通常 $\boldsymbol{J}^{-1}$ 出现奇异解的情况有下面两种：

① 工作域边界上奇异。当臂全部伸展开或全部折回而使手部处于工作域的边界上或边界附近时，出现 $\boldsymbol{J}^{-1}$ 奇异，这时工业机器人相应的形位叫作奇异形位。

② 工作域内部奇异。奇异也可以是由两个或更多个关节轴线重合所引起的。

当工业机器人处在奇异形位时，就会产生退化现象，丧失一个或更多自由度。这意味着在空间某个方向（或子域）上，不管工业机器人关节速度怎样选择，手部也不可能实现移动。

3.3.2 工业机器人的力雅可比

工业机器人在作业过程中，当手部（或末端操作器）与环境接触时，会引起各个关节产生相应的作用力。工业机器人各关节的驱动装置提供关节力矩，通过连杆传递到手部，克服外界作用力。

(1) 静力学分析

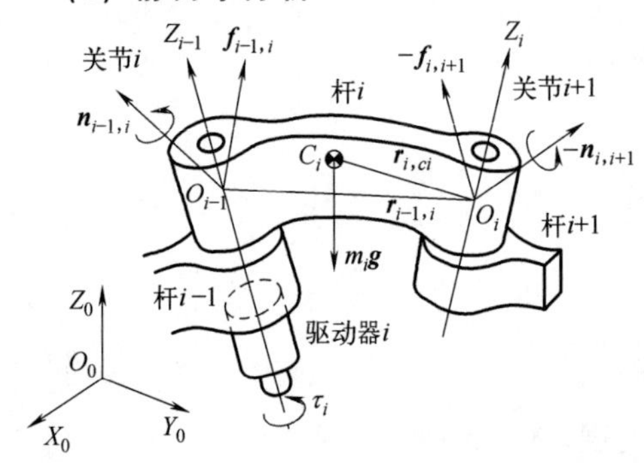

图 3.25 杆 i 上的力和力矩

假定工业机器人的各关节“锁住”，工业机器人成为一个结构体。关节的“锁定用”力与手部所支持的载荷或受到外界环境作用的力取得静力学平衡。求解这种“锁定用”的关节力矩，或求解在已知驱动力作用下手部的输出力就是对工业机器人操作臂进行静力学分析。

以操作臂中单个杆件为例分析受力情况。如图 3.25 所示，杆件 i 通过关节 i 和 $i+1$ 分别与杆件 $i-1$ 和杆件 $i+1$ 相连接，两个坐标系 $\{i-1\}$ 和 $\{i\}$ 分别如图 3.25 所示。

图 3.25 中以及下文中，各物理量含义如下：

$\boldsymbol{f}_{i-1,i}$ 及 $\boldsymbol{n}_{i-1,i}$——$i-1$ 杆通过关节 i 作用在 i 杆上的力和力矩；

$\boldsymbol{f}_{i,i+1}$ 及 $\boldsymbol{n}_{i,i+1}$——i 杆通过关节 $i+1$ 作用在 $i+1$ 杆上的力和力矩；

$-\boldsymbol{f}_{i,i+1}$ 及 $-\boldsymbol{n}_{i,i+1}$——$i+1$ 杆通过关节 $i+1$ 作用在 i 杆上的反作用力和反作用力矩；

$\boldsymbol{f}_{n,n+1}$ 及 $\boldsymbol{n}_{n,n+1}$——工业机器人最末杆对外界环境的作用力和力矩；

$-\boldsymbol{f}_{n,n+1}$ 及 $-\boldsymbol{n}_{n,n+1}$——外界环境对工业机器人最末杆的作用力和力矩；

$\boldsymbol{f}_{0,1}$ 及 $\boldsymbol{n}_{0,1}$——工业机器人底座对杆 1 的作用力和力矩；

$m_i\boldsymbol{g}$——连杆 i 的重量，作用在质心 C_i 上。

连杆 i 的力和力矩平衡方程式为：

$$\boldsymbol{f}_{i-1,i}+(-\boldsymbol{f}_{i,i+1})+m_i\boldsymbol{g}=0 \tag{3.77}$$

$$\boldsymbol{n}_{i-1,i}+(-\boldsymbol{n}_{i,i+1})+(\boldsymbol{r}_{i-1,i}+\boldsymbol{r}_{i,ci})\times\boldsymbol{f}_{i-1,i}+(\boldsymbol{r}_{i,ci})\times(-\boldsymbol{f}_{i,i+1})=0 \tag{3.78}$$

式中，$\boldsymbol{r}_{i-1,i}$ 表示坐标系 $\{i\}$ 的原点相对于坐标系 $\{i-1\}$ 的位置矢量；$\boldsymbol{r}_{i,ci}$ 表示质心相对于坐标系 $\{i\}$ 的位置矢量。

假如已知外界环境对工业机器人最末杆的作用力和力矩，那么可以由最后一个连杆向第零号连杆（机座）依次递推，从而计算出每个连杆上的受力情况。

为了便于表示工业机器人手部端点的力和力矩（简称为端点力 $\boldsymbol{F}$），可将 $\boldsymbol{f}_{n,n+1}$ 和 $\boldsymbol{n}_{n,n+1}$ 合并写成一个6维矢量：

$$\boldsymbol{F}=\begin{bmatrix}\boldsymbol{f}_{n,n+1}\\ \boldsymbol{n}_{n,n+1}\end{bmatrix} \tag{3.79}$$

各关节驱动器的驱动力或力矩可写成一个 n 维矢量的形式，即：

$$\boldsymbol{\tau}=\begin{bmatrix}\boldsymbol{\tau}_1\\ \boldsymbol{\tau}_2\\ \vdots\\ \boldsymbol{\tau}_n\end{bmatrix} \tag{3.80}$$

式中，n 表示关节的个数；$\boldsymbol{\tau}$ 表示关节力矩（或关节力）矢量，简称广义关节力矩。

（2）力雅可比

假定工业机器人各关节无摩擦，并忽略各杆件的重力，则广义关节力矩 $\boldsymbol{\tau}$ 与工业机器人手部端点力 $\boldsymbol{F}$ 的关系可用下式描述：

$$\boldsymbol{\tau}=\boldsymbol{J}^{\mathrm{T}}\boldsymbol{F} \tag{3.81}$$

式中，$\boldsymbol{J}^{\mathrm{T}}$ 为 $n\times6$ 阶工业机器人力雅可比矩阵或力雅可比。

上式可用下述虚功原理证明：

考虑各个关节的虚位移为 δq_i，手部的虚位移为 $\delta\boldsymbol{X}$，如图3.26所示。

$$\delta\boldsymbol{X}=\begin{bmatrix}\boldsymbol{d}\\ \boldsymbol{\delta}\end{bmatrix},\delta\boldsymbol{q}=[\delta q_1\quad\delta q_2\quad\cdots\quad\delta q_n] \tag{3.82}$$

式中，$\boldsymbol{d}=[d_x\quad d_y\quad d_z]^{\mathrm{T}}$ 和 $\boldsymbol{\delta}=[\delta\varphi_x\quad\delta\varphi_y\quad\delta\varphi_z]^{\mathrm{T}}$ 分别对应于手部的线虚位移和角虚位移（作业空间）；$\delta\boldsymbol{q}$ 为由各关节虚位移 $\delta\boldsymbol{q}_i$ 组成的工业机器人关节虚位移矢量（关节空间）。

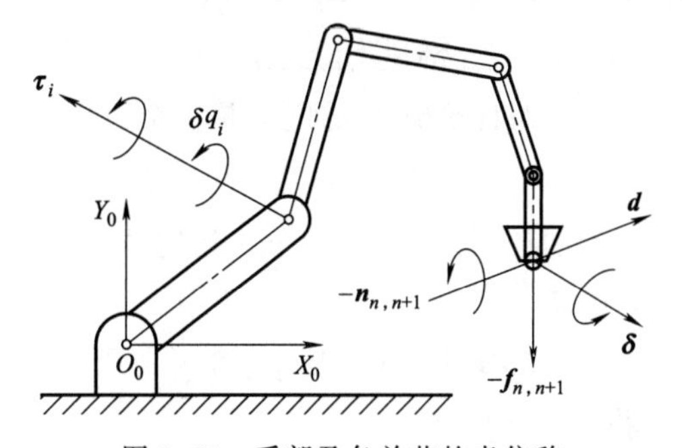

图3.26　手部及各关节的虚位移

假设发生上述虚位移时，各关节力矩为 $\boldsymbol{\tau}_i$（$i=1,2,\cdots,n$），环境作用在工业机器人手部端点上的力和力矩分别为 $-\boldsymbol{f}_{n,n+1}$ 和 $-\boldsymbol{n}_{n,n+1}$。由上述力和力矩所做的虚功可以由下式求出：

$$\delta W=\boldsymbol{\tau}_1\delta q_1+\boldsymbol{\tau}_2\delta q_2+\cdots+\boldsymbol{\tau}_n\delta q_n-\boldsymbol{f}_{n,n+1}-\boldsymbol{n}_{n,n+1}\delta \tag{3.83}$$

或可以写成：

$$\delta W=\boldsymbol{\tau}^{\mathrm{T}}\delta\boldsymbol{q}-\boldsymbol{F}^{\mathrm{T}}\delta\boldsymbol{X} \tag{3.84}$$

根据虚位移原理，工业机器人处于平衡状态的充分必要条件是对任意符合几何约束的虚位移，有：

$$\delta W=0 \tag{3.85}$$

注意，虚位移 $\delta\boldsymbol{q}$ 和 $\delta\boldsymbol{X}$ 并不是独立的，是符合杆件的几何约束条件的。利用式（3.70），$\mathrm{d}\boldsymbol{X}=\boldsymbol{J}\mathrm{d}\boldsymbol{q}$，将式（3.84）改写成：

$$\delta W=\boldsymbol{\tau}^{\mathrm{T}}\delta\boldsymbol{q}-\boldsymbol{F}^{\mathrm{T}}\boldsymbol{J}\delta\boldsymbol{q}=(\boldsymbol{\tau}-\boldsymbol{J}^{\mathrm{T}}\boldsymbol{F})\delta\boldsymbol{q} \tag{3.86}$$

式中，$\delta\boldsymbol{q}$ 表示几何上允许位移的关节独立变量，对于任意的 $\delta\boldsymbol{q}$，欲使 $\delta W=0$，必有：

$$\boldsymbol{\tau}=\boldsymbol{J}^{\mathrm{T}}\boldsymbol{F}$$

至此，证明过程完毕。

式（3.86）表示在静力平衡状态下，手部端点力 $\boldsymbol{F}$ 向广义关节力矩 τ 映射的线性关系。式中 $\boldsymbol{J}^{\mathrm{T}}$ 与手部端点力 $\boldsymbol{F}$ 和广义关节力矩 $\boldsymbol{\tau}$ 之间的力传递有关，故叫作工业机器人力雅可比。很明显，力雅可比 $\boldsymbol{J}^{\mathrm{T}}$ 正好是工业机器人速度雅可比 $\boldsymbol{J}$ 的转置。

从操作臂手部端点力 $\boldsymbol{F}$ 与广义关节力矩 $\boldsymbol{\tau}$ 之间的关系式 $\boldsymbol{\tau}=\boldsymbol{J}^{\mathrm{T}}\boldsymbol{F}$ 可知，操作臂静力学可分为两类问题：

① 已知外界环境对工业机器人手部作用力 $\boldsymbol{F}'$（即手部端点力 $\boldsymbol{F}=-\boldsymbol{F}'$），求相应的满足静力学平衡条件的关节驱动力矩 $\boldsymbol{\tau}$。

② 已知关节驱动力矩 $\boldsymbol{\tau}$，确定工业机器人手部对外界环境的作用力 $\boldsymbol{F}$ 或负荷的质量。

第二类问题是第一类问题的逆解。这时

$$\boldsymbol{F}=(\boldsymbol{J}^{\mathrm{T}})^{-1}\boldsymbol{\tau} \tag{3.87}$$

但是，由于工业机器人的自由度可能不是6，比如 $n>6$，力雅可比矩阵就有可能不是一个方阵，则 $\boldsymbol{J}^{\mathrm{T}}$ 就没有逆解。所以，对这类问题的求解就困难得多，一般情况下不一定能得到唯一的解。如果 $\boldsymbol{F}$ 的维数比 $\boldsymbol{\tau}$ 的维数低，且 $\boldsymbol{J}$ 是满秩的话，则可利用最小二乘法求得 $\boldsymbol{F}$ 的估值。

3.3.3 动力学分析

目前研究机器人动力学的方法很多，主要有拉格朗日方法、牛顿-欧拉方法、阿贝尔方法和凯恩方法等，详细内容可查阅相关书籍。本书主要介绍拉格朗日方法和牛顿-欧拉方法。

3.3.3.1 拉格朗日方法

拉格朗日函数 L 的定义是一个机械系统的动能 E_{k} 和势能 E_{q} 之差，即：

$$L=E_{\mathrm{k}}-E_{\mathrm{q}} \tag{3.88}$$

令 $q_i(i=1,2,\cdots,n)$ 是使系统具有完全确定位置的广义关节变量，$\dot{q}_i$ 是相应的广义关节速度。

由于系统动能 E_{k} 是 q_i 和 $\dot{q}_i$ 的函数，系统势能 E_{q} 是 q_i 的函数，因此拉格朗日函数也是 q_i 和 $\dot{q}_i$ 的函数。

系统的拉格朗日方程为：

$$F_i=\frac{\mathrm{d}}{\mathrm{d}t}\times\frac{\partial L}{\partial \dot{q}_{\mathrm{i}}}-\frac{\partial L}{\partial q_i},\ i=1,2,\cdots,n \tag{3.89}$$

式中，F_i 称为关节 i 的广义驱动力。如果是移动关节，则 F_i 为驱动力；如果是转动关节，则 F_i 为驱动力矩。

用拉格朗日法建立工业机器人动力学方程的步骤：

① 选取坐标系，选定完全而且独立的广义关节变量 q_i（$i=1,2,\cdots,n$）；

② 选定相应的关节上的广义力 F_i：当 q_i 是位移变量时，则 F_i 为力；当 q_i 是角度变量时，则 F_i 为力矩；

③ 求出工业机器人各构件的动能和势能，构造拉格朗日函数；

④ 代入拉格朗日方程求得工业机器人系统的动力学方程。

例：对如图3.27所示的二自由度平面关节型工业机器人进行动力学分析，并采用拉格朗日方法建立其动力学方程。

选取笛卡儿坐标系。连杆1和连杆2的关节变量分别为转角 θ_1 和 θ_2，相应的关节1和关节2的力矩是 τ_1 和 τ_2。连杆1和连杆2的质量分别是 m_1 和 m_2，杆长分别为 l_1 和 l_2，

质心分别在 k_1 和 k_2 处，离关节中心的距离分别为 p_1 和 p_2。

(1) 系统拉格朗日函数的构造

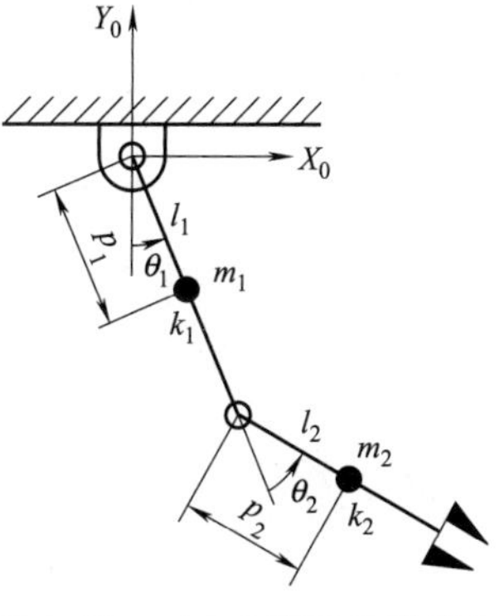

图 3.27　二自由度工业机器人

杆 1 质心 k_1 的位置坐标为：

$$x_1=p_1\sin\theta_1$$
$$y_1=-p_1\cos\theta_1$$

杆 1 质心 k_1 的速度平方为：

$$\dot{x}_1^2+\dot{y}_1^2=(p_1\dot{\theta}_1)^2$$

同理，可以计算出杆 2 质心 k_2 的位置坐标为：

$$x_2=l_1\sin\theta_1+p_2\sin(\theta_1+\theta_2)$$
$$y_2=-l_1\cos\theta_1-p_2\cos(\theta_1+\theta_2)$$

杆 2 质心 k_2 的速度平方为：

$$\dot{x}_2=l_1\cos\theta_1\dot{\theta}_1+p_2\cos(\theta_1+\theta_2)(\dot{\theta}_1+\dot{\theta}_2)$$
$$\dot{y}_2=l_1\sin\theta_1\dot{\theta}_1+p_2\sin(\theta_1+\theta_2)(\dot{\theta}_1+\dot{\theta}_2)$$
$$\dot{x}_2^2+\dot{y}_2^2=l_1^2\dot{\theta}_1^2+p_2^2(\dot{\theta}_1+\dot{\theta}_2)^2+2l_1p_2(\dot{\theta}_1^2+\dot{\theta}_1\dot{\theta}_2)\cos\theta_2$$

计算两杆的动能分别为：

$$E_{\mathrm{k1}}=\frac{1}{2}m_1p_1^2\dot{\theta}_1^2$$

$$E_{\mathrm{k2}}=\frac{1}{2}m_2l_1^2\dot{\theta}_1^2+\frac{1}{2}m_2p_2^2(\dot{\theta}_1+\dot{\theta}_2)^2+m_2l_1p_2(\dot{\theta}_1^2+\dot{\theta}_1\dot{\theta}_2)\cos\theta_2$$

则系统的动能可表示为：

$$E_{\mathrm{k}}=\sum_{i=1}^{2}E_{\mathrm{k}i}=\frac{1}{2}(m_1p_1^2+m_2l_1^2)\dot{\theta}_1^2+\frac{1}{2}m_2p_2^2(\dot{\theta}_1+\dot{\theta}_2)^2$$
$$+m_2l_1p_2(\dot{\theta}_1^2+\dot{\theta}_1\dot{\theta}_2)\cos\theta_2$$

将系统势能零点定为质心最低位置，则两杆的势能分别为：

$$E_{\mathrm{q1}}=m_1gp_1(1-\cos\theta_1)$$
$$E_{\mathrm{q2}}=m_2gl_1(1-\cos\theta_1)+m_2gp_2[1-\cos(\theta_1+\theta_2)]$$

则系统的势能可表示为：

$$E_{\mathrm{q}}=\sum_{i=1}^{2}E_{\mathrm{q}i}=(m_1p_1+m_2l_1)g(1-\cos\theta_1)+m_2gp_2[1-\cos(\theta_1+\theta_2)]$$

因此，根据系统的动能和势能，可以构造系统的拉格朗日函数为：

$$\begin{aligned}L&=E_k-E_{\mathrm{q}}\\&=\frac{1}{2}(m_1p_1^2+m_2l_1^2)\dot{\theta}_1^2+\frac{1}{2}m_2p_2^2(\dot{\theta}_1+\dot{\theta}_2)^2+m_2l_1p_2(\dot{\theta}_1^2+\dot{\theta}_1\dot{\theta}_2)\cos\theta_2\\&\quad-(m_1p_1+m_2l_1)g(1-\cos\theta_1)-m_2gp_2[1-\cos(\theta_1+\theta_2)]\end{aligned}$$

(2) 关节 1 的力矩 τ_1 计算

$$\frac{\partial L}{\partial\dot{\theta}_1}=(m_1p_1^2+m_2l_1^2)\dot{\theta}_1+m_2l_1p_2(2\dot{\theta}_1+\dot{\theta}_2)\cos\theta_2+m_2p_2^2(\dot{\theta}_1+\dot{\theta}_2)$$

$$\frac{\partial L}{\partial\theta_1}=-(m_1p_1+m_2l_1)g\sin\theta_1-m_2gp_2\sin(\theta_1+\theta_2)$$

根据拉格朗日方程可得：

$$\begin{aligned}\tau_1 &= \frac{\mathrm{d}}{\mathrm{d}t}\times\frac{\partial L}{\partial\dot{\theta}_1}-\frac{\partial L}{\partial\theta_1}\\ &=(m_1p_1^2+m_2p_2^2+m_2l_1^2+2m_2l_1p_2\cos\theta_2)\ddot{\theta}_1\\ &\quad+(m_2p_2^2+m_2l_1p_2\cos\theta_2)\ddot{\theta}_2-(2m_2l_1p_2\sin\theta_2)\dot{\theta}_1\dot{\theta}_2\\ &\quad-(m_2l_1p_2\sin\theta_2)\dot{\theta}_2^2+(m_1p_1+m_2l_1)g\sin\theta_1+m_2gp_2\sin(\theta_1+\theta_2)\end{aligned}$$

上式表示关节驱动力矩与关节速度、加速度之间的关系，可简写为：

$$\tau_1=D_{11}\ddot{\theta}_1+D_{12}\ddot{\theta}_2+D_{112}\dot{\theta}_1\dot{\theta}_2+D_{122}\dot{\theta}_2^2+D_1 \tag{3.90}$$

可得：

$$\begin{cases}D_{11}=m_1p_1^2+m_2p_2^2+m_2l_1^2+2m_2l_1p_2\cos\theta_2\\ D_{12}=m_2p_2^2+m_2l_1p_2\operatorname{cin}\theta_2\\ D_{112}=-2m_2l_1p_2\sin\theta_2\\ D_{122}=-m_2l_1p_2\sin\theta_2\\ D_1=(m_1p_1+m_2l_1)g\sin\theta_1+m_2gp_2\sin(\theta_1+\theta_2)\end{cases} \tag{3.91}$$

(3) 关节 2 的力矩 τ_2 计算

$$\frac{\partial L}{\partial\dot{\theta}_2}=m_2p_2^2(\dot{\theta}_1+\dot{\theta}_2)+m_2l_1p_2\dot{\theta}_1\cos\theta_2$$

$$\frac{\partial L}{\partial\theta_2}=-m_2l_1p_2(\dot{\theta}_1^2+\dot{\theta}_1\dot{\theta}_2)\sin\theta_2-m_2gp_2\sin(\theta_1+\theta_2)$$

根据拉格朗日方程可得：

$$\begin{aligned}\tau_2=\frac{\mathrm{d}}{\mathrm{d}t}\times\frac{\partial L}{\partial\dot{\theta}_2}-\frac{\partial L}{\partial\theta_2}&=(m_2p_2^2+m_2l_1p_2\cos\theta_2)\ddot{\theta}_1\\ &\quad+(m_2p_2^2)\ddot{\theta}_2+[(-m_2l_1p_2+m_2l_1p_2)\sin\theta_2]\dot{\theta}_1\dot{\theta}_2\\ &\quad+(m_2l_1p_2\sin\theta_2)\dot{\theta}_1^2+m_2gp_2\sin(\theta_1+\theta_2)\end{aligned}$$

上式表示关节驱动力矩与关节速度、加速度之间的关系，可简写为：

$$\tau_2=D_{21}\ddot{\theta}_1+D_{22}\ddot{\theta}_2+D_{212}\dot{\theta}_1\dot{\theta}_2+D_{211}\dot{\theta}_1^2+D_2 \tag{3.92}$$

可得：

$$\begin{cases}D_{21}=m_2p_2^2+m_2l_1p_2\cos\theta_2\\ D_{22}=m_2p_2^2\\ D_{212}=(-m_2l_1p_2+m_2l_1p_2)\sin\theta_2=0\\ D_{211}=m_2l_1p_2\sin\theta_2\\ D_2=m_2gp_2\sin(\theta_1+\theta_2)\end{cases} \tag{3.93}$$

式（3.90）～式（3.93）分别表示了关节驱动力矩与关节位移、速度、加速度之间的关系，即力和运动之间的关系，称为图 3.27 所示二自由度工业机器人的动力学方程。对其进行分析可知：

① 含有 $\ddot{\theta}_1$ 或 $\ddot{\theta}_2$ 的项表示由于加速度引起的关节力矩项，其中：含有 D_{11} 和 D_{22} 的项分别表示由于关节 1 加速度和关节 2 加速度引起的惯性力矩项；含有 D_{12} 的项表示关节 2 的加速度对关节 1 的耦合惯性力矩项；含有 D_{21} 的项表示关节 1 的加速度对关节 2 的耦合惯性

力矩项。

② 含有$\dot{\theta}_1^2$和$\dot{\theta}_2^2$的项表示由于向心力引起的关节力矩项，其中：含有D_{122}的项表示关节2速度引起的向心力对关节1的耦合力矩项；含有D_{211}的项表示关节1速度引起的向心力对关节2的耦合力矩项。

③ 含有$\dot{\theta}_1\dot{\theta}_2$的项表示由于科氏力引起的关节力矩项，其中：含有$D_{112}$的项表示哥氏力对关节1的耦合力矩项；含有$D_{212}$的项表示科氏力对关节2的耦合力矩项。

④ 只含关节变量θ_1、θ_2的项表示重力引起的关节力矩项。其中：含有D_1的项表示连杆1、连杆2的质量对关节1引起的重力矩项；含有D_2的项表示连杆2的质量对关节2引起的重力矩项。

从上面的推导可以看出，很简单的二自由度平面关节型工业机器人其动力学方程已经很复杂了，包含很多因素，这些因素都在影响工业机器人的动力学特性。对于复杂一些的多自由度工业机器人，动力学方程更庞杂了，推导过程也更为复杂。不仅如此，给工业机器人的实时控制也带来不小的麻烦。通常，有一些简化问题的方法：

① 当杆件质量不是很大，或重量很轻时，动力学方程中的重力矩项可以省略；

② 当关节速度不是很大，工业机器人不是高速工业机器人时，含有$\dot{\theta}_1^2$、$\dot{\theta}_2^2$、$\dot{\theta}_1\dot{\theta}_2$的项可以省略；

③ 当关节加速度不很大，也就是关节电机的升降速不是很突然时，那么含$\ddot{\theta}_1$、$\ddot{\theta}_2$的项有可能省略；当然，关节加速度的减少，会引起速度升降的时间增加，延长了工业机器人作业循环的时间。

3.3.3.2 牛顿-欧拉方法

由于牛顿方程描述了平移刚体所受的外力、质量和质心加速度之间的关系，而欧拉方程描述了旋转刚体所受外力矩、角加速度、角速度和惯性张量之间的关系，因此可以使用牛顿-欧拉方程描述刚体的力、惯量和加速度之间的关系，建立刚体的动力学方程。

牛顿-欧拉方程原理：将机器人的每个杆件看成刚体，并确定每个杆件质心的位置和表征其质量分布的惯性张量矩阵。当确定机器人坐标系后，根据机器人关节速度和加速度，则可先由机器人机座开始向手部杆件正向递推出每个杆件在自身坐标系中的速度和加速度，再用牛顿-欧拉方程得到机器人每个杆件上的惯性力和惯性力矩，然后再由机器人末端关节开始向第一个关节反向递推出机器人每个关节上承受的力和力矩，最终得到机器人每个关节所需要的驱动力（矩），这样就确定了机器人关节的驱动力（矩）与关节位移、速度和加速度之间的函数关系，即建立了机器人的动力学方程。

(1) 惯量矩阵（张量）

计算过程中，通常将各连杆质量集中到一点，实际上各连杆质量是连续分布的。因此这里需要引入惯性张量和惯性矩阵的概念，用于描述连杆的质量分布。

张量（tensor）是n维空间内，有n^r个分量的一种量，其中每个分量都是坐标的函数，而在坐标变换时，这些分量也依照某些规则做线性变换。r称为该张量的阶（rank），零阶张量（$r=0$）为标量（scalar），一阶张量（$r=1$）为向量（vector），二阶张量（$r=2$）则成为矩阵（matrix）。其数学定义为：由若干坐标系改变时满足一定坐标转化关系的有序数组成的集合为张量。

刚体移动时，涉及质量参数；刚体转动时，涉及惯性矩。刚体的质量分布由惯性矩和惯性积共同描述，惯性矩和惯性积共同组成惯性张量。

如图 3.28 所示，设刚体的质量为 m，以质心为原点的随体坐标系 $Cxyz$ 下的惯量矩阵 $\boldsymbol{I}_C$ 由 6 个量组成，表示为：

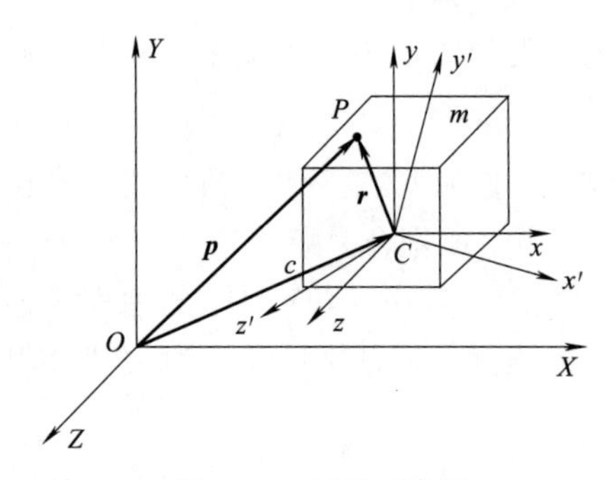

图 3.28 刚体示意图

$$\boldsymbol{I}_C=\begin{bmatrix} I_{xx} & -I_{xy} & I_{xz} \\ -I_{xy} & I_{yy} & -I_{yz} \\ -I_{xz} & -I_{yz} & I_{zz} \end{bmatrix} \tag{3.94}$$

惯量矩阵中的元素 I_{xx}、I_{yy} 和 I_{zz} 称为惯量矩，而具有混合指标的元素 I_{xy}、I_{yz} 和 I_{xz} 称为惯量积。

惯性矩：物体相对于某坐标轴而言的，质量微元 $\mathrm{d}m$ 和此微元到某坐标轴的最短距离的平方之积，再对整个物体质量进行积分。

$$I_{xx}=\iiint_V(y^2+z^2)\rho\mathrm{d}V=\iiint_m(y^2+z^2)\mathrm{d}m$$

$$I_{yy}=\iiint_V(z^2+x^2)\rho\mathrm{d}V=\iiint_m(z^2+x^2)\mathrm{d}m$$

$$I_{zz}=\iiint_V(x^2+y^2)\rho\mathrm{d}V=\iiint_m(x^2+y^2)\mathrm{d}m$$

惯性积：物体相对于一组相互正交的两平面而言的，质量微元 $\mathrm{d}m$ 和此微元到各平面的最短距离的乘积，再对整个物体质量进行积分。

$$I_{xy}=\iiint_V xy\rho\mathrm{d}V=\iiint_m xy\,\mathrm{d}m$$

$$I_{yz}=\iiint_V yz\rho\mathrm{d}V=\iiint_m yz\,\mathrm{d}m$$

$$I_{zx}=\iiint_V zx\rho\mathrm{d}V=\iiint_m zx\,\mathrm{d}m$$

惯性张量与坐标系的选取有关，如果选取的坐标系方位使得各惯性积均为零，此时惯性张量为对角形，此坐标系的各轴称为刚体的惯性主轴，相应的惯性矩称为主惯性矩。

(2) 牛顿-欧拉方程

如图 3.28 所示刚体，设其质量为 m，质心在 C 点，质心处的位置矢量用 $\boldsymbol{c}$ 表示，则质心处的加速度为 $\ddot{\boldsymbol{c}}$；设刚体绕质心转动的角速度用 $\boldsymbol{\omega}$ 表示，绕质心的角加速度为 $\boldsymbol{\varepsilon}$。

根据牛顿方程可得作用在刚体质心 C 处的力为：

$$\boldsymbol{F}=m\ddot{\boldsymbol{c}} \tag{3.95}$$

根据三维空间欧拉方程，作用在刚体上的力矩为：

$$\boldsymbol{M}=\boldsymbol{I}_C\boldsymbol{\varepsilon}+\boldsymbol{\omega}\times\boldsymbol{I}_C\boldsymbol{\omega} \tag{3.96}$$

式中，$\boldsymbol{M}$ 为作用力对刚体质心的力矩；$\boldsymbol{\omega}$ 和 $\boldsymbol{\varepsilon}$ 分别为绕质心的角速度和角加速度。

以上两式合称为牛顿-欧拉方程。

(3) 加速度计算

① 线加速度。如图 3.29 所示，设坐标系 i 与 $i-1$ 杆固连，其原点加速度为 $\boldsymbol{a}_{i-1}$，角速度为 $\boldsymbol{\omega}_{i-1}$；$O_{i+1}$ 随杆件 i 相对 i 坐标系旋转，相对转速为 $\dot{\boldsymbol{\theta}}_i$。$P$ 为 i 杆上任意一点。

P 点的相对速度和加速度为：

$$\boldsymbol{v}_{ie}=\dot{\boldsymbol{\theta}}_i\times\boldsymbol{P}_i,\boldsymbol{a}_{ie}=\frac{\mathrm{d}\dot{\boldsymbol{\theta}}_i}{\mathrm{d}t}\times\boldsymbol{P}_i+\dot{\boldsymbol{\theta}}_i\times(\dot{\boldsymbol{\theta}}_i\times\boldsymbol{P}_i)$$

P 点的绝对加速度为：

$$\boldsymbol{a}_{pi}=\boldsymbol{a}_{i-1}+2\boldsymbol{\omega}_{i-1}\times\boldsymbol{v}_{ie}+\dot{\boldsymbol{\omega}}_{i-1}\times\boldsymbol{P}_i+\boldsymbol{a}_{ie}+\boldsymbol{\omega}_{i-1}\times(\boldsymbol{\omega}_{i-1}\times\boldsymbol{P}_i)$$

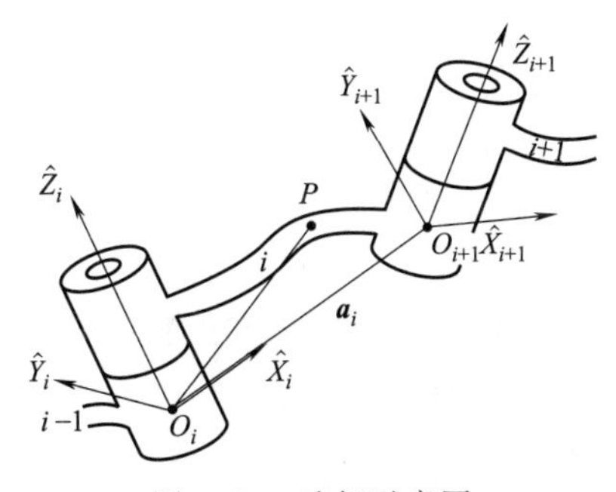

图 3.29　连杆示意图

化简得：

$$\boldsymbol{a}_{pi}=\boldsymbol{a}_{i-1}+(\dot{\boldsymbol{\omega}}_{i-1}+\ddot{\boldsymbol{\theta}}_i)\times\boldsymbol{P}_i+(\boldsymbol{\omega}_{i-1}+\dot{\boldsymbol{\theta}}_i)\times[(\boldsymbol{\omega}_{i-1}+\dot{\boldsymbol{\theta}}_i)\times\boldsymbol{P}_i]$$

即：

$$\boldsymbol{a}_{pi}=\boldsymbol{a}_{i-1}+\dot{\boldsymbol{\omega}}_i\times\boldsymbol{P}_i+\boldsymbol{\omega}_i\times(\boldsymbol{\omega}_i\times\boldsymbol{P}_i)$$

设 i 杆件质心为 c_i，则其加速度为：

$$\boldsymbol{a}_{c_i}=\boldsymbol{a}_{i-1}+\dot{\boldsymbol{\omega}}_i\times\boldsymbol{c}_i+\boldsymbol{\omega}_i\times(\boldsymbol{\omega}_i\times\boldsymbol{c}_i)$$

$i+1$ 坐标系原点的加速度为：

$$\boldsymbol{a}_{o_{i+1}}=\boldsymbol{a}_{i-1}+\dot{\boldsymbol{\omega}}_i\times\boldsymbol{a}_i+\boldsymbol{\omega}_i\times(\boldsymbol{\omega}_i\times\boldsymbol{a}_i)$$

② 角加速度。i 杆的角加速度为：

$$\dot{\boldsymbol{\omega}}_i=\dot{\boldsymbol{\omega}}_{i-1}+\boldsymbol{\omega}_{i-1}\times\dot{\boldsymbol{\theta}}_i+\ddot{\boldsymbol{\theta}}_i$$

(4) 作用力和力矩的计算

计算出每个杆件质心的加速度后，可以应用牛顿-欧拉方程来计算作用在每个杆件质心的惯性力和惯性力矩。

根据牛顿-欧拉方程，有：

$$\boldsymbol{F}_i=\boldsymbol{m}_i\dot{\boldsymbol{v}}_{c_i}$$

$$\boldsymbol{M}_i=\boldsymbol{I}_{c_i}\dot{\boldsymbol{\omega}}_i+\boldsymbol{\omega}_i\times\boldsymbol{I}_{c_i}\boldsymbol{\omega}_i$$

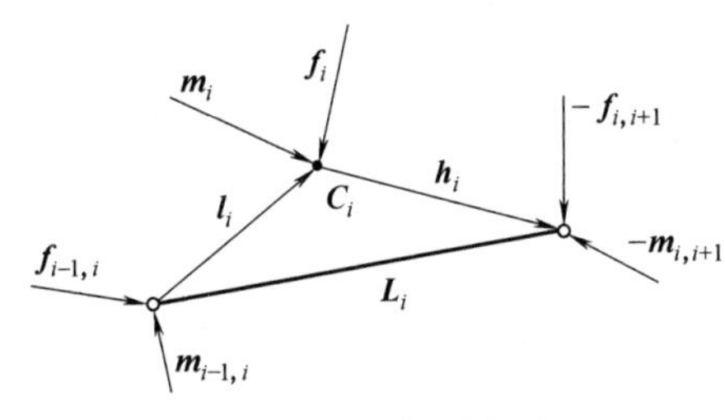

图 3.30　构件受力图

如图 3.30 所示，将第 i 个构件 L_i 作为隔离体进行分析，作用在其上的力和力矩有：作用在 i 杆件上的外力和外力矩，$i-1$ 杆件作用在 i 杆件上的力和力矩，以及 $i+1$ 杆件作用在 i 杆件上的力和力矩。

$\boldsymbol{f}_{i,i+1}$——构件 L_{i+1} 作用在构件 L_i 上的力；

$\boldsymbol{m}_{i,i+1}$——构件 L_{i+1} 作用在构件 L_i 上的力矩；

$\boldsymbol{f}_{i-1,i}$——构件 L_{i-1} 作用在构件 L_i 上的力；

$\boldsymbol{m}_{i-1,i}$——构件 L_{i-1} 作用在构件 L_i 上的力矩；

$\boldsymbol{F}_i$——作用在第 i 个构件 L_i 上的外力简化到质心 C 处的合力，即外力的主矢；

$\boldsymbol{M}_i$——作用在第 i 个构件 L_i 上的外力矩简化到质心 C 处的合力矩，即外力的主矩。

上述力和力矩包括了运动副中的约束反力、驱动力、摩擦力等引起的作用力和作用力矩。作用在第 i 个构件上的所有力化简到质心的总的合力为：

$$\boldsymbol{F}_i=\boldsymbol{f}_{i-1,i}-\boldsymbol{f}_{i,i+1}+\boldsymbol{f}_i$$

相对于质心的总的合力矩 $\boldsymbol{M}_i$ 为：

$$\boldsymbol{M}_i=\boldsymbol{m}_{i-1,i}-\boldsymbol{f}_{i-1,i}\times\boldsymbol{l}_i-\boldsymbol{m}_{i,i+1}-\boldsymbol{f}_{i,i+1}\times\boldsymbol{h}_i+\boldsymbol{m}_i$$

力和力矩计算公式为：

$$\boldsymbol{f}_{i-1,i}=\boldsymbol{f}_{i,i+1}-\boldsymbol{f}_i+\boldsymbol{F}_i$$

$$\boldsymbol{M}_i=\boldsymbol{m}_{i-1,i}-(\boldsymbol{f}_{i,i+1}-\boldsymbol{f}_i+\boldsymbol{F}_i)\times\boldsymbol{l}_i-\boldsymbol{m}_{i,i+1}-\boldsymbol{f}_{i,i+1}\times\boldsymbol{h}_i+\boldsymbol{m}_i$$

$$=\boldsymbol{m}_{i-1,i}-\boldsymbol{f}_{i,i+1}\times(\boldsymbol{l}_i+\boldsymbol{h}_i)-\boldsymbol{m}_{i,i+1}+\boldsymbol{f}_i\times\boldsymbol{l}_i-\boldsymbol{F}_i\times\boldsymbol{l}_i+\boldsymbol{m}_i$$

可得：

$$\boldsymbol{m}_{i-1,i}=\boldsymbol{f}_{i,i+1}\times(\boldsymbol{l}_i+\boldsymbol{h}_i)+\boldsymbol{m}_{i,i+1}+\boldsymbol{F}_i\times\boldsymbol{l}_i-\boldsymbol{f}_i\times\boldsymbol{l}_i-\boldsymbol{m}_i+\boldsymbol{M}_i$$

i 杆件需要的关节力矩为相邻杆件作用于它的力矩的 Z 分量，即：

$$\boldsymbol{\tau}_i=\boldsymbol{m}_{i-1,i}\hat{z}_i$$

因此，牛顿-欧拉方程法递推过程可以表述为：

① 正向递推。已知机器人各个关节的速度和加速度→从 $1\sim n$ 递推出机器人每个杆件在自身坐标系中的速度和加速度→机器人每个杆件质心上的速度和加速度→再用牛顿-欧拉方程得到机器人每个杆件质心上的惯性力和惯性力矩。

$$\boldsymbol{\omega}_i=\boldsymbol{\omega}_{i-1}+\dot{\boldsymbol{\theta}}_i$$

$$\dot{\boldsymbol{\omega}}_i=\dot{\boldsymbol{\omega}}_{i-1}+\boldsymbol{\omega}_{i-1}\times\dot{\boldsymbol{\theta}}_i+\ddot{\boldsymbol{\theta}}_i$$

$$\dot{\boldsymbol{v}}_{c_i}=\dot{\boldsymbol{v}}_{i-1}+\dot{\boldsymbol{\omega}}_{i-1}\times\boldsymbol{c}_i+\boldsymbol{\omega}_{i-1}\times(\boldsymbol{\omega}_{i-1}\times\boldsymbol{c}_i)$$

惯性力和惯性力矩分别为：

$$\boldsymbol{F}_i=\boldsymbol{m}_i\dot{\boldsymbol{v}}_{c_i}$$

$$\boldsymbol{M}_i=\boldsymbol{I}_{c_i}\dot{\boldsymbol{\omega}}_i+\boldsymbol{\omega}_i\times\boldsymbol{I}_{c_i}\boldsymbol{\omega}_i$$

② 反向递推。根据正向递推的结果→从 $n\sim 1$ 递推出机器人每个关节上承受的力和力矩→得到机器人每个关节所需要的驱动力（矩）。

$$\boldsymbol{f}_{i-1,i}=\boldsymbol{f}_{i,i+1}-\boldsymbol{f}_i+\boldsymbol{F}_i$$

$$\boldsymbol{m}_{i-1,i}=\boldsymbol{f}_{i,i+1}\times(\boldsymbol{l}_i+\boldsymbol{h}_i)+\boldsymbol{m}_{i,i+1}-\boldsymbol{f}_i\times\boldsymbol{l}_i-\boldsymbol{m}_i+\boldsymbol{F}_i\times\boldsymbol{l}_i+\boldsymbol{M}_i$$

$$\boldsymbol{\tau}_i=\boldsymbol{m}_{i-1,i}\hat{z}_i$$

上面给出了关节型机器人的动力学计算方法，对于移动关节可以推导相应的方程。上述递推算法是一种通用算法，可以用于任意自由度数的关节型机器人。

例：如图 3.31 所示的平面二自由度机器人机构。

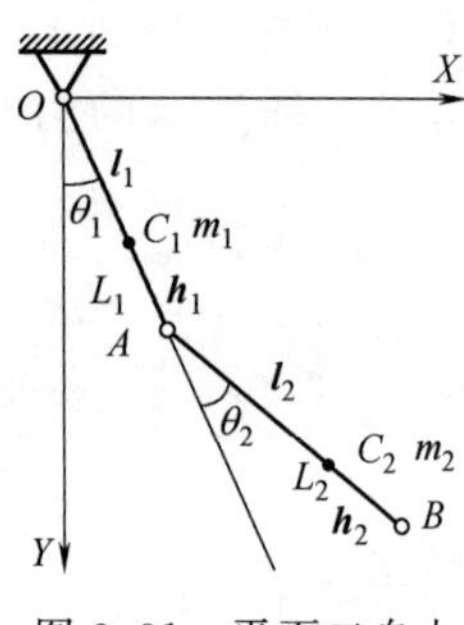

图 3.31 平面二自由度机器人机构

其中，连杆 L_1 质心为 C_1，质量为 m_1，驱动力矩为 $\boldsymbol{m}_1=[0\quad 0\quad m_{11}]^{\mathrm{T}}$，角速度为 $\boldsymbol{\omega}_1=[0\quad 0\quad \omega_1]^{\mathrm{T}}$，加速度为 $\varepsilon_1=[0\quad 0\quad \varepsilon_1]^{\mathrm{T}}$；连杆 L_2 质心为 C_2，质量为 m_2，驱动力矩为 $\boldsymbol{m}_2=[0\quad 0\quad m_{22}]^{\mathrm{T}}$，角速度为 $\boldsymbol{\omega}_2=[0\quad 0\quad \omega_2]^{\mathrm{T}}$，加速度为 $\varepsilon_2=[0\quad 0\quad \varepsilon_2]^{\mathrm{T}}$。

选取关节 O 和关节 A 处的转角 θ_1 和 θ_2 为系统的广义坐标，可以写出连杆 L_1 的牛顿-欧拉方程为：

$$\boldsymbol{f}_{0,1}-\boldsymbol{f}_{1,2}+\boldsymbol{f}_1=m_1\ddot{\boldsymbol{c}}_1$$

$$\boldsymbol{m}_{0,1}+\boldsymbol{f}_{0,1}\times\boldsymbol{l}_1-\boldsymbol{m}_{1,2}-\boldsymbol{f}_{1,2}\times\boldsymbol{h}_1=\boldsymbol{I}_{C_1}\cdot\boldsymbol{\varepsilon}_1$$

连杆 L_2 的牛顿-欧拉方程为：

$$\boldsymbol{f}_{1,2}+\boldsymbol{f}_2=m_2\ddot{\boldsymbol{c}}_2$$

$$\boldsymbol{m}_{1,2}+\boldsymbol{f}_{1,2}\times\boldsymbol{l}_2=\boldsymbol{I}_{C_2}\cdot\boldsymbol{\varepsilon}_2$$

式中：$\boldsymbol{f}_1=[0\quad m_1g\quad 0]^{\mathrm{T}}$，$\boldsymbol{f}_2=[0\quad m_2g\quad 0]^{\mathrm{T}}$

$$\boldsymbol{m}_{0,1}=\boldsymbol{m}_1=[0\quad 0\quad m_{11}]^{\mathrm{T}},\boldsymbol{m}_{1,2}=\boldsymbol{m}_2=[0\quad 0\quad m_{22}]^{\mathrm{T}}$$

由以上几式消去杆件间作用力，可解得：

$$\boldsymbol{m}_2=\boldsymbol{I}_{C_2}\cdot\boldsymbol{\varepsilon}_2-(m_2\ddot{\boldsymbol{c}}_2-m_2g)\times\boldsymbol{l}_2$$

$$\boldsymbol{m}_1=\boldsymbol{I}_{C_1}\cdot\boldsymbol{\varepsilon}_1-(m_1\ddot{\boldsymbol{c}}_1-m_1g-m_2\ddot{\boldsymbol{c}}_2+m_2g)\times\boldsymbol{l}_1-(m_2\ddot{\boldsymbol{c}}_2-m_2g)\times\boldsymbol{h}_1+\boldsymbol{m}_2$$

考虑质心位置：

$$\boldsymbol{c}_1=\begin{bmatrix}l_1\sin\theta_1\\l_1\cos\theta_1\\0\end{bmatrix},\quad \boldsymbol{c}_2=\begin{bmatrix}L_1\sin\theta_1+l_2\sin(\theta_1+\theta_2)\\L_1\cos\theta_1+l_2\cos(\theta_1+\theta_2)\\0\end{bmatrix}$$

求导得：

$$\dot{\boldsymbol{c}}_1=\begin{bmatrix}l_1\dot{\theta}_1\cos\theta_1\\-l_1\dot{\theta}_1\sin\theta_1\\0\end{bmatrix},\ \ddot{\boldsymbol{c}}_1=\begin{bmatrix}l_1(-\dot{\theta}_1^2\sin\theta_1+\ddot{\theta}_1\cos\theta_1)\\-l_1(\dot{\theta}_1^2\cos\theta_1+\ddot{\theta}_1\sin\theta_1)\\0\end{bmatrix}$$

$$\dot{\boldsymbol{c}}_2=\begin{bmatrix}L_1\dot{\theta}_1\cos\theta_1+l_2(\dot{\theta}_1+\dot{\theta}_2)\cos(\theta_1+\theta_2)\\-L_1\dot{\theta}_1\sin\theta_1-l_2(\dot{\theta}_1+\dot{\theta}_2)\sin(\theta_1+\theta_2)\\0\end{bmatrix}$$

$$\ddot{\boldsymbol{c}}_2=\begin{bmatrix}-L_1\dot{\theta}_1^2\sin\theta_1-l_2(\dot{\theta}_1+\dot{\theta}_2)^2\sin(\theta_1+\theta_2)+L_1\ddot{\theta}_1\cos\theta_1+l_2(\ddot{\theta}_1+\ddot{\theta}_2)\cos(\theta_1+\theta_2)\\-L_1\dot{\theta}_1^2\cos\theta_1-l_2(\dot{\theta}_1+\dot{\theta}_2)^2\cos(\theta_1+\theta_2)-L_1\ddot{\theta}_1\sin\theta_1-l_2(\ddot{\theta}_1+\ddot{\theta}_2)\sin(\theta_1+\theta_2)\\0\end{bmatrix}$$

又有：

$$\boldsymbol{h}_1=\begin{bmatrix}(L_1-l_1)\sin\theta_1\\(L_1-l_1)\cos\theta_1\\0\end{bmatrix},\quad \boldsymbol{l}_1=\begin{bmatrix}l_1\sin\theta_1\\l_1\cos\theta_1\\0\end{bmatrix},\quad \boldsymbol{l}_2=\begin{bmatrix}l_2\sin(\theta_1+\theta_2)\\l_2\cos(\theta_1+\theta_2)\\0\end{bmatrix}$$

可得：

$$\boldsymbol{m}_1=\begin{bmatrix}0\\0\\m_{11}\end{bmatrix}=\begin{bmatrix}\boldsymbol{I}_{x2}&0&0\\0&\boldsymbol{I}_{y2}&0\\0&0&\boldsymbol{I}_{z2}\end{bmatrix}\begin{bmatrix}0\\0\\\ddot{\theta}_1+\ddot{\theta}_2\end{bmatrix}-m_2\begin{bmatrix}\ddot{c}_{2x}\\\ddot{c}_{2y}-g\\0\end{bmatrix}\times\begin{bmatrix}l_2\sin(\theta_1+\theta_2)\\l_2\cos(\theta_1+\theta_2)\\0\end{bmatrix}$$

即：

$$m_{11}=\boldsymbol{I}_{z2}(\ddot{\theta}_1+\ddot{\theta}_2)-m_2l_2[\ddot{c}_{2x}\cos(\theta_1+\theta_2)-(\ddot{c}_{2y}-g)\sin(\theta_1+\theta_2)]$$

代入加速度分量，得：

$$\begin{aligned}m_{11}=\boldsymbol{I}_{z2}(\ddot{\theta}_1+\ddot{\theta}_2)-m_2l_2\{&[-L_1\dot{\theta}_1^2\sin\theta_1-l_2(\dot{\theta}_1+\dot{\theta}_2)^2\sin(\theta_1+\theta_2)\\&+L_1\ddot{\theta}_1\cos\theta_1+l_2(\ddot{\theta}_1+\ddot{\theta}_2)\cos(\theta_1+\theta_2)]\cos(\theta_1+\theta_2)\\&-[-L_1\dot{\theta}_1^2\cos\theta_1-l_2(\dot{\theta}_1+\dot{\theta}_2)^2\cos(\theta_1+\theta_2)\\&-L_1\ddot{\theta}_1\sin\theta_1-l_2(\ddot{\theta}_1+\ddot{\theta}_2)\sin(\theta_1+\theta_2)-g]\sin(\theta_1+\theta_2)\}\end{aligned}$$

对 m_{22} 可同样写出矩阵方程。

化简可得：

$$\begin{aligned}m_{11}=&(\boldsymbol{I}_{z1}+\boldsymbol{I}_{z2}+2m_2L_1l_2\cos\theta_2+m_1l_1^2+m_2L_1^2+m_2l_2^2)\ddot{\theta}_1+\\&(\boldsymbol{I}_{z2}+m_2l_2^2+m_2L_1l_2\cos\theta_2)\ddot{\theta}_2-m_2L_1l_2\dot{\theta}_2^2\sin\theta_2-2m_2L_1l_2\dot{\theta}_1\dot{\theta}_2\sin\theta_2\\&-m_2gl_2\sin(\theta_1+\theta_2)-(m_1+m_2)gl_1\sin\theta_1\end{aligned}$$

$$m_{22}=(\boldsymbol{I}_{z2}+m_2l_2^2+m_2L_1l_2\cos\theta_2)\ddot{\theta}_1+(\boldsymbol{I}_{z2}+m_2l_2^2)\ddot{\theta}_2$$
$$+m_2L_1l_2\dot{\theta}_1^2\sin\theta_2-m_2gl_2\sin(\theta_1+\theta_2)$$

上式即为各杆件关节的驱动力计算公式，它是一个以角加速度为变量、变系数的非线性动力学方程。

以上两式进一步写成：

$$\begin{cases}m_{11}=D_{11}\ddot{\theta}_1+D_{12}\ddot{\theta}_2+D_{122}\dot{\theta}_2^2+D_{112}\dot{\theta}_1\dot{\theta}_2+D_1\\ m_{22}=D_{21}\ddot{\theta}_1+D_{22}\ddot{\theta}_2+D_{211}\dot{\theta}_2^2+D_2\end{cases}$$

式中：

$$D_{11}=\boldsymbol{I}_{z1}+\boldsymbol{I}_{z2}+2m_2L_1l_2\cos\theta_2+m_1l_1^2+m_2L_1^2+m_2l_2^2$$
$$D_{12}=\boldsymbol{I}_{z2}+m_2l_2^2+m_2L_1l_2\cos\theta_2$$
$$D_{122}=-m_2L_1l_2\sin\theta_2$$
$$D_{112}=-2m_2L_1l_2\sin\theta_2$$
$$D_1=-m_2gl_2\sin(\theta_1+\theta_2)-(m_1+m_2)gl_1\sin\theta_1$$
$$D_{21}=\boldsymbol{I}_{z2}+m_2l_2^2+m_2L_1l_2\cos\theta_2$$
$$D_{22}=\boldsymbol{I}_{z2}+m_2l_2^2$$
$$D_{211}=m_2L_1l_2\sin\theta_2$$
$$D_2=-m_2gl_2\sin(\theta_1+\theta_2)$$

3.4 Matlab Robotics 工具包

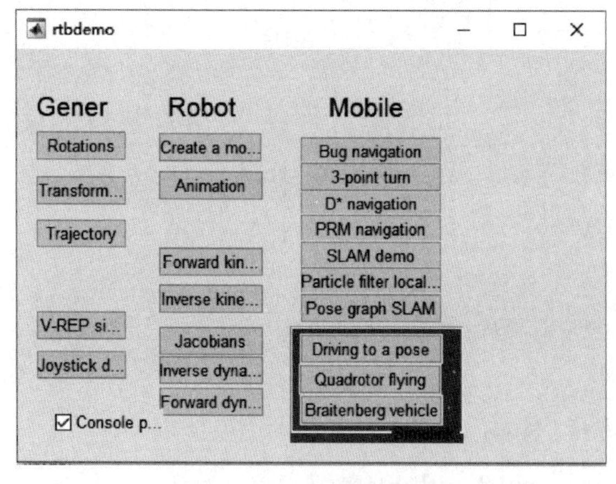

图 3.32　工具包示例菜单

机器人学工具箱（Robotics Toolbook for Matlab）是 Matlab 中专门用于机器人仿真的工具箱，在机器人建模、轨迹规划、控制、可视化方面使用非常方便。工具箱大量使用类来表示机器人和诸如传感器与地图之类的东西。它包括 Simulink®模型来描述手臂或移动机器人状态随时间的演变，用于许多经典的控制策略。工具箱还提供了在数据类型之间进行操作和转换的函数，例如向量、旋转矩阵、单位四元数、四元数、齐次变换和螺旋变换，这些都是在二维和三维中表示位置和方向所必需的。本次安装环境为 Windows 11+Matlab 2020b，所安装的机器人工具箱的版本为 RTB 10.4。

具体安装过程不再赘述，安装完成后，运行 rtbdemo，可以看到工具包示例菜单如图 3.32 所示。

3.4.1 基本函数使用方法

3.4.1.1 位姿描述

(1) 二维空间位姿描述

常用的函数如下：

T＝SE2(x,y,theta)；　　　%代表(x,y)的平移和 theta 角度的旋转
trplot2(T)；　　　　　　%画出相对于世界坐标系的变换 T
T ＝transl2(x,y)；　　　 %二维空间中,纯平移的齐次变换

SE2() 函数的旋转角使用角度制，如 pi/3 这样的数据。当需要使用角度制数据时要写成如 T＝SE2(1,2,60,'deg') 的格式。trplot2() 函数的参数为 SE2() 函数生成的旋转矩阵，生成旋转后的坐标。

分别运行上述函数，结果如图 3.33 所示。

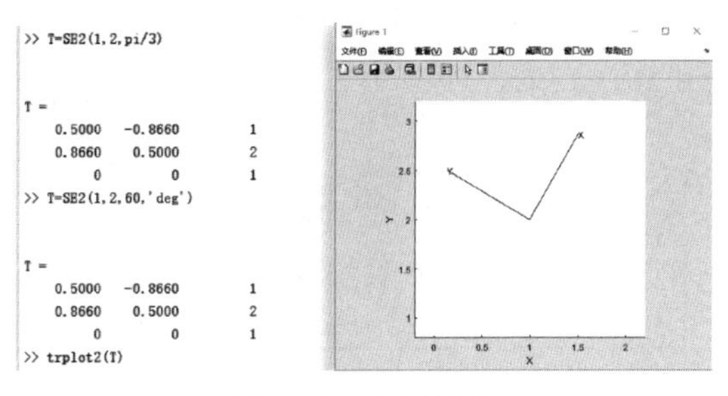

图 3.33　运行结果

(2) 三维空间位姿描述

常用的函数如下：

rotx( ),roty( ),rotz( )　　　　%绕 xyz 轴旋转 theta 得到旋转矩阵(3×3)
trplot( )　　　　　　　　　　%绘制出相应的旋转矩阵
tranimate( )　　　　　　　　%实现一个旋转动画(动态效果)
transl( )　　　　　　　　　　%实现坐标平移变换
trotx( ),troty( ),trotz( )　　　%绕 xyz 轴旋转 theta 得到齐次变换矩阵(4×4)

分别运行 rotx 和 trplot 函数，结果如图 3.34 所示。

trotx/torty/trotz 是三维齐次变换矩阵，输出的是 4×4 的矩阵，矩阵中除了表示旋转角度的 3×3 矩阵之外还有一个 1，运行结果如图 3.35 所示。

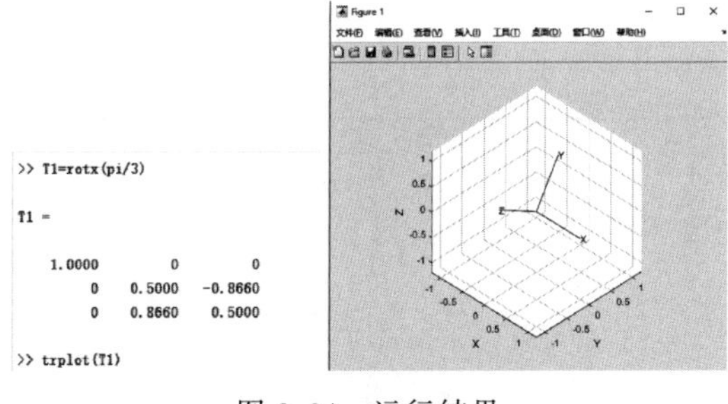

图 3.34　运行结果

```
>> T2=trotx(pi/3)

T2 =

    1.0000         0         0         0
         0    0.5000   -0.8660         0
         0    0.8660    0.5000         0
         0         0         0    1.0000
```

图 3.35　运行结果

3.4.1.2　机器人模型的建立

(1) Link 类

Link 函数是根据 D-H 参数建立连杆，包含关节的主要信息，建立连杆时 D-H 参数的输入顺序为：关节转角 θ，关节距离 d，连杆长度 a，连杆转角 α，关节类型（0 转动，1 移动）。

另外，关节变量的参数有：

qlim 指定关节极限，需要注意的是：工具箱中的移动关节变量不允许有负值。

jointtype 指定关节类型，默认为转动关节，如 L(4).jointtype='P'意味着第四根 link 是由移动关节连接的。

offset 为关节初始值的偏置。定义好关节类型后，相应的变量必须为 0，初值必须由 offset 定义，例如，关节 2 为转动关节，那么 L(2) 的 theta 必须为 0，但是我们又希望初始状态下关节 2 能有一个偏置，那么就在初始化后通过“L(2).offset=pi/2;”的语句来实现。

最后是建模参数类型的选择：标准型 D-H 参数与改进型 D-H 参数，区别在于固连坐标系不同以及执行变换的顺序不同，如表 3.4 所示。

表 3.4 建模参数类型

参数	标准型 D-H 参数	改进型 D-H 参数
固连坐标系的选用	以连杆的后一个关节坐标系为固连坐标系	以连杆的前一个关节坐标系为固连坐标系
X 轴方向的确定	以当前 Z 轴和“前一个”坐标系的 Z 轴叉乘确定 X 轴	以“后一个”坐标的 Z 轴与当前 Z 轴叉乘确定 X 轴
坐标系间的变换规则	相邻关节坐标系之间的参数变化顺序为：θ、d、a、α	相邻关节坐标系之间的参数变化顺序为：α、a、θ、d

Link 函数调用的格式为：

```
L(1) =Link([theta,D1,A1,alpha1,offset1],'standard')     %标准型 D-H 参数
L(1) =Link([theta,D1,A1,alpha1,offset1],'modified')     %改进型 D-H 参数
```

(2) SerialLink 类

其作用是把定义好的连杆整合成一个机器人。

其应用格式为：Robot =SerialLink ([L1, L2...] , options)

例：利用机器人工具箱对 puma560 机器人进行分析，改进的 D-H 参数表见表 3.5。

表 3.5 改进 D-H 参数表

i	Alpha	a	d	Theta
1	0	0	0	θ_1
2	$-\pi/2$	0	d_2	θ_2
3	0	a_3	0	θ_3
4	$-\pi/2$	a_4	d_4	θ_4
5	$\pi/2$	0	0	θ_5
6	$-\pi/2$	0	0	θ_6

代码如下：

```
%% 改进 D-H 模型
%              关节角    连杆偏距   连杆长度  连杆转角
%              Theta(i)  d(i)     a(i-1)   Alpha(i-1) offset
L1= Link([     0         0          0       0          0        ],'modified');
L2= Link([     0         0.14909    0       -pi/2      0        ],'modified');
L3= Link([     0         0          0.4318  0          0        ],'modified');
L4= Link([     0         0.43307    0.02032 -pi/2      0        ],'modified');
L5= Link([     0         0          0       pi/2       0        ],'modified');
```

```
L6= Link([        0        0        0    - pi/2    0        ],'modified');
p560= SerialLink([L1 L2 L3 L4 L5 L6],'name','puma560');% SerialLink 类函数% 通过手动输入各个连杆转角,模型会自动运动到相应位置
% 方法一:
p560.teach([- pi/2- pi/2 0 0 0 0]);
% 方法二:
p560.plot([- pi/2- pi/2 0 0 0 0]);
```

方法一和方法二的结果如图 3.36 所示。关于 .teach，就是示教模式，在 Figure 的左侧的上方显示的 X、Y、Z 是机械臂末端相对于基坐标系的位置，R、P、Y 显示的是末端坐标系相对于定点坐标系的姿态（R、P、Y 角），在 Figure 的左侧的下方显示关节变量的值，我们可以对关节变量的值进行修改，并查看随着关节变量值的改变，机械臂的位姿变化情况；使用 .plot 来查看指定某组关节变量的机械臂三维模型，在使用 .plot 时，需要指定各关节变量的值。

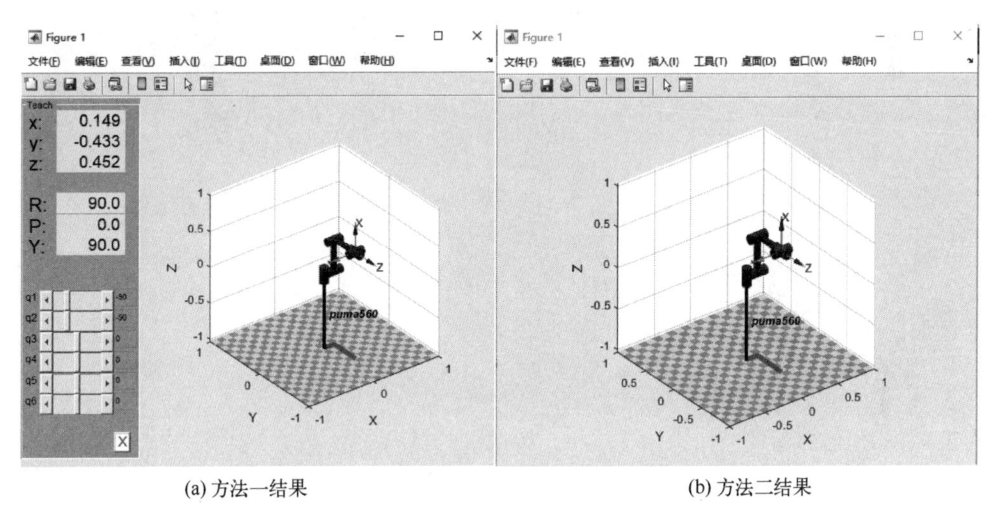

(a) 方法一结果　　(b) 方法二结果

图 3.36　程序运行结果

3.4.2　工具包中的运动学求解

机器人工具箱中，通过如下函数对机器人运动学进行求解：

① fkine() 命令是运动学正解，生成对应关节角度的末端梯次变换矩阵；

② ikine6s() 命令是求逆运动学的封闭解；

③ ikine() 命令是求逆运动学的数值解。

在 Matlab 的机器人工具箱中提供了 puma560 机械臂模型，运行 mdl _ puma560 命令，会发现自动生成四个 1×6 的关节角矩阵，它们分别代表以下状态：

qz:(0,0,0,0,0,0)零角度；

qr:(0,pi/2,－pi/2,0,0,0)就绪状态,机械臂伸直且垂直；

qs:(0,0,－pi/2,0,0,0)伸展状态,机械臂伸直且水平；

qn:(0,pi/4,−pi,0,pi/4,0)标准状态，机械臂灵巧工作状态。

(1) 正运动学

运行以下代码：

```
>> mdl_puma560        % 加载工具箱自带的 puma560
>> p560
```

结果如图 3.37 所示，可以得到机械臂相关的参数。

```
>> p560.plot(qz) % 绘制位形图
```

结果如图 3.38 所示。

```
>> p560

p560 =

Puma 560 [Unimation]:: 6 axis, RRRRRR, stdDH, slowRNE
 - viscous friction; params of 8/95;
```

j	theta	d	a	alpha	offset
1	q1	0	0	1.5708	0
2	q2	0	0.4318	0	0
3	q3	0.15005	0.0203	-1.5708	0
4	q4	0.4318	0	1.5708	0
5	q5	0	0	-1.5708	0
6	q6	0	0	0	0

图 3.37 运行结果

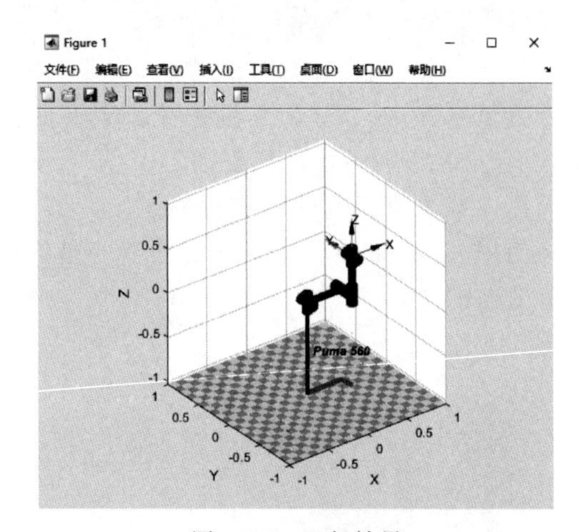

图 3.38 运行结果

```
>> TE = p560.fkine(qz)   % 计算正运动学
```

结果如图 3.39 所示。

```
>> p560.tool = SE3(0,0,0.2);     % 定义一个工具变换
```

结果如图 3.40 所示。

```
>> TE = p560.fkine(qz)

TE =
        1         0         0    0.4521
        0         1         0     -0.15
        0         0         1    0.4318
        0         0         0         1
```

图 3.39 正运动学结果

```
p560 =

Puma 560 [Unimation]:: 6 axis, RRRRRR, stdDH, slowRNE
 - viscous friction; params of 8/95;
```

j	theta	d	a	alpha	offset
1	q1	0	0	1.5708	0
2	q2	0	0.4318	0	0
3	q3	0.15005	0.0203	-1.5708	0
4	q4	0.4318	0	1.5708	0
5	q5	0	0	-1.5708	0
6	q6	0	0	0	0

tool: t = (0, 0, 0.2), RPY/xyz = (0, 0, 0) deg

图 3.40 运行结果

```
>> p560.fkine(qz)
```

结果如图 3.41 所示。

(2) 逆运动学

① 3D 封闭解

a. 'l'、'r'：左手或右手；
b. 'u'、'd'：肘部在上或在下；
c. 'f'、'n'：手腕翻转或不翻转。

```
> > mdl_puma560
> > qn
qn =
      0    0.7854    3.1416        0    0.7854        0
> > T = p560.fkine(qn)          % 计算正运动学
```

结果如图 3.42 所示。

```
ans =
         1         0         0    0.4521
         0         1         0     -0.15
         0         0         1    0.6318
         0         0         0         1
```

图 3.41　运行结果

```
>> T = p560.fkine(qn)

T =
         0         0         1    0.5963
         0         1         0   -0.1501
        -1         0         0  -0.01435
         0         0         0         1
```

图 3.42　运行结果

```
> > qi = p560.ikine6s(T)        % 计算逆运动学封闭解
qi =
    2.6486  - 3.9270    0.0940    2.5326    0.9743    0.3734
> > p560.fkine(qi)
```

结果如图 3.43 所示，与图 3.42 结果基本一致。

```
>> p560.fkine(qi)

ans =
         0         0         1    0.5963
         0         1         0     -0.15
        -1         0         0  -0.01435
         0         0         0         1
```

图 3.43　运行结果

```
> > qi = p560.ikine6s(T,'ru')  % 计算逆运动学右手位形解
qi =
    - 0.0000    0.7854    3.1416  - 0.0000    0.7854    0.0000
> > p560.ikine6s(SE3(3,0,0))     % 存在无法到达的点
警告: point not reachable
> > q = [0 pi/4 pi 0.1 0 0.2];
> > p560.ikine6s(p560.fkine(q),'ru')  % 奇异位形
ans =
    - 0.0000    0.7854    3.1416  - 3.0409    0.0000  - 2.9423
```

```
> > q(4) + q(6)      % q4 与 q6 的值与原来完全不同,但和始终等于 0.3
ans =
    0.3000
```

② 3D 数值解

```
> > T = p560.fkine(qn)
> > qi= p560.ikine(T)         % 求数值解
qi=
    - 0.0000  - 0.8335    0.0940    0.0000  - 0.8312  - 0.0000
> > p560.fkine(qi)            % qi 与 qn 不同,但计算出的位姿相同
```

结果如图 3.44 所示。

```
> > p560.plot(qi)             % ikine 获得了手肘向下的解
```

结果如图 3.45 所示。

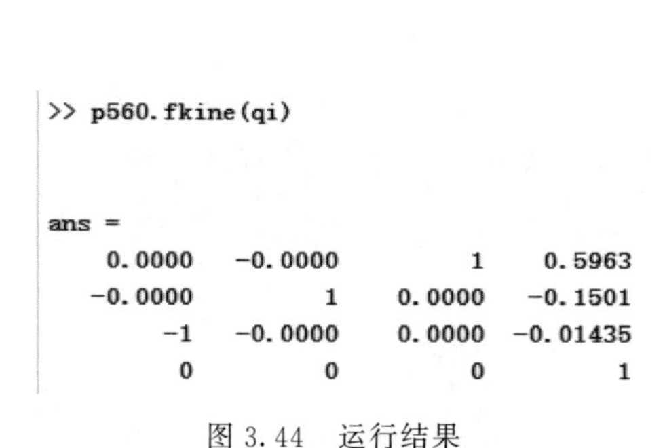

```
>> p560.fkine(qi)

ans =
    0.0000   -0.0000        1    0.5963
   -0.0000         1   0.0000   -0.1501
        -1   -0.0000   0.0000   -0.01435
         0         0        0         1
```

图 3.44 运行结果

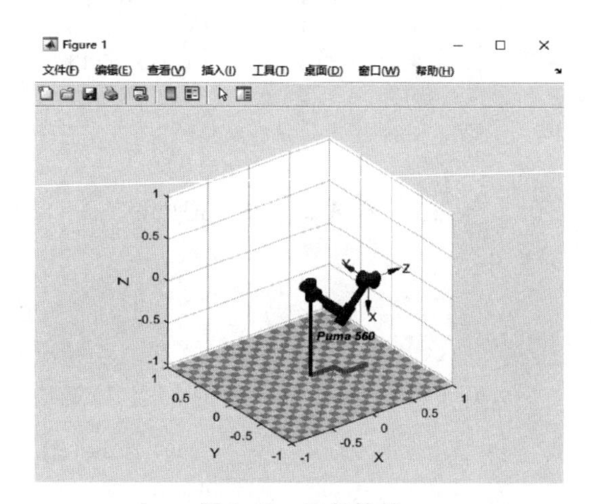

图 3.45 运行结果

```
> > qi = p560.ikine(T,'q0',[0 0 3 0 0 0])    % 如果指定初始关节坐标,则可找到
手肘向上的解
qi =
    - 0.0000    0.7854  - 3.1416  - 0.0000    0.7854    0.0000
```

ikine 的一般数值方法比 ikine6s 的解析方法慢得多。但是它有一个很大的优势就是能够处理奇点处的机械手以及小于或大于 6 个关节的机械手。

3.4.3 工具包中的动力学求解

(1) 动力学参数

利用 dyn 函数显示动力学参数：

```
R.dyn()     % 显示模型中所有连杆的动力学属性
```

主要参数有：m（关节质量）、r（3×1 的关节齿轮向量）、I（3×3 对称惯性矩阵）、Jm（电机惯性）、Bm（黏性摩擦）、Tc（库仑摩擦）、G（齿轮传动比）、qlim（关节变量上下限）。

```
R.dyn(i)     % 显示第 i 根连杆的属性参数
```

如，若要显示单个关节的参数，可以运行：

```
> > mdl_puma560
> > p560.dyn(2)              % 查看 puma560 机械臂第二连杆的动力学参数
> > p560.links(2).dyn       % 查看 puma560 机械臂第二连杆的动力学参数
```

结果如图 3.46 所示。

```
>> p560.dyn(2)
Revolute(std): theta=q, d=0, a=0.4318, alpha=0, offset=0
  m    = 17.4
  r    = -0.3638     0.006      0.2275
  I    = | 0.13       0          0          |
         | 0          0.524      0          |
         | 0          0          0.539      |
  Jm   = 0.0002
  Bm   = 0.000817
  Tc   = 0.126     (+) -0.071    (-)
  G    = 107.8
  qlim = -0.785398 to 3.926991
```

图 3.46 第 2 个关节的参数

(2) 逆动力学

已知关节速度、加速度、角加速度求出各关节所需提供的关节力矩，使用 R.rne() 函数。

```
R.rne(q,qd,qdd)                   %(角度/角速度/角加速度→力/力矩)
R.rne(q,qd,qdd,grav,fext) % grav:重力加速度;fext=[Fx Fy Fz Mx My Mz]
```

tau=R.rne（q，qd，qdd）是机器人 R 达到指定关节位置 q(1×N)，速度 qd(1×N)，加速度 qdd(1×N) 所需要的各个关节的关节力矩，其中 N 为关节个数。

如果机器人末端受到力的作用 fext，则可用以下形式：

```
tau= R.rne(q,qd,qdd,grav,fext)
```

其中，grav 是重力加速度，默认值是［0，0，9.81］；fext=［Fx Fy Fz Mx My Mz］。

```
> > mdl_puma560
> > A = p560.rne(qn,qz,qz)   % 当关节角为[0 0.7854 3.1416 0 0.7854 0],关节速度、关节加速度为零,重力加速度为 9.81 时所需的关节力矩
A=
    - 0.0000   31.6399     6.0351     0.0000     0.0283         0
```

(3) 正动力学

已知各个关节上电机提供的力/力矩，在此力矩作用下，关节如何运动，求对应各个关节角度、角速度、角加速度，使用 R.fdyn（）函数。

```
[T,q,qd]= R.fdyn(T,torqfun)           %(力/力矩→角度/角速度/角加速度)
qdd= R.accel(q,qd,torqfun)            % 计算角加速度
```

T 表示时间间隔，即采样时间。根据给定的力矩函数 torqfun，求各关节的 q、qd，默

认初始位置 q 和速度 qd 为零。

也可以设定关节角度、角速度的初值，并且确定力矩函数中所含的参数，如下：

```
[T,q,qd] = R.fdyn(T,torqfun,q0,qd0,ARG1,ARG2,…)
```

(4) 动力学参数方程

动力学方程如下所示：

$$\boldsymbol{\tau}=\boldsymbol{M}(q)\ddot{q}+\boldsymbol{V}(q,\dot{q})+\boldsymbol{G}(q)$$

式中 $\boldsymbol{\tau}$——广义驱动向量；

$q,\dot{q},\ddot{q}$——广义坐标系下的关节位置，速度，加速度；

$\boldsymbol{M}(q)$——关节空间的惯性矩阵；

$\boldsymbol{V}(q,\dot{q})$——科氏力和向心力的耦合矩阵；

$\boldsymbol{G}(q)$——重力载荷。

① gravload，求解重力载荷。

```
>> mdl_puma560;
>> p560.gravload([1 2 3 4 5 6])  % 给定关节角度,求解出重力载荷
ans =
   0.0000  -7.9683   8.4581  -0.0197   0.0027        0
```

② inertia，求解关节空间惯性矩阵。

```
>> mdl_puma560;
>> p560.inertia([1 2 3 4 5 6])   % 给定关节角度,求解出关节空间惯性矩阵
ans =

  2.6152  -0.6550  -0.0363   0.0001   0.0010   0.0000
 -0.6550   4.3038   0.2953  -0.0008  -0.0017   0.0000
 -0.0363   0.2953   0.9366  -0.0009  -0.0006   0.0000
  0.0001  -0.0008  -0.0009   0.1926   0.0000   0.0000
  0.0010  -0.0017  -0.0006   0.0000   0.1713   0.0000
  0.0000   0.0000   0.0000   0.0000   0.0000   0.1941
```

③ coriolis，求解科氏力和向心力的耦合矩阵。

```
>> mdl_puma560;
>> qd = [0.1 0.1 0.1 0.1 0.1 0.1];   % 给定关节速度
>> C = p560.coriolis(qn,qd)          % 给定关节角度、关节速度,计算科氏力和向心力的耦合矩阵
C =

 -0.0267  -0.1291   0.0170  -0.0000  -0.0003   0.0000
  0.0627   0.0386   0.0771  -0.0002  -0.0000  -0.0000
 -0.0361  -0.0387  -0.0001  -0.0001  -0.0003  -0.0000
  0.0000   0.0001  -0.0000   0.0000   0.0000  -0.0000
 -0.0000   0.0001   0.0002  -0.0000  -0.0000  -0.0000
  0.0000   0.0000   0.0000   0.0000   0.0000        0
```

④ payload，求解有效载荷。

```
>> mdl_puma560;
>> p560.inertia([1 2 3 4 5 6])      % 没有施加有效载荷时的惯性矩阵
ans =

 2.6152  -0.6550  -0.0363   0.0001   0.0010   0.0000
-0.6550   4.3038   0.2953  -0.0008  -0.0017   0.0000
-0.0363   0.2953   0.9366  -0.0009  -0.0006   0.0000
 0.0001  -0.0008  -0.0009   0.1926   0.0000   0.0000
 0.0010  -0.0017  -0.0006   0.0000   0.1713   0.0000
 0.0000   0.0000   0.0000   0.0000   0.0000   0.1941
>> p560.payload(1,[0,0.1,0.2])      % 施加有效载荷
>> p560.inertia([1 2 3 4 5 6])      % 施加有效载荷后的惯性矩阵
ans =

 2.8033  -0.8506  -0.0951   0.0079   0.0778   0.0368
-0.8506   4.6513   0.4828  -0.0858  -0.1011  -0.0584
-0.0951   0.4828   1.1338  -0.0988  -0.0169  -0.0214
 0.0079  -0.0858  -0.0988   0.2416   0.0029   0.0082
 0.0778  -0.1011  -0.0169   0.0029   0.2120   0.0192
 0.0368  -0.0584  -0.0214   0.0082   0.0192   0.2041
```

【本章小结】

本章首先介绍了工业机器人的运动轴和坐标系；其次介绍了工业机器人运动理论基础，包括位姿表示、坐标变换等；然后对机器人运动学进行分析，同时，对工业机器人的动力学进行了分析；最后介绍了 Matlab 中的机器人学工具箱并进行了实例运算。

【思考题】

3-1　什么是工业机器人的基本轴和腕部？

3-2　工业机器人的坐标系包括哪些？

3-3　简述工业机器人正运动学的求解步骤。

3-4　简述机器人运动学逆解问题的求解存在的三个问题。

3-5　简述机器人动力学研究的两个问题。

第4章

工业机器人的传感系统

【学习目标】

学习目标	学习目标分解	学习要求
知识目标	传感器概述	熟悉
	工业机器人内部传感器	掌握
	工业机器人外部传感器	掌握
	多传感器信息融合	了解

【知识图谱】

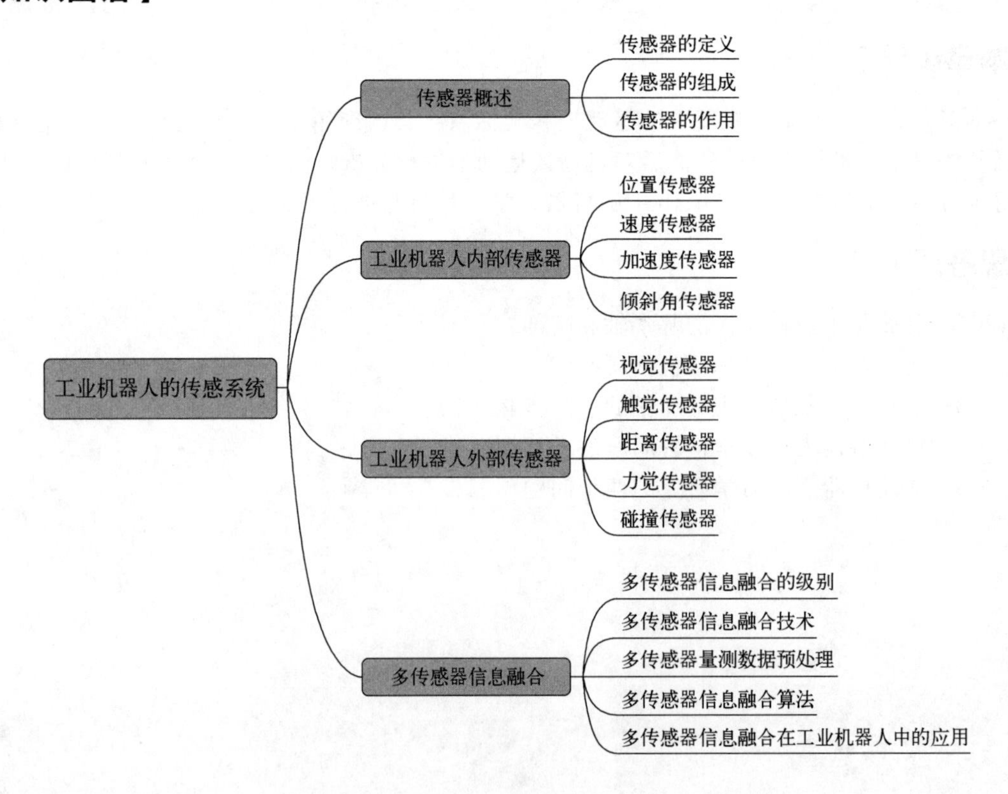

工业机器人的传感系统是工业机器人重要的组成部分之一，主要由各种传感器及其处理技术组成。通过传感系统，机器人可以感知其所在的空间位置、力、接近、温度、光照和加速度等外部环境信息，并将这些信息反馈给机器人控制系统，以实现各种自动化操作和控制功能。

4.1 传感器概述

4.1.1 传感器的定义

传感器是一种检测设备，是人们认知世界的一种工具，或者一种手段，是在我们人类的眼耳鼻舌身的基础上建立的一种对宇宙认知的延伸扩展，能将检测到的信息，按一定规律转换为电信号或其他所需形式的信息输出，以满足信息的传输、处理、存储、显示、记录和控制等要求，它可以检测到温度、声音、压力、位移、亮度等信息，然后将它们转换为电流或电压等电信号，有了传感器，制造出来的设备才能实现智能化、网络化、数字化。

国家标准 GB/T 7665—2005 对传感器的定义是：能感受被测量并按照一定的规律转换成可用输出信号的器件或装置，通常由敏感元件和转换元件组成。

中国物联网校企联盟认为，传感器的存在和发展，让物体有了触觉、味觉和嗅觉等感官，让物体慢慢变得活了起来。

“传感器”在新韦式大词典中定义为：从一个系统接收功率，通常以另一种形式将功率送到第二个系统中的器件。

4.1.2 传感器的组成

传感器一般由敏感元件、转换元件、变换电路和辅助电源四部分组成，如图 4.1 所示。

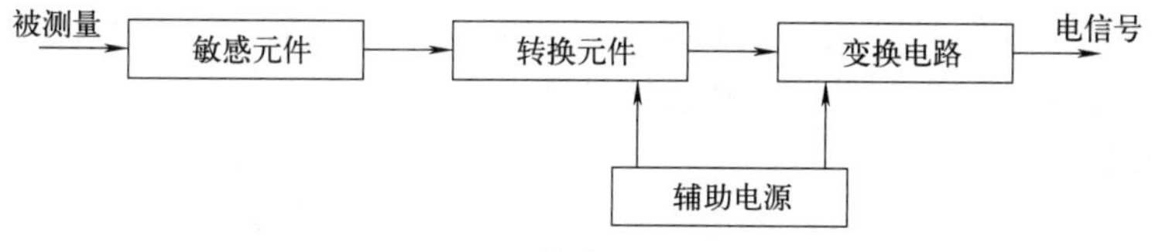

图 4.1　传感器的组成

其中，敏感元件直接感受被测量，并输出与被测量有确定关系的物理量信号；转换元件将敏感元件输出的物理量信号转换为电信号；变换电路负责对转换元件输出的电信号进行放大调制；转换元件和变换电路一般还需要辅助电源供电。

4.1.3 传感器的作用

传感器是一个控制系统的“电五官”，它感测到外界的信息，然后反馈给系统的处理器即“电脑”进行加工处理，如图 4.2 所示。

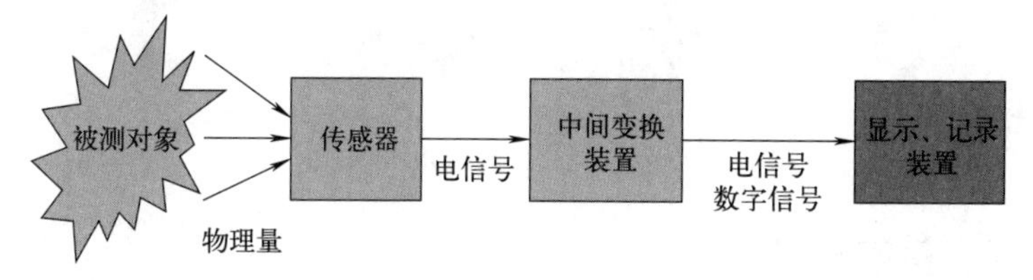

图 4.2　感知系统

工业机器人的传感器，广义上可分为内部传感器和外部传感器两类。

4.2 工业机器人内部传感器

工业机器人内部传感器的功能是检测机器人本身状态，是测量运动学和动力学参数的，能使机器人感知自己的状态并加以调整和控制，能够按照规定的位置、轨迹和速度等参数进行工作，主要包括位置传感器、速度传感器、加速度传感器和倾斜角传感器等。

4.2.1 位置传感器

位置感觉是机器人最基本的感觉要求，它可以通过多种传感器来实现，机器人各关节和连杆的运动定位精度要求、重复精度要求以及运动范围要求是选择机器人位置传感器的基本依据。

4.2.1.1 规定位置检测的内传感器

检测规定的位置，常用 ON/OFF 两个状态值。这种方法用于检测机器人的起始原点、终点位置或某个确定的位置。给定位置检测常用的检测元件有微型开关、光电开关等。

(1) 微型开关

规定的位移量或力作用在微型开关的可动部分上，开关的电气触点断开（常闭）或接通（常开）并向控制回路发出动作信号。

限位开关就是用以限定机械设备的运动极限位置的电气开关，有接触式和非接触式两种。接触式的比较直观，机械设备的运动部件上，安装行程开关，与其相对运动的固定点上安装极限位置的挡块，或者是相反安装位置。当行程开关的机械触头碰上挡块时，切断了（或改变了）控制电路，机械就停止运行或改变运行。由于机械的惯性运动，这种行程开关有一定的“超行程”以保护开关不受损坏。非接触式的形式很多，常见的有干簧管、光电式、感应式等，这几种形式在电梯中都能够见到。

(2) 光电开关

光电开关是通过把光强度的变化转换成电信号的变化来实现控制的。一般情况下，光电开关由三部分构成，它们分为：发送器、接收器和检测电路。

光电开关的原理是发送器发出的光束被物体阻断或部分反射，接收器最终据此作出判断反应，启动开关作用，常见的光电开关如图 4.3 所示。

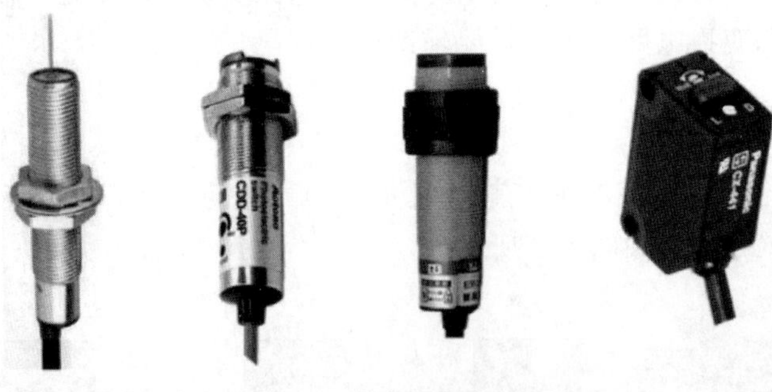

图 4.3 常见的光电开关

4.2.1.2 位置、角度测量

测量可变位置和角度，即测量机器人关节线位移和角位移的传感器，是机器人位置反馈控制中必不可少的元件。常用的有电位器、旋转变压器、光电编码器等。

(1) 电位器式位移传感器

电位器式位移传感器由一个绕线电阻（或薄膜电阻）和一个滑动触点组成。滑动触点通过机械装置受被检测量的控制，当被检测的位置量发生变化时，滑动触点也发生位移，从而改变滑动触点与电位器各端之间的电阻值和输出电压值。传感器根据这种输出电压值的变化，可以检测出机器人各关节的位置和位移量。

电位器式位移传感器具有性能稳定、结构简单、使用方便、尺寸小、重量轻等优点。它的输入/输出特性可以是线性的。这种传感器不会因为失电而丢失其已感觉到的信息。当电源因故断开时，电位器的触点将保持原来的位置不变，只要重新接通电源，原有的位置信号就会重新出现。电位器式位移传感器的一个主要缺点是容易磨损，当滑动触点和电位器之间的接触面有磨损或有尘埃附着时会产生噪声，使电位器的可靠性和寿命受到一定的影响。

按照传感器的结构，电位器式位移传感器可分为两大类，一类是直线型电位器式位移传感器，另一类是旋转型电位器式位移传感器。

① 直线型电位器式位移传感器。直线型电位器式位移传感器的工作台与传感器的滑动触点相连，当工作台左、右移动时，滑动触点也随之左、右移动，从而改变与电阻接触的位置，通过检测输出电压的变化量，确定以电阻中心为基准位置的移动距离，如图4.4所示。

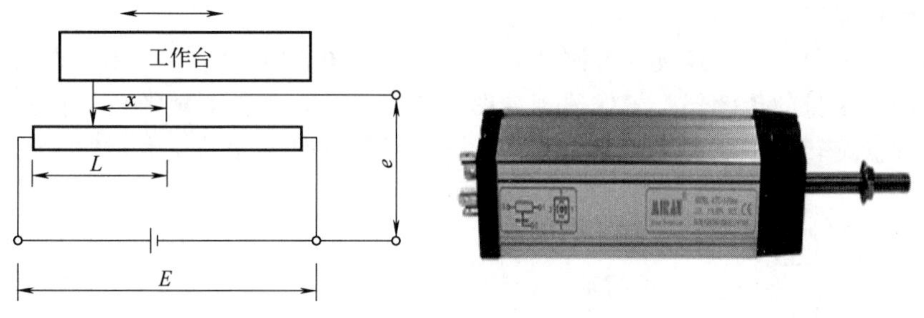

图4.4　直线型电位器式位移传感器

假定输入电压为E，最大移动距离（从电阻中心到一端的长度）为L，在可动触点从中心向左端只移动x的状态，假定电阻右侧的输出电压为e，若在图4.4电路中流过一定的电流，由于电压与电阻的长度成比例（全部电压按电阻长度进行分压），所以左、右的电压等于电阻长度比，也就是：

$$(E-e)/e=(L-x)/(L+x)$$

因此，可得移动距离为：

$$x=\frac{L(2e-E)}{E}$$

② 旋转型电位器式位移传感器。由于电阻值随着回转角而改变，因此基于上述同样的理论可构成角度传感器。应用时机器人的关节轴与传感器的旋转轴相连，这样根据测量的输出电压的数值，即可计算出关节对应的旋转角度，如图4.5所示。

旋转型电位器式位移传感器的电阻元件呈圆弧状，滑动触点在电阻元件上做圆周运动。由于滑动触点等的限制，传感器的工作范围只能小于360°。

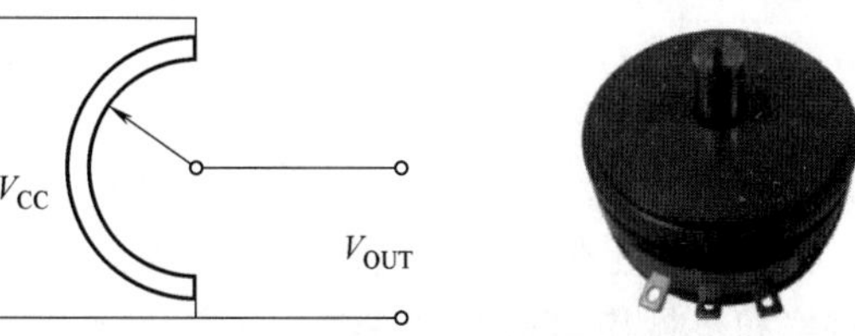

图4.5　旋转型电位器式位移传感器

(2) 旋转变压器

旋转变压器又称分解器，是一种控制用的微电机，它是将机械转角变换成与该转角呈某一函数关系的电信号的一种间接测量装置。在结构上与二相线绕式异步电动机相似，由定子和转子组成。定子绕组为变压器的原边，转子绕组为变压器的副边。励磁电压接到转子绕组上，感应电动势由定子绕组输出。其基本工作原理如图 4.6 所示，转子转动引起磁通量变化，在次级线圈产生变化的电压，进而可以用来测量角位移。

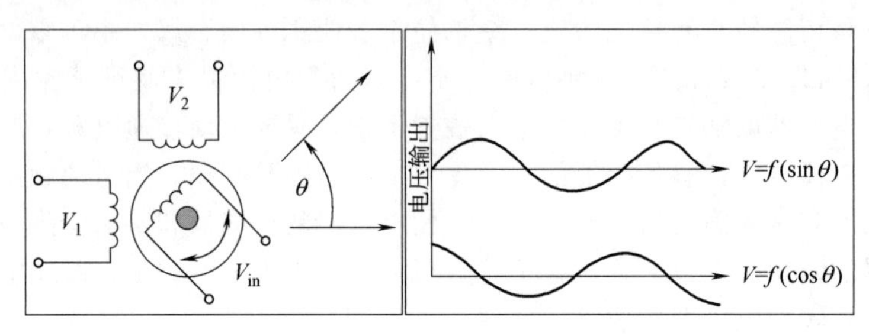

图 4.6 旋转变压器基本原理

旋转变压器结构简单，动作灵敏，对环境无特殊要求，维护方便，输出信号幅度大，抗干扰性强，工作可靠。

(3) 光电编码器

光电编码器是角度（角速度）检测装置，是通过光电转换，将输出轴上的机械几何位移量转换成脉冲数字量的传感器。工作原理如图 4.7 所示，在圆盘上规则地刻有透光和不透光的线条，当圆盘旋转时，便产生一系列交变的光信号，由另一侧的光敏元件接收，转换成电脉冲。

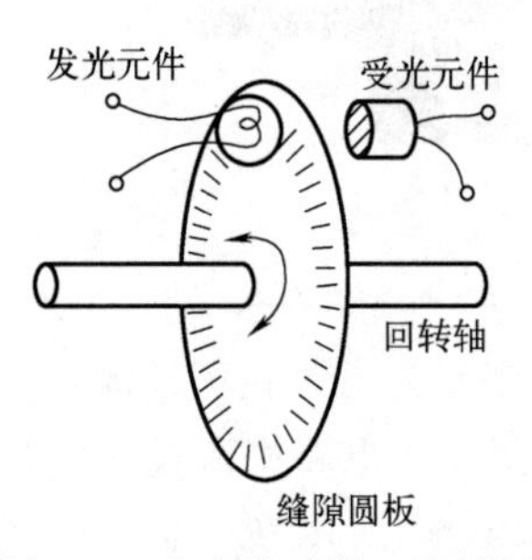

图 4.7 光电编码器工作原理

① 分类。根据检测原理，编码器可分为接触式和非接触式两种。接触式编码器采用电刷输出，以电刷接触导电区和绝缘区分别表示代码的 1 和 0 状态；非接触式编码器的敏感元件是光敏元件或磁敏元件，采用光敏元件时以透光区和不透光区表示代码的 1 和 0 状态。

根据测量方式，编码器可分为直线型（如光栅尺、磁栅尺）和旋转型两种，目前机器人中较为常用的是旋转型光电式编码器。

根据测出的信号，编码器可分为绝对式和增量式两种。以下主要介绍绝对式编码器和增量式编码器。

② 绝对式编码器。绝对式编码器是一种直接编码式的测量元件，它可以直接把被测转角或位移转换成相应的代码，指示的是绝对位置而无绝对误差，在电源切断时不会失去位置信息。但其结构复杂、价格昂贵，且不易做到高精度和高分辨率。

绝对位置的分辨率（分辨角）α 取决于二进制编码的位数，即码道的个数 n。分辨率 α 的计算公式为：

$$\alpha=\frac{360^\circ}{2^n}$$

目前市场上使用的光电编码器的码盘数为 4～18 道。在应用中通常考虑伺服系统要求的分辨率和机械传动系统的参数，以选择合适的编码器，如图 4.8 所示 4 位绝对式编码器。

图 4.8 所示码盘有 4 条码道，能分辨的最小角度为：

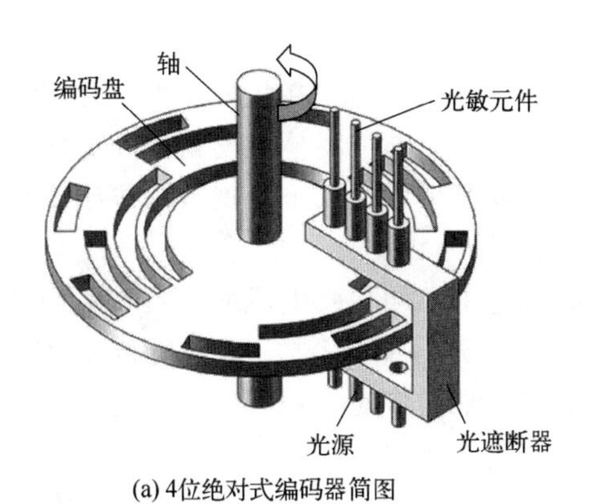

(a) 4位绝对式编码器简图

(b) 4位绝对式编码器编码盘

图 4.8　4 位绝对式编码器

$$\alpha=\frac{360^{\circ}}{2^{4}}=22.5^{\circ}$$

③ 增量式编码器。增量式编码器是将位移转换成周期性的电信号，再把这个电信号转变成计数脉冲，用脉冲的个数表示位移的大小。

光电编码器的分辨率（分辨角）α 是以编码器轴转动一周所产生的输出信号的基本周期数来表示的，即脉冲数每转（PPR）。码盘旋转一周输出的脉冲信号数目取决于透光缝隙数目的多少，码盘上刻的缝隙越多，编码器的分辨率就越高。假设码盘的透光缝隙数目为 n 线，则分辨率 α 的计算公式为：

$$\alpha=\frac{360^{\circ}}{n}$$

在工业应用中，根据不同的应用对象，通常可选择分辨率为 500～6000 PPR 的增量式光电编码器，最高可以达到几万 PPR。增量式光电编码器的优点有原理构造简单、易于实现、机械平均寿命长，可达到几万小时以上、分辨率高、抗干扰能力较强、信号传输距离较长、可靠性较高；其缺点是它无法直接读出转动轴的绝对位置信息。

如图 4.9 所示为增量式光电编码器，编码盘上刻有节距相等的辐射状透光缝隙，相邻两个缝隙之间代表一个增量周期 τ；检测光栅上刻有三个同心光栅，分别称为 A 相、B 相和 C 相光栅。A 相光栅与 B 相光栅上分别有间隔相等的透明和不透明区域，用于透光和遮光，A 相和 B 相在编码盘上互相错开半个节距 $\tau/2$。

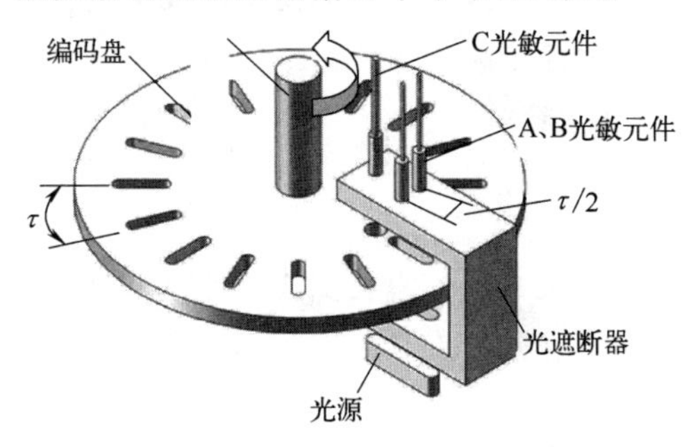

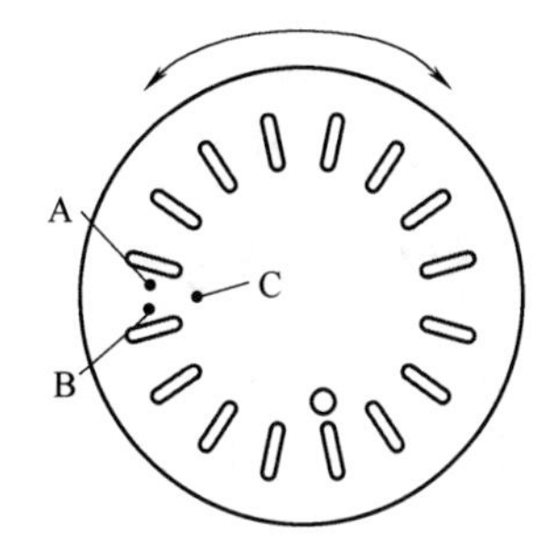

图 4.9　增量式光电编码器

4.2.2 速度传感器

速度传感器是工业机器人中较重要的内部传感器之一。由于在机器人中主要需测量的是机器人关节的运行速度，故这里仅介绍角速度传感器。目前广泛使用的角速度传感器有测速发电机和增量式光电编码器两种。增量式光电编码器既可以用来测量增量角位移，又可以测量瞬时角速度，其基本原理已经在上文中进行了介绍。

测速发电机是输出电动势与转速成比例的微特电机。测速发电机的绕组和磁路经精确设计，其输出电动势 E 和转速 n 成线性关系，即 $E=Kn$，K 是常数。改变旋转方向时输出电动势的极性即相应改变。在被测机构与测速发电机同轴连接时，只要检测出输出电动势，就能获得被测机构的转速，故又称速度传感器。

测速发电机分为直流测速发电机和交流测速发电机两大类。直流测速发电机本质上是一种微型直流发电机，按定子磁极的励磁方式分为电磁式和永磁式，直流测速发电机的工作原理与一般直流发电机相同；交流异步测速发电机的转子结构有笼型的，也有杯型的，在控制系统中多用空心杯转子异步测速发电机。

测速发电机广泛用于各种速度或位置控制系统。在自动控制系统中作为检测速度的元件，以调节电动机转速或通过反馈来提高系统稳定性和精度；在解算装置中可作为微分、积分元件，也可作为加速或延迟信号或用来测量各种运动机械在摆动或转动以及直线运动时的速度。自动控制系统对测速发电机的要求，主要是精确度高、灵敏度高、可靠性好等，此外，还要求它的体积小、重量轻、结构简单、工作可靠、对无线电通信的干扰小、噪声小等。

4.2.3 加速度传感器

加速度传感器是一种测量加速度和倾斜度的装置。影响加速度计的两种力为静力和动力，其中静力是任意两个物体之间的摩擦力，通过测量这个力，可以确定工业机器人倾斜了多少，这种测量对于平衡工业机器人或确定工业机器人是在平坦还是上坡的表面上行驶非常有用；另一种影响传感器的力为动力，动力是移动物体所需的加速度，使用加速度计测量动态力，然后传输给工业机器人，从而控制其移动的速度。

加速度传感器通常由质量块、阻尼器、弹性元件、敏感元件和适调电路等部分组成。传感器在加速过程中，通过对质量块所受惯性力的测量，利用牛顿第二定律获得加速度值。

根据传感器敏感元件的不同，常见的加速度传感器包括电容式、电感式、应变式、压阻式、压电式等。

按测量轴的不同，加速度传感器可以分为单轴、双轴和三轴加速度传感器。三轴加速度传感器在航空航天、机器人、汽车和医学等领域应用广泛，这种加速度传感器具有体积小和重量轻的特点，可以测量空间加速度，能够全面准确反映物体的运动性质。目前三轴加速度传感器/三轴加速度计大多采用压阻式、压电式和电容式。

4.2.4 倾斜角传感器

倾斜角传感器测量重力的方向，应用于机器人末端执行器或移动机器人的姿态控制中。根据测量原理不同，倾斜角传感器分为液体式和垂直振子式。

(1) 液体式

液体式倾斜角传感器分为气泡位移式、电解液式、电容式和磁流体式等，下面仅介绍其中的气泡位移式和电解液式倾斜角传感器。图 4.10 为气泡位移式倾斜角传感器的结构及测量原理。半球状容器内封入含有气泡的液体，对准上面的LED发出的光。容器下面分成四部分，分别安装四个光电二极管，用以接收透射光。液体和气泡的透光率不同。液体在光电二极管上投影的位置，随传感器倾斜角度而改变。因此，通过计算对角的光电二极管的感光量的差值，可测量出二维倾斜角。该传感器测量范围为20°左右，分辨率可达0.001%。

电解液式倾斜角传感器的结构如图4.11所示，在管状容器内封入KCl之类的电解液和气体，并在其中插入三个电极。容器倾斜时，溶液移动，中央电极和两端电极间的电阻及电容量改变，使容器相当于一个阻抗可变的元件，可用交流电桥电路进行测量。

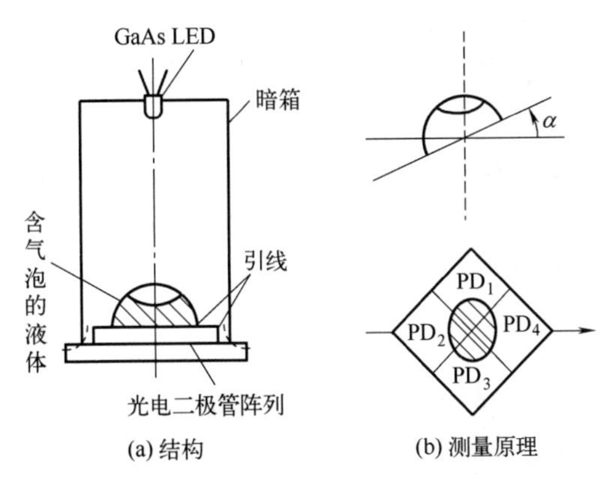

图4.10　气泡位移式倾斜角传感器的结构及测量原理

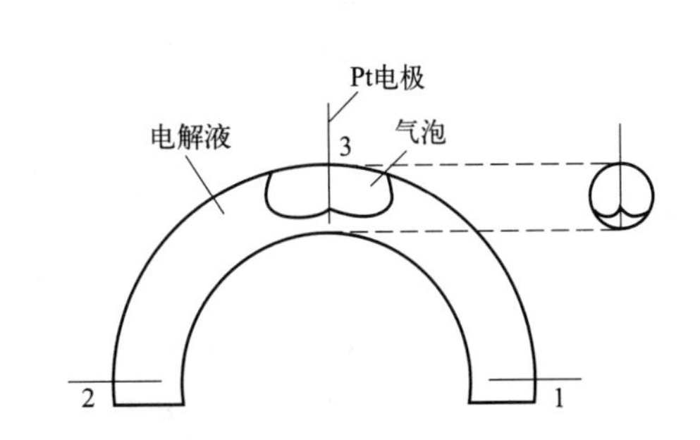

图4.11　电解液式倾斜角传感器结构

(2) 垂直振子式

图4.12所示为垂直振子式倾斜角传感器的原理图。振子由挠性薄片悬起，传感器倾斜时，振子为了保持铅直方向而离开平衡位置，根据振子是否偏离平衡位置及偏移角函数（通常是正弦函数）检测出倾斜角度θ。但是，由于容器限制，测量范围只能在振子自由摆动的允许范围内，不能检测过大的倾斜角度。按图4.12所示结构，把代表位移函数的输出电流反馈到转矩线圈中，使振子返回到平衡位置。这时，振子产生的力矩M为$M=mgl\sin\theta$，转矩T为$T=Ki$。在平衡状态下应有$M=T$，于是得到：

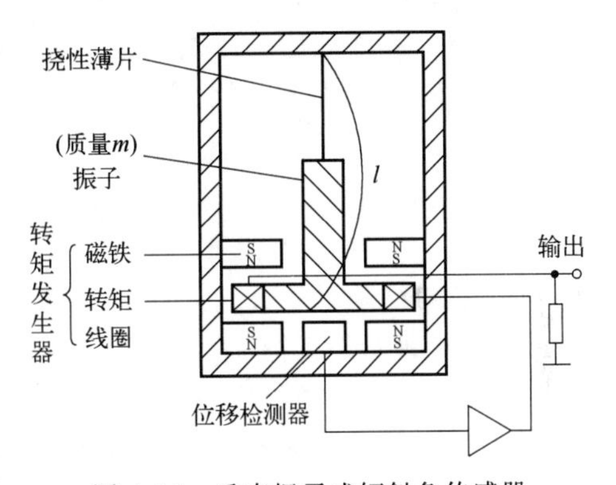

图4.12　垂直振子式倾斜角传感器

$$\theta=\arcsin(Ki/mgl)$$

式中，K为电机转矩常数；i为电流；l为薄片长度。

4.3　工业机器人外部传感器

机器人的外部传感器主要用于测量与机器人作业有关的外部环境，主要有视觉传感器、触觉传感器、距离传感器、力学传感器和碰撞传感器等。

4.3.1　视觉传感器

视觉传感器相当于工业机器人的眼睛，可以从多个不同角度来扫描工件信息，将信息上传到控制系统，有助于提高工作精度。其应用领域广泛，如多媒体手机、数码相机、工业机器人视觉导航、人机界面、监控、工业检测、无线远距离传感、显微镜技术、科学仪器等。

视觉传感器的原理是利用光学镜头将物体图像投射在感光元件上，并将光信号转化为电信号，从而实现对图像的捕捉和处理。一般来说，视觉传感器包括以下三个基本部分：

① 光学部分。包括镜头和光圈，用于控制光线的进入和聚焦，使得图像能够清晰地投射在感光元件上。

② 感光元件。一般采用 CMOS（互补金属氧化物半导体）或 CCD（电荷耦合器件）等半导体芯片，用于将光信号转化为电信号。在感光元件上，每个像素都对应着一个电荷量，当光线照射到感光元件上时，每个像素的电荷量就会发生变化，形成一个图像。

③ 图像处理部分。对从感光元件上获取的图像进行处理和分析，例如图像增强、图像分割、目标检测等。这一部分通常采用数字信号处理技术，使用计算机算法对图像进行处理和分析。

通过各部分协同工作，视觉传感器能够捕捉和处理物体的图像信息，实现各种应用需求。

一个高性能的机器视觉图像处理过程主要包括：

① 拍摄。能够拍摄到与焦点对比度良好的图像或视频数据。

② 传送。能够将原始数据快速发送至控制器。

③ 预处理或主要处理。能够将原始数据加工至最适于进行计算和处理的图像，能够以高精度、高速的方式进行满足需要的处理。

④ 输出。将处理后的数据信息以能够匹配控制装置的通信方式输出。

在自动化流水线上，当目标物（例如零部件）在输送带上前进时，视觉系统将进行检测。在拍摄到零部件图像后，图像数据被传递到视觉控制器，根据图像像素的分布和亮度、颜色等信息，通过运算就可以抽取目标零部件的纹理、位置、长度、面积、数量等特征。根据这些特征就可以自动判断出零部件的尺寸、角度、偏移量，得出合格或不合格的结果。

（1）二维视觉传感器

二维视觉传感器主要就是一个摄像头（工业相机），它可以完成物体运动的检测以及定位等功能，二维视觉传感器已经出现了很长时间，许多智能相机可以配合协调工业机器人的行动路线，根据接收到的信息对机器人的行为进行调整，如图 4.13 所示。

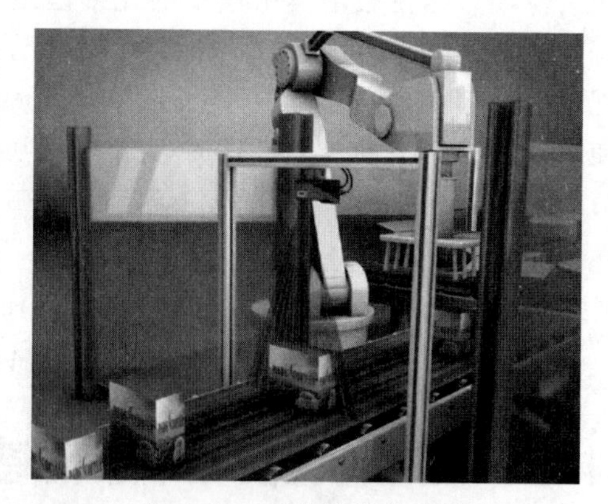

图 4.13 二维视觉传感器

市面上工业相机大多是基于 CCD 或 CMOS 芯片的相机。CCD 图像传感器是目前机器视觉中最为常用的，其突出特点是以电荷作为信号，而不同于其他器件是以电流或者电压为信号。典型的 CCD 相机由光学镜头、时序及同步信号发生器、垂直驱动器、模拟/数字信号处理电路组成；CMOS 图像传感器的开发最早出现在 20 世纪 70 年代初，90 年代后 CMOS 图像传感器得到迅速发展。CMOS 图像传感器以其良好的集成性、低功耗、高速传输和宽动态范围等特点在高分辨率和高速场合得到了广泛的应用。

(2) 三维视觉传感器

三维视觉系统必须有两个摄像机在不同角度进行拍摄，这样物体的三维模型可以被检测识别出来。相比于二维视觉系统，三维传感器可以更加直观地展现事物。例如在零件取放时，利用三维视觉技术检测物体并通过计算机创建三维图像，分析并选择最好的拾取方式，如图 4.14 所示。

图 4.14　零件取放中三维视觉传感器系统的应用

4.3.2　触觉传感器

触觉是接触、冲击、压迫等机械刺激感觉的综合，触觉可以用来进行机器人抓取，利用触觉可进一步感知物体的形状、软硬等物理性质。

一般把检测感知和外部直接接触而产生的接触觉、接近觉、压觉及滑觉的传感器称为机器人触觉传感器。

(1) 接触觉

接触觉是通过与对象物体彼此接触而产生的，所以最好使用手指表面高密度分布触觉传感器阵列，可检测机器人是否接触目标或环境，用于寻找物体或感知碰撞。

接触觉传感器主要有：

① 机械式传感器。利用触点的接触断开，通常采用微动开关来识别物体的二维轮廓，但由于结构关系无法形成高密度列阵。

② 弹性式传感器。这类传感器都由弹性元件、导电触点和绝缘体构成。如采用导电性石墨化碳纤维、聚氨酯、印制电路板和金属触点构成的传感器，碳纤维被压后与金属触点接触，开关导通。也可由弹性海绵、导电橡胶和金属触点构成，导电橡胶受压后，海绵变形，导电橡胶和金属触点接触，开关导通。也可由金属和铍青铜构成，被绝缘体覆盖的铍青铜箔片被压后与金属接触，触点闭合。

③ 光纤传感器。这种传感器由一束光纤构成的光缆和一个可变形的反射表面两部分构成。光通过光纤束投射到可变形的反射材料上，反射光按相反方向通过光纤束返回。如果反射表面是平的，则通过每条光纤所返回的光的强度是相同的。如果反射表面因与物体接触受力而变形，则反射的光强度不同。用高速光扫描技术进行处理，即可得反射表面的受力情况。

(2) 接近觉

接近觉是一种粗略的距离感觉。接近觉传感器的主要作用是在接触对象之前获得必要的信息，用来探测在一定距离范围内是否有物体接近、物体的接近距离和对象的表面形状及倾斜等状态。

接近度传感器在生产过程和日常生活中广泛应用，它除可用于检测计数外，还可与继电器或其他执行元件组成接近开关，以实现设备的自动控制和操作人员的安全保护，特别是工业机器人在发现前方有障碍物时，可限制机器人的运动范围，以避免与障碍物发生碰撞等。接近度传感器的制造方法有多种，可分为磁感应器式和振荡器式两类。

① 磁感应器式接近度传感器。按构成原理又可分为线圈磁铁式、电涡流式和霍尔式。

a. 线圈磁铁式：它由装在壳体内的一块小永磁铁和绕在磁铁上的线圈构成，当被测物体进入永磁铁的磁场时，就在线圈里感应出电压信号。

b. 电涡流式：它由线圈、激励电路和测量电路组成，它的线圈受激励而产生交变磁场，当金属物体接近时就会由于电涡流效应而输出电信号。

c. 霍尔式：它由霍尔元件或磁敏二极管、三极管构成，当磁敏元件进入磁场时就产生霍尔电势，从而能检测出引起磁场变化的物体的接近。

② 振荡器式接近度传感器。它有两种形式。一种形式利用组成振荡器的线圈作为敏感部分，进入线圈磁场的物体会吸收磁场能量而使振荡器停振，从而改变晶体管集电极电流来推动继电器或其他控制装置工作。另一种形式采用一块与振荡回路接通的金属板作为敏感部分，当物体（例如人）靠近金属板时便形成耦合“电容器”，从而改变振荡条件而导致振荡器停振。这种传感器又称为电容式继电器，常用于宣传广告中实现电灯或电动机的接通或断开、门和电梯的自动控制、防盗报警、安全保护装置以及产品计数等。

(3) 压觉

压觉传感器又称为压力觉传感器，主要使用应力传感器进行测量。应力定义为“单位面积上所承受的附加内力”。应力应变就是应力与应变的统称。最简单的应力应变传感器就是电阻应变片，直接贴装在被测物体表面就可以，应力是通过标定转换应变来的。物体受力产生变形时，特别是弹性元件，体内各点处变形程度一般并不相同。用以描述一点处变形程度的力学量是该点的应变。

应力应变式传感器是利用电阻应变片将应变转换为电阻变化的传感器。当被测物理量作用于弹性元件上时，弹性元件在力矩或压力等的作用下发生变形，产生相应的应变或位移，然后传递给与之相连的应变片，引起应变片的电阻值变化，通过测量电路变成电量输出。输出的电量大小反映被测量即受力的大小。

(4) 滑觉

机器人在抓取不知属性的物体时，其自身应能确定最佳握紧力的给定值。当握紧力不够时，要检测被握紧物体的滑动，利用该检测信号，在不损害物体的前提下，考虑最可靠的夹持方法。

检测滑动的方法有以下几种：

① 根据滑动时产生的振动检测，如图 4.15（a）所示。

② 把滑动的位移变成转动，检测其角位移，如图 4.15（b）所示。

③ 根据滑动时手指与对象物体间的动静摩擦力来检测，图 4.15（c）所示。

④ 根据手指压力分布的改变来检测，图 4.15（d）所示。

滑觉传感器有滚动式和球式，还有一种通过振动检测滑觉的传感器。物体在传感器表面上滑动时，和滚轮或环相接触，把滑动变成转动。

如图 4.16 所示的柱形滚轮式滑觉传感器，小型滑轮安装在机器人手指上，其表面稍突出于手指表面，使物体的滑动变成滚动。滑轮表面贴有高摩擦因数的弹性物质，一般用橡胶薄膜。用板型弹簧将滑轮固定，可以使滑轮与物体紧密接触，并使滑轮不产生纵向位移，滑

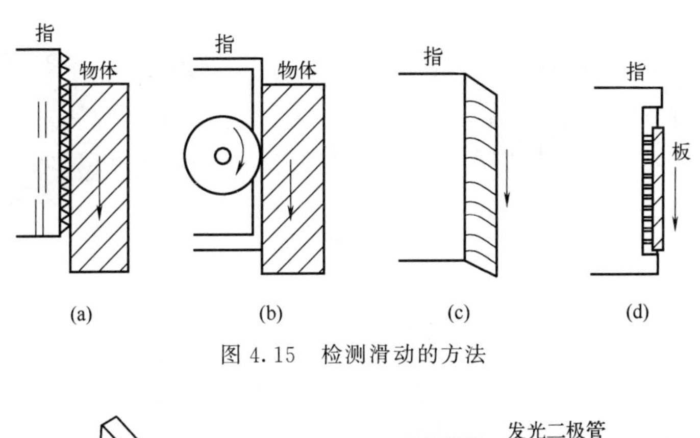

图 4.15　检测滑动的方法

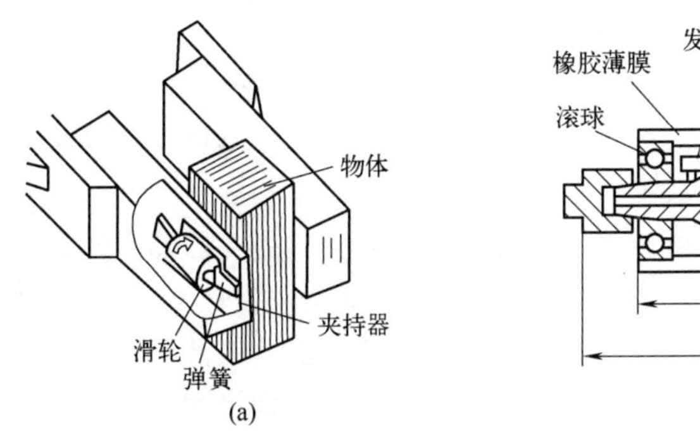

图 4.16　柱形滚轮式滑觉传感器

轮内部装有发光二极管和光电三极管，通过圆盘形光栅把光信号转变为脉冲信号。

如图 4.17 所示的振动式滑觉传感器，传感器尖端用一个尺寸较小的钢球接触被握物体，振动通过杠杆传向磁铁，磁铁的振动在线圈中产生感应电流并输出。在传感器中设有橡胶阻尼圈和油阻尼器。滑动信号能清楚地从噪声中分离出来。但其检测头需要直接与对象物接触，在握持类似于圆柱体的对象物时，就必须准确选择握持位置，否则就不能起到检测滑觉的作用；而其接触为点接触，可能造成接触压力过大而损坏对象表面。

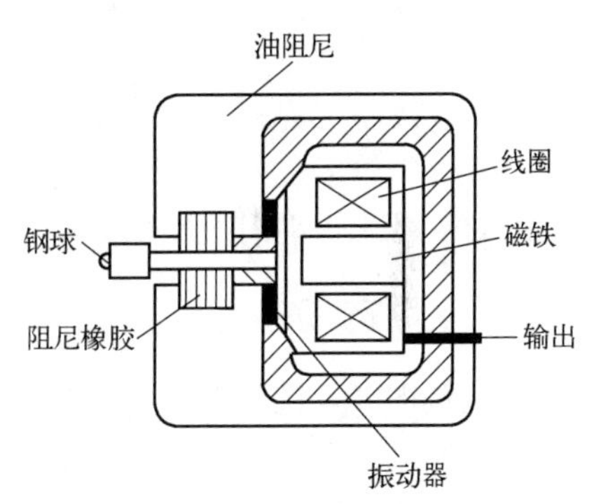

图 4.17　振动式滑觉传感器

4.3.3　距离传感器

距离传感器可用于机器人导航和回避障碍物，也可用于对机器人可视空间内的物体进行定位及确定其一般形状特征。

(1) 超声波距离传感器

超声波传感器是利用超声波的特性研制而成的传感器，如图 4.18 所示。超声波是频率 20kHz 以上的机械振动波，利用发射脉冲和接收脉冲的时间间隔推算出距离。

超声波对液体、固体的穿透能力很强，尤其是在阳光不透明的固体中。超声波碰到杂质或分界面会产生显著反射形成反射回波，碰到活动物体能产生多普勒效应。超声波传感器广泛应用在工业、国防、生物医学等方面。

缺点：波束较宽，其分辨力受到严重的限制，主要用于导航和回避障碍物。

图 4.18 超声波传感器

(2) 激光测距传感器

激光测距传感器是以激光器作为光源进行测距的。根据激光工作的方式分为连续激光器和脉冲激光器。红宝石、钕玻璃等固体激光器，用于脉冲式激光测距；氦氖、氩离子、氪镉等气体激光器工作于连续输出状态，用于相位式激光测距。

由于激光测距仪的激光的单色性好、方向性强等特点，加上电子线路半导体化、集成化，与光电测距仪相比，不仅可以日夜作业，而且能提高测距精度，显著减小质量和减少功耗，使测量到人造地球卫星、月球等远目标的距离变成现实。

激光测距传感器工作时，先由激光二极管对准目标发射激光脉冲。经目标反射后激光向各方向散射。部分散射光返回到传感器接收器，被光学系统接收后成像到雪崩光电二极管上。雪崩光电二极管是一种内部具有放大功能的光学传感器，因此它能检测极其微弱的光信号。记录并处理从光脉冲发出到返回被接收所经历的时间，即可测定目标距离。

(3) 红外测距传感器

红外测距传感器通过发射特别短的光脉冲，并测量此光脉冲从发射到被物体反射回来的时间，来计算与物体之间的距离。

红外测距传感器具有一对红外信号发射与接收二极管，发射管发射特定频率的红外信号，接收管接收这种频率的红外信号，当红外的检测方向遇到障碍物时，红外信号反射回来被接收管接收，经过处理之后，通过数字传感器接口返回到机器人主机，机器人即可利用红外的返回信号来识别周围环境的变化。

4.3.4 力觉传感器

力觉是指工业机器人的指、肢和关节在运动中对所受力或力矩的感知。工业机器人在进行装配、搬运、研磨等作业时需要对工作力或力矩进行控制。例如装配时需完成将轴类零件插入孔里、调准零件的位置、拧紧螺钉等一系列步骤，在拧紧螺钉过程中需要有确定的拧紧力矩；搬运时机器人手爪对工件需要有合理的握紧力，握力太小不足以搬动工件，太大则会损坏工件；研磨时需要有合适的砂轮进给力以保证研磨质量。

根据安装位置的不同，将机器人的力传感器分为三类：

① 装在关节驱动器上的力传感器，称为关节力传感器，主要用于控制中的力反馈；

② 装在末端执行器和机器人最后一个关节之间的力传感器，称为腕力传感器；

③ 装在机器人手爪指关节（或手指上）的力传感器，称为指力传感器。

根据被测对象的负载，可以把力传感器分为测力传感器（单轴力传感器）、力矩传感器（单轴力矩传感器）、手指传感器（检测机器人手指作用力的超小型单轴力传感器）和六维力觉传感器等。

在选用力传感器时，首先要特别注意额定值，其次在机器人通常的力控制中，力的精度意义不大，重要的是分辨率。在机器人上安装使用力觉传感器时，一定要事先检查操作区域，清除障碍物。这对保证实验者的人身安全、对保证机器人及外围设备不受损害有重要意义。

目前使用最广泛的是电阻应变片式六维力和力矩传感器，如图 4.19 所示，它能同时获取三维空间的三维力和力矩信息，广泛应用于力/位置控制、轴孔配合、轮廓跟踪及双机器人协调等机器人控制领域。

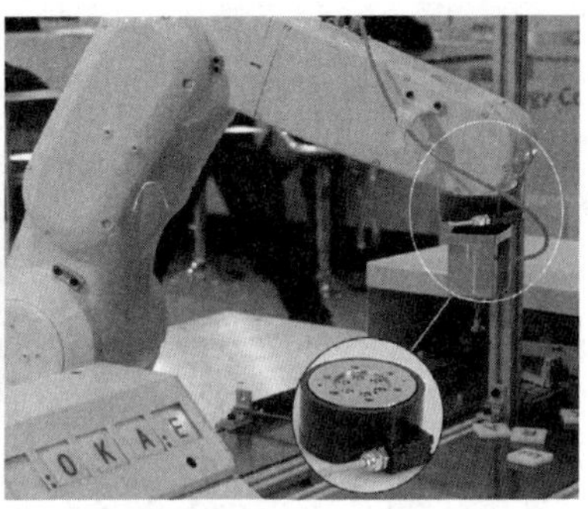

图 4.19　六维力和力矩传感器

在实践应用中，传感器两端通过法兰盘与工业机器人腕部连接。当机器人腕部受力时，其内部测力或力矩元件发生不同程度的变形，使敏感点的应变片发生应变，输出电信号，通过一定的数学关系式就可解算出 X、Y、Z 三个坐标上的分力和分力矩，如图 4.20 所示。

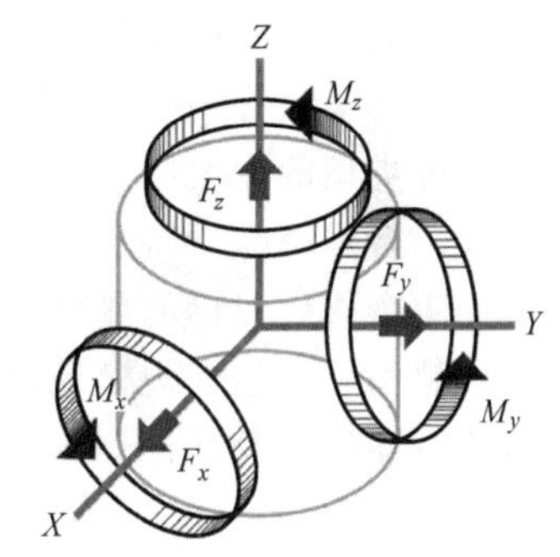

图 4.20　X、Y、Z 三轴力和力矩

4.3.5　碰撞传感器

碰撞传感器主要的作用是防止工业机器人在工作过程中与外部物体发生碰撞，防止在碰撞中机器人本体受到伤害，机器人的左前、右前、左后、右后设置有 4 个碰撞开关，它们与碰撞环共同构成了碰撞传感器，在触发后会及时发出报警信号并急停操作，减少损害。

4.4　多传感器信息融合

传感器技术是实现工业机器人的基础之一。单一的传感器只能够获得有限的传感信息，同时，传感器的质量和性能对信息的获取也会有影响。多个数量或种类的传感器可以为系统获取到多层次、多方位的庞大信息量，但若只是将这些传感信息各自独立地进行处理，不仅增加了信息处理的工作量，而且还会忽略传感信息数据间可能存在的内在关联，浪费了丰富的信息资源。为了能够有效地解决上述存在的弊端，多传感器信息融合技术便诞生和发展起来了。多传感器信息融合的基本原理就如同人类的大脑综合处理从各个感官获取到的外界环境信息的过程，通过将传感信息进行多层次、多方位的综合互补处理，得出对外界环境的一致性描述，从而提高了系统决策的智能化程度。

4.4.1　多传感器信息融合的级别

多传感器信息融合有 5 个级别：检测级融合、位置级融合、属性级（或目标识别）融合、态势评估以及威胁评估，前面三个为在常规场景下使用较多的融合级别，后面两个级别主要是在军事方面应用。

① 检测级融合。是将检测采集到的多个传感器信息进行融合，然后输入融合中心产生最终的全局决策，主要分为分布式检测和集中式检测两种类型。分布式检测是先对每一个传感器采集到的传感信息完成预处理的操作，并输出各自独立的局部判断结果，然后所有的局部判断结果将在融合中心处融合，最后输出统一的结果。集中式检测是直接将原始的传感信息传输到融合中心，由融合中心集中分析、处理所有的传感信息，并最终输出整个系统的结果。

② 位置级融合。通过对多个传感器在估计的状态上完成融合，从而得到可靠的系统决策，主要分为分布式、集中式、混合式以及多级式。分布式是将多传感器的传感信息完成预处理，再传输到融合中心进行数据的对正、内联等处理，而集中式不要预处理采集到的传感器信息，直接将传感信息传输到融合中心完成上述操作，最终得到了对目标状态的估计和对目标的分类。混合式是分布式和集中式两者的结合，即有部分传感信息先预处理而另一部分则直接传送到融合中心，最后再由融合中心对两者完成共同的处理。多级式存在着多个分布式、集中式或混合式的局部融合节点，多个融合节点对传感信息完成内联和融合，然后汇总到融合中心做出最终的状态估计。

③ 属性级融合。主要是从三种不同层次得到多传感器观测目标的属性。首先数据层融合是将同种类型的庞大原始数据直接进行融合，该方式虽然保留了所有的传感信息，但是融合难度大、容错率低。特征层融合是多传感器先各自独立地完成对特征的提取，然后再将所有的特征融合得到目标的属性信息，该方式既可以降低处理数据的工作量，又可以保留原有的关键传感信息，但大规模地删除传感信息，可能会导致后续的处理变得困难。决策层融合是在多传感器进行判断得到各自的属性之后，再将所有的属性进行融合关联得到全局的目标属性。

④ 态势评估（situation assessment）。是融合了战场上双方的兵力分布及战场的作战空间、敌军的作战机动性和意图等信息，并且分析和评价了双方的兵力分配、调度情况，最终形成了战场作战态势图。

⑤ 威胁评估。是在战场态势评估的基础上，对敌我双方的作战背景以及历史作战信息进行整理和分析，并预测敌方在未来可能会采取的作战行为，以此为我方作战指挥部提供敌方的威胁等级，为未来会发生的战场事态做好准备。

4.4.2 多传感器信息融合技术

多传感器信息融合是指通过一系列的技术手段综合处理多个传感器提供的数据，以获取关于被测目标的准确信息的过程。多传感器信息融合流程如图 4.21 所示。

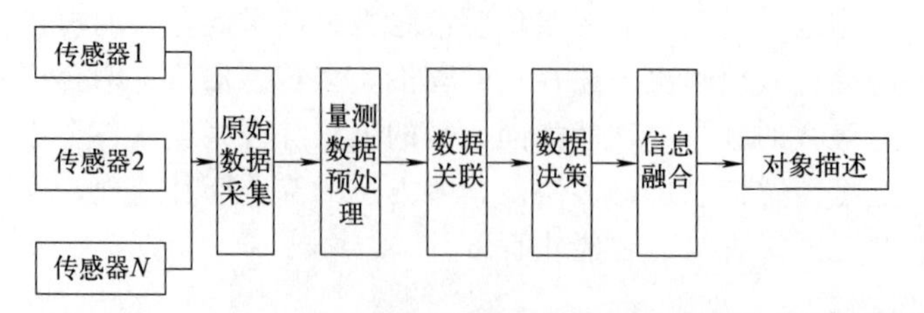

图 4.21 多传感器信息融合流程图

① 原始数据采集。指通过多个传感器采集目标的状态信息。

② 量测数据预处理。主要是指对多个传感器采集的数据进行时间配准、空间配准。时

间配准是指将不同传感器对于同一目标的异步量测数据同步到相同的时间节点上，一般情况下是将采集到的数据同步到数据扫描周期较长的一个传感器时间序列上；空间配准的任务是将各传感器在自身坐标系下测得的数据转换到与融合系统所选的坐标系相平行的坐标系下。空间配准还分为平台级空间配准和系统级空间配准，平台级空间配准针对各传感器位于同一平台而采用不同坐标系的情况，在进行平台内部融合时，需要将它们转换成同一坐标系中的数据，系统级空间配准针对存在多个平台的情况，在进行平台间数据融合之前，需要将不同坐标系的量测数据转换成同一量测坐标系的数据。

③ 数据关联。建立量测数据与目标的对应关系，判断待融合的数据是否来自同一被测目标。当空间中只存在一个被测目标时，无须进行数据关联。

④ 数据决策。针对空间中存在多个目标的情况。在对多个传感器的量测数据进行数据关联之后，就需要对目标进行数据决策，选择出最优目标。

⑤ 信息融合。主要指根据一定的算法综合处理经过上述过程的多传感器量测数据，以获得最接近被测目标真实状态的融合结果。

4.4.3　多传感器量测数据预处理

在多传感器信息融合系统中，由于参与融合的各传感器在起始采样时刻、采样频率以及传输延迟等方面无法完全一致，发送到融合中心的量测数据通常是异步的，然而目前绝大多数融合算法只能处理同步信息，所以在将传感器的量测数据发送到融合中心之前，需要进行时间配准；又由于所有的传感器量测数据均是相对于自身坐标系描述的，因此在将量测数据统一到相同的基准时标后，还要对其进行空间配准，将量测数据变换到融合中心坐标系中。多传感器量测数据时空配准结果的准确度将直接影响整个融合系统的精确度。

(1) 时间配准

时间配准的目的是将来自同一被测目标的各传感器不同步的量测数据转换到同一基准时标下。应用较多的配准做法是将各传感器采集的原始数据都转换到采样频率较高的一个传感器的时间节点上。常用的时间配准算法可以分为两类：基于最小二乘准则的时间配准算法和基于内插外推准则的时间配准算法。

(2) 空间配准

空间配准的目的是将各传感器在自身坐标系下的量测数据无误差地变换到融合中心坐标系中，实现坐标统一。由于工业机器人所用传感器安装在同一平台内，所以接下来只针对平台级空间配准情形进行研究。平台级空间配准的思路可归纳为：

首先，对每个传感器定义一个传感器自身的量测坐标系和一个公共参考坐标系，要求两坐标系原点重合；

接着，确定传感器量测坐标系与公共参考坐标系间的旋转变换关系；

最后，在将两传感器在自身量测坐标系下测得的数据转换到各自的公共参考坐标系后，再将其转换到同一公共参考坐标系中。

4.4.4　多传感器信息融合算法

将经过配准的传感器量测数据发送到融合中心后，需要选择适当的融合算法实现多传感器信息融合。根据算法运算机制的不同，融合算法主要分为四类：估计算法、人工智能算法、参数方法和识别算法等。

估计算法是最常用的算法，如卡尔曼滤波、加权平均和极大似然估计等，这些算法应用比较成熟，稳定性比较好。人工智能算法主要从融合的某种规则推算，按照人工智能的理念进行融合，因此这些算法大都存在运算量大、通用性差的问题，每个不同的应用场景就需要制定特定的规则库。参数方法中贝叶斯理论也是基于概率理论的方法，常用在移动机器人的信息融合中。识别算法基于识别学习模型，一般用在高端机器人系统中。尽管融合算法种类繁多，但仍无法找到一种算法能对大部分传感器进行融合，融合算法的选择应依据特定的应用场合、机器人特点和传感器种类而定，图 4.22 表示了信息融合算法的具体分类，以便读者对多传感器信息融合算法有更直观的认识。

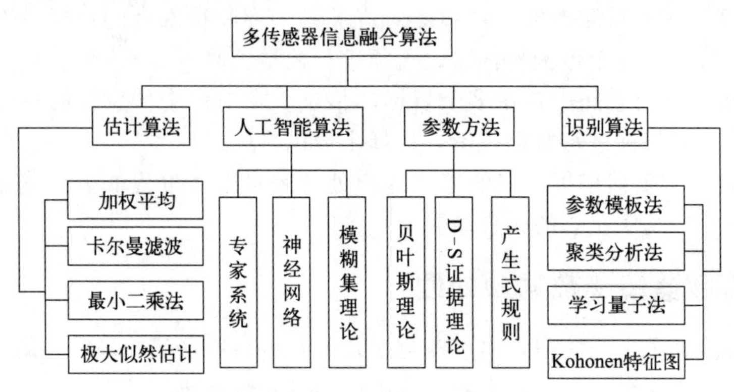

图 4.22 信息融合算法分类

4.4.5 多传感器信息融合在工业机器人中的应用

世界市场对工业机器人的需求非常大，它在一定程度上能够降低生产成本，由于国外人力资源稀缺，且劳动力成本高，所以，极大部分企业除了转移工厂这种选择之外，最主要的选择就是使用工业机器人进行流水作业，这样不仅缩短了生产时间，还降低了生产成本，大大增加了企业的经济效益。

从近几年世界各国所推出的工业机器人产品来看，新一代工业机器人中，多传感器技术工业机器人已经做到了智能化、模块化、系统化几大优势的兼顾，融合了多种机器人的核心知识模块，为制造业向智能化发展做出了贡献。在多传感器技术工业机器人的使用中，各个国家纷纷进行了战略部署，比如，美国推行“再工业化”战略，为振兴制造业，大力发展工业机器人，希望能够在工业机器人的帮助下，重振制造业往日的辉煌。日本在机器人领域独树一帜，称得上是工业机器人制造大国，日本在大力发展制造业上下了很多功夫，为促进机器人发展，推出了“新产业发展战略”，将机器人产业列为重点发展及扶持产业。我国在多传感器技术工业机器人的研发和应用中都取得了很好的成绩，填补了空白，有六维力/力矩传感器系列，以及触觉传感器系列、位置姿态传感器系列，这些系列为多传感器工业机器人的研发奠定了基础，在实际作业中效果显著。

多传感器技术中的位置/姿态传感器的应用，将运动视觉与超声测距相结合，应用于机器人作业中的工件识别、定位和抓取，在复杂的环境中实现了自动识别障碍，并能绕开障碍到达目的地。未来，多传感器技术工业机器人将会应用到生活中，为人们的生活提供更便捷的服务。在研发升级方面，除了不断改善机器人传感器的精度、可靠性和降低成本外，还会转向微型机器人的研发。在应用领域方面，会从工业环境延伸到海洋领域和其他人类难以进入的空间领域，将极大地帮助人类探索未知、开发未知，同时，还将与虚拟技术相结合，带给人们不一样的娱乐体验感受，与微电子机械系统也保持紧密联系，为微电子机械的发展做出努力。我们应该提高传感信息技术，加快传感信息的处理，以及动态静态的标定测试技术，因为这些技术都会成为进一步研发多传感器技术工业机器人的关键技术。融合信息技术并改进算法是促进多传感器技术飞跃的一大核心要点。

如发那科（FANUC）公司的机器人智能拼图演示系统，系统中有 4 幅打碎的由 15 块边长为 0.8m 的立方体构成的图画。通过视觉和听觉传感器的融合数据处理，机器人会自动识别观众的语音，判断完成哪幅画的拼图工作，然后识别并选择合适的正方体完成相应的拼图游戏，最终完成拼图面积为高 2.4m、宽 4m 的大型图案，如图 4.23 所示。

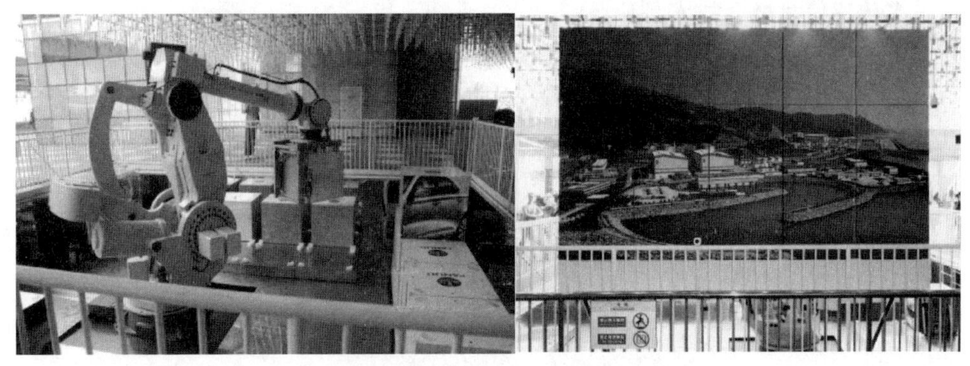

图 4.23　机器人智能拼图演示系统

在信息传输和处理结构上，系统采用分布式结构，如图 4.24 所示，各传感器有各自独立的数据处理器，可分别独立处理局部信息，然后把处理结果送至融合中心，再根据各节点输入信息完成对目标或环境的综合分析和判断，进而做出全局决策。

在融合层次上采用了特征级融合，各传感器对各自原始信息进行特征提取，然后对特征信息进行分析和处理，产生方向、位移、轮廓和关键词等特征矢量，进行目标识别与判定。

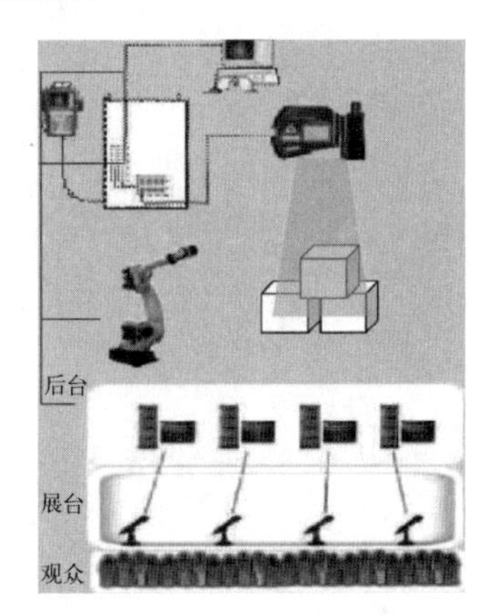

图 4.24　系统结构图

系统中融合中心由机器人控制器担当，视觉传感器采用 FANUC 内置智能视觉系统（iRVision），通过相机拍摄识别检测每个立方体的位置信息并计算出正确的位置补偿数据，引导机器人抓取随意放置的立方体并码放至正确的位置以完成拼图。

听觉传感器采用微创软件语音识别技术，进行观众语音采集与处理检测，输出对应 I/O（输入/输出）信号，信号传输介质为以太网 Ethernet。控制器收集信号后将根据 I/O 信号启动相应的运动程序，并根据目标位置偏移数据修正自己的运动轨迹。

通过上述方法，将视觉和听觉融合，通过视觉检测目标特征以得到目标相对参考基准位置的偏移量，并补偿机器人的工作轨迹，解决目标准确定位问题；通过语音识别技术构建良好的人机互动通道。

【本章小结】

本章主要讲述工业机器人的传感系统，包括内部传感器和外部传感器。分别介绍了工业机器人常用的内部传感器，如位置传感器、速度传感器、加速度传感器及倾斜角传感器和外部传感器如视觉传感器、触觉传感器、距离传感器、力觉传感器及碰撞传感器。最后，对多传感器信息融合技术进行了详细的介绍。

【思考题】

4-1 什么是传感器？其作用是什么？

4-2 工业机器人常用的内部传感器有哪些？

4-3 工业机器人常用的外部传感器有哪些？

4-4 多传感信息融合技术是什么？

4-5 试查阅资料，除书中提到的传感器外，工业机器人还有哪些常用的传感器？

第5章

工业机器人的控制系统

【学习目标】

学习目标	学习目标分解	学习要求
知识目标	工业机器人控制系统概述	掌握
	工业机器人控制系统	掌握
	工业机器人的控制方式	掌握
	工业机器人的控制策略	了解
	工业机器人的运动控制	熟悉

【知识图谱】

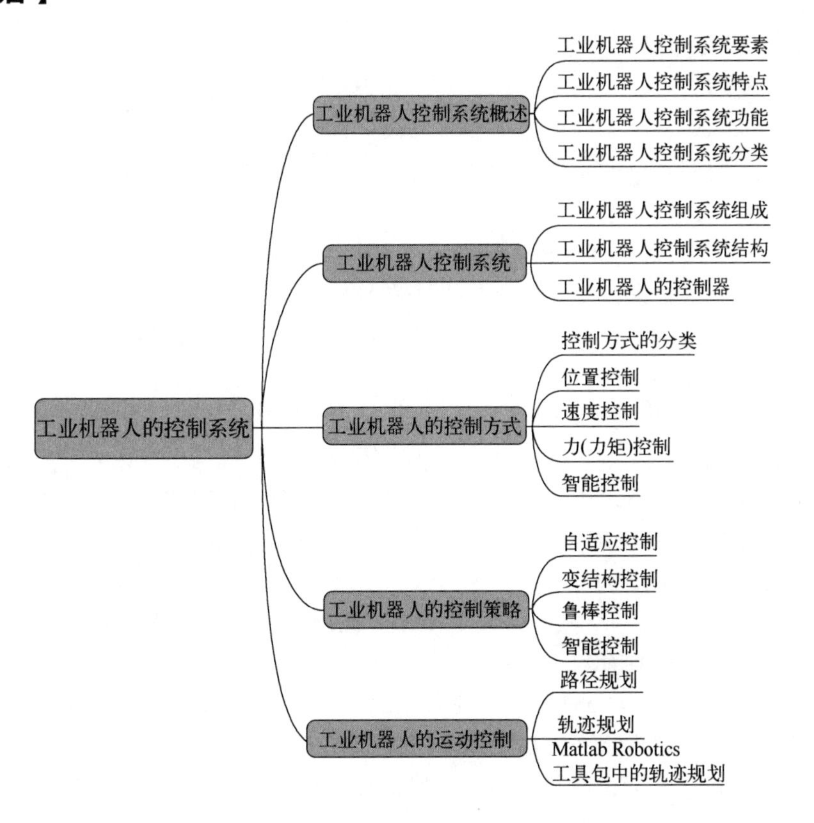

工业机器人的控制系统是其神经中枢，是机器人的“大脑”，而“大脑”是机器人区别于简单的自动化机器的主要标志，后者在重复指令下完成一系列重复操作。机器人大脑能够处理外界的环境参数（如距离信号），然后根据编程或者接线的要求去决定合适的系列反应。

5.1 工业机器人控制系统概述

机器人控制系统的任务是根据机器人的作业指令程序及从传感器反馈回来的信号控制机器人的执行机构，使其完成规定的运动和功能。

5.1.1 工业机器人控制系统要素

构成机器人控制系统的要素主要有计算机硬件系统及操作控制软件、输入/输出设备及装置、驱动器、传感器系统，它们之间的关系如图 5.1 所示。

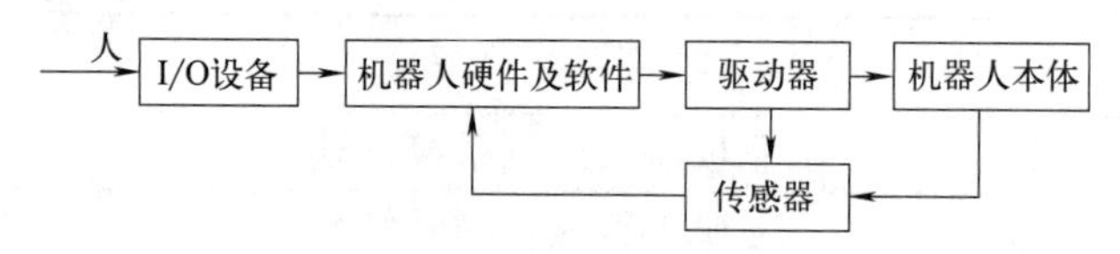

图 5.1 机器人控制系统构成要素

5.1.2 工业机器人控制系统特点

多数工业机器人的结构是一个空间开链结构，各个关节的运动是相互独立的，为了实现机器人末端执行器的运动，需要多关节协调运动，因此，机器人控制系统与普通的控制系统比较，要复杂一些。

① 机器人控制系统是一个多变量控制系统，即使简单的工业机器人也有 3～5 个自由度，比较复杂的机器人有十几个自由度，甚至几十个自由度，每个自由度一般包含一个伺服机构，多个独立的伺服系统必须有机地协调起来。例如，机器人的手部运动是所有关节的合成运动，要使手部按照一定的轨迹运动，就必须控制各关节协调运动，包括运动轨迹、动作时序等多方面的协调。

② 工业机器人的控制与机构运动学及动力学密切相关。工业机器人手部的状态可以在各种坐标下描述，应当根据需要选择不同的基准坐标系，并进行适当的坐标变换。经常要求解运动学的正问题和逆问题。除此之外还要考虑惯性力、外力（包括重力）及科氏力、向心力等对机器人控制的影响。

③ 描述机器人状态和运动的数学模型是一个非线性模型，随着状态的不同和外力的变化，其参数也在变化，各变量之间还存在耦合。因此，仅仅采用位置闭环是不够的，还要利用速度甚至加速度闭环。系统中经常使用重力补偿、前馈、解耦或自适应控制等方法。

④ 具有较高的重复定位精度，系统刚性好。除直角坐标机器人外，机器人关节上的位置检测元件不能安装在末端执行器上，而应安装在各自的驱动轴上，构成位置半闭环系统。机器人的重复定位精度较高，一般为±0.1 mm。此外，由于机器人运行时要求平稳并且不受外力干扰，为此系统应具有较好的刚性。

⑤ 信息运算量大。机器人的动作往往可以通过不同的方式和路径来完成，因此存在一个最优的问题，较高级的机器人可以采用人工智能的方法，用计算机建立起庞大的信息库，借助信息库进行控制、决策管理和操作。根据传感器和模式识别的方法获得对象及环境的工

况，按照给定的指标要求，自动选择最佳的控制规律。

⑥ 需采用加（减）速控制。过大的加（减）速度会影响机器人运动的平稳性，甚至使机器人发生抖动，因此在机器人启动或停止时采取加（减）速控制策略。通常采用匀加（减）速运动指令来实现。此外，机器人不允许有位置超调，否则将可能与工件发生碰撞。因此，要求控制系统位置无超调，动态响应尽量快。

⑦ 工业机器人还有一种特有的控制方式——示教再现控制方式。多数情况要求控制器的设计人员不仅要完成底层伺服控制器的设计，还要完成规划算法的编程。

机器人控制系统是一个与运动学和动力学原理密切相关的、有耦合的、非线性的多变量控制系统。由于它的综合性和特殊性，经典控制理论和现代控制理论都不能照搬使用。

5.1.3 工业机器人控制系统功能

机器人控制系统是机器人的主要组成部分，用于控制操作机来完成特定的工作任务，主要功能有示教再现功能和运动控制功能。

(1) 示教再现功能

示教再现功能是指示教人员预先将机器人作业的各项运动参数教给机器人，在示教的过程中，工业机器人控制系统的记忆装置将所教的操作过程自动地记录在存储器中。当需要机器人工作时，机器人的控制系统便调用存储器中存储的各项数据，使机器人再现示教过的操作过程，由此机器人即可完成要求的作业任务，如图 5.2 所示。

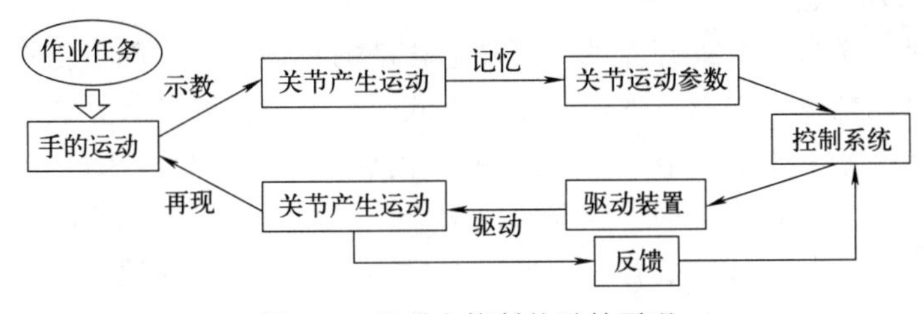

图 5.2　机器人控制的示教再现

示教再现控制的主要内容包括示教及记忆方式和示教编程方式。

① 示教。示教的方式种类较多，主要有集中示教、分离示教、点对点示教和连续轨迹控制方式等。集中示教方式就是指同时对位置、速度、操作顺序等进行的示教方式；分离示教是指在示教位置之后，再一边动作，一边分辨示教位置、速度、操作顺序等的示教方式；在对用点对点控制的点焊、搬运机器人进行示教时，可以分开编制程序，且能进行编辑、修改等工作，但是机器人手部在做曲线运动且位置精度要求较高时，示教点数就会较多，示教时间就会拉长，且在每一个示教点处都要停止和启动，因此很难进行速度的控制；在对用连续轨迹控制的弧焊、喷漆机器人进行示教时，示教操作一旦开始就不能中途停止，必须不间断地进行到底，且在示教途中很难进行局部的修改，示教时可以是手把手示教，也可通过示教编程器示教。

② 记忆方式。在示教的过程中，机器人关节运动状态的变化被传感器检测到，经过转换，再通过变换装置送入控制系统，控制系统就将这些数据保存在存储器中，作为再现示教过的手的运动时所需要的关节运动参数，如图 5.3 所示。

工业机器人的记忆方式随着示教方式的不同而不同。又由于记忆内容的不同，其所用的记忆装置也不完全相同。通常，工业机器人操作过程的复杂程度取决于记忆装置的容量。容量越大，其记忆的点数就越多，操作的动作就越多，工作任务就越复杂。

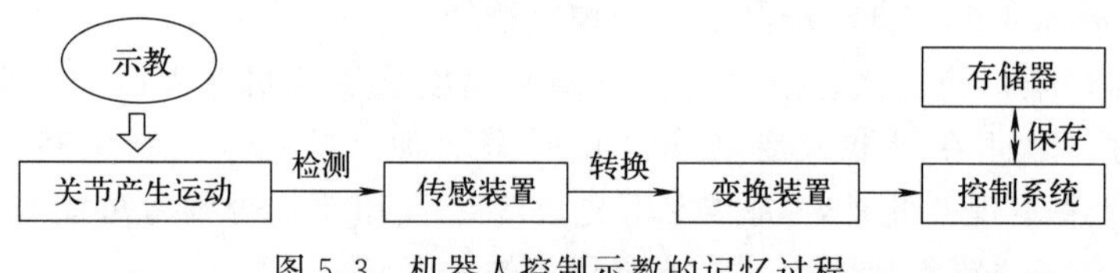

图 5.3 机器人控制示教的记忆过程

最初工业机器人使用的记忆装置大部分是磁鼓，随着科学技术的发展，慢慢地出现了磁线、磁芯等记忆装置。现在，计算机技术的发展带来了半导体记忆装置的出现，尤其是集成化程度高、容量大、高度可靠的随机存取存储器（RAM）和可编程只读存储器（EPROM）等半导体的出现，使工业机器人的记忆容量大大增加，特别适合于复杂程度高的操作过程的记忆，并且其记忆容量可达无限。

③ 示教编程方式

a. 手把手示教编程。手把手示教编程方式主要用于喷漆、弧焊等要求实现连续轨迹控制的工业机器人示教编程中。具体的方法是人工利用示教手柄引导末端执行器经过所要求的位置，同时由传感器检测出工业机器人各关节处的坐标值，并由控制系统记录、存储下这些数据信息。实际工作当中，工业机器人的控制系统重复再现示教过的轨迹和操作技能。

b. 示教盒示教编程。示教盒示教编程方式是人工利用示教盒上所具有的各种功能的按钮来驱动工业机器人的各关节轴，按作业所需要的顺序单轴运动或多关节协调运动，从而完成位置和功能的示教编程。

示教盒通常是一个带有微处理器的、可随意移动的小键盘，内部 ROM 中固化有键盘扫描和分析程序。其功能键一般具有回零、示教方式、自动方式和参数方式等。

示教编程控制由于其编程方便、装置简单等优点，在工业机器人的初期得到较多的应用。同时，又由于其编程精度不高、程序修改困难、示教人员要熟练等缺点的限制，促使人们又开发了许多新的控制方式和装置，以使工业机器人能更好更快地完成作业任务。

(2) 运动控制功能

工业机器人的运动控制是指工业机器人的末端执行器从一点移动到另一点的过程中，对其位置、速度和加速度的控制。由于工业机器人末端操作器的位置和姿态是由各关节的运动引起的，因此，对其运动控制实际上是通过控制关节运动实现的。

工业机器人关节运动控制一般可分为两步进行。第一步是关节运动伺服指令的生成，指将末端执行器在工作空间的位置和姿态的运动转化为由关节变量表示的时间序列或表示为关节变量随时间变化的函数，这一步一般可离线完成。第二步是关节运动的伺服控制，即跟踪执行第一步所生成的关节变量伺服指令，这一步是在线完成的。

它与示教再现功能的区别：在示教再现控制中，机器人手部的各项运动参数是由示教人员教给它的，其精度取决于示教人员的熟练程度；而在运动控制中，机器人手部的各项运动参数是由机器人的控制系统经过运算得来的，且在工作人员不能示教的情况下，通过编程指令仍然可以控制机器人完成给定的作业任务。

因此，根据机器人需要进行的运动。其基本功能可以概括为：

① 控制机械臂末端执行器的运动位置（即控制末端执行器经过的点和移动路径）；

② 控制机械臂的运动姿态（即控制相邻两个活动构件的相对位置）；

③ 控制运动速度（即控制末端执行器运动位置随时间变化的规律）；

④ 控制运动加速度（即控制末端执行器在运动过程中的速度变化）；

⑤ 控制机械臂中各动力关节的输出转矩（即控制对操作对象施加的作用力）；

⑥ 具备操作方便的人机交互功能，机器人通过记忆和再现来完成规定的任务；

⑦ 使机器人对外部环境有检测和感觉功能；工业机器人配备视觉、力觉、触觉等传感器进行测量、识别，判断作业条件的变化。

5.1.4 工业机器人控制系统分类

工业机器人控制系统可以从不同角度分类，如按控制运动的方式不同，可分为位置控制和作业程序控制；按示教方式的不同，可分为编程方式和存储方式等，如图 5.4 所示。

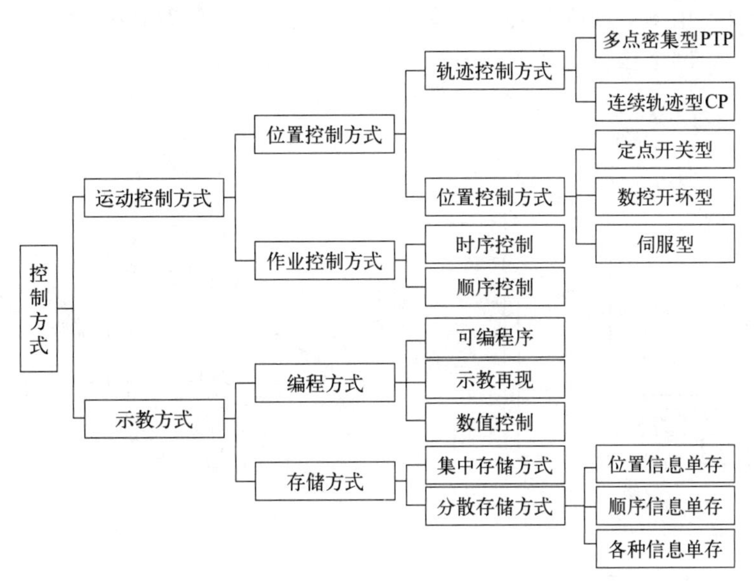

图 5.4　工业机器人控制系统分类

5.2 工业机器人控制系统

5.2.1 工业机器人控制系统组成

工业机器人控制系统是指由控制主体、控制客体和控制媒体组成的具有自身目标和功能的管理系统。有控制系统意味着通过它可以按照所希望的方式保持和改变机器、机构或其他设备内任何可变化的量。控制系统同时是为了使被控制对象达到预定的理想状态而实施的。控制系统使被控制对象处于某种需要的稳定状态。

工业机器人控制系统主要包括硬件和软件两个部分。

(1) 工业机器人控制系统的硬件组成

图 5.5 所示为一个完整的工业机器人控制系统的硬件组成。

① 控制计算机。它是控制系统的调度指挥机构，一般为微型机和可编程逻辑控制器（PLC）；

② 示教编程器。示教机器人的工作轨迹、参数设定和所有人机交互操作拥有自己独立的 CPU 及存储单元，与主计算机之间以串行通信方式实现信息交互；

③ 操作面板。操作面板由各种操作按键和状态指示灯构成，能够完成基本功能操作；

④ 磁盘存储。存储工作程序中的各种信息数据；

⑤ 数字量和模拟量输入/输出，数字量和模拟量输入/输出是指各种状态和控制命令的输入或输出；

⑥ 打印机接口。打印机接口用于打印记录需要输出的各种信息；

⑦ 传感器接口。传感器接口用于信息的自动检测，实现机器人的柔顺控制等，一般为力觉、触觉和视觉传感器；

⑧ 轴控制器。用于完成机器人各关节位置、速度和加速度控制；

⑨ 辅助设备控制。用于控制机器人的各种辅助设备，如手爪变位器等；

⑩ 通信接口。用于实现机器人和其他设备的信息交换，一般有串行接口、并行接口等；

⑪ 网络接口。网络接口包括 Ethernet 接口和 Fieldbus 接口。

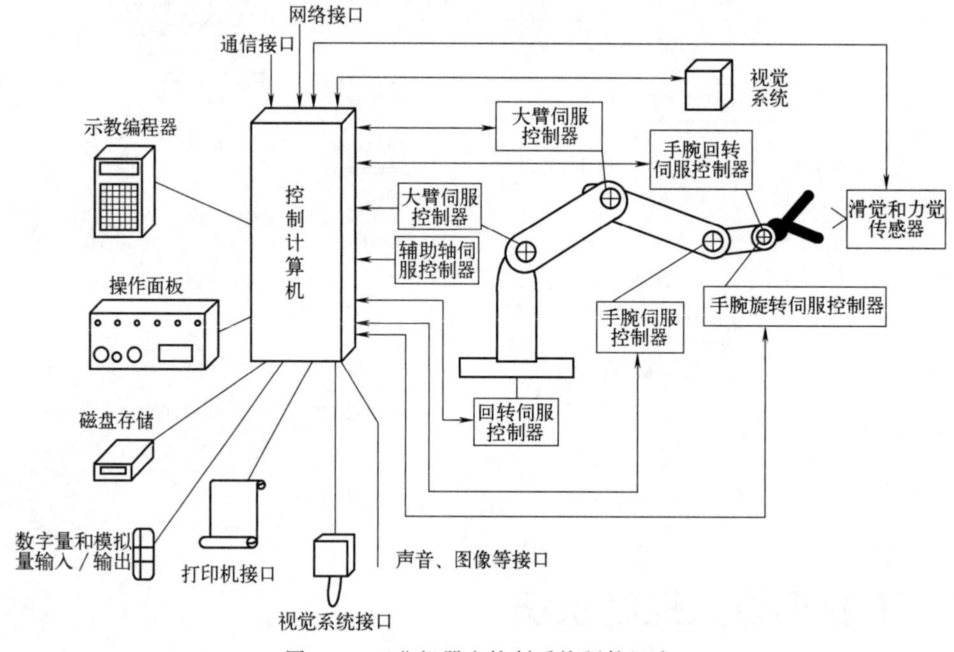

图 5.5 工业机器人控制系统硬件组成

(2) 工业机器人控制系统的软件组成

这里所说的软件主要是指控制软件，包括运动轨迹规划算法和关节伺服控制算法及相应的动作顺序。软件编程可以用多种计算机语言来编制，但由于许多机器人的控制比较复杂，编程工作的劳动强度较大，编写的程序可读性也较差。因此，通过通用语言的模块化，各个厂家开发了很多机器人的专用语言。把机器人的专用语言与机器人系统融合，是当前机器人发展的主流。

5.2.2 工业机器人控制系统结构

工业机器人的控制系统按其控制方式可分为三种结构：集中控制、主从控制和分布式控制。

(1) 集中控制系统

用一台计算机实现全部控制功能，结构简单，成本低，但实时性差，难以扩展，在早期的机器人中常采用这种结构，其构成框图，如图 5.6 所示。在基于 PC 的集中控制系统里，充分利用了 PC 资源开放性的特点，可以实现很好的开放性：多种控制卡，传感器设备等都可以通过标准 PCI 插槽或通过标准串口、并口集成到控制系统中。

集中式控制系统的优点是：硬件成本较低，便于信息的采集和分析，易于实现系统的最优控制，整体性与协调性较好，基于 PC 的系统硬件扩展较为方便。

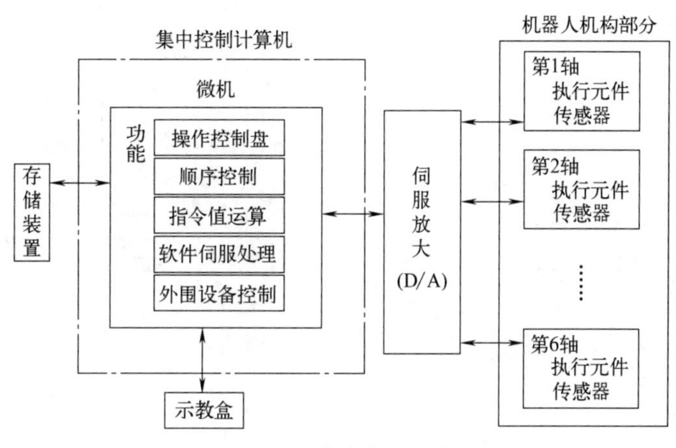

图 5.6　集中控制系统

其缺点也显而易见：系统控制缺乏灵活性，控制危险容易集中，一旦出现故障，其影响面广，后果严重；由于对工业机器人的实时性要求很高，当系统进行大量数据计算时，会降低系统实时性，系统对多任务的响应能力也会与系统的实时性相冲突；此外，系统连线复杂，会降低系统的可靠性。

(2) 主从控制系统

采用主、从两级处理器实现系统的全部控制功能。主 CPU 实现管理、坐标变换、轨迹生成和系统自诊断等；从 CPU 实现所有关节的动作控制。其构成框图，如图 5.7 所示。主从控制方式系统实时性较好，适于高精度、高速度控制，但其系统扩展性较差，维修困难。

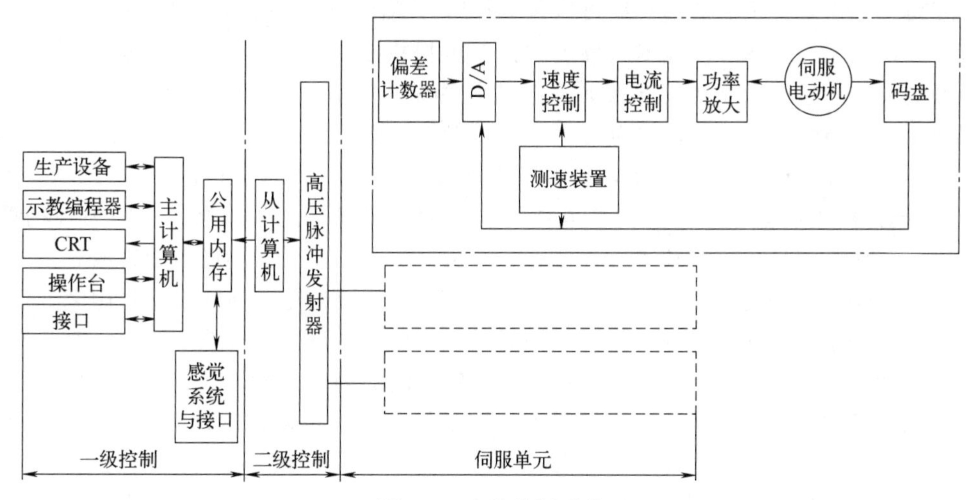

图 5.7　主从控制系统

(3) 分布式控制系统

分布式控制系统按系统的性质和方式将系统控制分成几个模块，每一个模块各有不同的控制任务和控制策略，各模式之间可以是主从关系，也可以是平等关系。这种方式实时性好，易于实现高速、高精度控制，易于扩展，可实现智能控制，是目前流行的方式。其主要思想是“分散控制，集中管理”，即系统对其总体目标和任务可以进行综合协调和分配，并通过子系统的协调工作来完成控制任务，整个系统在功能、逻辑和物理等方面都是分散的，所以分布式控制系统又称为集散控制系统或分散控制系统。这种结构中，子系统是由控制器和不同被控对象或设备构成的，各子系统之间通过网络等相互通信。分布式控制结构提供了一个开放、实时、精确的机器人控制系统。分布式系统中常采用两级控制方式，如图5.8所示。

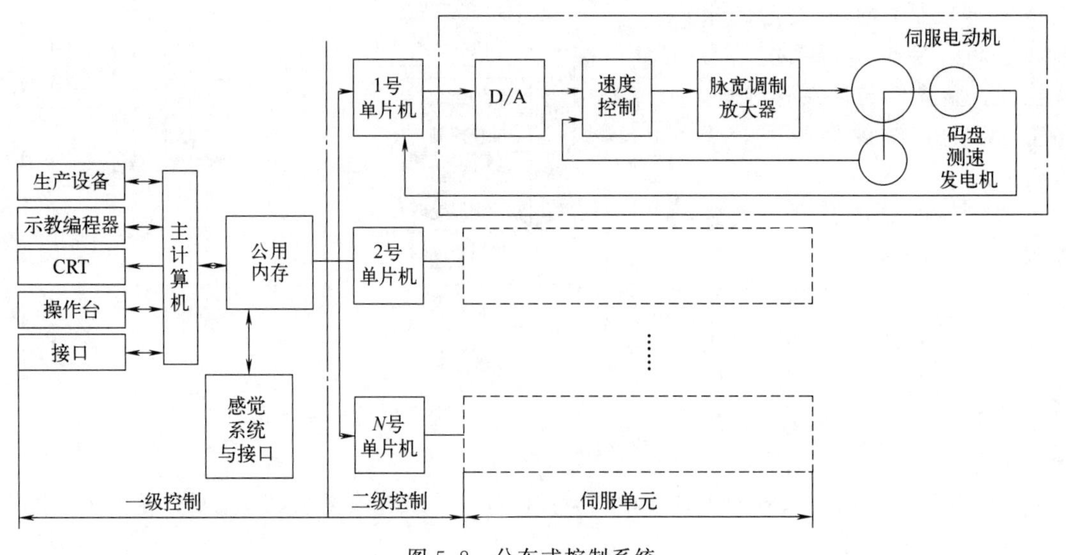

图5.8 分布式控制系统

两级分布式控制系统通常由上位机、下位机和网络组成。上位机可以进行不同的轨迹规划和控制算法，下位机进行插补细分、控制优化等的研究和实现。上位机和下位机通过通信总线相互协调工作，这里的通信总线可以是RS-232、RS-485、EEE-488以及USB总线等形式。现在，以太网和现场总线技术的发展为机器人提供了更快速、稳定、有效的通信服务。尤其是现场总线，它应用于生产现场，在微机化测量控制设备之间实现双向多节点数字通信，从而形成了新型的网络集成式全分布控制系统——现场总线控制系统（filedbus control system，FCS）。在工厂生产网络中，将可以通过现场总线连接的设备统称为“现场设备/仪表”。从系统论的角度来说，工业机器人作为工厂的生产设备之一，也可以归为现场设备。在机器人系统中引入现场总线技术后，更有利于机器人在工业生产环境中的集成。

分布式控制系统的优点在于：系统灵活性好，控制系统的危险性降低，采用多处理器的分散控制，有利于系统功能的并行执行，提高系统的处理效率，缩短响应时间；对于具有多自由度的工业机器人来说，集中控制对各个控制轴之间的耦合关系处理得很好，可以很简单地进行补偿。其缺点为：当轴的数量增加到使控制算法变得很复杂时，其控制性能会恶化；当系统中轴的数量或控制算法变得很复杂时，可能会导致系统重新设计；分布式结构的每一个运动轴都由一个控制器处理，这意味着系统有较少的轴间耦合和较高的系统重构性。

5.2.3 工业机器人的控制器

控制器是工业机器人的大脑，主要负责控制和协调工业机器人的运动控制系统，是工业机器人的主要组成部分，其机能类似于人脑控制系统，支配着工业机器人按规定的程序运动，并记忆人类给予工业机器人的指令信息（如动作顺序、运动轨迹、运动速度及时间），同时按其控制系统的信息向执行机构发出指令，必要时可对工业机器人的动作进行监视，当动作有错误或发生故障时发出报警信号。

控制器由硬件及软件两部分组成。控制器硬件核心在于芯片，为了保证控制系统具有足够的计算与存储能力，目前工业机器人控制器多采用计算能力较强的ARM系列、DSP系列、Intel系列等芯片；软件包括操作系统和算法库两部分。

5.2.3.1 控制器硬件

机器人控制器硬件通常由一种或者多种处理器，比如微处理器、微控制器、DSP、FPGA、SOC等和外接的相应外围电路构成。

(1) 微处理器（microprocessor unit，MPU）

在同一电路板上包括ROM、RAM、总线接口、各种外设等器件，由嵌入式微处理器及其存储器、总线、外设等安装在一块电路主板上构成一个通常所说的单板机系统。MPU目前主要有x86、Power PC、Motorola 68000、MIPS、ARM系列等。

微处理器的功能结构主要包括：运算器、控制器、寄存器三部分。

① 运算器的主要功能就是进行算术运算和逻辑运算；

② 控制器是整个微机系统的指挥中心，其主要作用是控制程序的执行，包括对指令进行译码、寄存，并按指令要求完成所规定的操作，即指令控制、时序控制和操作控制；

③ 寄存器用来存放操作数、中间数据及结果数据。

和工业控制计算机相比，其优点：嵌入式微处理器组成系统体积小、重量轻、成本低、可靠性高；缺点：在其同一电路板中包括所有处理器件，从而降低了系统的可靠性，技术保密性也较差。

(2) 微控制器（microcontroller unit，MCU）

又称单片机，将整个计算机系统集成到一块芯片中。一般以某种微处理器内核为核心，根据某些典型应用，在芯片内部集成了ROM/EPROM、RAM、总线、总线逻辑、定时/计数器、看门狗、I/O、串行口、脉宽调制输出、A/D、D/A、Flash RAM、EEPROM等各种必要功能部件和外设。

最具代表性的有8051/8052、MCS-96/196、PIC、M16C（三菱）、XA（Philips）、AVR（Atmel）等系列。和嵌入式微处理器相比，微控制器的单片化使应用系统的体积大大减小，从而使功耗和成本大幅度下降、可靠性提高，微控制器是嵌入式系统应用的主流。

(3) 数字信号处理器（digital signal processor，DSP）

DSP是一种独特的微处理器，有自己的完整指令系统，是以数字信号来处理大量信息的器件。数字信号处理器（DSP）在一块不大的芯片内包括控制单元、运算单元、各种寄存器以及一定数量的存储单元等等，在其外围还可以连接若干存储器，并可以与一定数量的外部设备互相通信，有软、硬件的全面功能，本身就是一个微型计算机。

DSP采用的是数据总线和地址总线分开的技术，使程序和数据分别存储在两个分开的空间，允许取指令和执行指令完全重叠。其运行速度可达每秒处理数以千万条复杂指令程序，强大的数据处理能力和高运行速度是其两大特色。

(4) 现场可编程门阵列（field programmable gate array，FPGA）

FPGA是在PAL、GAL、PLD等可编程器件的基础上进一步发展的产物，是专用集成电路（ASIC）中集成度最高的一种。其采用了逻辑单元阵列LCA（logic cell array），内部包括可配置逻辑模块CLB（configurable logic block）、输出输入模块IOB（input output block）和内部连线（interconnect）三部分。FPGA的品种很多，有XILINX的XC系列、TI公司的TPC系列、ALTERA公司的FIEX系列等。

作为专用集成电路（ASIC）领域中的一种半定制电路，FPGA既解决了定制电路的不足，又克服了原有可编程器件门电路数有限的缺点，上至高性能CPU，下至简单的74电路，都可以用FPGA来实现。

(5) 嵌入式片上系统（system on chip，SOC）

SOC技术是在一块硅片上实现一个更为复杂的系统。各种通用处理器内核将作为SOC设计公司的标准库，和其他许多嵌入式系统外设一样，成为VLSI设计中一种标准的器件，用标准的VHDL、Verilog等硬件语言描述，存储在器件库中，用户只需定义其整个应用系统，仿真通过后就可以将设计图交给半导体工厂制作样品。

目前有Siemens的Tri Core、Motorola的MCore、英国的ARM核及产品化C8051F（美国Cygnal公司）等。

5.2.3.2 控制器软件

(1) 工业机器人控制开发环境

在机器人软件开发环境方面，一般工业机器人公司都有自己独立的开发环境和独立的机器人编程语言，如日本Motoman公司、德国KUKA公司、美国的Adept公司、瑞典的ABB公司等。很多大学在机器人开发环境（robot development environment）方面已有大量研究工作，提供了很多开放源码，可在部分机器人硬件结构下进行集成和控制操作，目前已在实验室环境下进行了许多相关实验。国内外现有的机器人系统开发环境有Team Bots，v. 2. 0e、ARIA、V. 2. 4. 1、Player/Stage，v. 1. 6. 5. 1. 6. 2、Pyro. v. 4. 6. 0、CARMEN. v. 1. 1. 1、Mission Lab. v. 6. 0、ADE. V. 1. 0beta、Miro. v. CVS-March17. 2006、MARIE. V. 0. 4. 0、Flow Designer. v. 0. 9. 0、Robot Flow. v. 0. 2. 6等等。

从机器人产业发展来看，对机器人软件开发环境有两方面的需求。一方面是机器人本身控制的需求；另一方面是来自机器人最终用户，他们不仅使用机器人，而且希望能够通过编程的方式赋予机器人更多的功能，这种编程往往是采用可视化编程语言实现的，如乐高Mind Storms NXT的图形化编程环境和微软Robotics Studio提供的可视化编程环境。

(2) 工业机器人专用操作系统

① VxWorks。VxWorks操作系统是美国Wind River公司于1983年设计开发的一种嵌入式实时操作系统（RTOS），是Tornado嵌入式开发环境的关键组成部分。VxWorks具有可裁剪微内核结构；高效的任务管理；灵活的任务间通信；微秒级的中断处理；支持POSIX1003. 1b实时扩展标准；支持多种物理介质及标准的、完整的TCP/IP网络协议等。

② Windows CE。Windows CE与Windows系列有较好的兼容性，无疑是Windows CE推广的一大优势。Windows CE为建立针对掌上设备、无线设备的动态应用程序和服务提供了一种功能丰富的操作系统平台，它能在多种处理器体系结构上运行，并且通常适用于那些对内存占用空间具有一定限制的设备。

③ 嵌入式Linux。其源代码公开，人们可以任意修改，以满足自己的应用。有庞大的开发人员群体，无须专门的人才，只要懂Unix/Linux和C语言即可。支持的硬件数量庞大。嵌入式Linux和普通Linux并无本质区别，PC上用到的硬件嵌入式Linux几乎都支持，而且各种硬件的驱动程序源代码都可以得到，为用户编写自己专有硬件的驱动程序带来很大方便。

④ μC/OS-Ⅱ。μC/OS-Ⅱ是著名的源代码公开的实时内核，是专为嵌入式应用设计的，可用于8位、16位和32位单片机或数字信号处理器（DSP）。它的主要特点是源代码公开、可移植性好、可固化、可裁剪性、占先式内核、可确定性等。

⑤ DSP/BIOS。DSP/BIOS是TI公司特别为其TMS320C6000TM、TMS320C5000TM

和TMS320C28xTM系列DSP平台所设计开发的一个尺寸可裁剪的实时多任务操作系统内核，是TI公司的CodeComposerStudioTM开发工具的组成部分之一。DSP/BIOS主要由三部分组成：多线程实时内核；实时分析工具；芯片支持库。利用实时操作系统开发程序，可以方便快速地开发复杂的DSP程序。

⑥ 通用ROS平台。ROS（机器人操作系统，Robot Operating System）是专为机器人软件开发所设计出来的一套电脑操作系统架构。它是一个开源的元级操作系统（后操作系统），提供类似于操作系统的服务，包括硬件抽象描述、底层驱动程序管理、共用功能的执行、程序间消息传递、程序发行包管理，它也提供一些工具和库用于获取、建立、编写和执行多机融合的程序。

(3) 算法库

算法库包括底层算法库以及应用工艺算法，底层算法库的运动学控制算法规划运动点位，负责控制工业机器人末端执行器按照规定的轨迹到达指定地点。动力学算法负责识别每一个姿态下机身负载物的转动惯量，使其保持最优化输出的状态。应用工艺算法即二次开发，只有在掌握底层算法的基础上才能较好地实现不同行业的应用工艺算法。

5.2.3.3 工业机器人典型的控制器

(1) ABB工业机器人控制柜系统

机器人控制柜用于安装各种控制单元，进行数据处理及存储，并执行程序，是机器人系统的大脑，如图5.9所示，ABB机器人采用IRC5控制器，具有灵活性强、模块化、可扩展以及通信便利等特点。

控制模块作为IRC5的心脏，自带主计算机，能够执行高级控制算法，为多达36个伺服轴进行MultiMove路径计算，并且可指挥四个驱动模块。控制模块采用开放式系统架构，配备基于商用Intel主板和处理器的工业PC机以及PCI总线。由于采用标准组件，用户不必担心设备淘汰问题，随着计算机处理技术的进步能随时进行设备升级。

(2) KUKA工业机器人控制柜系统

KUKA机器人被广泛应用于汽车制造、造船、冶金、娱乐等领域。机器人配套的设备有KRC2控制器柜、KCP控制盘，如图5.10所示，KUKA机器人KRC2控制器采用开放式体系结构，有联网功能PC BASED技术。

图5.9　ABB工业机器人控制柜

图5.10　KUKA工业机器人控制柜

其主要特点如下：

① 采用标准的工业控制计算机处理器。

② 基于Windows平台的操作系统，可在线选择多种语言。

③ 支持多种标准工业控制总线。

④ 配有标准的各类插槽，方便扩展和实现远程监控与诊断。

⑤ 采用高级语言编程，程序可方便、快速地进行备份及恢复。

⑥ 集成了标准的控制软件功能包，可适应各种应用。

(3) FANUC 工业机器人控制柜系统

FANUC 机器人系统的 KAREL 系统由机器人、控制器和系统软件组成。它使用 KAREL 编程语言编写的程序来完成工业任务。KAREL 可以操作数据，控制和相关设备进行通信并与操作员进行交互。配备 KAREL 系统的 R-30iA 控制器可与各种机器人模型配合使用，以处理各种应用，如图 5.11 所示。

其主要特点如下：

① 采用 32 位 CPU 控制，以提高机器人运动插补和坐标变换的运算速度。

② 采用 64 位数字伺服驱动单元，同步控制 6 轴运动，精度大大提高。

③ 支持离线编程技术，技术人员可通过设置参数，优化机器人运动程序。

④ 控制器内部结构相对集成化，具有结构简单、价格便宜等特点。

(4) 新松机器人控制器

SRC C5 智能控制系统由新松自主研发，可基于用户需求进行二次开发，如图 5.12 所示。

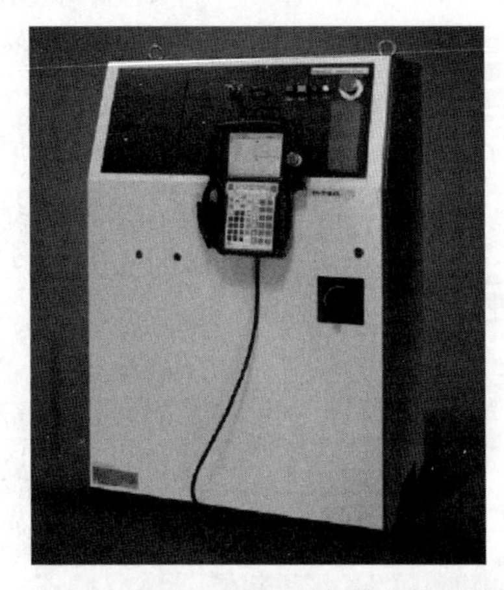

图 5.11 FANUC 工业机器人控制柜

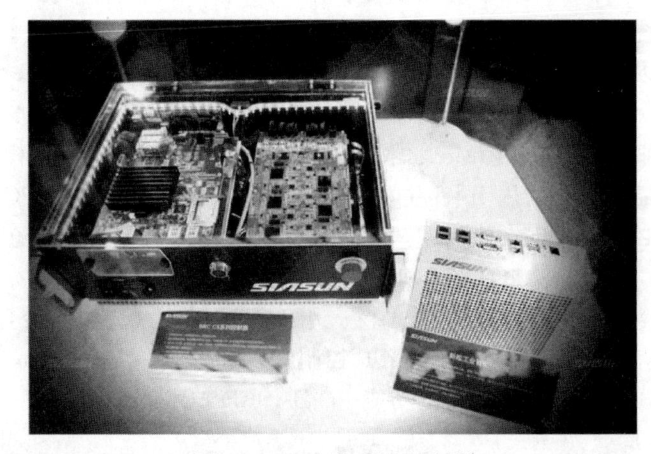

图 5.12 新松机器人控制器

其基本特点为：

① SRC C5 智能控制系统支持虚拟仿真、机器视觉（2D/3D）、力觉传感等多种智能技术的应用，新松工业机器人可以通过不同行业的工艺软件包，在焊接、搬码、磨抛、装配、喷涂等多个领域作业。

② 系统采用全新的控制柜设计，对比上一代控制系统，SRC C5 智能控制系统在软、硬件性能得到提升的同时，体积缩减 43%，质量减轻 32%，柜内机器人控制器、安全控制器、伺服驱动器高度融合，全方位保障作业安全性。

③ 系统采用触摸屏横版示教盒，高灵敏度的触屏体验，适用于新型系统所有机型；集成上电按钮、模式选择开关、状态指示灯、急停按钮，更加快捷方便；示教器线缆与控制柜通过快插连接器连接，能够快速插拔，可以实现示教器与机器人一对多的组合方式。

5.3　工业机器人的控制方式

5.3.1　控制方式的分类

工业机器人控制方式的选择，是由工业机器人所执行的任务决定的。工业机器人控制方式的分类并没有统一标准，一般可以按照以下方式来分类：

① 按运动坐标控制的方式来分：关节空间运动控制、直角坐标空间运动控制。

② 按控制系统对工作环境变化的适应程度来分：程序控制系统、适应性控制系统、人工智能控制系统。

③ 按同时控制机器人数目的多少来分：单控系统、群控系统。

④ 按运动控制方式的不同来分：位置控制、速度控制、力控制（包括位置/力混合控制）和智能控制；后文主要介绍该分类方式下的各种控制方式。

5.3.2　位置控制

工业机器人位置控制的目的是使机器人各关节实现预先所规划的运动，最终保证工业机器人末端执行器沿预定的轨迹运行。对于机器人的位置控制，可将关节位置给定值与当前值相比较得到的误差作为位置控制器的输入量，经过位置控制器的运算后，将输出作为关节速度控制的给定值，如图 5.13 所示。

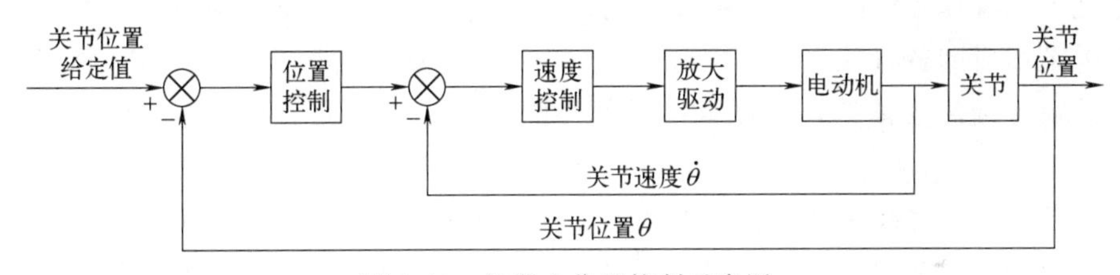

图 5.13　机器人位置控制示意图

工业机器人的位置控制分为点对点控制（PTP）和连续轨迹控制（CP）两类，如图 5.14 所示。

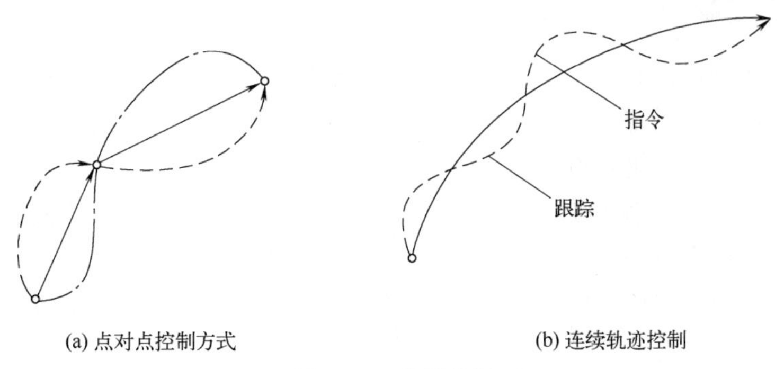

(a) 点对点控制方式　(b) 连续轨迹控制

图 5.14　位置控制

(1) 点对点控制

点对点控制方式用于实现点的位置控制，其运动是由一个给定点到下一个给定点，而点与点之间的轨迹却不是最重要的。因此，这种控制方法只控制工业机器人末端执行器在工作空间中某些特定离散点的位姿。在控制中，工业机器人只要求在相邻点之间能够快速、准确地移动，对目标点的轨迹没有任何要求。

定位精度和运动所需时间是该控制方式的两个主要技术指标。该控制方法具有实现简单、定位精度低等特点，因此，它通常用于电路板上的装卸、搬运、点焊和元件插入，只需要末端执行器在目标点的准确位置和姿态。该方法相对简单，但很难达到 2～3μm 的定位精度。

(2) 连续轨迹控制

连续轨迹控制方式指定点与点之间的运动轨迹所要求的曲线，如直线或圆弧。

这种控制方法是对工业机器人末端执行器在工作空间中的位置和姿态进行连续控制，要求其严格按照预定的轨迹和速度在一定的精度范围内运动，速度可控，轨迹平滑，运动平稳，从而完成作业任务。工业机器人各关节连续同步运动，末端执行器形成连续轨迹。该控制方法的主要技术指标是工业机器人末端执行器的轨迹跟踪精度和稳定性。这种控制方法通常用于焊接、喷漆、去毛刺和检测机器人。

工业机器人的结构多为串接的连杆形式，其动态特性为具有高度的非线性。但在其控制系统设计中，通常把机器人的每个关节当作一个独立的伺服机构来考虑。这是因为工业机器人运动速度不快（通常小于 1.5 m/s），由速度变化引起的非线性作用可以忽略。另外，由于交流伺服电动机都安装有减速器，其减速比往往接近 100，那么当负载变化时，折算到电动机轴上的负载变化值则很小（除以速度比的平方），所以可以忽略负载变化的影响，而且各关节之间的耦合作用也因减速器的存在而极大地削弱了。因此，工业机器人系统就变成了一个由多关节组成的各自独立的线性系统。应用中的工业机器人几乎都采用反馈控制，利用各关节传感器得到的反馈信息，计算所需的力矩，发出相应的力矩指令，以实现所要求的运动。

多关节位置控制是指考虑各关节之间的相互影响而对每一个关节分别设计的控制器。但是若多个关节同时运动，则各个运动关节之间的力或力矩会产生相互作用，因而又不能运用单个关节的位置控制原理。要克服这种多关节之间的相互作用，必须添加补偿，即在多关节控制器中，机器人的机械惯性影响常常被作为前馈项考虑。

5.3.3 速度控制

工业机器人在位置控制的同时，通常还要进行速度控制。例如，在连续轨迹控制方式下，工业机器人需要按预定的指令来控制运动部件的速度并进行加、减速，以满足运动平稳、定位准确的要求。工业机器人是一种工作情况（或行程负载）多变、惯性负载大的运动机械，要处理好快速与平稳的矛盾，必须控制启动加速和停止前的减速这两个过渡运动区段。而在整个运动过程中，速度控制通常情况下也是必需的。

速度控制通常用于对目标跟踪的任务中，机器人的关节速度控制框图如图 5.15 所示。

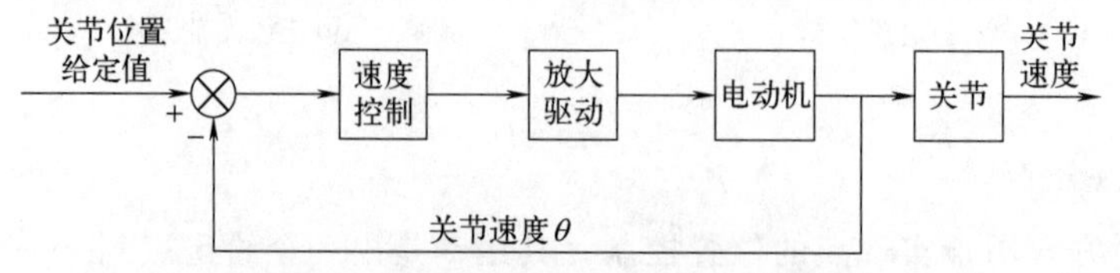

图 5.15　机器人的关节速度控制框图

5.3.4 力（力矩）控制

装配和固定物体时，除了精确定位外，所用的力或力矩必须适当。在这种情况下，必须使用（转矩）伺服模式。这种控制方式的原理与位置伺服控制基本相同，只是输入和反馈的不是位置信号，而是力（转矩）信号，因此，该系统必须具有强大的（转矩）传感器。有时利用传感器的逼近和滑动等功能进行自适应控制。

如果机器人能够利用力反馈信息，主动采用一定的策略去控制作用力，则称为主动柔顺机器人，如图 5.16（a）所示。例如当操作机将一个柱销装进某个零件的圆孔时，由于柱销轴和孔轴不对准，无论机器人怎样用力也无法将柱销装入孔内。若采用力反馈或组合反馈控制系统，带动柱销转动至某个角度，使柱销轴和孔轴对准，就可以将柱销装进孔内，这种技术就称为主动柔顺技术。

如果机器人凭借辅助的柔顺机构在与环境接触时能够对外部作用力自然地顺从，就称为被动柔顺机器人，如图 5.16（b）所示。对于与图 5.16（a）相同的任务，若不采用反馈控制，也可通过操作机终端机械结构的变形来适应操作过程中遇到的阻力。在图 5.16（b）中，在柱销与操作机之间设有类似弹簧之类的机械结构。当柱销插入孔内而遇到阻力时，弹簧系统就会产生变形，使阻力减小，以使柱销轴与孔轴重合，保证柱销顺利地插入孔内。由于被动柔顺控制存在各种不足，因此主动柔顺控制（力控制）逐渐成为主流。

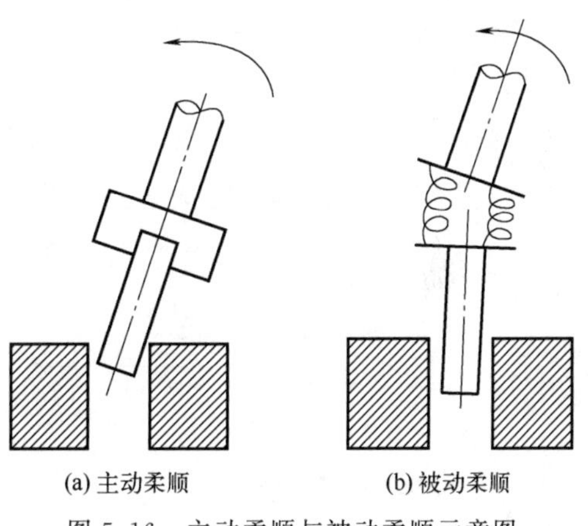

图 5.16　主动柔顺与被动柔顺示意图

5.3.5 智能控制

机器人的智能控制是通过传感器获取周围环境的知识，并根据其内部知识库做出相应的决策。智能控制技术使机器人具有较强的环境适应性和自学习能力。智能控制技术的发展有赖于近年来人工神经网络、遗传算法和专家系统的迅速发展。除算法外，它还严重依赖于元件的精度。

5.4 工业机器人的控制策略

工业机器人是一个十分复杂的多输入多输出非线性系统，它具有时变、强耦合和非线性的动力学特征，因而带来了控制的复杂性。由于测量和建模的不精确，再加上负载的变化以及外部扰动等不确定性的影响，难以建立工业机器人精确、完整的运动模型。并且在高速运动的情况下，机器人的非线性动力学效应十分显著，因而传统的独立伺服 PID 控制算法在高速和有效载荷变化的情况下难以满足性能要求，实际的工业机器人系统又存在参数不确定性、非参数不确定性和作业环境的干扰，因此具有鲁棒性的先进控制技术成为实现工业机器人高速高精度控制的主要方法。目前，应用于工业机器人的控制方法有自适应控制、变结构控制及现代鲁棒控制等。

5.4.1 自适应控制

控制器参数的自动调节首先于20世纪40年代末被提出来讨论，同时自适应控制的名称首先被用来定义控制器对过程的静态和动态参数的调节能力。

自适应控制的方法就是在运行过程中不断测量受控对象的特性，根据测得的特征信息使控制系统按最新的特性实现闭环最优控制，使整个系统始终获得满意的控制性能。自适应控制能认识环境的变化，并能自动改变控制器的参数和结构，自动调整控制作用，以保证系统达到满意的控制品质。自适应控制不是一般的系统状态反馈或系统输出反馈控制，而是一种比较复杂的反馈控制，自适应控制实时性要求严格，实现比较复杂，并且参数突变经常会破坏总体系统的稳定性；参数的收敛特性通常需要足够的持续激励条件，而该条件实际上又难以满足，因此通常结合其他算法使用，即鲁棒自适应控制方法，应用修正的自适应律使得系统对非参数不确定性也具有一定的鲁棒性。

直接自适应力控制方法通过一个自适应机制对控制增益进行自整定，让跟踪误差矢量收敛到零。自适应力控制方法只适用于模型参数缓慢变化、环境干扰不大的控制过程中。机器人自适应力控制的一般结构如图5.17所示。

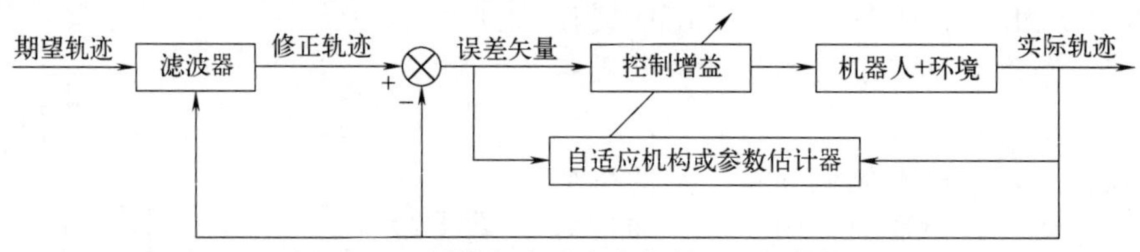

图5.17　机器人自适应力控制的一般结构

5.4.2 变结构控制

20世纪60年代，苏联学者提出了变结构控制。20世纪70年代以来，变结构控制经过控制学者的传播和研究工作，经历几十多年来的发展，在国际范围内得到广泛的重视，形成了一门相对独立的控制研究分支。

变结构控制方法对于系统参数的时变规律、非线性程度以及外界干扰等不需要精确的数学模型，只要知道它们的变化范围，就能对系统进行精确地轨迹跟踪控制。变结构控制方法设计过程本身就是解耦过程，因此在多输入多输出系统中，多个控制器设计可按各自的独立系统进行，其参数选择也不是十分严格。滑模变结构控制系统快速性好、无超调、计算量小、实时性好。

在变结构控制理论算法中应用较多的是滑模控制（sliding mode control，SMC），滑模面函数根据当前状态的变化，有规律地切换控制输入，使系统按预设定的“滑动模态”轨迹运行，属于特殊的非线性控制算法。其中，“滑动模态”可以根据实际工程的系统性能需求进行合理设计，且运动状态与被控系统内部的参数波动和外部的负载、扰动因素关系不大，这就是滑模控制在抗干扰方面、算法设计方面、系统响应方面等更具有优势的原因，但也由于系统结构不连续的控制方式，更容易出现频率域的“抖振”现象而影响整体的控制效果。滑模变结构控制系统快速性好，无超调，计算量小，实时性强。

5.4.3 鲁棒控制

鲁棒控制（robust control）的研究始于20世纪50年代。G. Zames在1981年发表的著名论文，可以看成是现代鲁棒控制特别是H_∞控制的先驱。J. C. Doyle等四人在1989年发

表的著名文章是 H_∞ 控制的里程碑。随后，Y. Nesterov 等人提出的凸规划内点法极大地推动了 H_∞ 控制理论向应用阶段的发展。1994 年 S. P. Boyd 等人有关线性矩阵不等式（LMI）的专著的问世以及 P. Gahinet 等人与美国 The MathsWorks 公司合作推出的 Matlab LMI Toolbox，使得 H_∞ 控制理论真正成为一个实用的系统分析与设计方法。

鲁棒控制是一种结构和参数都固定不变的控制器，在被控对象具有不确定性的情况下，仍能保证系统的渐进稳定性和满意的控制效果，具有处理扰动、快变参数和未建模动态的能力，并且设计简单，它是一种固定控制，比较容易实现。一般鲁棒控制系统的设计是以一些最差的情况为基础的，因此一般系统并不工作在最优状态。鲁棒自适应控制对控制器实时性能要求比较严格。

鲁棒力控制器的输出包括鲁棒控制律和反馈控制律两部分，反馈控制律通常为 PI、PD、PID 等，鲁棒力控制的难点在于如何设计一个好的鲁棒控制律，鲁棒控制律通常采用李雅普诺夫法得到。到目前为止，有鲁棒力/位置混合控制和鲁棒阻抗控制两类主要的鲁棒力控制策略。鲁棒力控制方法必须在系统的鲁棒性和控制精确性之间进行折中。机器人鲁棒力控制结构简图如图 5.18 所示。

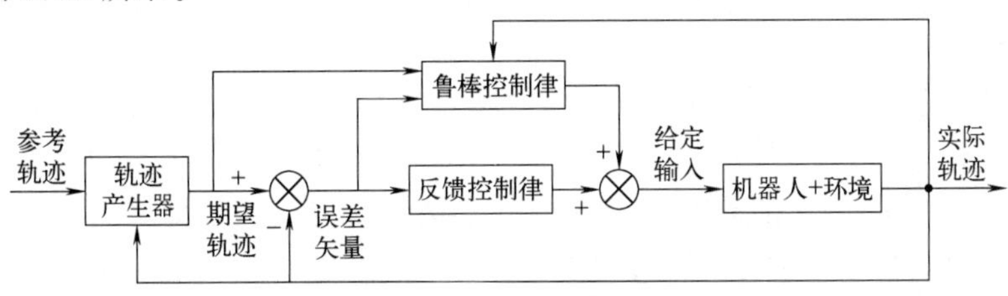

图 5.18　机器人鲁棒力控制结构简图

5.4.4　智能控制

智能控制是通过模拟人类直觉推理或应用试凑法等大脑的思维方式来设计控制系统的，使其更智能化的同时也满足性能要求。

萨里迪斯在 1977 年首次提出了分层递阶的智能控制结构。分层递阶的智能控制结构由上往下分为 3 个层次：组织级、协调级和执行级。其控制精度由下往上逐级递减，智能程度由下往上逐级增加。根据机器人的任务分解，在面向设备的执行级可以采用常规的自动控制技术，如 PID 控制、前馈控制等。在协调级和组织级存在不确定性，控制模型往往无法建立或建立的模型不够精确，无法取得良好的控制效果。因此，需要采用智能控制方法，如模糊控制、神经网络控制、专家控制以及集成智能控制。

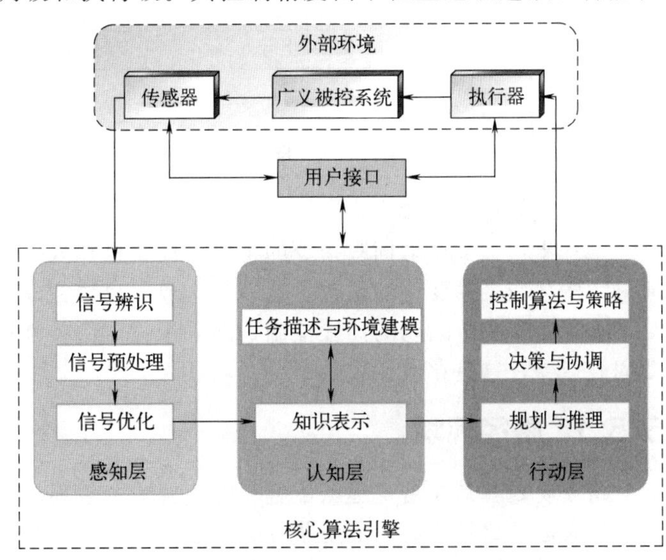

图 5.19　机器人智能控制系统的宏观结构

机器人智能控制系统的宏观结构如图 5.19 所示。其中核心算法引擎包含了机器人智能控制系统中实现系统功能的核心模块，将各种核心模块进行组合可以实现各种系统功能，是智能机器人系统研究的重点所在。

工业智能机器人作为目前集最新理论与技术于一体的机器人，是连接人工智能理论和传统工业技术的最佳平台。但目前工业上应用的机器人之中 90%以上都不具有智能，因此研究机器人控制系统智能控制方法的重要性不言而喻。

5.5 工业机器人的运动控制

工业机器人运动控制的主要对象是机械臂，主要包括两方面内容：机器人运动路径的规划和轨迹规划，如图 5.20 所示。

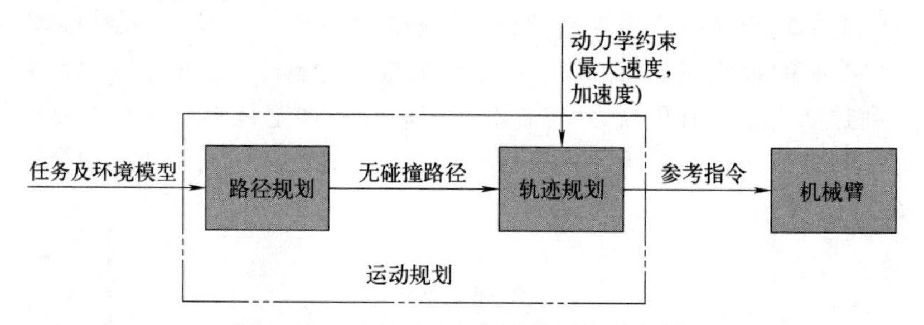

图 5.20 工业机器人机械臂的运动规划

具体来说，机器人的运动控制是指机器人手部在空间从一点移动到另一点的过程或沿某一轨迹运动时，对其位姿、速度和加速度等运动参数的控制。根据机器人作业任务中要求的手部运动，先通过运动学逆解和数学插补运算得到机器人各个关节运动的位移、速度和加速度，再根据动力学正解得到各个关节的驱动力（矩）。机器人控制系统根据运算得到的关节运动状态参数控制驱动装置，驱动各个关节产生运动，从而合成手在空间的运动，由此完成要求的作业任务，如图 5.21 所示。

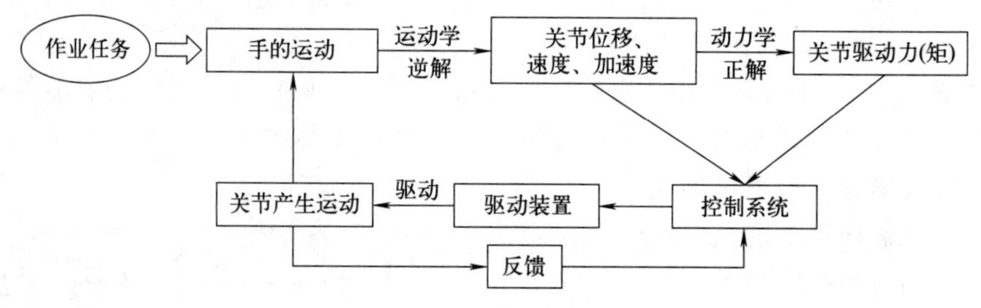

图 5.21 工业机器人的运动控制

其基本的控制步骤为：

第一步：关节运动伺服指令的生成，即将机器人手部在空间的位姿变化转换为关节变量随时间按某一规律变化的函数。这一步一般可离线完成。

第二步：关节运动的伺服控制，即采用一定的控制算法跟踪执行第一步所生成的关节运动伺服指令，这是在线完成的。

5.5.1 路径规划

路径规划就是在给定起点位置、终点位置及规划环境的条件下规划出满足某种约束条件的机器人运动路径，比如最短路径、无碰撞路径等。这里的路径是机器人位姿的一定序列，而不考虑机器人位姿参数随时间变化的因素。

路径控制通常只给出机械手的动作起点和终点，有时也给出一些中间的经过点，所有这些点统称为路径点，要注意这些点不仅包括位置，还要包括方向。如图 5.22 所示，如果有机器人从 A 点运动到 B 点，再到 C 点，那么这中间的位姿序列就构成了一条路径。

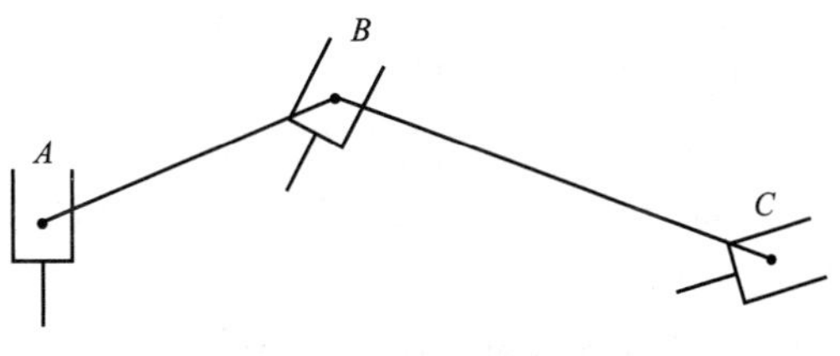

图 5.22　机器人路径示意图

轨迹与何时到达路径中的每个部分有关，强调的是时间。因此，图 5.22 中不论机器人何时到达 B 点和 C 点，其路径是一样的，而轨迹则依赖于速度和加速度，如果机器人抵达 B 点和 C 点的时间不同，则相应的轨迹也不同。

(1) 路径规划分类

机器人的路径规划主要包括环境建模、路径搜索、路径平滑三部分内容。环境建模的目的是建立一个计算机进行路径规划计算能够使用的数字化环境模型，即将实际环境的物理空间表示成算法能够处理的数字模型空间。路径搜索是在环境模型的基础上应用搜索算法寻找出一条可行路径，并使某种性能函数取得最优值。有时通过相应算法搜索出的路径不一定是机器人的可行走路径，因此需要对路径进行处理与平滑。

机器人的路径规划一般是在机器人的操作空间中进行的，例如在给定环境下为机器人（移动机器人或机械臂）规划出一条安全的无碰撞路径。根据可利用的环境信息完备性的不同，机器人的路径规划又分为全局路径规划和局部路径规划。

全局路径规划一般是基于静态环境的全局信息规划出静态的全局安全路径，全局路径规划一般也称为离线规划或静态规划。

局部路径规划一般是基于机器人周围的局部环境地图并结合传感器实时采集的信息规划出机器人的动态局部安全路径，局部路径规划又称为在线规划或动态规划。

如果机器人要在大的空间范围内运动，一般需要采用全局路径规划与局部路径规划相结合的方式。

(2) 路径规划算法

机器人的路径规划通常也称为避障路径规划，大致可以分为基于图形特征、基于启发、基于仿生和基于随机采样的路径规划算法。

① 基于图形特征的路径规划算法。利用空间障碍物的图形特征进行路径规划的方法通常称为基于图形的路径规划方法。Voronoi 法、垂直单元分解法（vertical cell decomposition）和最短路径线图法（shortest path roadmap）均属于此类方法。

其中，最短路径线图法将机器人简化成空间中的一点，连接起始点、目标点和多边形障碍物的各顶点（将障碍物用多面体包裹），同时保证任意连线均为无撞路径，这样就形成了可视图模型。通过在可视图模型中搜索连接起始点和目标点的路径就可以获得机器人的避障路径。该类方法完备性较好，但在获得可视图模型以后通常需要使用其他路径规划方法在节点和连线中搜索可行路径，步骤过于烦琐，而且，由于高维关节构形空间障碍物映射几何图形特征难以用数学方法描述，因此，此类方法难以应用于高维空间。

② 基于启发信息的路径规划算法。基于启发的搜索算法在路径搜索过程中引入启发性信息，利用这些信息指导搜索朝着最有可能成功的方向进行，加速路径搜索问题的求解并获得最优解。较为经典的方法包括：Dijkstra 算法、A * 算法、D * 算法。在此基础上的改进算法有 Theta * 算法、LPA * 算法、D * -Lite 算法等。

其中，A * 算法的基本思想是：在每一步估计中都把当前节点和前面所有遍历过的节点估计值进行比较，得到一个“最佳节点”，然后再从这个位置出发进行搜索，直到找到目标节点。此类算法具有很好的完备性，且搜索获得的路径具有最优特性。但是此类算法的搜索耗时通常会随着搜索空间维度的增加而呈指数级增长，难以应对高维空间的路径搜索问题。

③ 基于仿生学的路径规划算法。将仿生算法引入路径规划中，如：模糊算法（fuzzy algorithm）、神经网络算法（neural network，NN），粒子群算法（particle swarm optimization，PSO）、蚁群算法（ant colony optimization，ACO）和遗传算法（genetic algorithm，GA）。

④ 基于随机采样的路径规划算法。基于随机采样的路径规划方法通过碰撞检测判断关节构形空间随机采样点是否有碰撞，然后通过某种方式连接空间中无碰撞的采样点构建可行路径，而非依赖于对机械臂关节构形空间的精确模型。基于采样的路径搜索算法包括：概率地图法（probabilistic roadmaps，PRM）、快速扩展随机树（rapidly-exploring random trees，RRT）、扩展空间树算法（expansive space tree，EST）和快速扩展树算法（fast marching tree，FMT）。

其中应用最为广泛的是PRM算法和RRT算法。PRM方法是一种基于随机采样的多次查询算法，分为学习和查询两个阶段。学习阶段，连接邻近的自由空间随机采样节点构建“路标图”，查询阶段，尝试将起始点和目标点连接至“路标图”，然后利用其他基于启发的路径搜索算法如Dijkstra、A*算法获得无碰撞的自由路径。PRM方法适用于解决高维空间的运动规划问题。多次查询方法适用于结构化环境的避障路径规划，但在某些场合中，构建“路标图”的前期计算量很大，耗时很长，难以满足避障路径规划的实时性要求。针对PRM算法的不足，出现了单查询的（single-query）RRT算法，之后又将贪婪算法引入其中，提出了RRT-Connect算法，提高了路径搜索速度。为了改善RRT和RRT-Connect算法的路径非最优问题，提高规划质量，又提出了渐进优化RRT算法（rapidly-exploring random tree optima，RRT*）。基于采样的路径规划算法通过离散化的随机采样点来构建无碰撞路径，因此，特别适合于高维空间的路径规划问题，同时保证了算法的概率完备性，即在规划空间中若确实存在可行避障路径，那么随着采样次数的增加，算法失败概率趋近于零。但是此类方法也存在规划路径缺乏重复性，规划参数选择困难等不足。

5.5.2 轨迹规划

轨迹规划是工业机器人运动控制的核心，其目的是根据一定的约束条件，规划出描述机器人位姿变化情况的时间序列，从而使机器人完成从起始点到目标点的运动。运动轨迹是指操作臂在运动过程中的运动轨迹，即运动点的位移、速度和加速度。轨迹控制就是控制机器人手端沿着一定的目标轨迹运动。

轨迹规划的过程有：

① 对机器人的任务、运动路径和轨迹进行描述。

② 根据已经确定的轨迹参数，在计算机上模拟所要求的轨迹。

③ 对轨迹进行实际计算，即在运行时间内按一定的速率计算出位置、速度和加速度，从而生成运动轨迹。

在规划中，不仅要规定机器人的起点和终点，还要给出各中间点（路径点）的位姿及路径点之间的时间分配，即给出相邻两个路径点之间的运动时间。

根据规划空间的不同可将机器人的轨迹规划分为：基于关节空间的轨迹规划、基于笛卡儿空间的轨迹规划和基于混合空间的轨迹规划。

(1) 基于关节空间的轨迹规划

关节空间轨迹规划是在满足一定约束的情况下，规划出机器人的关节角位移、角速度和角加速度等参数关于时间的函数。

基于关节空间的轨迹规划实质上是直接对机器人的各个关节进行运动学、动力学参数的规划，首先通过给定的初始位姿关节角与终止位姿关节角计算出两种位姿下各关节角的关节偏差，其次对各个关节偏差采用不同的插值方式进行插值规划，最后获得机器人运动轨迹的关节插值角度。该轨迹规划过程都是在关节空间下进行的，插值得到的关节点无须进行逆运动学转换，可直接将规划结果发送给控制器完成机器人的运动控制。

由于机器人末端的位姿可由关节角度直接决定，因此关节空间轨迹规划不用考虑机器人的奇异性，且有着计算简单和控制方便等优点。

关节空间轨迹规划可分为点到点规划和多节点规划。对于点到点规划，常见方法有多项式插值和多段 S 曲线加减速插值；对于多节点规划，常见方法有多项式分段插值、B 样条插值和多项式与 B 样条混合插值等。

(2) 基于笛卡儿空间的轨迹规划

笛卡儿空间轨迹规划是在满足一定约束的情况下，规划出机器人在笛卡儿空间的运动轨迹。相比于关节空间规划，基于笛卡儿空间的轨迹规划是对机器人的末端执行器进行规划，首先对机器人的末端位置进行插值计算得到一系列三维坐标点，其次将各个插值点结合机器人姿态进行逆运动学求解转换为关节空间下的关节位移，最后由机器人控制器将各关节位移发送给关节电机进行运动控制。

笛卡儿空间轨迹规划具有直观的特点，但需要考虑机器人的奇异性，且有着计算量大和对系统运算能力要求较高等不足。

笛卡儿空间轨迹规划包括速度规划和位姿规划。速度规划研究的是机器人运动的加减速策略，为保证机器人平稳运行，常采用 S 曲线进行加减速控制；位姿规划即确定轨迹点的位置和姿态。位置规划层面，根据任务要求，常见的插补曲线有直线、圆弧和自由曲线等；姿态规划层面，相较于旋转矩阵和欧拉角，四元数具有表达简洁和不存在万向节死锁的优势，因此适合用于机器人的姿态插补。

(3) 基于混合空间的轨迹规划

上述两种不同空间下的机器人轨迹规划方式在处理实际规划问题上各有特点。基于关节空间的轨迹规划方式更易于电机的控制，具有更高的实时性，但由各个关节所合成的高维空间位移转换到末端执行器的末端轨迹难以精确控制，只适用于对机器人末端点到点之间路径过程无精确要求的作业场合。基于笛卡儿空间的轨迹规划可以直接对机器人末端轨迹进行插补规划，其末端轨迹更加清晰直观，但需要对轨迹中的插补点进行逆运动学转换，速度、加速度也需要通过雅可比矩阵转换到关节空间进行控制，存在控制实时性问题，在机器人奇异点处也容易造成速度、加速度突变的现象。

复杂工业环境下，机器人在完成打磨、焊接、清洗等任务时，往往要求其沿特定轨迹以一定的末端速度进行作业，单一的笛卡儿空间轨迹规划虽然能够满足任务需要，但其对各关节速度、加速度不能做到柔顺控制，尤其是在机器人启停时刻，各路径线段拐角衔接处会产生关节速度、加速度突变的问题，产生较大的振动，长期下去会加剧各关节连杆之间的磨损，降低机器人的使用寿命。

针对这一问题，可以采用一种结合机器人两种空间规划的混合空间插补方法处理复杂作业环境下的机器人运动规划问题，如在机器人的作业任务段采用末端匀速的笛卡儿空间进行规划，在机器人启停段以及拐角段均采用关节空间规划来进行过渡，保证整个任务过程机器人能够平稳安全运行。

5.5.3 Matlab Robotics 工具包中的轨迹规划

(1) 关节空间轨迹

```
[q,qd,qdd]= jtraj(q0,qf,m)
```

该函数表示关节坐标从初始关节角度 q0(1×N) 到终止关节角度 qf(1×N) 变化。默认利用五次多项式与默认零边界条件计算轨迹。假定时间以 M 步从 0 到 1 变化。关节速度和加速度可以分别以 qd(M×N) 和 qdd(M×N) 返回。轨迹 q、qd 和 qdd 是 M×N 矩阵，每个时间步长一行，每个关节一列。

(2) 笛卡儿空间轨迹

```
Tc= ctraj(T0,T1,n)
```

该函数表示从姿态 T0 到 T1 的笛卡儿轨迹 (4×4×N)，沿路径具有梯形速度分布的 N 个点。Tc 是齐次变换序列，最后一个下标是点索引，即 T (:,:, i) 是第 i 个点路径。如果 T0 或 T1 为 []，则视其为单位矩阵。

通过工具箱自带的 puma560 机器人模型进行试验。在 Matlab 中输入 mdl_puma560，可以获得机器人模型以及几个模型的初始状态参数。

```
mdl_puma560     % 打开模型
qz              % 零角度状态
qr              % 就绪状态,机械臂伸直且垂直
qs              % 伸展状态,机械臂伸直且水平
qn              % 标准状态,机械臂灵巧工作状态
p560.plot(qn)   % 画出标准状态的图形
```

关节空间规划是根据首位位姿，求出关节角度然后再进行规划，而笛卡儿空间规划是直接根据位姿进行规划。为了方便对比，下述案例将给出首位位姿矩阵，然后分别运用上述两种不同的方法进行规划，最后都转换为关节空间进行比较。

代码如下：

```
mdl_puma560      % 调出 puma560
t= [0:0.05:2];  % 两秒完成轨迹,步长 0.05
T1= [0    0    1    0.5963
      0    1    0   -0.1501
     -1    0    0   -0.01435
      0    0    0      1];
T2= [0    0    1    0.8636
      0    1    0   -0.1501
     -1    0    0   -0.0203
      0    0    0      1];
% 关节空间轨迹规划
q1= p560.ikine6s(T1);% 根据末端位姿,求各关节
q2= p560.ikine6s(T2);
```

```
qq= jtraj(q1,q2,t);% 根据各关节,生成轨迹
Tqq= p560.fkine(qq);
% 笛卡儿运动,笛卡儿空间中直线运动,生成从 SE3 空间两点间直线的一系列中间位置,结果表达为 4×4 齐次变换矩阵
Ts= ctraj(T1,T2,length(t));
qs= p560.ikine6s(Ts);

figure(1)% 绘制各关节角度
for i= 1:6
    subplot(2,3,i)
    plot(t,qq(:,i))
    hold on;
    plot(t,qs(:,i))
    legend('关节空间','笛卡儿空间')
    hold off;
end
figure(2)  % 绘制空间运动轨迹
pq= transl(Tqq);% 提取旋转矩阵中的位移部分
ps= transl(Ts);
% 依次是'关节空间','笛卡儿空间'
subplot(2,1,1)
plot3(pq(:,1),pq(:,2),pq(:,3))
subplot(2,1,2)
plot3(ps(:,1),ps(:,2),ps(:,3))
```

各关节的运动规划结果如图 5.23 所示。

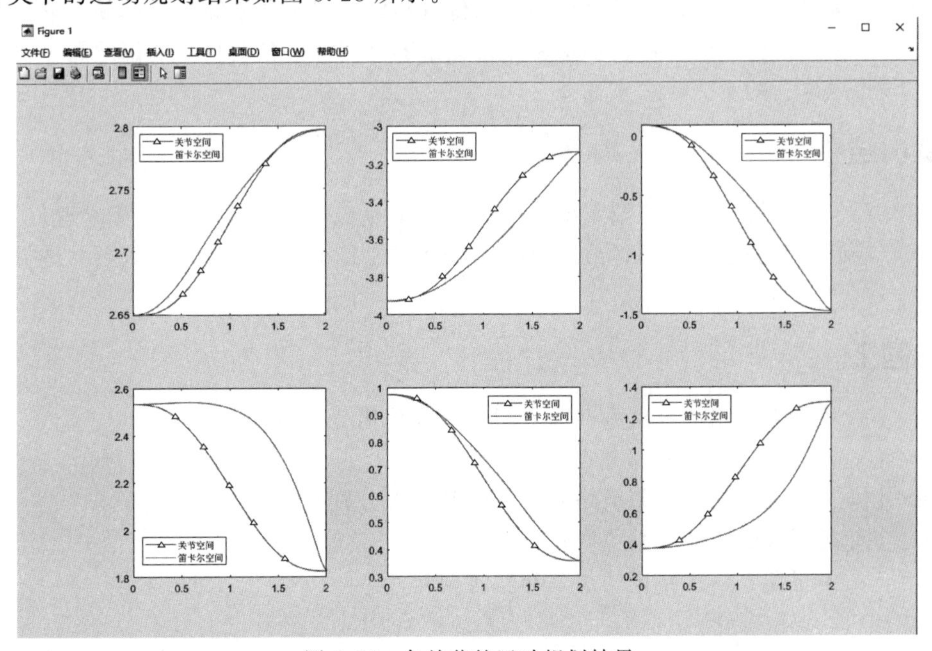

图 5.23　各关节的运动规划结果

两种方法的运动轨迹如图 5.24 所示（上下分别为关节空间和笛卡儿空间的运动轨迹）。

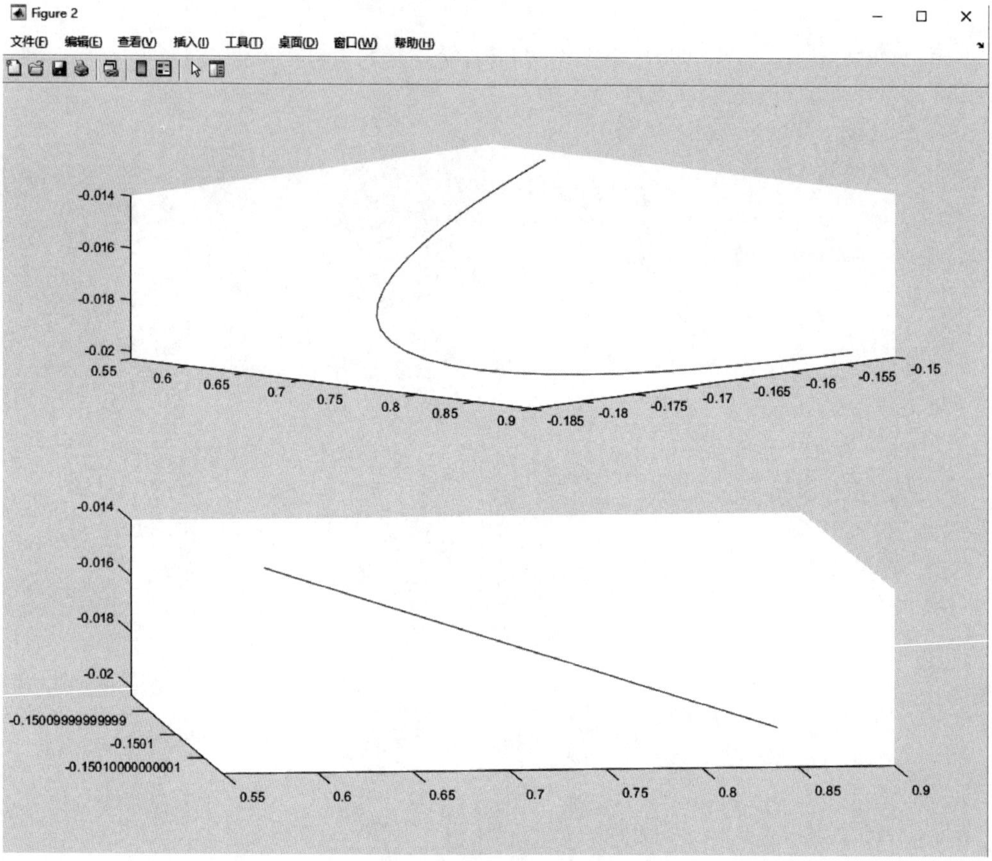

图 5.24 两种方法的运动轨迹

由计算结果可知：尽管机器臂最后的始末位置相同，但是在不同的轨迹规划下，机器臂的关节运动和末端执行器的运动轨迹却相差甚远。不同的方法各有自己的优缺点，在实际运用中，应该根据自己的实际需求来选择。

【本章小结】

本章介绍了工业机器人的控制系统，主要包括工业机器人的控制系统基本理论、结构、控制方式、控制策略和运动控制；最后介绍了机器人工具箱中的轨迹规划函数并进行了实例运算。

【思考题】

5-1 工业机器人控制系统由哪些部分组成？其作用分别是什么？

5-2 工业机器人有哪些控制方式？

5-3 工业机器人常用的控制策略有哪些？其优点分别是什么？

5-4 工业机器人的运动控制主要包括什么？

5-5 什么是机器人运动路径的规划和轨迹规划？

第6章

工业机器人的基本操作

【学习目标】

学习目标	学习目标分解	学习要求
知识目标	工业机器人的编程	掌握
	ABB 工业机器人的基本操作	熟悉
	SCARA 机器人的基本操作	熟悉
	Delta 机器人的基本操作	了解

【知识图谱】

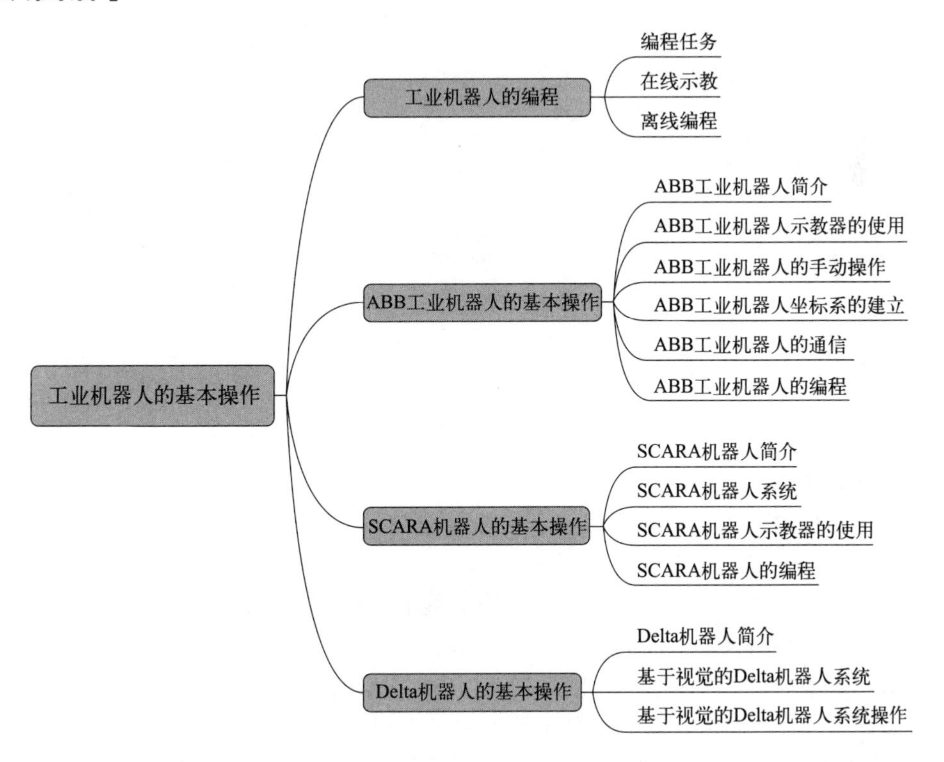

6.1 工业机器人的编程

机器人编程是使用某种特定语言来描述机器人的动作轨迹，它通过对机器人动作的描述，使机器人按照既定运动和作业指令完成编程者想要的各种操作。通俗地讲，如果把硬件设施比作机器人的躯体，控制器比作机器人的大脑，那么程序就是机器人的思维，让机器人知道自己该做什么，而人赋予机器人思维的过程就是编程。

6.1.1 编程任务

目前，国际上商品化、实用化的工业机器人基本都隶属于第一代工业机器人，其基本工作原理是“示教—再现”。

“示教”也称导引，即由操作者直接或间接导引机器人，一步步按实际作业要求告知机器人应该完成的动作和作业的具体内容，机器人在导引过程中以程序的形式将其记忆下来，并存储在机器人控制装置内；“再现”则是通过存储内容的回放，机器人就能在一定精度范围内按照程序展现所示教的动作和赋予的作业内容。程序是把机器人的作业内容用机器人语言加以描述的文件，用于保存示教操作中产生的示教数据和机器人指令。

目前主要采用两种方式进行：一是在线示教；二是离线编程。对工业机器人的作业任务进行编程，不论是在线示教还是离线编程，其主要涉及运动轨迹、作业条件和作业顺序三方面的示教，如图 6.1 所示。

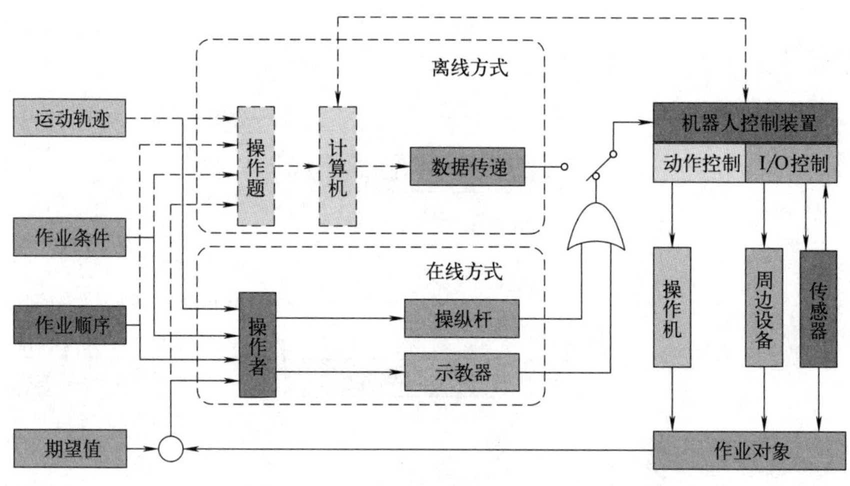

图 6.1 工业机器人编程的主要内容

(1) 运动轨迹

运动轨迹是机器人为完成某一作业，工具中心点（TCP）所掠过的路径，是机器示教的重点。从运动方式上看，工业机器人具有点到点（PTP）运动和连续路径（CP）运动 2 种形式。按运动路径种类区分，工业机器人具有直线和圆弧 2 种动作类型。

示教时，直线轨迹示教 2 个程序点（直线起始点和直线结束点）；圆弧轨迹示教 3 个程序点（圆弧起始点、圆弧中间点和圆弧结束点）。在具体操作过程中，通常 PTP 示教各段运动轨迹端点，而 CP 运动由机器人控制系统的路径规划模块经插补运算产生。

机器人运动轨迹的示教主要是确认程序点的属性，其主要包含的信息如表 6.1 所示。

表 6.1　程序点主要包含的信息

属性名称	具体含义
位置坐标	描述机器人 TCP 的 6 个自由度(3 个平动自由度和 3 个转动自由度)
动作类型	机器人再现时,从前一程序点移动到当前程序点的动作类型
移动速度	机器人再现时,从前一程序点移动到当前程序点的速度
空走点	指从当前程序点移动到下一程序点的整个过程不需要实施作业,用于示教除作业开始点和作业中间点之外的程序点
作业点	指从当前程序点移动到下一程序点的整个过程需要实施作业,用于作业开始点和作业中间点

(2) 作业条件

工业机器人作业条件的输入方法，有 3 种形式。

① 使用作业条件文件。输入作业条件的文件称为作业条件文件，使用这些文件，可使作业指令的应用更简便；

② 在作业指令的附加项中直接设定。首先需要了解机器人指令的语言形式，或程序编辑画面的构成要素，程序语句一般由行标号、指令及附加项几部分组成；

③ 手动设定。在某些应用场合下，有关作业参数的设定需要手动进行。

(3) 作业顺序

作业顺序不仅可保证产品质量，而且可提高效率。作业顺序的设置主要涉及：

① 作业对象的工艺顺序。在某些简单作业场合，作业顺序的设定同机器人运动轨迹的示教合二为一；

② 机器人与外围周边设备的动作顺序。在完整的工业机器人系统中，除机器人本身外，还包括一些周边设备，如变位机、移动滑台、自动工具快换装置等。

6.1.2　在线示教

在线示教因简单直观、易于掌握，是工业机器人目前普遍采用的编程方式。由操作人员手持示教盒引导，控制机器人运动，记录机器人作业的程序点并插入所需的机器人指令来完成程序的编制。典型的示教过程是操作者观察机器人及其末端夹持工具相对于作业对象的位姿，通过对示教盒的操作，反复调整程序点处机器人的作业位姿、运动参数和工艺条件，再转入下一程序点的示教。

示教编程有以下优缺点：

① 优点。编程门槛低、简单方便、不需要环境模型；对实际的机器人进行示教时，可以修正机械结构带来的误差；

② 缺点。示教在线编程过程烦琐、效率低；精度完全是靠示教者的目测决定，而且对于复杂的路径示教在线编程难以取得令人满意的效果；示教器种类太多，学习量太大；示教过程容易发生事故，轻则撞坏设备，重则撞伤人；对实际的机器人进行示教时要占用机器人。

示教编程的基本步骤如图 6.2 所示。

6.1.3　离线编程

离线编程是利用计算机图形学的成果，建立起机器人及其工作环境的几何模型，通过对图形的控制和操作，使用机器人编程语言描述机器人作业任务，然后对编程的结果进行三维图形动画仿真，离线计算、规划和调试机器人程序的正确性，并生成机器人控制器可执行的代码，最后通过通信接口发送至机器人控制器。

离线编程克服了在线示教编程的很多缺点，充分利用了计算机的功能，减少了编写机器

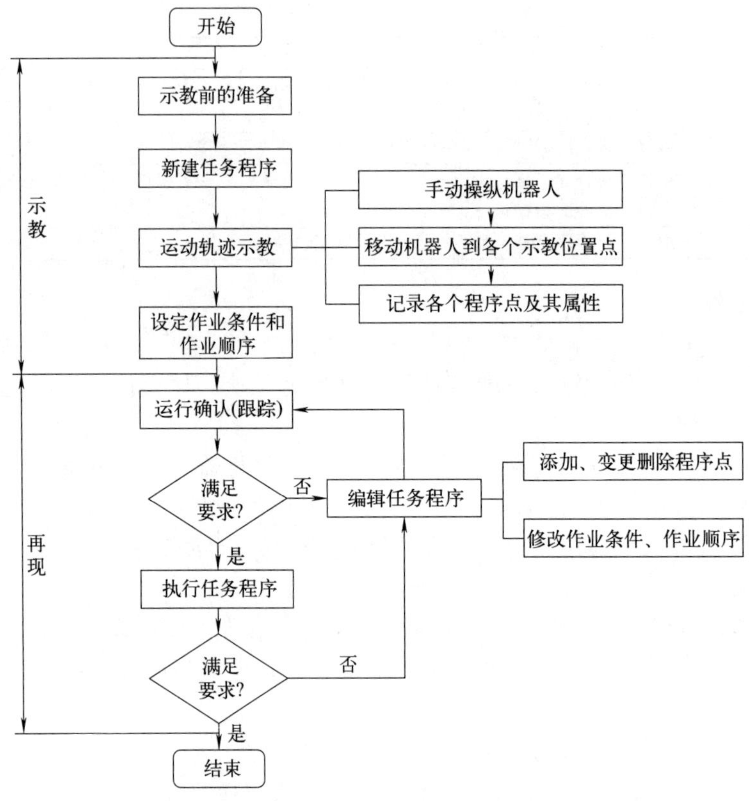

图 6.2 示教编程基本步骤

人程序所需要的时间成本，同时也降低了在线示教编程的不便。目前离线编程广泛应用于打磨、去毛刺、焊接、激光切割、数控加工等机器人新兴应用领域。

典型的机器人离线编程系统的软件架构，主要由建模模块、布局模块、编程模块、仿真模块、程序生成及通信模块组成，如图 6.3 所示。

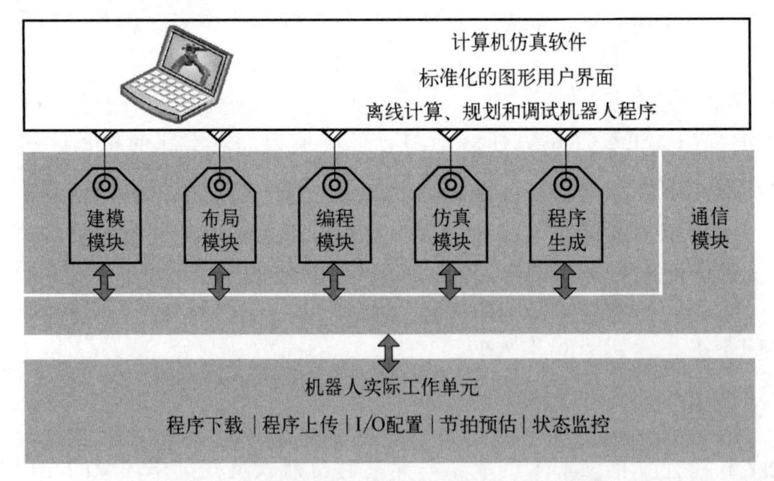

图 6.3 典型机器人离线编程系统的软件架构

① 建模模块。离线编程系统的基础，为机器人和工件的编程与仿真提供可视的三维几何造型；

② 布局模块。按机器人实际工作单元的安装格局在仿真环境下进行整个机器人系统模

型的空间布局；

③ 编程模块。包括运动学计算、轨迹规划等，前者是控制机器人运动的依据，后者用来生成机器人关节空间或直角空间里的轨迹；

④ 仿真模块。用来检验编制的机器人程序是否正确、可靠，一般具有碰撞检查功能；

⑤ 程序生成模块。把仿真系统所生成的运动程序转换成被加载机器人控制器可以接收的代码指令，以指令控制真实机器人工作；

⑥ 通信模块。离线编程系统的重要部分，分为用户接口和通信接口，前者设计成交互式，可利用鼠标操作机器人的运动，后者负责连接离线编程系统与机器人控制器。

离线编程的基本步骤如图 6.4 所示。

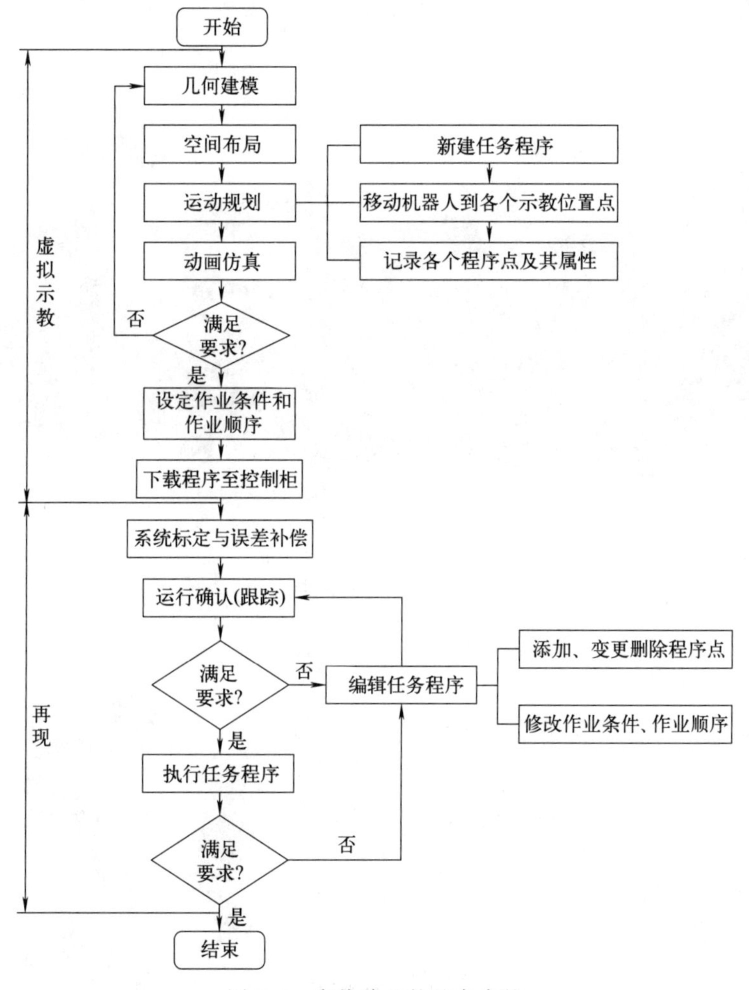

图 6.4　离线编程的基本步骤

6.2　ABB 工业机器人的基本操作

6.2.1　ABB 工业机器人简介

ABB 集团总部位于瑞士苏黎世。ABB 是电力和自动化技术领域的厂商，其产品涵盖电力产品、离散自动化、运动控制、过程自动化、低压产品五大领域，以电力和自动化技术最为著名。

ABB 最早是从变频器开始起家，我国大部分地区的电力站和变频站都是 ABB 生产的。对于机器人自身来说，最大的难点在于运动控制系统，而 ABB 的核心优势就是运动控制。可以说，ABB 的机器人算法是四大主力品牌中最好的，不仅有全面的运动控制解决方案，产品使用技术文档也相当专业和具体。

ABB 的控制柜随机附带 Robot Studio 软件，可进行 3D 运行模拟以及联机功能。ABB 的控制柜与外部设备的连接支持多种通用的工业总线接口，也可通过各种输入/输出接口实现与各种品牌 PLC 等的通信。此外，ABB 的控制柜还可以自由设定起弧、加热、焊接、收弧段的电流、电压、速度、摆动等参数，可自行设置实现各种复杂的摆动轨迹。

ABB 机器人如图 6.5 所示。

图 6.5 ABB 机器人

ABB 机器人的基础组成部分：本体、控制柜和示教器。

(1) 本体

以 IRB120 工业机器人为例，该机器人是 ABB 推出的一款迄今最小的多用途工业机器人——紧凑、敏捷、轻量的六轴机器人，仅重 25kg，荷重 3kg（垂直腕为 4kg），工作范围达 580mm。

其本体如图 6.6 所示。

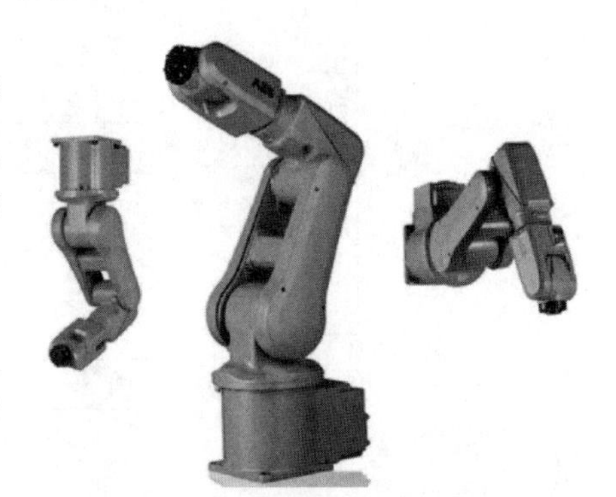

图 6.6 IRB120 工业机器人

除水平工作范围达 580mm 以外，ABB 机器人 IRB120 还具有出色的工作行程，底座下方拾取距离为 112mm。IRB120 采用对称结构，第二轴无外凸，回转半径小，可靠近其他设备安装，纤细的手腕进一步增强了手臂的工作范围，如图 6.7 所示。

(2) 控制柜

针对各类生产需求，ABB 目前共推出了 4 种不同类型的控制器，分别为 IRC5 单柜型控制器［图 6.8（a）］、IRC5C 紧凑型控制器［图 6.8（b）］、IRC5 PMC 面板嵌入型控制器［图 6.8（c）］、IRC5P 喷涂控制器［图 6.8（d）］。

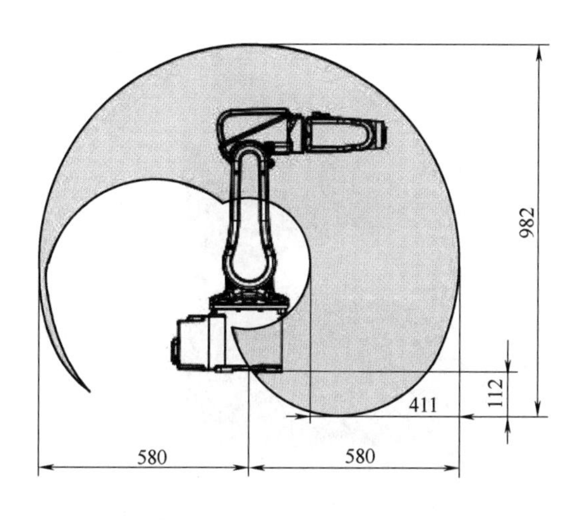

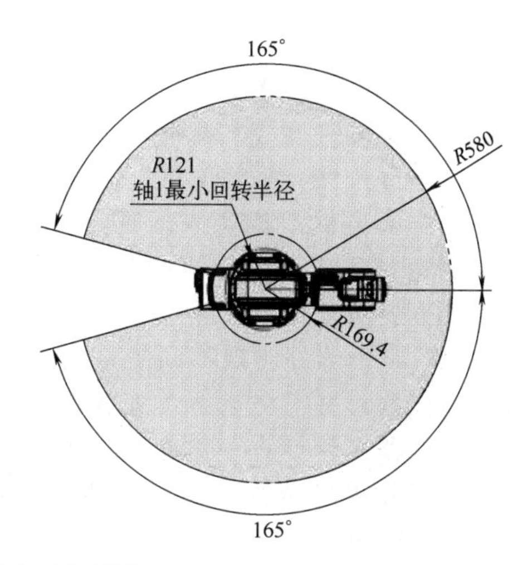

图 6.7　IRB120 工业机器人工作范围

(a) IRC5单柜型控制器

(b) IRC5C紧凑型控制器

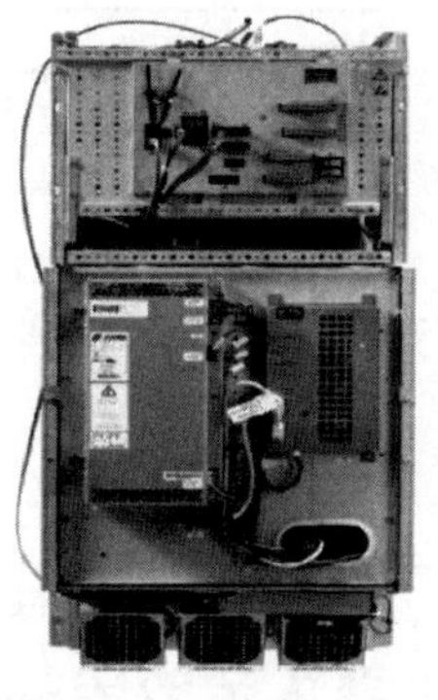

(c) IRC5 PMC面板嵌入型控制器

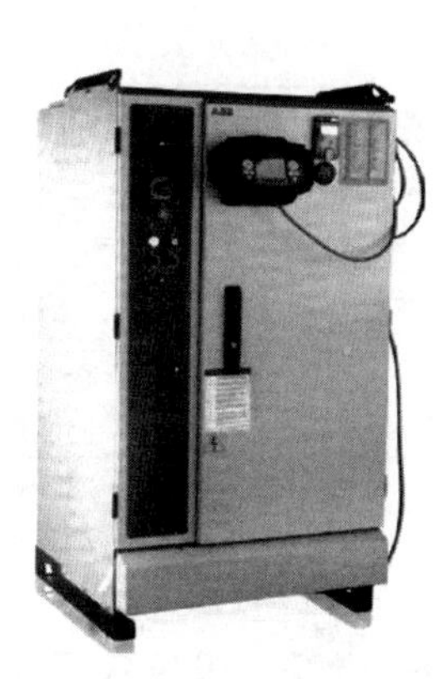

(d) IRC5P喷涂控制器

图 6.8　ABB 控制柜

IRB 120 配套的为 IRC5C 紧凑型控制器，其各按键功能如图 6.9 所示。

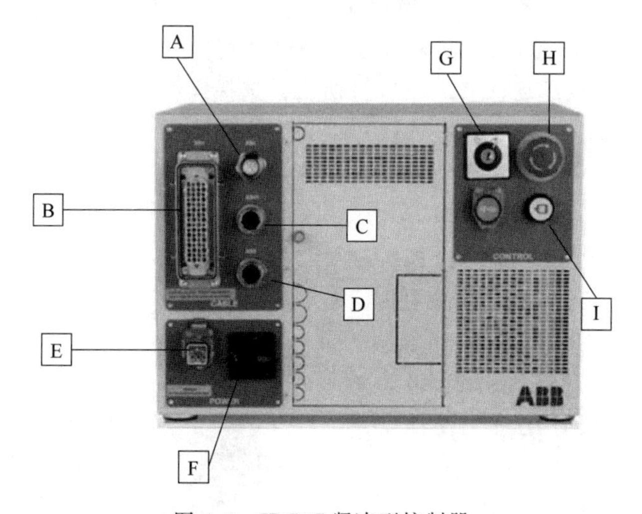

图 6.9　IRC5C 紧凑型控制器

A—示教器接口；B—动力线接口；C—附加轴 SMB 接口；D—编码器线接口；E—220V 电源接入口；F—主电源控制开关（ON 开/OFF 关）；G—机器人运动模式开关（手动模式/自动模式）；H—急停按钮；I—电机上电/复位按钮

(3) 示教器

ABB工业机器人示教器是机器人动作控制的核心，又称为示教编辑器，是实现机器人与操作员人机交互的关键，操作员的所有操作都需要通过示教器来实现，包括编程、调试、运行程序、设定、查看当前参数等。示教器主要由按键和触屏组成，一共有8个部件，且每个部件实现不同的功能，它是操作者和机器人进行交互的人机界面，是控制和操作机器人运行的必要工具，也是机器人示教再现及现场调试的方法手段，其外形、按键和触屏如图6.10所示，其主要部件功能如表6.2所示。

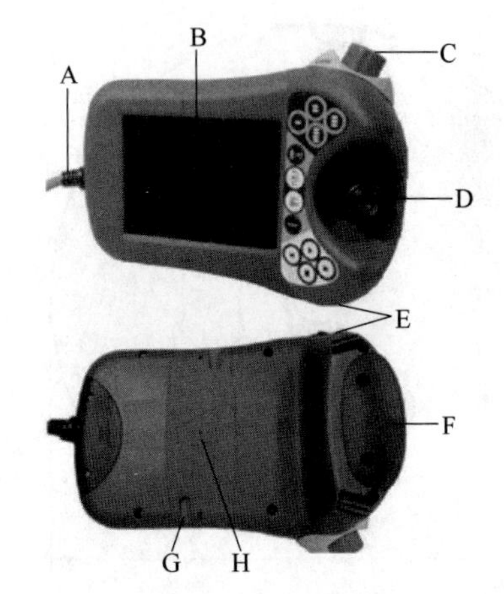

图6.10 ABB机器人示教器结构示意图

表6.2 ABB机器人示教器主要部件功能

标号	部件名称	说明
A	连接器	与机器人控制柜连接
B	触摸屏	机器人程序的显示和状态的显示
C	急停开关	紧急情况时拍下，使机器人停止
D	操纵杆	控制机器人的各种运动，如单轴运动、线性运动
E	USB接口	数据备份与恢复用USB接口(可插U盘/移动硬盘等存储设备)
F	使能按钮	给机器人的各伺服电机使能上电
G	触摸笔	与触摸屏配合使用
H	重置按钮	将示教器重置为出厂状态

6.2.2 ABB工业机器人示教器的使用

(1) 示教器按键区

图6.11所示的ABB工业机器人示教器上有12个专用按键，最上面4个是可编程的预设按键，可用作工业机器人抓紧工具和放松工具，及外围气路电磁阀的打开和关断等的控制；选择机械单元（E键）可实现机器人轴、外轴的切换；选择操纵模式按键F，可以使机器人在线性运动和重定位运动两者之间进行切换；选择操纵模式按键G，可以控制机器人轴1～3和轴4～6的运动；切换增量按键H可以控制机器人的增量运动；最下面4个按键是实现机器人运行、停止、步进、步退等功能的，以便帮助操作者更好地调试程序，如图6.11所示。

在示教器上，绝大多数的操作都是在触摸屏上完成的，同时也保留了必要的按钮和操作装置。其中，使能器按钮是工业机器人为保证操作人员人身安全而设置的。只有在按下使能器按钮，并保持在“点击开启”的状态下，才可对机器人进行手动操作与程序的调试。当发生危险时，人会本能地将使能器按钮松开或按紧，机器

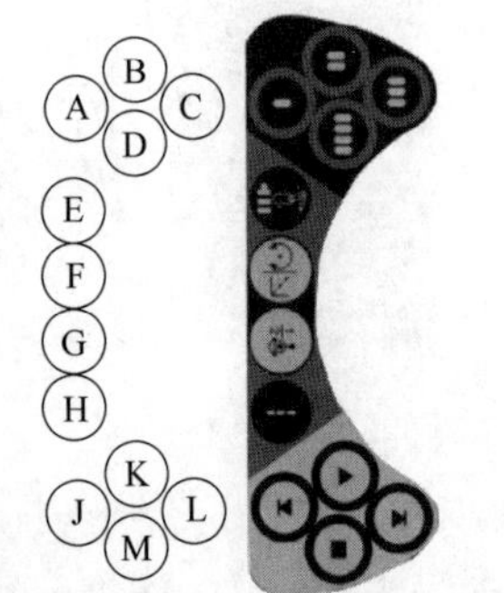

图6.11 示教器按键区

人则会马上停下来，保证安全。操作者应用左手的四个手指进行操作，手持示教器的方法如图 6.12 所示。

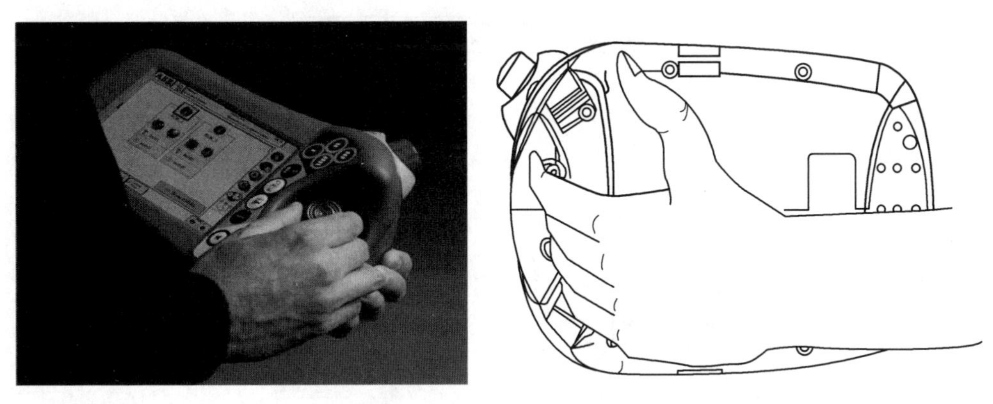

图 6.12　手持示教器的正确方法

使能器按钮分为两挡，在手动状态下第一挡按下去，机器人处于电机开启状态；第二挡按下去以后，机器人就会处于防护装置停止状态，如图 6.13 所示。

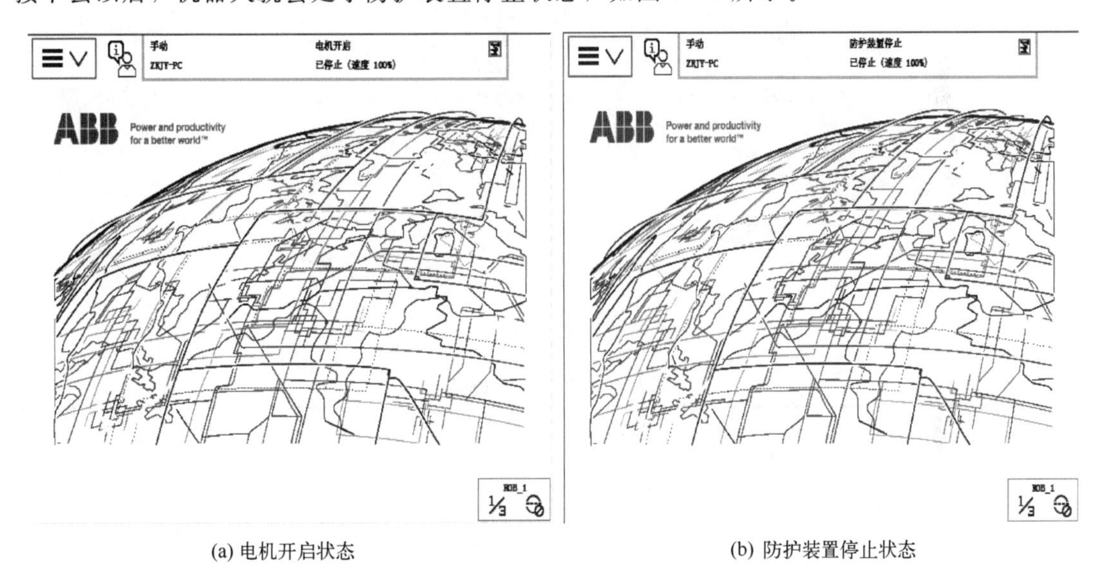

(a) 电机开启状态　　(b) 防护装置停止状态

图 6.13　使能按钮处于不同状态时的显示

(2) 示教器初始界面

示教器初始界面如图 6.14 所示，包括菜单栏、状态栏、任务栏等。

(3) 示教器菜单栏

示教器的菜单栏界面包含了机器人参数设置、机器人编程及系统相关设置等功能。比较常用的选项包括输入输出、手动操纵、程序数据、校准和控制面板，如图 6.15 所示。

各选项功能如表 6.3 所示。

① 对 ABB 机器人数据进行备份的操作。可以通过图 6.16～图 6.18 所示的步骤对数据进行备份。

a. 单击左上角主菜单按钮；

b. 选择“备份与恢复”；

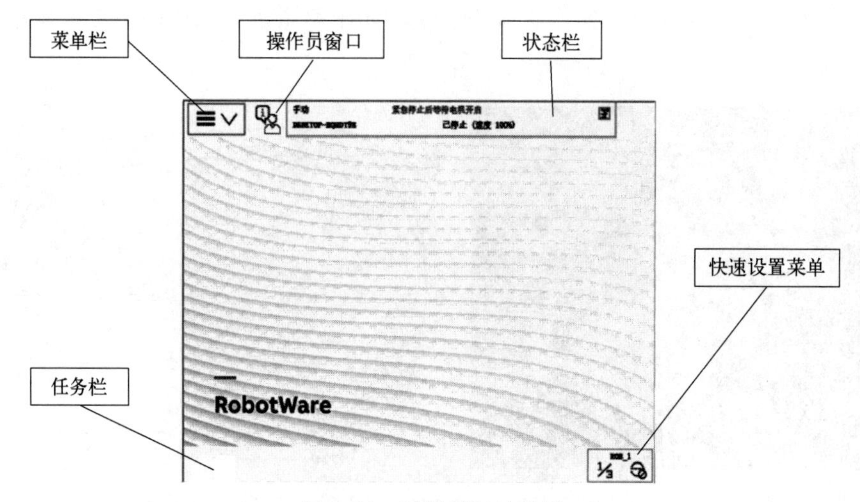

图 6.14　示教器初始界面

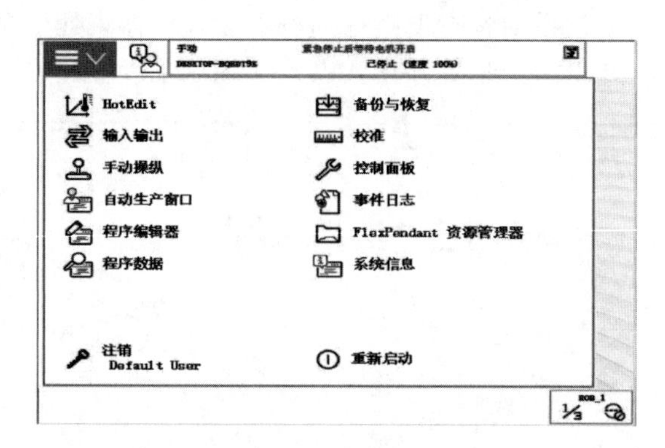

图 6.15　示教器菜单栏

表 6.3　各选项功能表

选项名称	说明
HotEdit	程序模块下轨迹点位置的补偿设置窗口
输入输出	设备及查看 I/O 视图窗口
手动操纵	动作模式设置、坐标系选择、操纵杆锁定及载荷属性的更改窗口，也可显示实际位置
自动生产窗口	在自动模式下，可直接调试程序并运行
程序编辑器	建立程序模块及例行程序的窗口
程序数据	选择编程时所需程序数据的窗口
备份与恢复	可备份和恢复系统
校准	进行转数计数器和电机校准的窗口
控制面板	进行示教器的相关设定
事件日志	查看系统出现的各种提示信息
FlexPendant 资源管理器	查看系统的系统文件
系统信息	查看控制器及当前系统的相关信息

c. 单击“备份当前系统…”；

d. 单击“ABC…”按钮，设定备份数据目录的名称；

e. 单击“…”按钮，选择备份存放的位置（机器人硬盘或 USB 存储设备）；

f. 单击“备份”进行备份的操作。

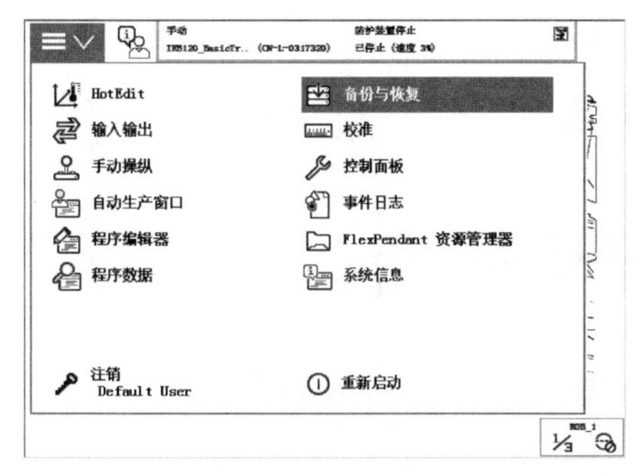

图 6.16　主菜单选择

图 6.17　选择备份系统功能

② 对 ABB 机器人数据进行恢复的操作。可以通过图 6.19～图 6.21 所示的步骤对数据进行恢复。

a. 单击“恢复系统…”；

b. 单击“…”，选择备份存放的目录；

c. 单击“恢复”；

d. 单击“是”。

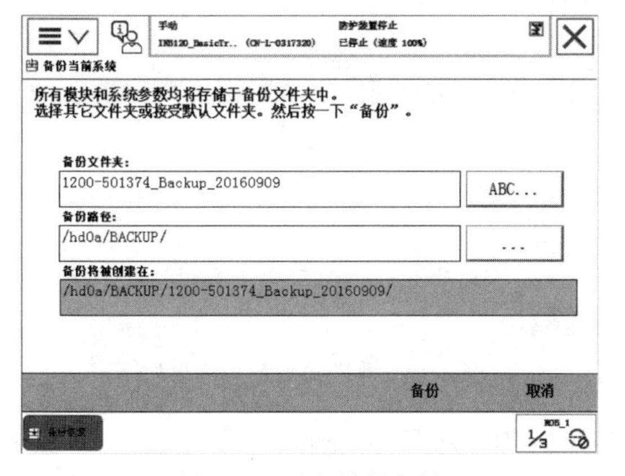

图 6.18　进行数据备份

图 6.19　选择恢复系统功能

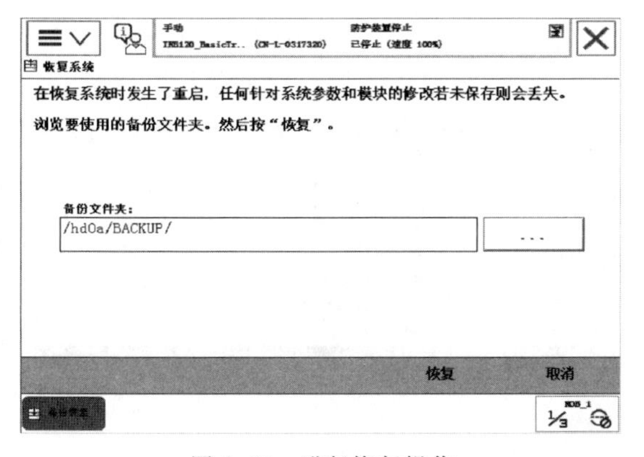

图 6.20　进行恢复操作

图 6.21　确认操作

在进行恢复时，要注意：

备份的数据是具有唯一性的，不能将一台机器人的备份恢复到另一台机器人中去，否则会造成系统故障。但是，也常会将程序和I/O的定义做成通用的，方便批量生产时使用。这时，可以通过分别单独导入程序和EIO文件来解决实际的需要。

③ 单独导入程序的操作。图6.22～图6.24为利用程序编辑器导入程序的步骤。

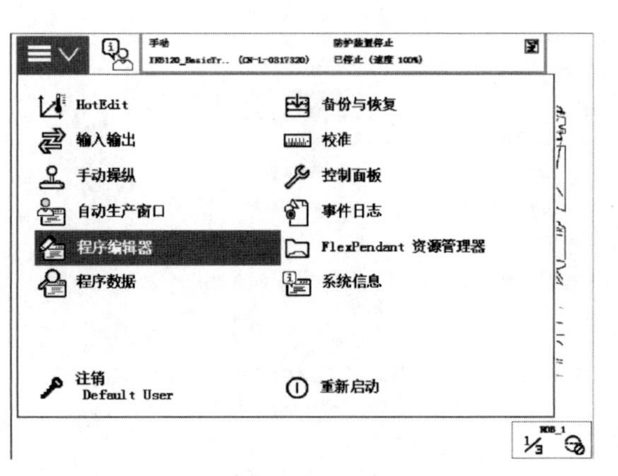

图6.22 主菜单选择

a. 单击左上角主菜单按钮；

b. 选择“程序编辑器”；

c. 单击“模块”标签；

d. 打开“文件”菜单，点击“加载模块…”，从“备份目录/RAPID”路径下加载所需要的程序模块。

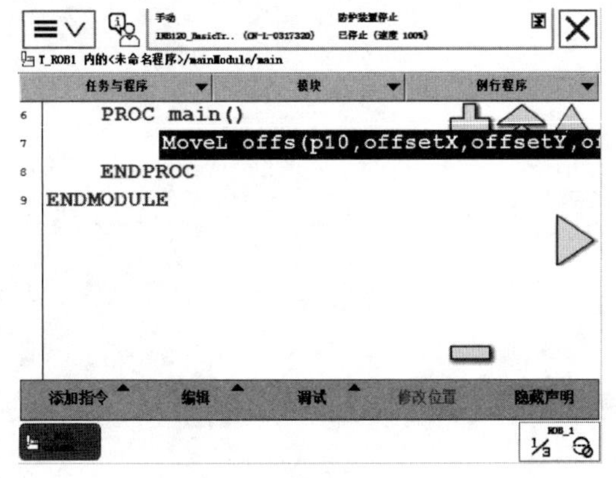

图6.23 选择模块标签

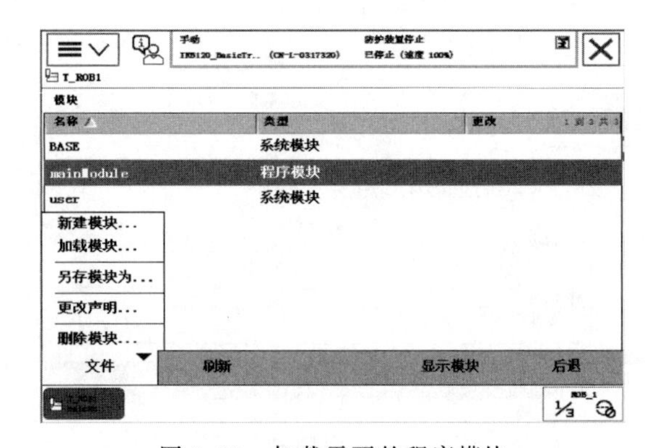

图6.24 加载需要的程序模块

④ 单独导入EIO文件的操作。图6.25～图6.30为导入EIO文件的步骤。

a. 单击左上角主菜单按钮；

b. 选择“控制面板”；

c. 选择“配置”；

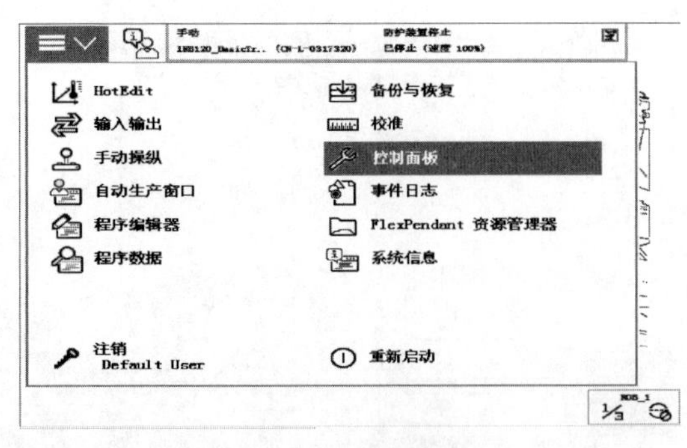

图6.25 主菜单选择

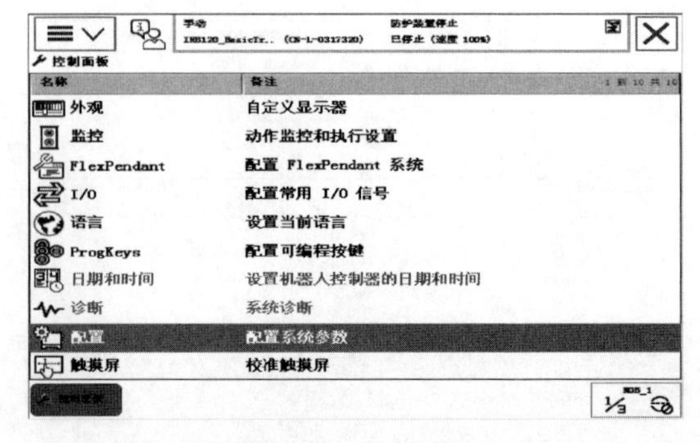

图6.26 选择配置

d. 打开“文件”菜单，单击“加载参数…”；

e. 选择“删除现有参数后加载”；

f. 单击“加载…”；

g. 在“备份目录/SYSPAR”路径下找到 EIO. cfg 文件；

h. 单击“确定”；

i. 单击“是”，重启后完成导入。

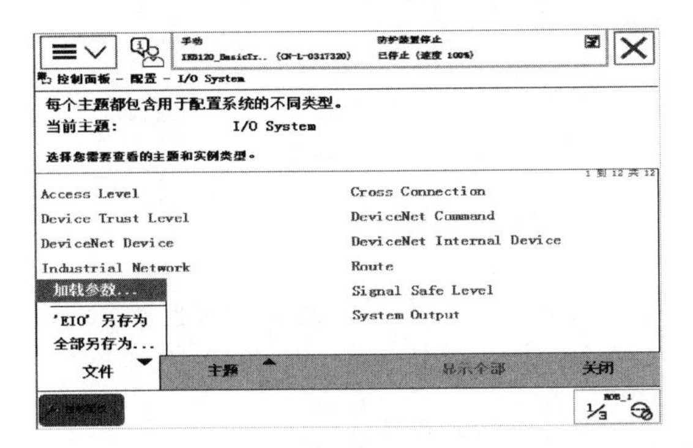

图 6.27　加载参数

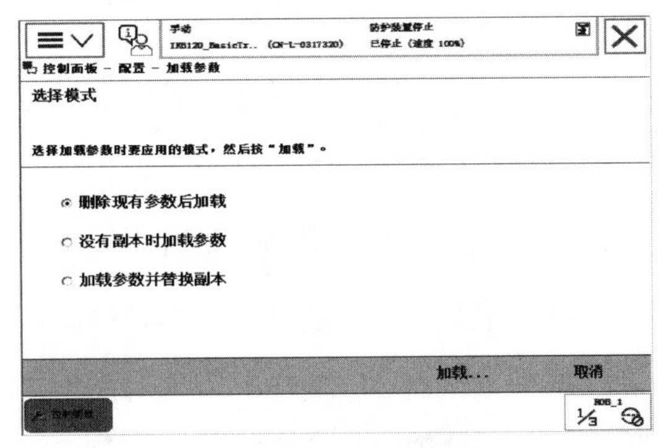

图 6.28　选择模式

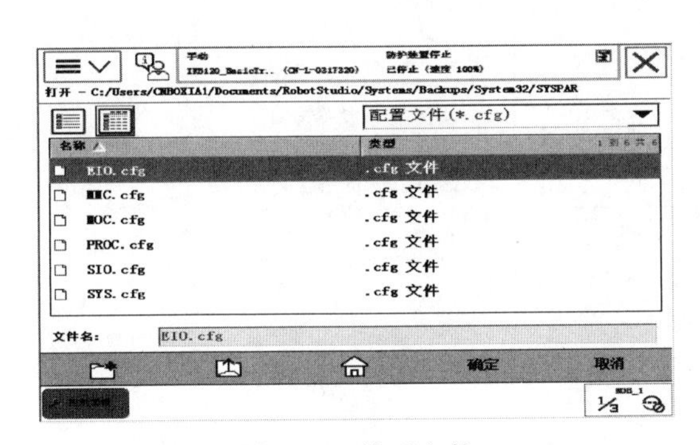

图 6.29　找到文件

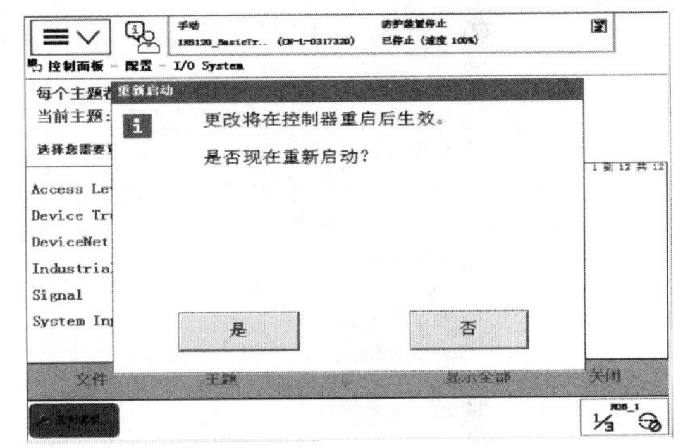

图 6.30　完成导入后重新启动

(4) 示教器控制面板

ABB 机器人的控制面板包含了对机器人和示教器进行设定的相关功能，如图 6.31 所示，各选项的说明见表 6.4。

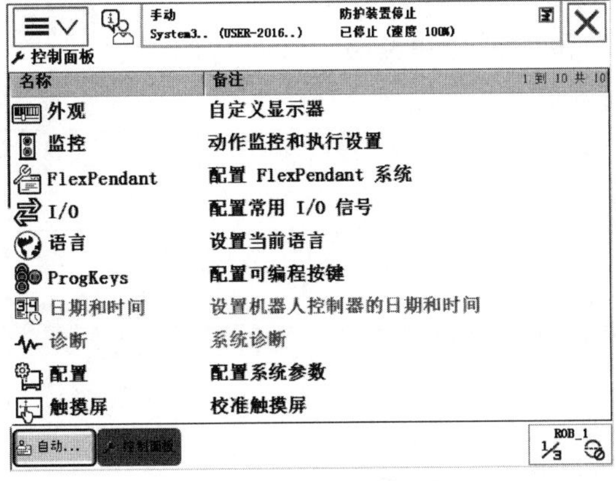

图 6.31　ABB 控制面板

表 6.4　控制面板选项说明

选项名称	说明
外观	可自定义显示器的亮度和设置左手或右手的操作习惯
监控	动作触碰监控设置和执行设置
FlexPendant	示教器操作特性的设置
I/O	配置常用I/O列表,在输入输出选项中显示
语言	控制器当前语言的设置
ProgKeys	为指定输入输出信号配置快捷键
日期和时间	控制器的日期和时间配置
诊断	创建诊断文件
配置	系统参数设置
触摸屏	触摸屏重新校准

6.2.3　ABB工业机器人的手动操作

由于示教器的屏幕显示需要打开才能看到，因此在调试机器人时，操作者需通过手动操作示教器来实现机器人与人的交互。图 6.32 为示教器的手动操作界面。

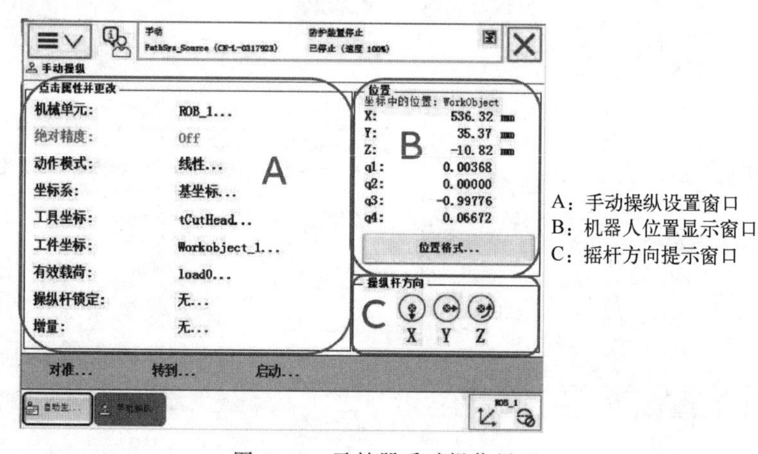

图 6.32　示教器手动操作界面

(1) 单轴运动的手动操纵

单轴运动是指每一个轴可以单独运动，所以在某些场合使用单轴运动来操作会很方便，包括机器人超出移动范围（机械限位、软件限位）的回调、粗定位，以及大幅度移动等。

图 6.33 为控制柜上按键的位置和说明。从图 6.34 开始为通过示教器操纵单轴运动的步骤。

① 如图 6.33 所示，将控制柜上机器人状态钥匙切换到手动限速状态（小手标志）；

② 如图 6.34 所示，在示教器的状态栏中确认机器人的状态已切换为“手动”；

③ 单击左上角主菜单按钮，在状态栏中，确认机器人的状态已切换为“手动”；

④ 如图 6.35 所示，选择“手动操纵”。

⑤ 如图 6.36，单击“动作模式”；

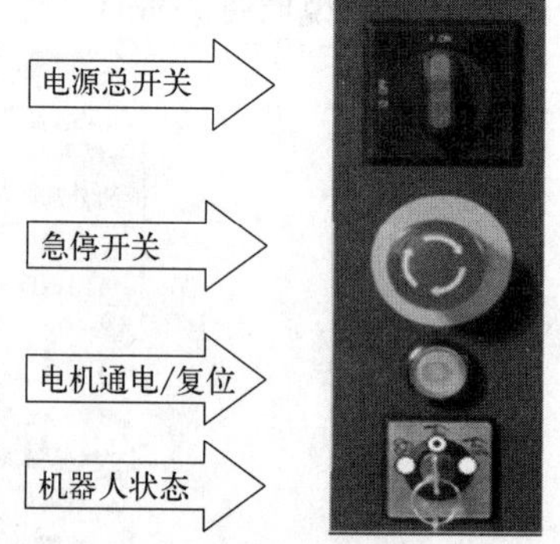

图 6.33　控制柜上的按钮和功能

图 6.34 确认为手动状态

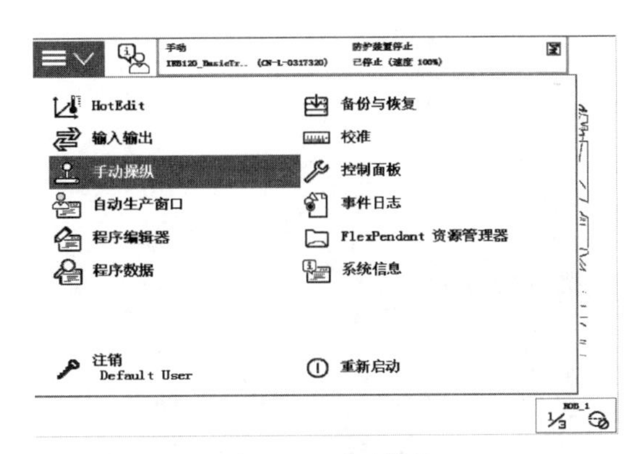

图 6.35 手动操作

⑥ 选中“轴 1-3”，然后单击“确定”（若选中“轴 4-6”，就可以操纵轴 4～6），如图 6.37 所示；

⑦ 用左手按下使能按钮，进入“电机开启”状态；

⑧ 在状态栏中，确认“电机开启”状态；显示“轴 1-3”的操纵杆方向，箭头代表正方向，如图 6.38 所示。

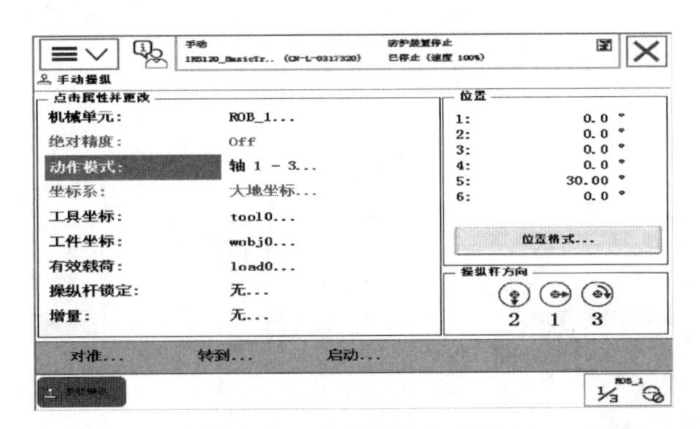

图 6.36 动作模式的选择

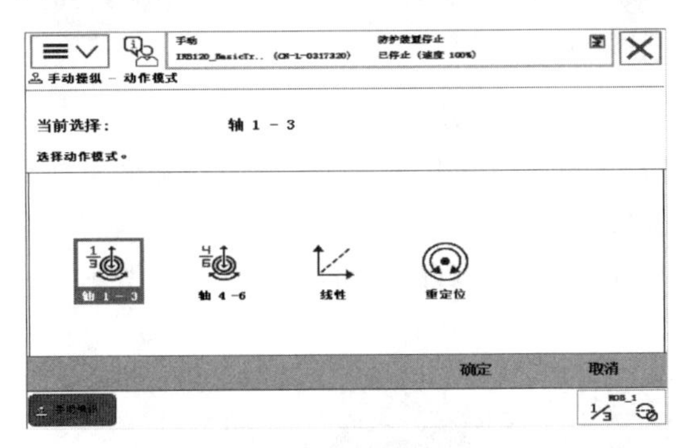

图 6.37 控制轴的选择

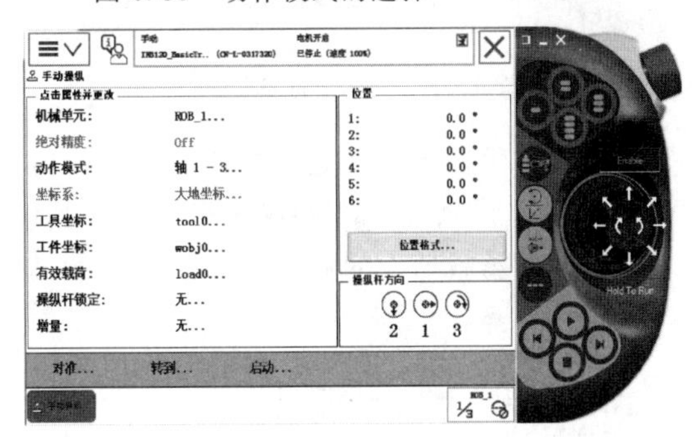

图 6.38 状态显示

(2) 线性运动的手动操纵

线性运动是指工业机器人末端的 TCP 在直角坐标系里做直线运动。线性运动的移动幅度较小，适合较为精确地定位和移动，比如操作者示教工业机器人定位抓取物体。

① 如图 6.39 选择“手动操纵”。

② 单击“动作模式”，如图 6.40 所示。

③ 选择“线性”，然后单击“确定”，如图 6.41 所示。

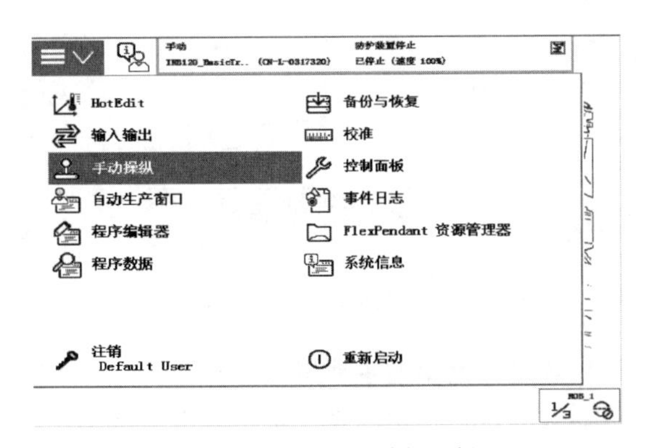

图 6.39 手动操纵的选择

④ 单击“工具坐标”，如图 6.42 所示。

⑤ 选中对应的工具“tool1”，然后单击“确定”，如图 6.43 所示。

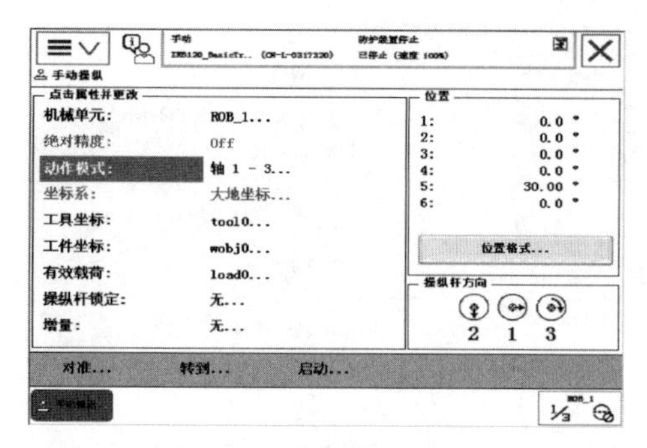

图 6.40　动作模式的选择

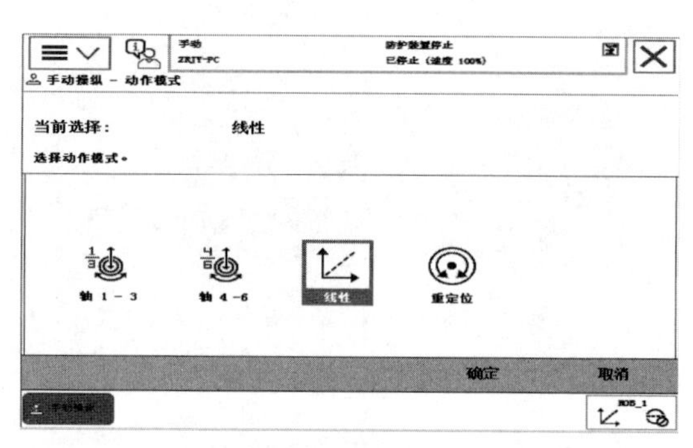

图 6.41　线性选择

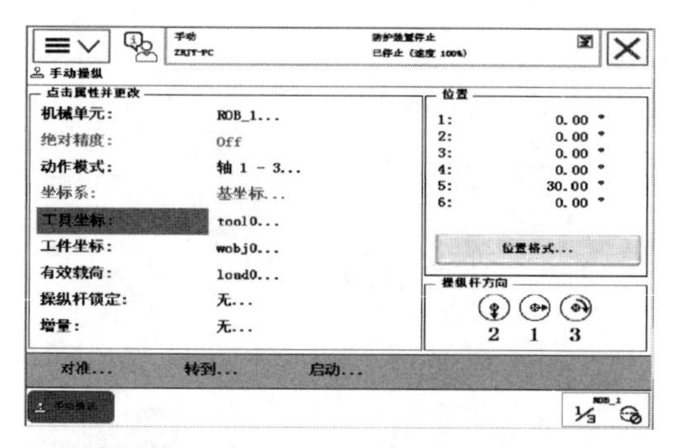

图 6.42　工具坐标的选择

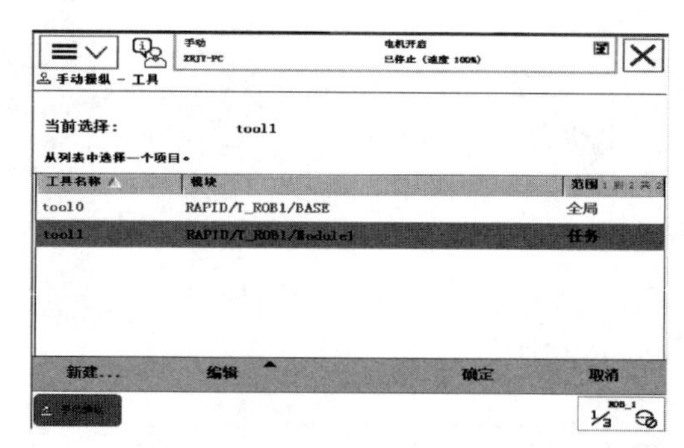

图 6.43　工具的选择

⑥ 用左手按下“使能”按钮，进入“电机开启”状态。在状态栏中，确认“电机开启”状态。显示轴 X、Y、Z 的操纵杆方向，其中箭头代表正方向，如图 6.44 所示。

⑦ 操作示教器上的操纵杆，使工具的 TCP 点在空间中做线性运动，如图 6.45 所示。

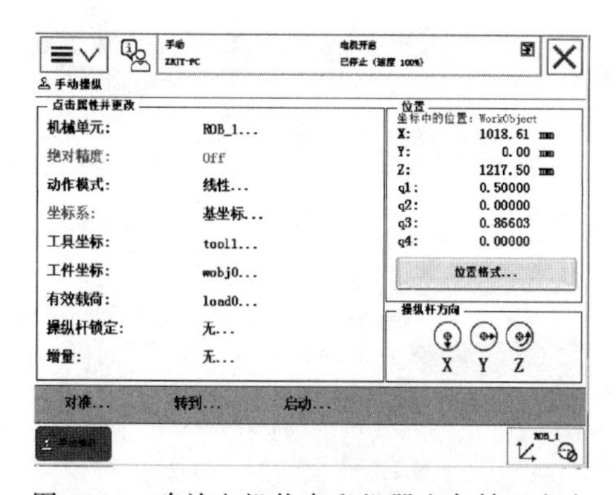

图 6.44　确认电机状态和机器人各轴正方向

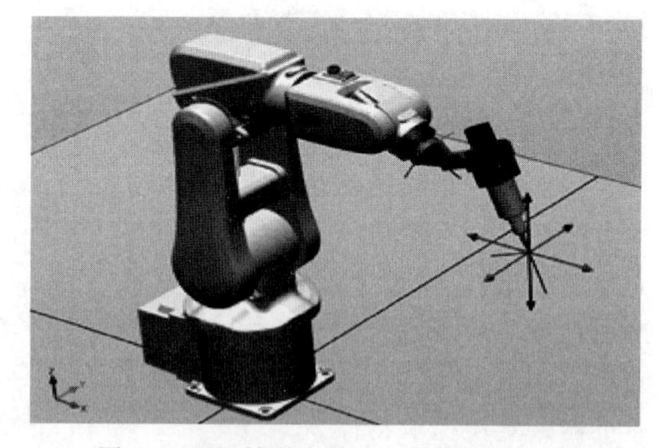

图 6.45　机械手末端的工件做线性运动

(3) 重定位运动的手动操纵

机器人的重定位运动是指机器人末端 TCP 在空间中绕着某个定义的坐标轴做旋转运动，从末端执行器的角度出发来看即机器人绕工具 TCP 点来调整姿态。

① 如图 6.46 所示，选择“手动操纵”。

② 如图6.47所示，单击“动作模式”。

③ 如图6.48所示，选择“重定位”，然后单击“确定”。

④ 如图6.49所示，单击“坐标系”。

⑤ 如图6.50所示，选择“工具”，然后单击“确定”。

⑥ 如图6.51所示，单击“工具坐标”。

⑦ 如图6.52所示，选中对应的工具“tool1”，然后单击“确定”。

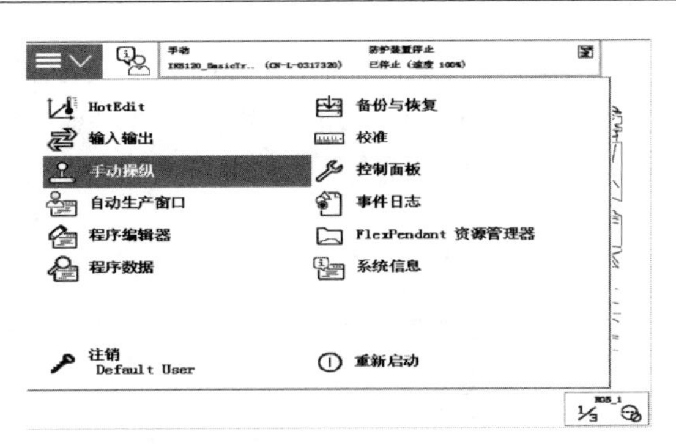

图6.46　手动操纵的选择

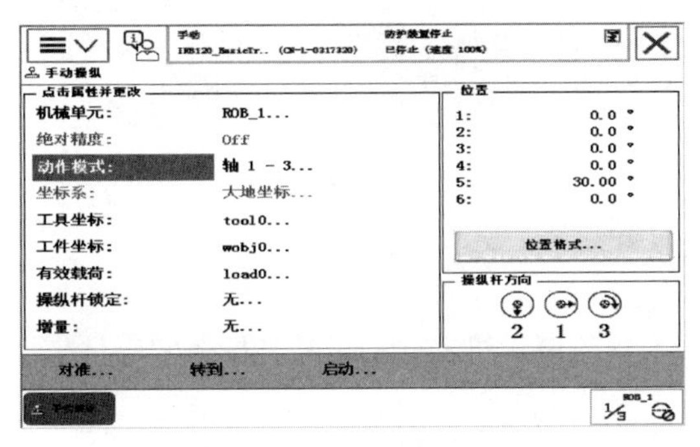

图6.47　动作模式的选择

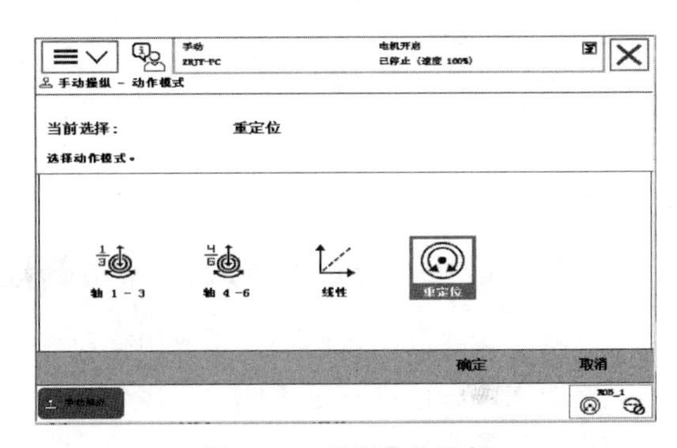

图6.48　重定位的选择

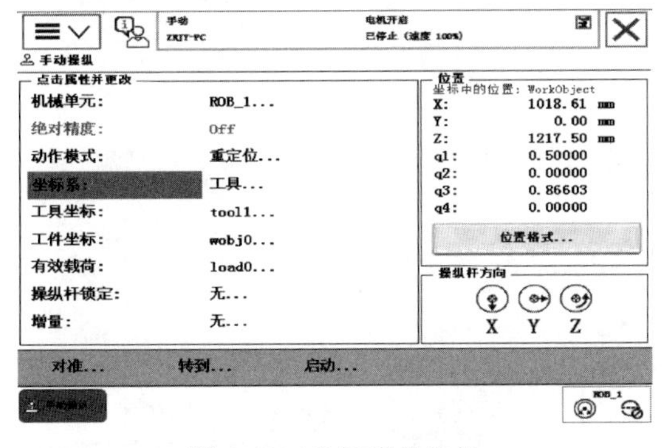

图6.49　坐标系的选择

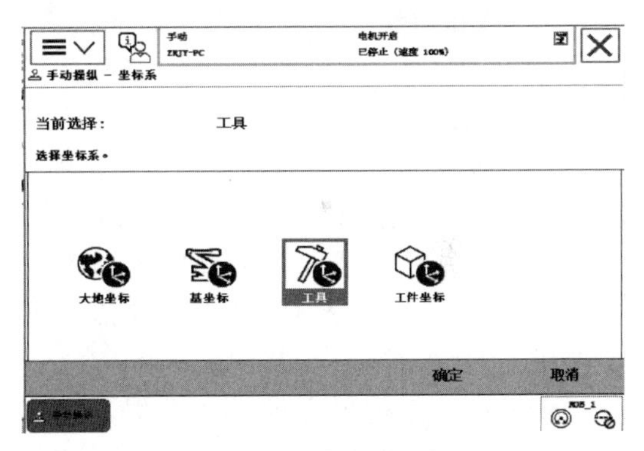

图6.50　工具的选择

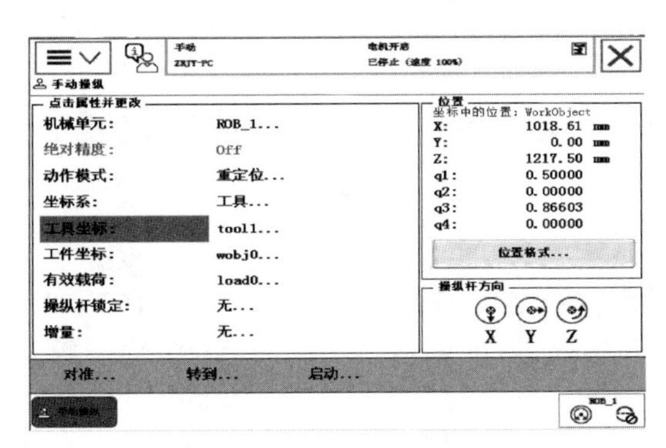

图6.51　工具坐标的选择

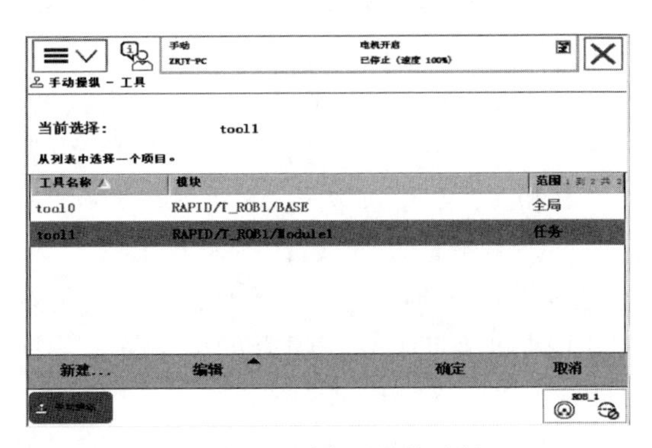

图6.52　对应工具的选择

⑧ 用左手按下“使能”按钮，进入“电机开启”状态。在状态栏中，确认“电机开启”状态。显示轴 X、Y、Z 的操纵杆方向，箭头代表正方向，如图 6.53 所示。

⑨ 操作示教器上的操纵杆，观察机器人绕着工具 TCP 点做姿态调整的运动，如图 6.54 所示。

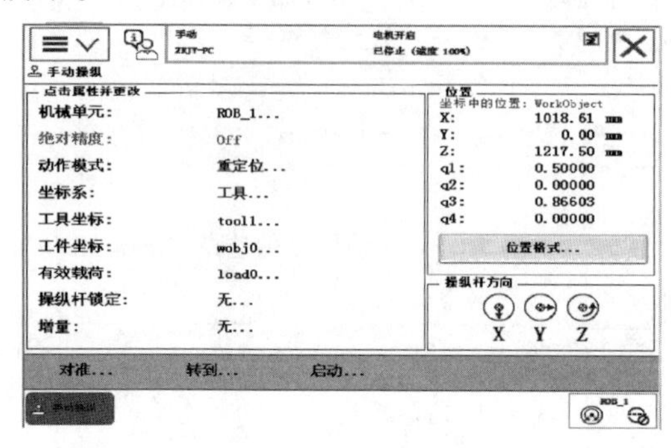

图 6.53　电机状态和各轴正方向的显示

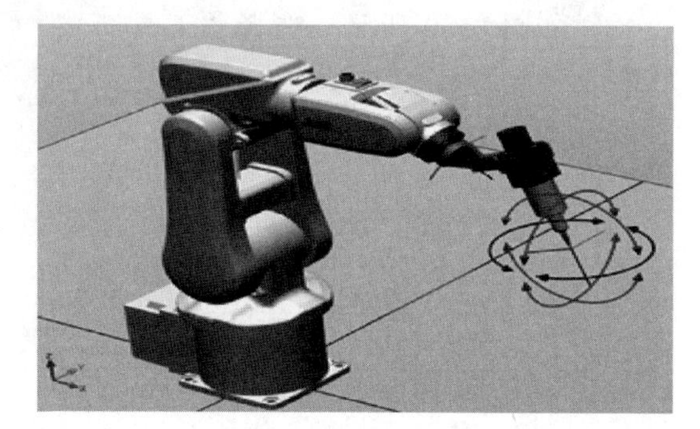

图 6.54　机械手的运动

6.2.4　ABB 工业机器人坐标系的建立

在进行正式的编程之前，需要构建起必要的编程环境，机器人的工具坐标系和工件坐标系就需要在编程前进行定义。

(1) 工具坐标系

工业机器人需要安装末端执行器才能完成相应的作业任务，而末端执行器由用户自定义，其形状和质量参数千差万别。故只有建立工具坐标系，才能规划工业机器人的运动轨迹。

工具坐标系定义原理为：

① 在机器人工作空间内找一个精确的固定点作为参考点；

② 确定工具上的参考点；

③ 手动操纵机器人，至少用 4 种不同的工具姿态，使机器人工具上的参考点尽可能与固定点刚好接触；

④ 通过 4 个位置点的位置数据，机器人可以自动计算出 TCP 的位置，并将 TCP 的位姿数据保存在 tooldata 程序数据中被程序调用。

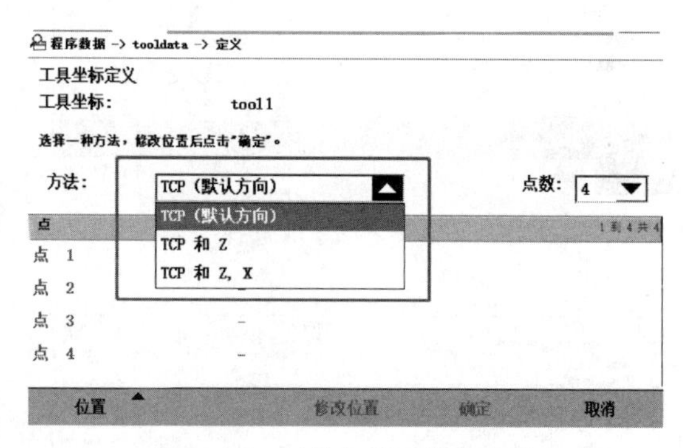

图 6.55　工具坐标系设定方法

ABB 机器人设定工具坐标系的方法有三种：“TCP（默认方向）”“TCP 和　Z”“TCP 和 X、Z ”。如图 6.55 所示。

TCP（默认方向）：在定义新工具坐标系的原点 TCP 时，新工具坐标系的方向仍然使用 tool 0 默认方向。新建工具 TCP 的 X、Y、Z 数据是相对于默认 tool 0 的偏移量，工具的方向 X、Y、Z 轴用默认 tool 0 方向，所以 q1=1，q2、q3、q4 都是零，其余参数不变。

TCP 和 Z：新工具坐标系的 TCP 数据为相对 tool 0 的偏移量，新工具的 Z 方向要自己根据需求进行定义，X 轴和 R 轴组成平面与新工具 Z 轴垂直（延伸器点 Z 偏移值建议

100mm 以上)。

TCP 和 X、Z：新建工具坐标系完全由自己定义，即工具的 TCP 原点和 X 轴、Z 轴正方向自己定义，Y 轴是根据 X 轴和 Z 轴自动推理出来的。因为立体空间是由原点 O、X 轴、Y 轴、Z 轴组成的，所以 X 轴、Y 轴、Z 轴三根轴相互垂直（延伸器点 Z 和 X 偏移值建议 100mm 以上)。

下面介绍定义点 1、点 2、点 3、点 4 的方法（需要四个不同的姿态点)，如图 6.56 所示。

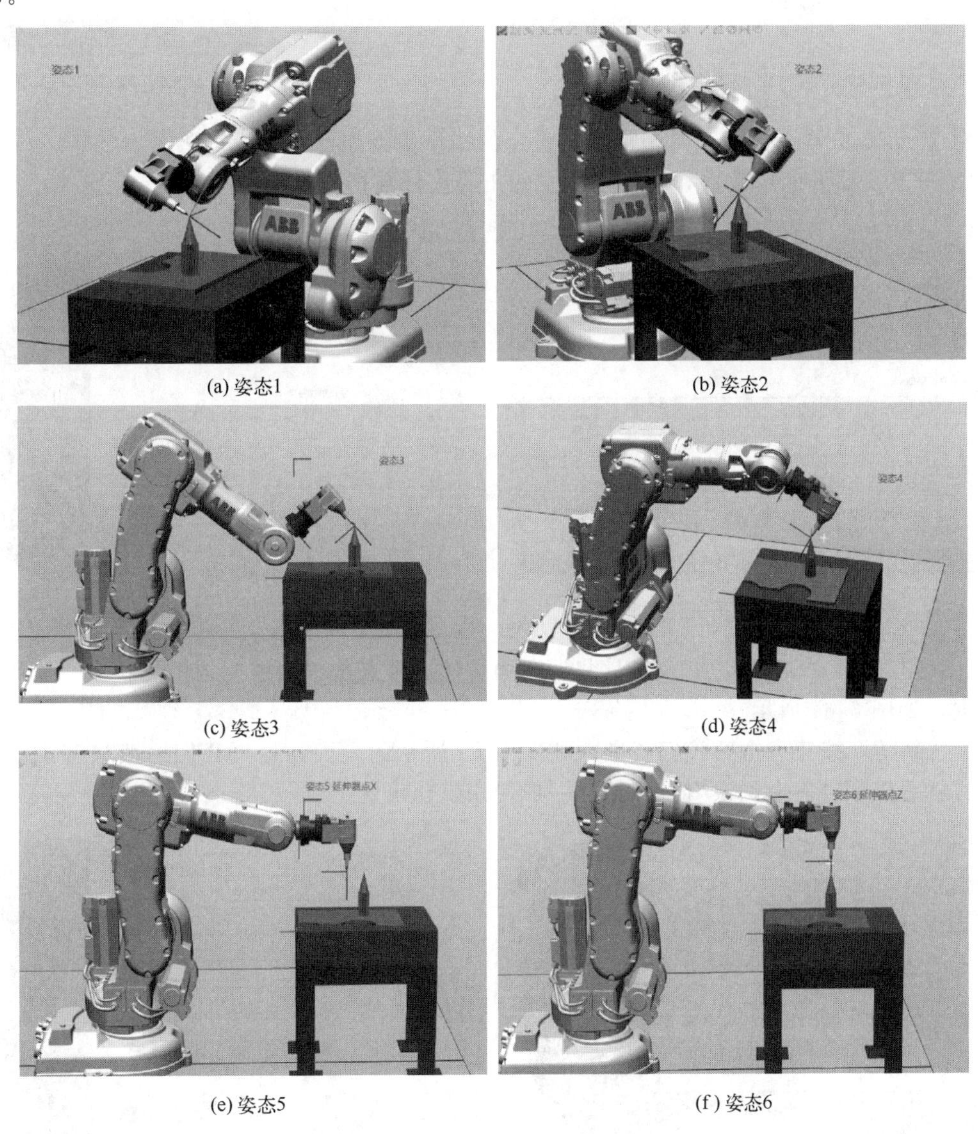

(a) 姿态1 (b) 姿态2

(c) 姿态3 (d) 姿态4

(e) 姿态5 (f) 姿态6

图 6.56 机器人不同姿态的定义

定义完成后查看平均误差数据：误差结果越小越好，建议不大于 3mm，如图 6.57 所示。

此后，对新建的工具 tool1 定义其质量、重心的编辑更改值即可（主菜单、手动操纵、工具坐标、选中更改值等)，如图 6.58 所示。

主要更改的数据有 2 个，如图 6.59 所示：mass（质量，根据实际测量数据填写)；cog（重心，x、y、z 数据是相对于默认 tool 0 的偏移量数据)。

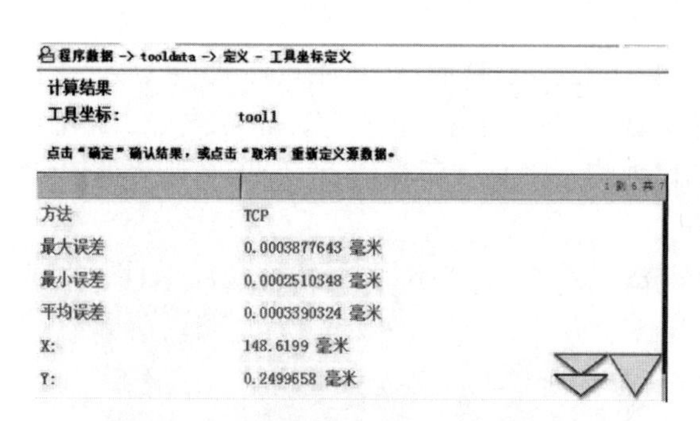

图 6.57　平均误差数据的查看

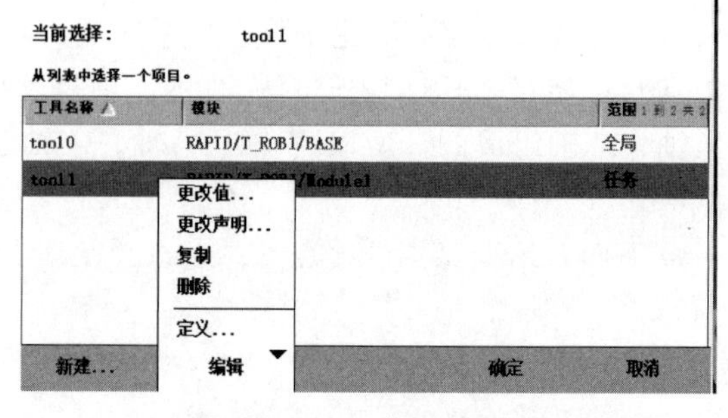

图 6.58　参数更改

对于 ABB 机器人，其工具坐标数据设定的操作步骤如下。

① 打开机器人的示教器，新建一个空的工具坐标数据。

a. 点击菜单—进入程序数据—找到 tooldata，如图 6.60 所示。

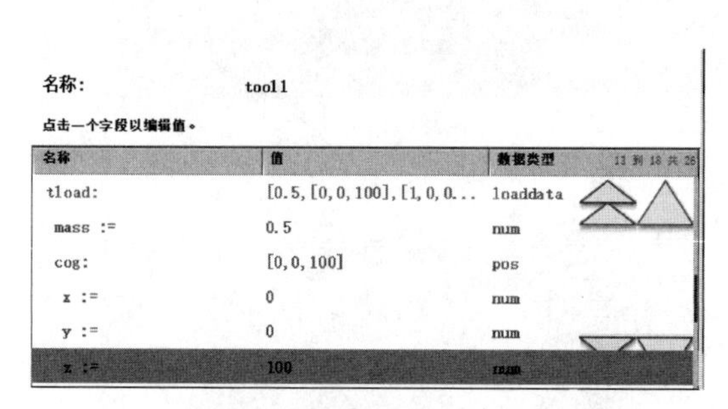

图 6.59　主要数据的更改

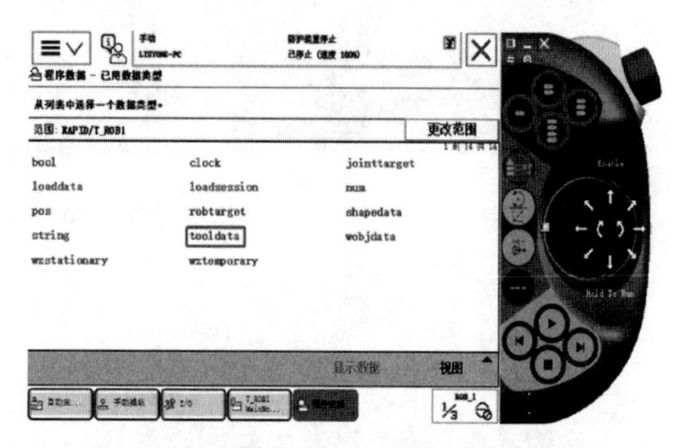

图 6.60　tooldata

b. 双击进入 tooldata，进入工具数据画面，然后再点击“新建”按钮，新建一个新的工具数据，如图 6.61 所示。

c. “新建”按钮点击后我们就进入如图 6.62 所示的画面，这里我们一般只需要修改一个名称就可以了，其余的没有特殊情况一般使用默认设置。

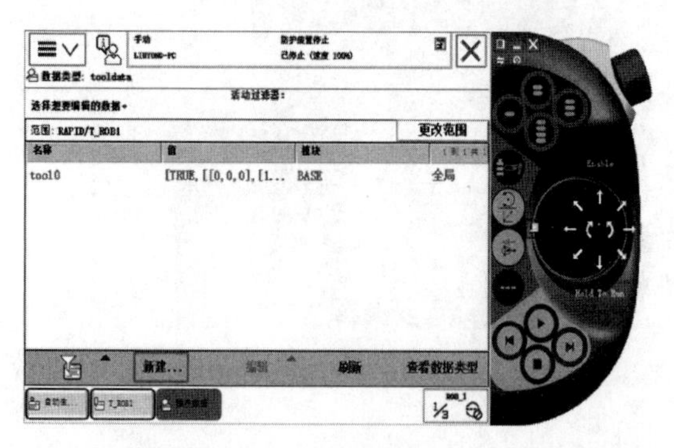

图 6.61　工具数据的创建

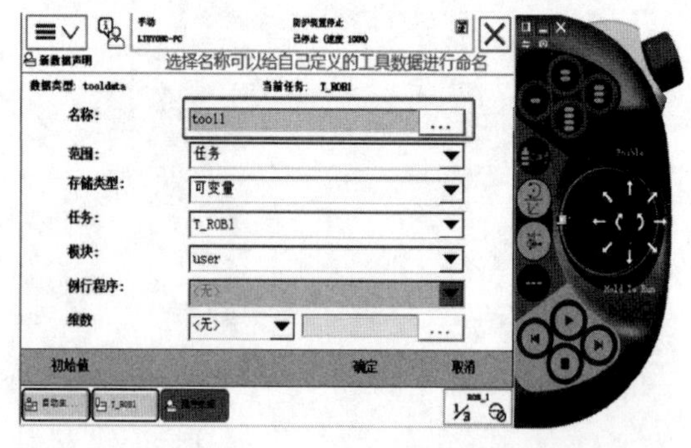

图 6.62　工具数据参数设置

d. 重命名完成后点击“确定”按钮，完成工具坐标数据的创建，如图 6.63 所示，这样我们就完成了第一步：“建立一个空的工具数据”。

② 将工具信息填写到机器人的工具数据 tooldata 中。该步骤中，需要提前知道机器人工具的规格，如果是购买的标准件，厂商一般会提供。

a. 光标选中 tool1，如图 6.64 所示。

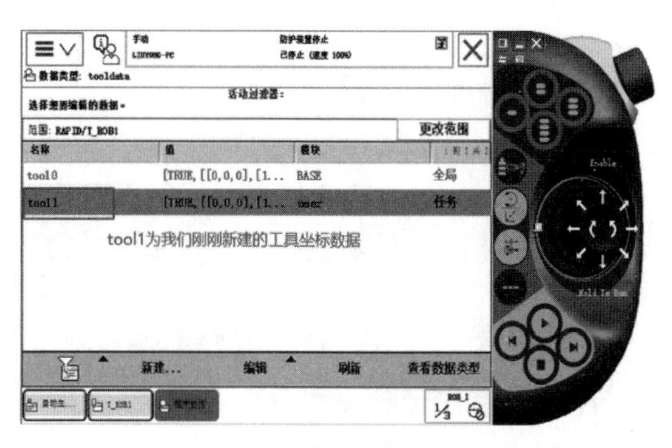

图 6.63　空的工具数据的创建

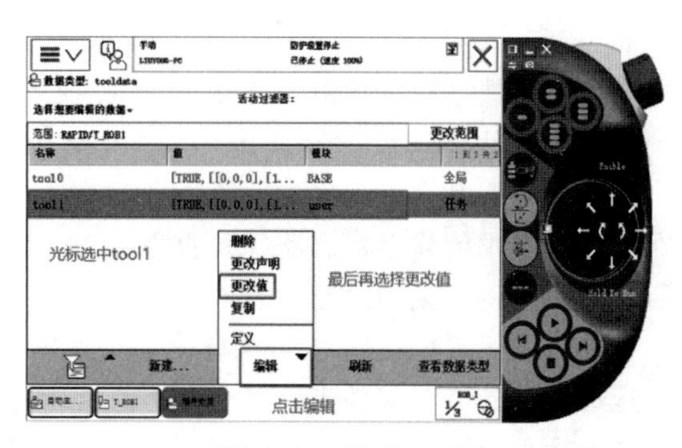

图 6.64　选中 tool1

b. 选择“更改值”后，就进入所要填写机器人工具坐标数据的界面，如图 6.65 所示。

在这个界面中，可以看到如下数据：

第一个就是 robhold，即机器人是否夹持工具，意思就是所选用的工具是不是安装在机器人 6 轴（机器人工具分为两种安装方式，一种是固定的、放置在地上的、不变位置的，还有一种是直接安装在机器人法兰中心的）。如果工具坐标是安装在法兰中心的，则选择 TRUE 即可；如果是安装在地面上固定不动的，则选择 FALSE。

第二个内容则是 tframe 下的 trans，代表着工具的 TCP 点与法兰盘中心点的 X、Y、Z 方向的偏移值。

假如如图 6.66 所示 X 到 X' 方向的偏移为 10，Z 到 Z' 方向的偏移为 50，Y 到 Y' 的偏移为 0，则只需将数据填写到图 6.67 中即可完成 TCP 位置的定义（注意，此处说的 X 到 X' 的偏移指的是在三角坐标系中 X 方向的矢量偏移，并不是 X 到 X' 的两点之间的距离）。

TCP 位置定义完成后再接着定义工具的质量及重心，如图 6.68 所示。

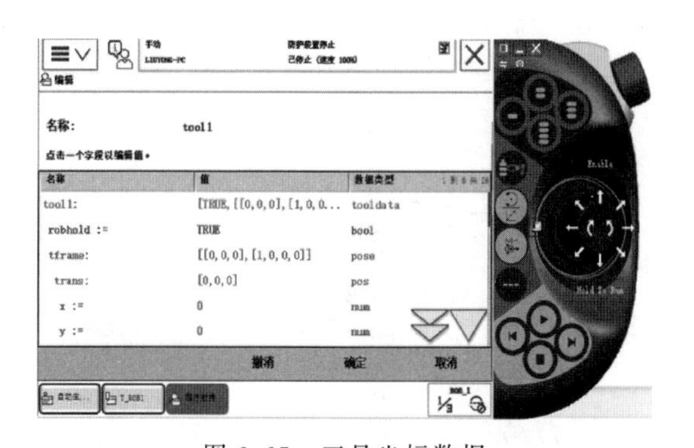

图 6.65　工具坐标数据

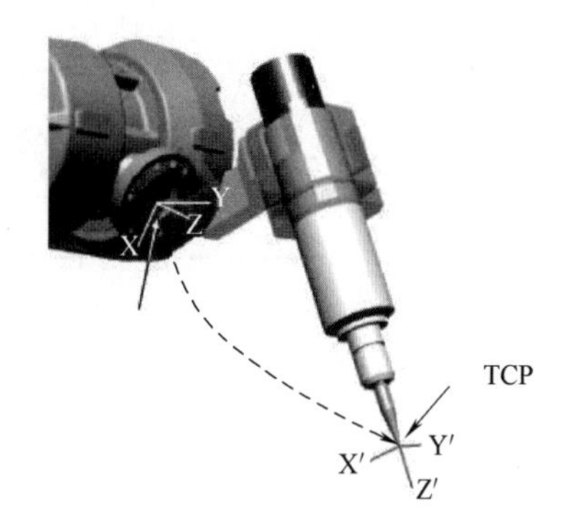

图 6.66　TCP 点

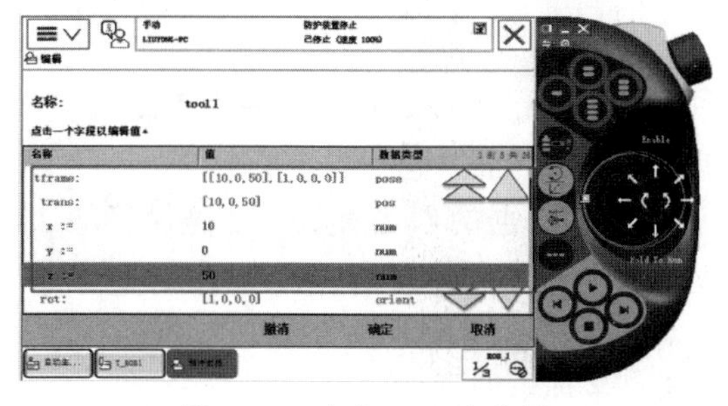

图 6.67　定义 TCP 点位置

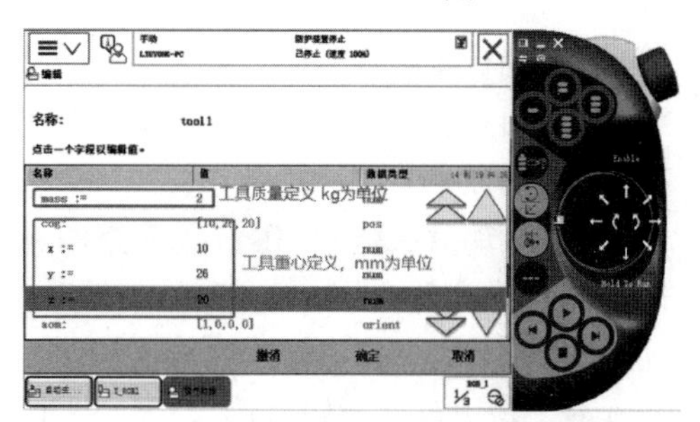

图 6.68　工具数据的质量和重心定义

定义完重心后只需要再完成最后一步，把光标拉到最后面，定义该工具的惯量，如图 6.69 所示。

定义完惯量后再点击“确定”，即完成了整个工具数据的定义。

(2) 工件坐标系

工件坐标系定义工件相对于大地坐标（或其他坐标）的位置。对机器人进行编程时就是在工件坐标中创建目标和路径。重新定位工作站中的工件时，只需要更改工件坐标的位置，所有的路径将即刻随之更新。

工件坐标系可由用户自行建立。当机器人选择工件坐标系 $\{A\}$ 时，机器人沿着 X 轴的运动方向是沿着工件坐标系 $\{A\}$ 的 X 轴方向。若选择工件坐标系 $\{B\}$，则机器人沿着工件坐标系 $\{B\}$ 的 X 轴方向运动，如图 6.70 所示。

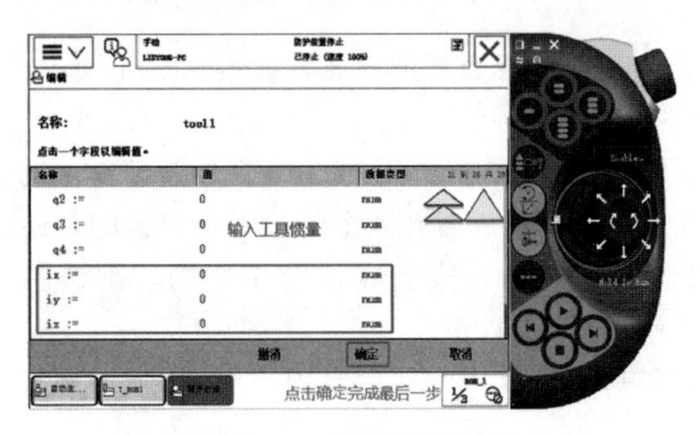

图 6.69　定义工具惯量

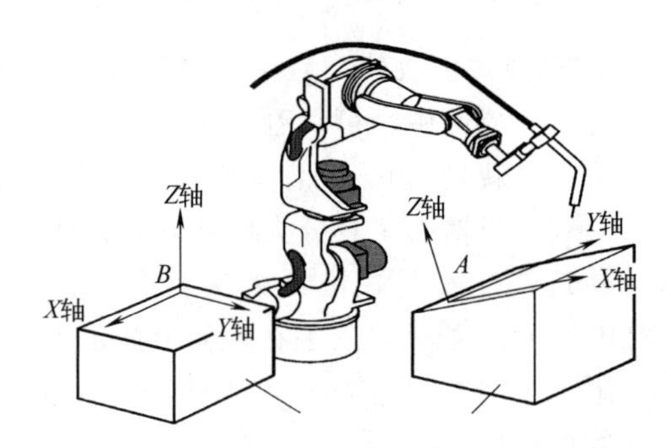

图 6.70　坐标系定义

ABB 机器人的工件坐标系采用 3 点法，用户分别记录 X_1、X_2 和 Y_1，其中 X_1 点确定工件坐标原点，X_1、X_2 确定工件坐标 X 正方向，Y_1 确定工件坐标 Y 正方向；Z 轴方向由右手坐标系确定，如图 6.71 所示。

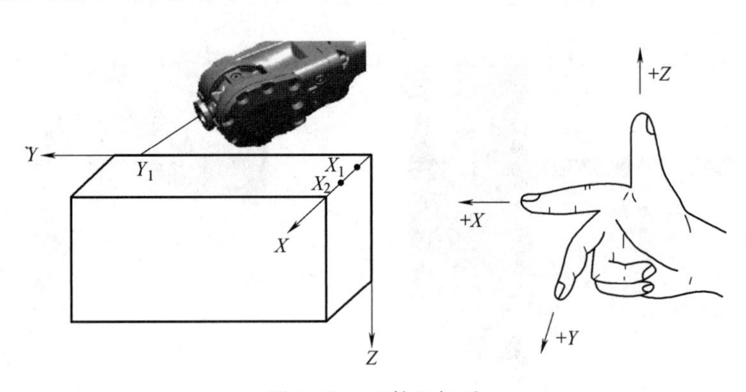

图 6.71　工件坐标系

其具体操作步骤如下：

打开虚拟示教器，切换到“手动运行”模式，依次点击“ABB 菜单”→“手动操纵”，在手动操纵界面中点击“工件坐标”，进入手动操纵—工件界面。

点击下方的“新建”，在新数据声明界面中设置工件数据的创建参数，这里保持默认，点击“确定”，名称为“wobj1”的工件数据创建完成，如图 6.72 所示。

点选新创建的 wobj1，然后依次点击“编辑”→“定义”，进入工件坐标定义界面，如图 6.73 所示。在用户方法后点选“3 点”，下方出现用户坐标系的三个标定点位。

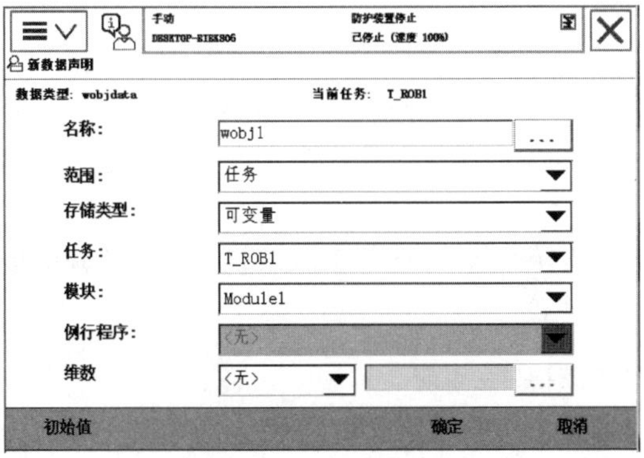

手动　DESKTOP-EIEK806　防护装置停止　已停止（速度 100%）
新数据声明
数据类型：wobjdata　当前任务：T_ROB1
名称：wobj1
范围：任务
存储类型：可变量
任务：T_ROB1
模块：Module1
例行程序：〈无〉
维数：〈无〉
初始值　确定　取消

图 6.72　工件数据创建

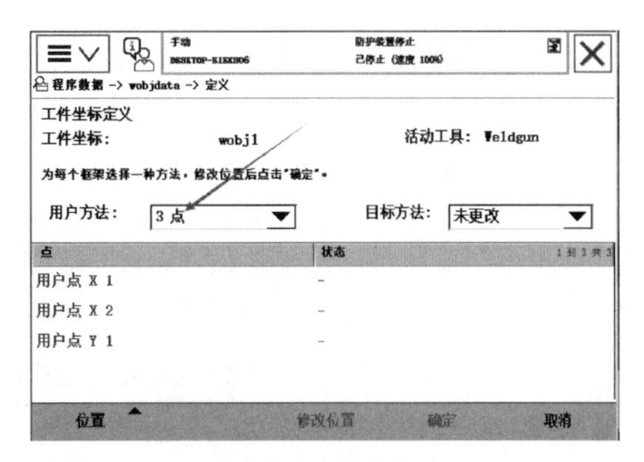

图 6.73　3 点标定法

需要标定的用户坐标的三个点为“用户点 X1”“用户点 X2”“用户点 Y1”，分别代表用户坐标系的坐标原点、X 坐标轴上的点、Y 坐标轴上的点。手动运行机器人 TCP 到工件的某个角点上，点选“用户点 X1”，再点击“修改位置”，后方的状态栏显示“已修改”，第一点标定完成，如图 6.74 所示。

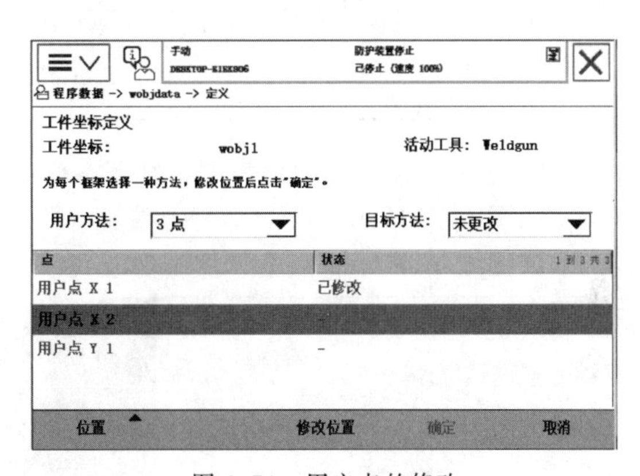

图 6.74　用户点的修改

参考上述步骤，保持 TCP 姿态不变，手动平移机器人到标定点 2 与标定点 3 的位置处，并分别修改“用户点 X2”与“用户点 Y1”，标定点位如图 6.75 所示。坐标点全部修改完成后，点击“确定”，用户坐标系 wobj1 标定完成。

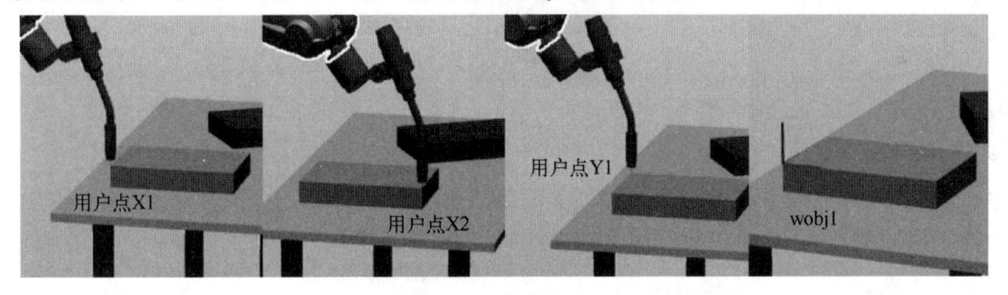

图 6.75　标定点位 1

按照工件数据 wobj1 的创建与标定方法，创建工件数据“wobj2”，并在另一个工件上标定用户坐标系，各个标定点位如图 6.76 所示。

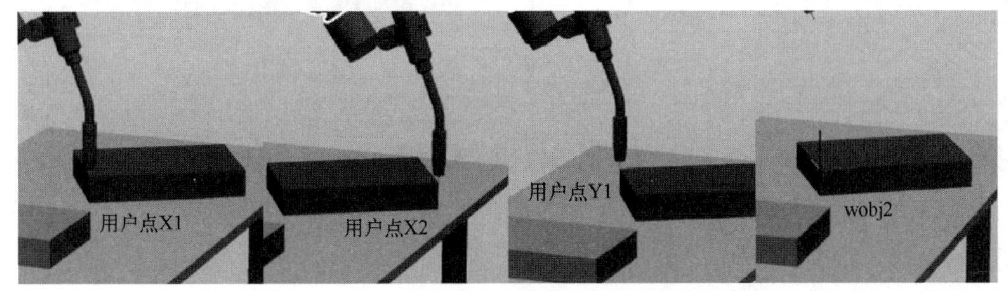

图 6.76　标定点位 2

6.2.5 ABB 工业机器人的通信

ABB 机器人提供了丰富的 I/O 通信接口，可以轻松地实现与周边设备进行通信。

① ABB 标准 I/O 板提供的常用信号处理有数字输入 DI、数字输出 DO、模拟输入 AI、模拟输出 AO，以及输送链跟踪，如表 6.5 所示；

② ABB 机器人可以选配标准 ABB 的 PLC，省去了原来与外部 PLC 进行通信设置的麻烦，并且在机器人的示教器上实现与 PLC 相关的操作。

表 6.5 ABB 机器人 I/O 通信接口的说明

序号	型号	说明
1	DSQC651	分布式 I/O 模块：8 位数字量输出、8 位数字量输入、2 位模拟量输出
2	DSQC652	分布式 I/O 模块：16 位数字量输出、16 位数字量输入
3	DSQC653	分布式 I/O 模块：8 位数字量输出、8 位数字量输入（带继电器）
4	DSQC355A	分布式 I/O 模块：4 位模拟量输出、4 位模拟量输入
5	DSQC377A	输送链跟踪单元

以 DSQC652 板卡的配置为例，其基本操作步骤如下：

① 如图 6.77 所示，点击“ABB 主菜单”。

② 如图 6.78 所示，点击“控制面板”。

图 6.77 主菜单

图 6.78 控制面板

③ 如图 6.79 所示，点击“配置”。

④ 如图 6.80 所示，点击“DeviceNet Device”。

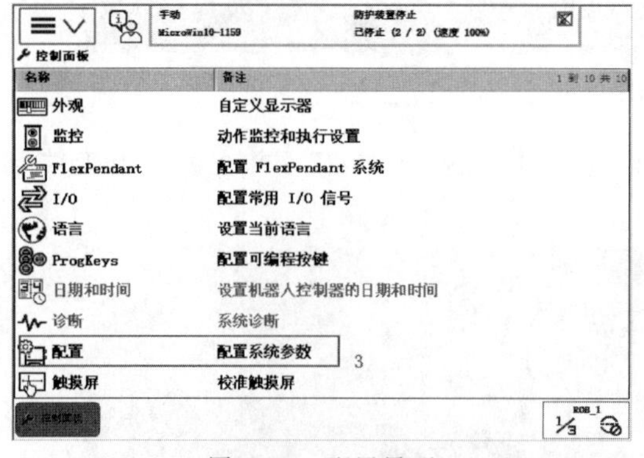

图 6.79 配置界面

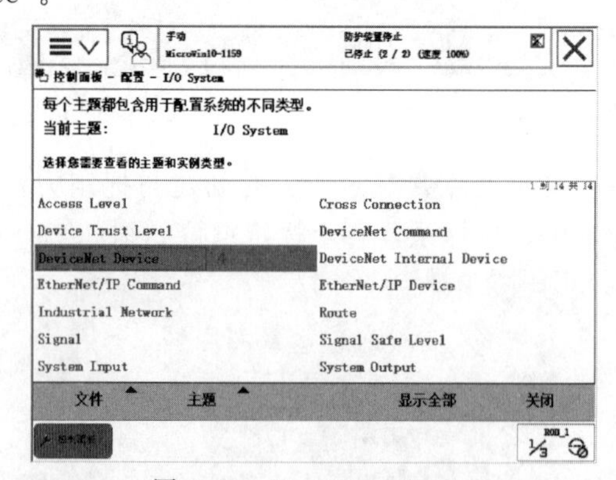

图 6.80 DeviceNet Device

⑤ 如图 6.81 所示，点击“添加”。

⑥ 如图 6.82 所示，选择“DSQC 652 24 VDC I/O Device”。

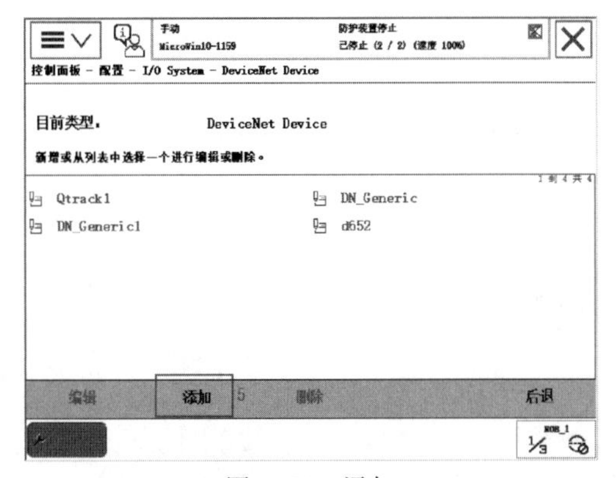

图 6.81　添加

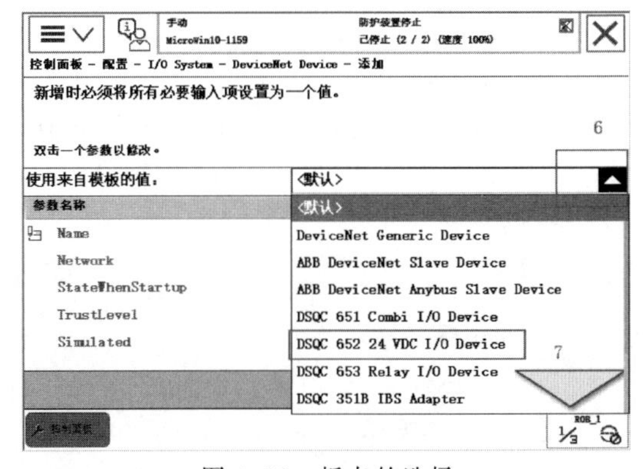

图 6.82　板卡的选择

⑦ 如图 6.83 所示，修改 Address 的值为 10。

⑧ 如图 6.84 所示，点击“是”，进行重启。

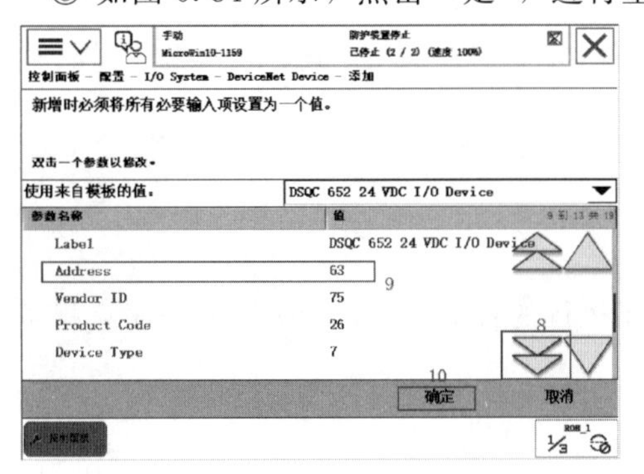

图 6.83　Address 值的修改

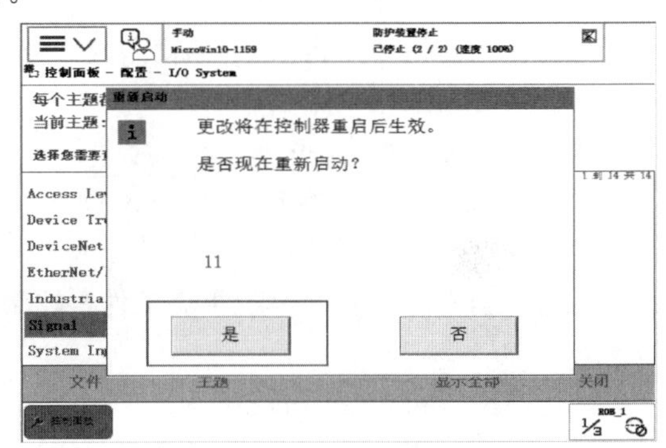

图 6.84　重启操作

6.2.6 ABB 工业机器人的编程

(1) 机器人基本指令

① MoveJ 运动指令

功能：点到点运动。

格式：MoveJ [\Conc]ToPoint [\ID]Speed [\V]|[\T]Zone [\Z][\Inpos]Tool [\WObj]

示例：

```
MoveJ p1,vmax,z30,tool2    //工具 tool2 的 TCP 沿着一个非线性路径到位置 p1,速度数据是 vmax,zone 数据是 z30
MoveJ * ,vmax \T:= 5,fine,grip3//工具 grip3 的 TCP 沿着一个非线性路径运动到存储在指令中的停止点(用 * 标记),整个运动需要 5s
```

② 指令：MoveL 运动指令

功能：直线运动。

格式：MoveL [\Conc]ToPoint [\ID]Speed [\V]|[\T]Zone [\Z][\Inpos]Tool [\WObj][\Corr]

示例：

```
MoveL * ,v2000 \V:= 2200,z40 \Z:= 45,grip3
MoveL start,v2000,z40,grip3 \WObj:= fixture
```

③ MoveC 运动指令

功能：圆弧运动

格式：MoveC [\Conc]CirPoint ToPoint [\ID]Speed [\V]|[\T]Zone [\z][\Inpos] Tool [\Wobj][\Corr]

示例：

```
MoveL p1,v500,fine,tool1      //移动到圆弧的第一个点
MoveC p2,p3,v500,z20,tool1   //画第一个半圆
MoveC p4,p1,v500,fine,tool1 //画第二个半圆和第一个圆弧组成一个圆
MoveC p5,p6,v2000,fine \Inpos := inpos50,grip3     //grip3 的 TCP 圆周
运动到停止点 p6,当停止点 fine 的 50% 的位置条件和 50% 的速度条件满足的时候,机器
人认为它到达该点,它等待条件满足最多等 2s
```

④ CompactIF 运动指令

功能：当前指令是指令 IF 的简单化，判断条件后只允许跟一名指令，如果有多句指令需要执行，必须采用指令 IF。

格式：IF Condition…

Condition：判断条件（bool）

⑤ IF 指令

功能：当前指令通过判断相应条件，控制需要执行的相应指令，是机器人程序流程基本指令。

格式：F Condition THEN…

{ELSEIF Condition THEN…}

[ELST…]

ENDIF

Condition：判断条件（bool）

示例：

```
IF reg1> 5 THEN
set do1
set do2
ELSE
Reset do1
Reset do2
ENDIF
```

⑥ WHILE 指令

功能：当前指令判断相应条件，如果符合判断条件执行循环内指令，直至判断条件不满足才跳出循环，继续执行循环以后指令，需要注意，当前指令存在死循环。

格式：WHILE Condition DO

…

ENDWHILE

Condition：判断条件（bool）

⑦ FOR 指令

功能：当前指令通过循环判断标识从初始值逐渐更改为最终值，从而控制程序相应循环次数。

如果不使用参变量［STEP］，循环标识每次更改值为1，如果使用参变量［STEP］，循环标识每次更改值为参变量相应设置值。通常情况下，初始值、最终值与更改值为整数，循环判断标识使用i、k、j等小写字母。

格式：FOR Loop counter FROM

Start value TO End value

[STEP Step value] DO

…

ENDFOR

Loop counter：循环计数标识（identifier）。

Start value：标识初始值（num）。

End value：标识最终值（num）。

[STEP Step value]：计数更改值（num）。

⑧ Reset 指令

功能：将机器人相应数字输出信号值置为0，与指令 Set 相对应，是自动化的重要组成部分。

格式：Reset signal

signal：输出信号名称（signaldo）。

示例：

```
Reset do12
```

⑨ Set 指令

功能：将机器人相应数字输出信号值置为1，与指令 Reset 相对应，是自动化的重要组成部分。

格式：Set signal

signal：机器人输出信号名称（signaldo）。

⑩ WaitDI 指令

功能：等待数字输入信号满足相应值，达到通信目的，是自动化生产的重要组成部分。

格式：WaitDI Signal,Value [\MaxTime][\TimeFlag]

signal:输出信号名称(signaldo)。

Value:输出信号值(dionum)。

[\MaxTime]：最长等待时间(num)。

[\TimeFlag]：超出逻辑量(bool)。

示例：

```
WaitDI di_Ready,1      //机器人等待输入信号,直到信号 di_Ready 值为 1,才执行随后指令
```

⑪ WaitDO 指令

功能：等待数字输出信号满足相应值，达到通信目的，因为输出信号一般情况下受程序控制，此指令很少使用。

格式：WaitDO Signal,Value [\MaxTime][\TimeFlag]

⑫ AccSet 指令

功能：当机器人运行速度改变时，对所产生的相应加速度进行限制，使机器人高速运行时更平缓，但会延长循环时间，系统默认值为 AccSet100，100。

格式：AccSet Acc，Ramp

Acc：机器人加速度百分比（num）。

Ramp：机器人加速度坡度（num）。

机器人加速度百分比值最小为 20，小于 20 以 20 计。机器人加速度坡度值最小为 10，小于 10 以 10 计。

示例：AccSet 80，100

⑬ Add 指令

功能：在一个数字数据上增加相应的值，可以用赋值指令替代。

格式：Add Name，AddValue

Name：数据名称（num）。

AddValue：增加的值（num）。

示例：

```
Add reg1,3          等同于 reg1:= reg1+ 3
Add reg1,- reg2     等同于 reg1:= reg1- reg2
```

⑭ Clear 指令

功能：将一个数字数据的值归零，可以用赋值指令替代。

格式：Clear Name

Name：数据名称（num）。

⑮ Incr 指令

功能：在一个数字数据值上增加 1，可以用赋值指令替代，一般用于产量计数。

格式：Incr Name

Name：数据名称（num）。

⑯ Decr 指令

功能：在一个数字数据值上减少 1，可以用赋值指令替代，一般用于产量计数。

格式：Decr

示例：Decr Name

Name：数据名称（num）。

(2) 应用实例

按如图 6.85 所示要求，编程使机器人按照图中所示的轨迹：起点→p10→p20→p30→p40 进行运动。

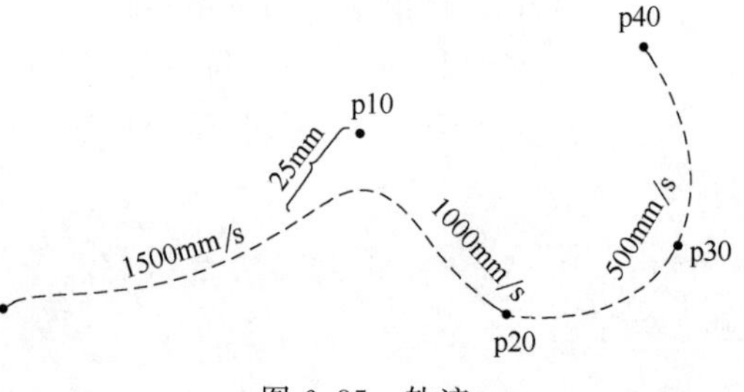

图 6.85 轨迹

上述的指令操作可通过示教器实施，具体如下：

① 打开“主菜单键”，选择“程序编辑器”，如图 6.86 所示。

② 选择文件“新建模块”，如图 6.87 所示。

③ 单击“确定”，如图 6.88 所示。

④ 选择“Module1”，单击“显示模块”，如图 6.89 所示。

⑤ 单击“例行程序”，如图 6.90 所示。

⑥ 单击“文件”，选择“新建例行程序”，如图 6.91 所示。

⑦ 设定例行程序名称（这里就使用默认名称 Routine1），单击“确定”，如图 6.92。

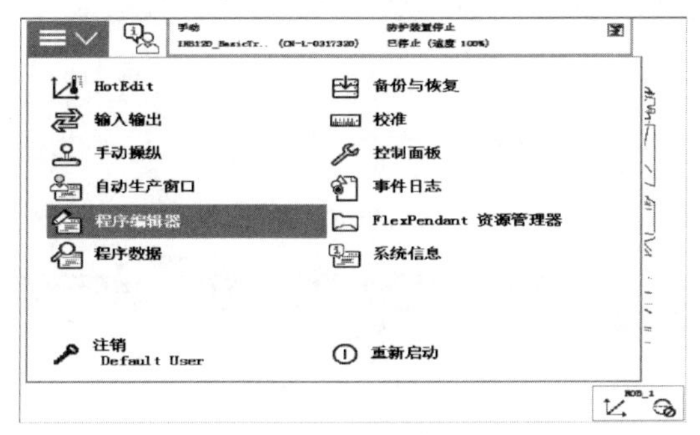

图 6.86　程序编辑器选择

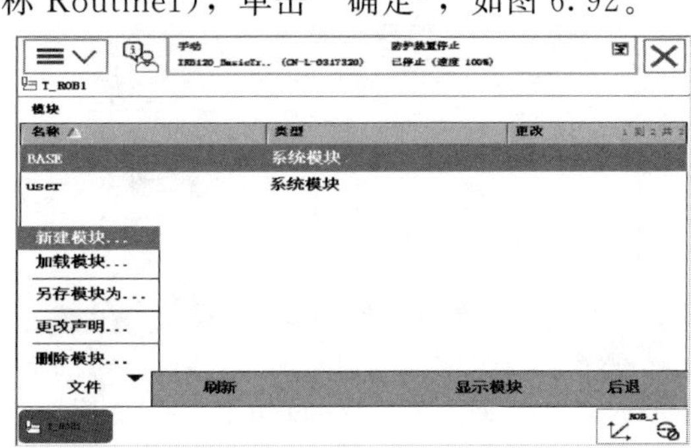

图 6.87　程序模块创建

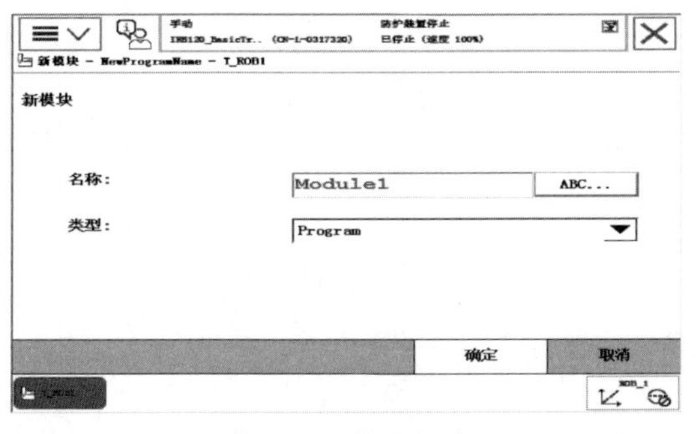

图 6.88　模块创建

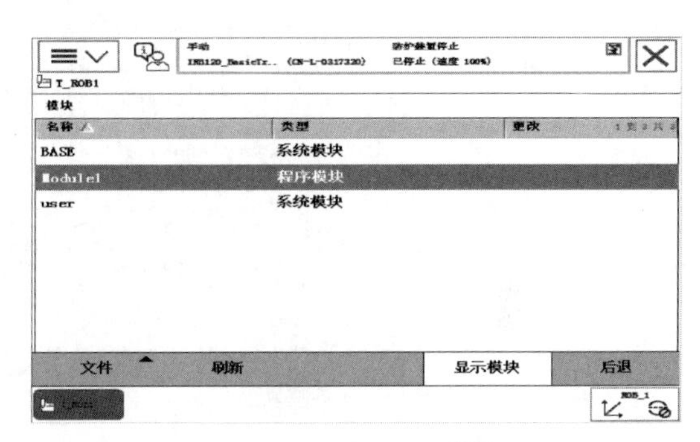

图 6.89　Module1 模块

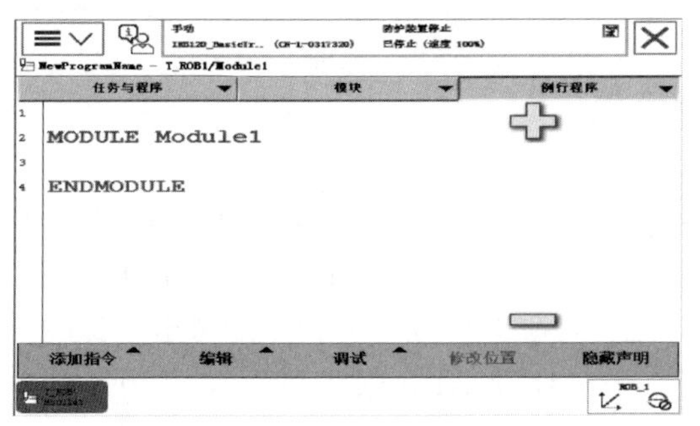

图 6.90　例行程序

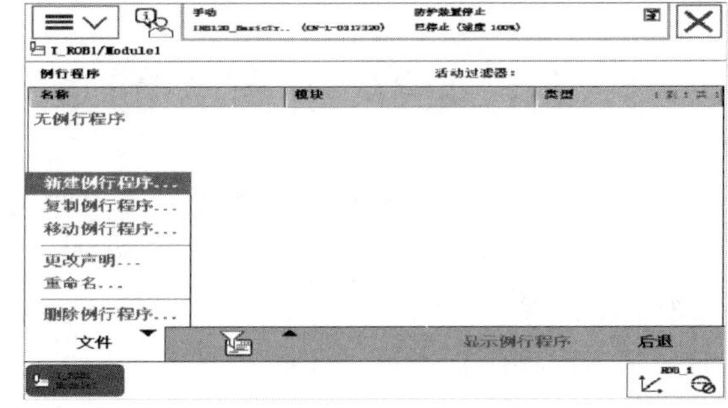

图 6.91　例行程序的创建

⑧ 选中 Routine1，单击“显示例行程序”，如图 6.93 所示。

⑨ 插入“MoveJ”指令，如图 6.94 所示。

⑩ 单击“ * ”命名为“p10”，如图 6.95 所示。

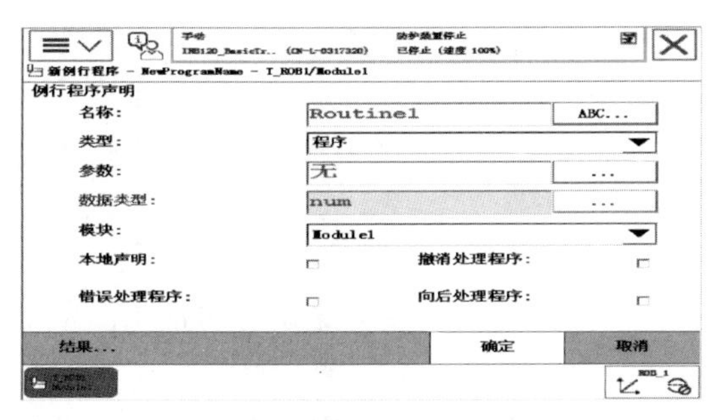

图 6.92　例行程序名称设定

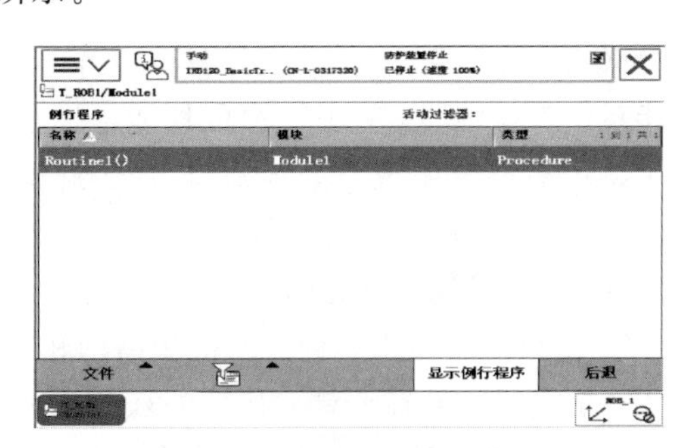

图 6.93　例行程序的显示

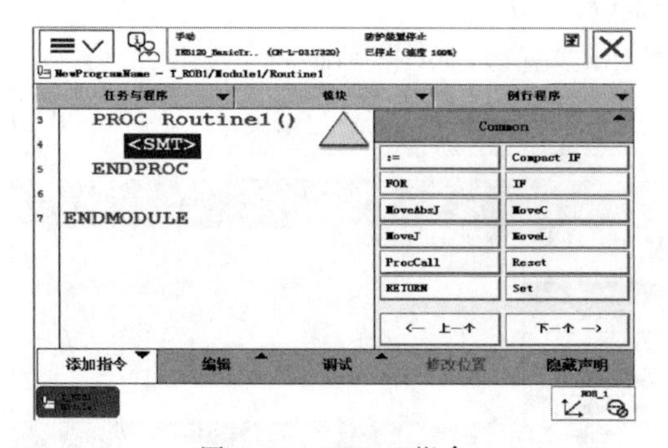

图 6.94 MoveJ 指令

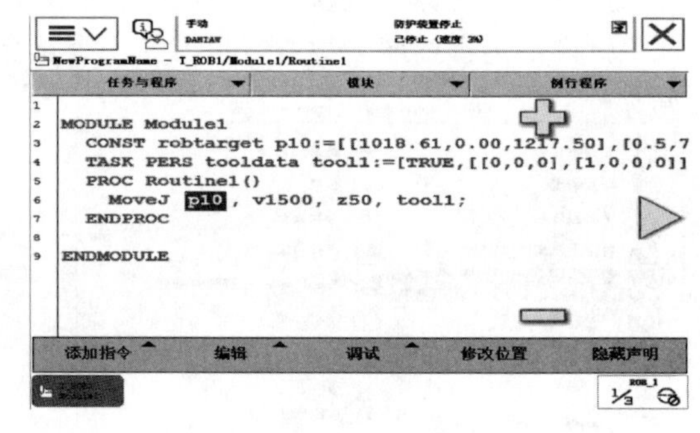

图 6.95 p10 的插入

⑪ 按照以上方法继续插入 p20、p30 和 p40，如图 6.96 所示。

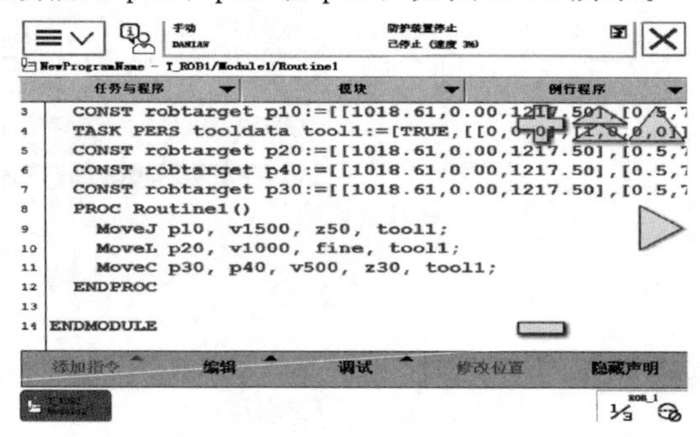

图 6.96 程序的插入

6.3 SCARA 机器人的基本操作

SCARA 机器人从诞生至今已有数十年时间，但真正的高速发展也只有十余年时间。1978 年，日本山梨大学牧野洋发明了 SCARA 机器人；1984 年，Adept 推出了全球第一台直驱 SCARA——Adept One；2010 年，SCARA 机器人迎来高速发展，E 公司迅速抓住机遇，占领市场头把交椅，并蝉联至今。虽然中国的第一台 SCARA 装配机器人在 1992 年已诞生，但中国 SCARA 机器人真正得到发展亦是 2010 年之后，而这个时间节点亦是智能手机开始兴起的时候。作为份额第二大的工业机器人品类，SCARA 机器人一直以高速度、高精度著称，尤其适合于 3C 行业的高精度作业要求。

6.3.1 SCARA 机器人简介

SCARA 机器人，也称为水平多关节机器人或选择顺应性机械手臂，是一种基于圆柱形坐标系的工业机器人，其主要的性能指标是机器人末端的定位精度。它通常由单个垂直关节和一组水平关节组成，一般有 4 个自由度，可沿 X、Y、Z 方向平移和绕 Z 轴旋转，如图 6.97 所示。

SCARA 机器人具有以下主要特点：

① 高精度。由于其精密的机械结构和先进的控制技术，SCARA 机器人在平面内的定位精度非常高，适合需要精确操作的任务；

② 高速度。这类机器人设计用于高速重复作业，能够在短时间内完成大量工作，提高

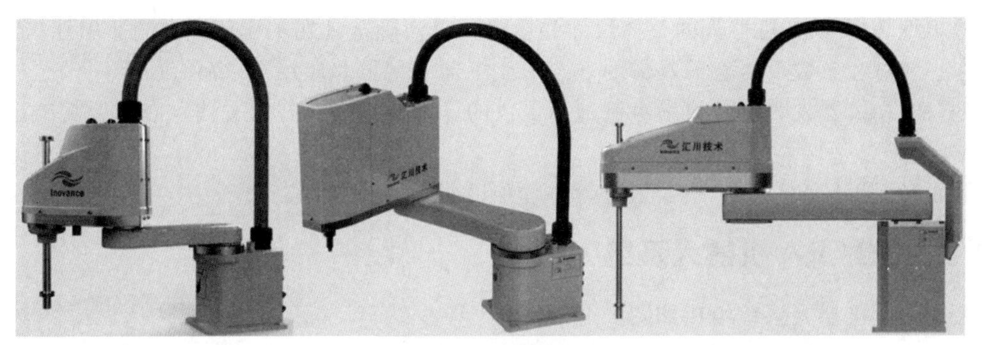

图 6.97　SCARA 机器人

生产效率；

③ 平面定位能力强。SCARA 机器人有三个旋转关节和一个线性关节，这种结构使得它们在水平面上的运动非常灵活，特别适合二维平面上的装配、搬运和包装等工作；

④ 体积小，灵活性高。相比于其他类型的工业机器人，SCARA 机器人通常更为紧凑，占用空间小，能在狭小的工作区域内高效作业；

⑤ 低成本。相较于 6 轴机器人等更复杂的设备，SCARA 机器人的成本相对较低，具有较高的性价比；

⑥ 简单控制。SCARA 机器人的控制方式通常基于示教或编程，操作人员可以通过直接示教或编写程序来控制机器人的运动轨迹和动作。

在应用方面，SCARA 机器人广泛应用于以下行业和任务：

① 3C 电子行业。进行精密装配、检测、点胶、涂覆等工作；

② 白色家电行业。运用在生产线上的装配、搬运和包装环节；

③ 塑料五金行业。零件组装、打磨、焊接等工艺；

④ 新能源行业。电池装配、组件搬运等；

⑤ 汽车电子行业。汽车零部件的装配和检测；

⑥ 食品医药行业。在洁净室环境中进行无菌装配和包装；

⑦ LED 行业。LED 芯片的装配和测试；

⑧ 玩具钟表行业。精细部件的装配和检测；

⑨ 机械密封行业。在需要高精度装配的环节使用。

总的来说，SCARA 机器人因其高精度、高速度和平面定位能力强等特点，常被用于需要快速、精确和重复操作的生产环境，能够显著提高生产效率和产品质量。同时，其相对较低的成本和简单的控制方式也使其成为许多制造企业自动化升级的理想选择。

SCARA 机器人的具体规格和参数会因不同的制造商和应用场景而有所差异。以下是一些常见的规格和参数：

① 工作范围。机器人手臂可以到达的最大距离，通常以水平和垂直方向表示；

② 负载能力。机器人能够承载的最大质量；

③ 重复定位精度。机器人在重复执行相同任务时，能够达到的精度；

④ 关节速度。机器人关节的运动速度，通常以每分钟的角度或线性距离表示；

⑤ 控制方式。例如，可通过编程、手动操作或其他方式进行控制；

⑥ 编程语言。用于对机器人进行编程的语言，如 Python、C＋＋等；

⑦ 通信接口。与外部设备进行通信的接口类型，如以太网、串口等；

⑧ 电源要求。机器人所需的电源电压、电流等；

⑨ 尺寸和质量。机器人的整体尺寸和质量，以便确定其在工作环境中的适用性。

这些规格和参数可能会因具体的 SCARA 机器人型号和应用需求而有所不同。在选择和使用 SCARA 机器人时，建议参考制造商提供的详细规格表和技术文档，以确保其满足特定的工作要求。

下面对汇川的 SCARA 机器人进行讲解和说明。

6.3.2 SCARA 机器人系统

汇川工业机器人系统组成如图 6.98 所示。

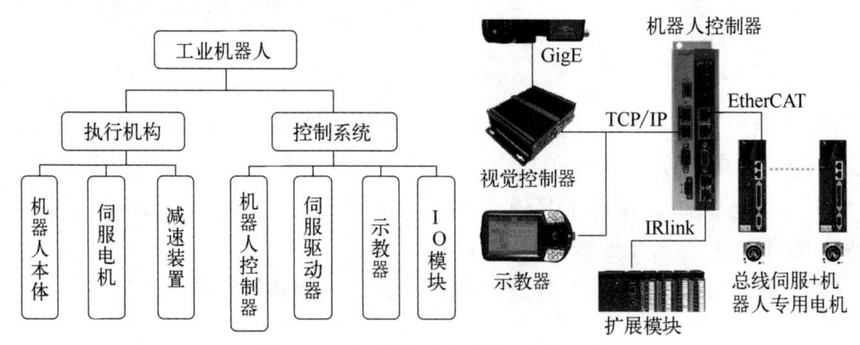

图 6.98 汇川工业机器人系统组成

汇川 SCARA 机器人系统组成如图 6.99 所示，主要包括机器人本体、电控柜和示教器。其中，机器人本体主要包括机械执行机构、电机和减速器等；电控柜主要包括机器人控制器、伺服驱动器和扩展模块等。

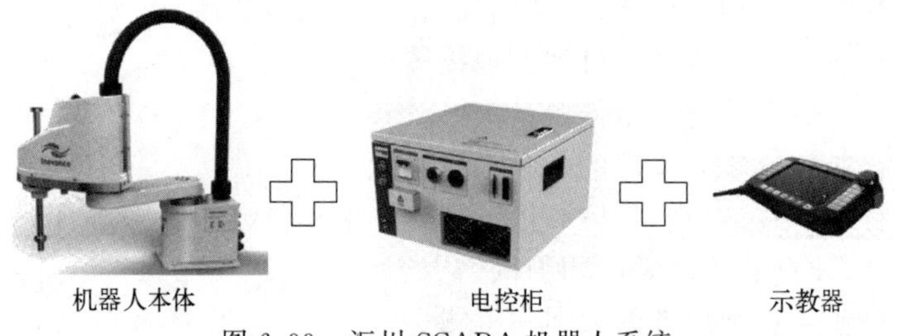

图 6.99 汇川 SCARA 机器人系统

(1) SCARA 机器人本体

SCARA 机器人本体各部件如图 6.100 所示，其描述如表 6.6 所示。

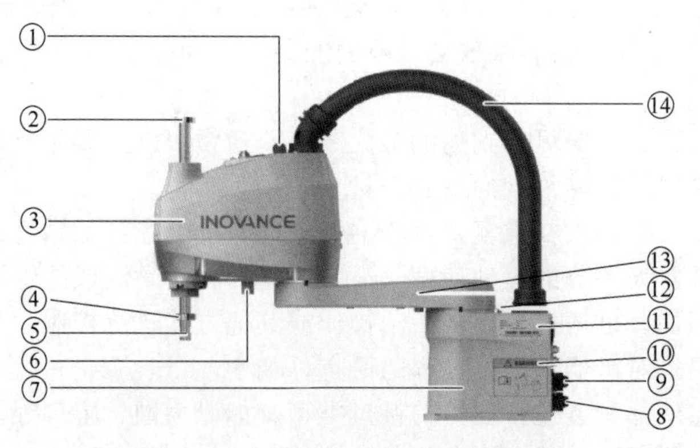

图 6.100 SCARA 机器人本体各部件

表 6.6　机器人本体各部件描述

序号	描述	序号	描述
1	工作指示灯	8	信号线
2	J3 轴上限位机械挡块	9	动力线
3	第 2 机械臂	10	标签
4	J3 轴下限位机械挡块	11	铭牌
5	J3 丝杠轴	12	第 1 关节机械限位挡块
6	第 2 关节机械限位挡块	13	第 1 机械臂
7	底座	14	线缆单元

(2) 汇川机器人控制柜

汇川机器人控制柜如图 6.101 所示。

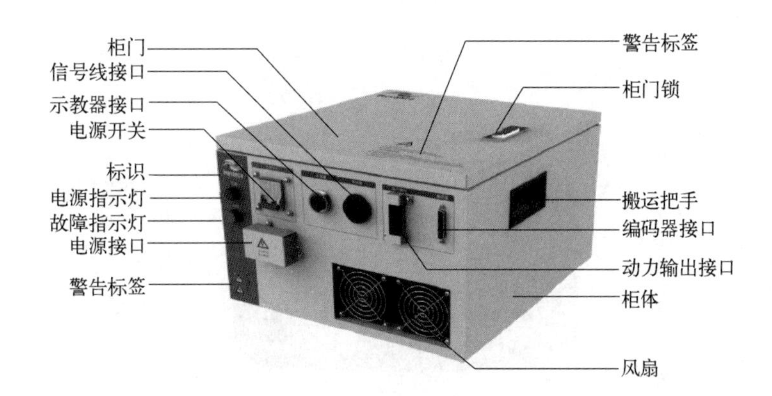

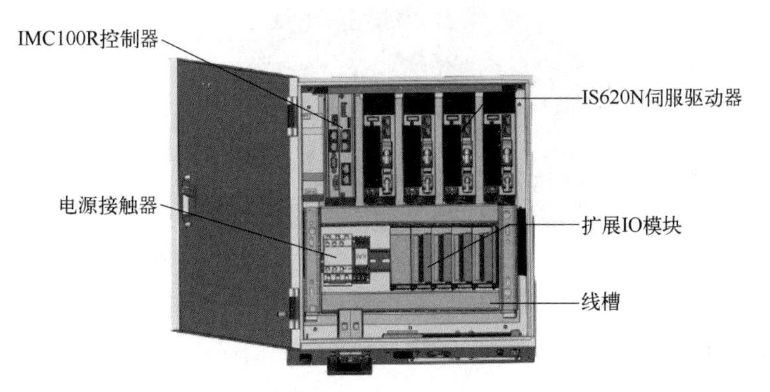

图 6.101　汇川机器人控制柜

(3) SCARA 机器人控制器

机器人控制器是机器人的核心零部件，是机器人的神经中枢，它实现机器人的全部信息处理和对机器人本体的运动控制，IMC100R 控制器如图 6.102 所示。

(4) SCARA 机器人示教器

示教器主要功能为：

① 手动操作机器人的功能；

② 位置、命令的登录和编辑功能；

③ 参数的设置；

④ 监控显示。

汇川机器人示教器如图 6.103 所示。

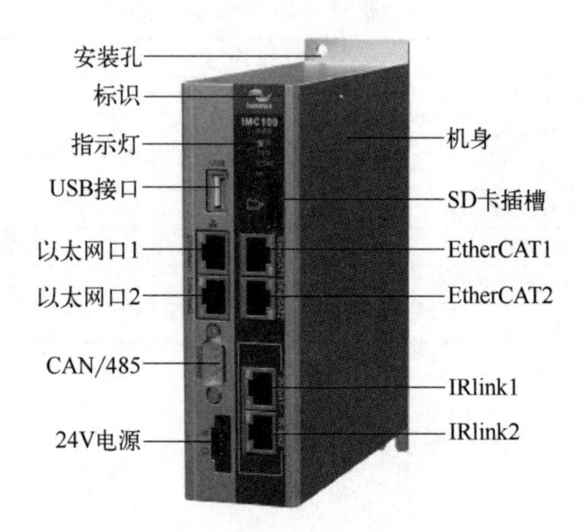

图 6.102 IMC100R 控制器

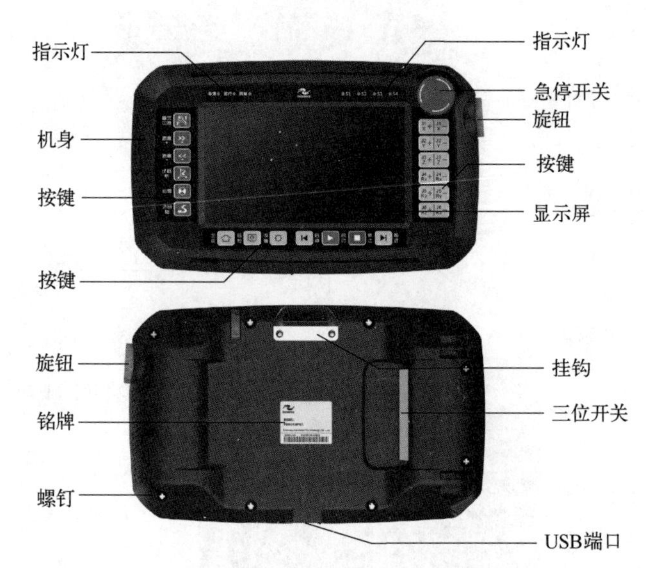

图 6.103 汇川机器人示教器

(5) SCARA 机器人接口模块

如图 6.104 所示为 SCARA 机器人接口模块。各模块功能如表 6.7 所示。

图 6.104 接口模块

表 6.7　各模块功能表

模块名称	型号	功能
电源模块	AM600-PS2	220V AC 输入,24V DC/2A 输出电源模块
IRlink 模块	IMC100-RTU-ICT	IRlink 通信扩展模块
IO 扩展模块	IMC100-0808-ETND	8 通道输入、8 通道输出、通用 IO 扩展模块
AD 转换模块	IMC100-8AD	4 通道电压和 4 通道电流模拟量转换、输入采集扩展模块
DA 转换模块	IMC100-4DA	4 通道电压或电流模拟量转换、输出扩展模块
编码器模块	IMC100-2ENID	2 通道差分输入、增量编码器采集扩展模块

每个 IMC100 最多支持 2 个 IMC100-8AD 模块，4 个 IMC100-4DA 模块，8 个 IMC100-2ENID 模块，16 个 IMC100-0808-ETND 模块。

6.3.3 SCARA 机器人示教器的使用

SCARA 机器人示教器的基本功能如图 6.105 所示。

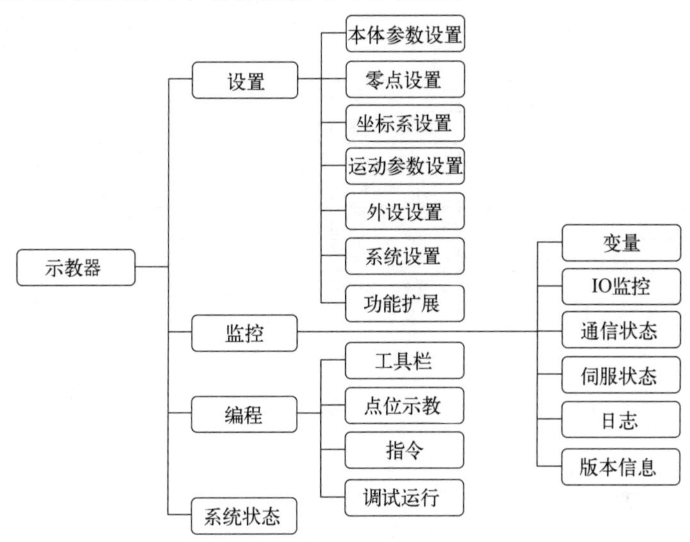

图 6.105　示教器基本功能

(1) 通信设置

如图 6.106 所示，默认示教器连接地址，即控制器第 2 个网口。

与外部设备通信网口：相机、PLC、HMI。如图 6.107 所示。

(2) 用户设置

如图 6.108 所示，一般选择管理模式进入，密码：000000。

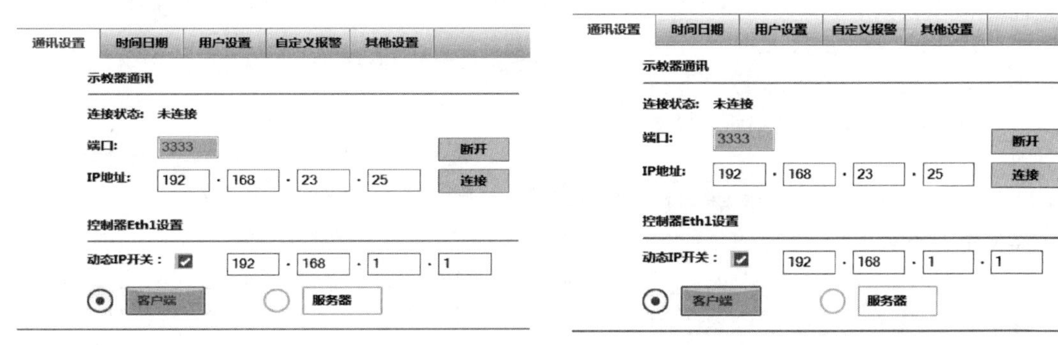

图 6.106　通信设置　　图 6.107　与外部设备通信网口设置

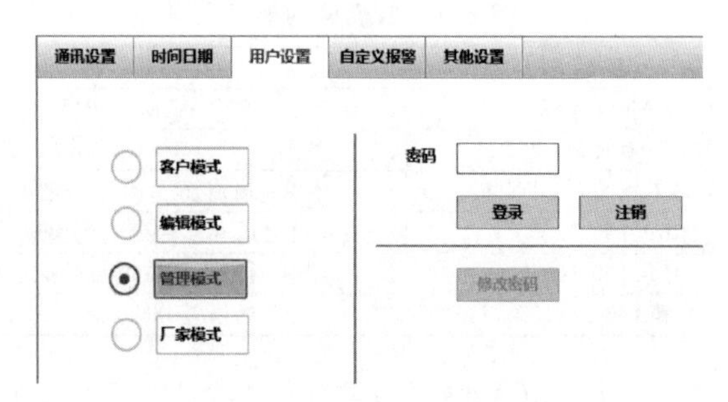

图 6.108　用户设置

不同模式下的使用权限如表 6.8 所示。

表 6.8　不同模式下的使用权限

操作内容	使用权限			
	客户模式	编辑模式	管理模式	厂家模式
手动示教	支持	支持	支持	支持
修改、编辑程序	不支持	支持	支持	支持
运行程序	支持	支持	支持	支持
机器人设置	不支持	不支持	不支持	支持
零点设置	不支持	不支持	支持	支持
坐标系设置	不支持	不支持	支持	支持
运动参数	不支持	不支持	支持	支持
外设配置	不支持	不支持	支持	支持
通信设置	支持(仅示教器通信)	支持(仅示教器通信)	支持	支持
配置文件备份	不支持	不支持	支持	支持
配置文件加载	不支持	不支持	支持	支持
程序备份	不支持	不支持	支持	支持
程序加载	不支持	不支持	支持	支持
示教器更新	不支持	不支持	不支持	支持
控制器更新	不支持	不支持	不支持	支持
恢复出厂设置	不支持	不支持	不支持	支持
SD 卡格式化	不支持	支持	支持	支持
清除历史报警	不支持	支持	支持	支持
模式切换	不支持	支持	支持	支持
功能扩展	不支持	不支持	支持	支持

(3) 其他设置

其他设置如图 6.109 所示。

① 配置文件备份。将机器人配置文件（包含机器人设置、零点设置、坐标系、运动范围、运动特性的各项参数文件）备份到 U 盘中，完成后 U 盘上根目录下会新出现一个名为 RobotInfo.cfg 的文件，即为备份的配置文件；

② 配置文件加载。将 U 盘中配置文件加载到控制器中；

③ 程序备份。将 SD 卡中的控制程序备份到 U 盘中，完成后 U 盘上根目录下会新出现一个名为 TeachPro-

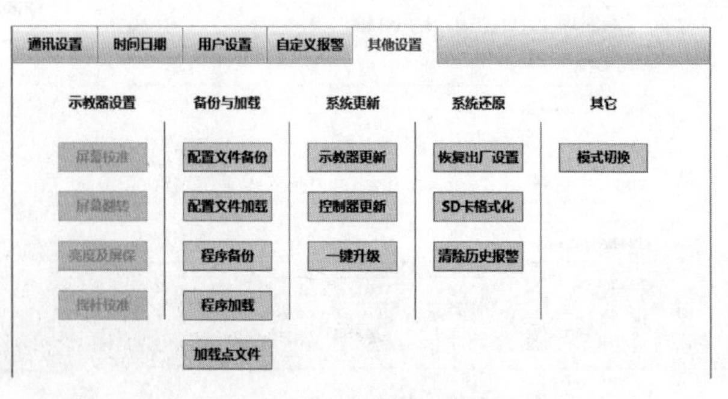

图 6.109　其他设置

gram 的文件夹，里面包含备份的控制程序；

④ 程序加载。将 U 盘中的程序加载到 SD 卡中；

⑤ 示教器更新。确认示教软件放在 U 盘 \ InoTeachPad _ ce \ CE 目录下，然后即可在示教器上插入 U 盘，点击示教器更新，完成后重启示教器即可。

(4) 模式设置

模式切换：点击“模式切换”按钮，弹出切换对话框，可以切换正常模式和工位预约模式，如图 6.110 所示。

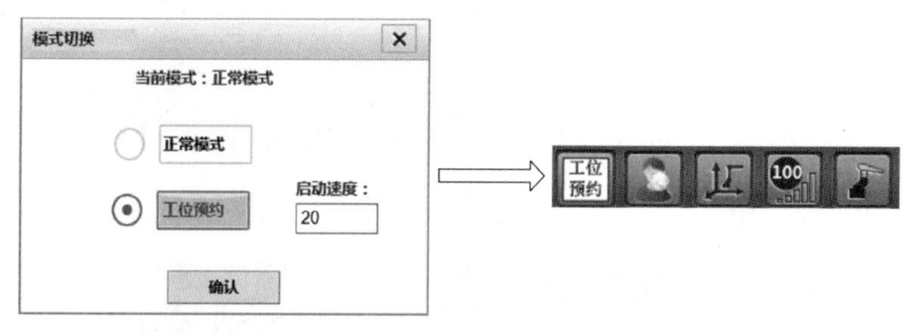

图 6.110 模式设置

工位预约启动速度：选择工位预约后，会显示工位预约的启动速度配置框。启动速度是开启工位预约后，默认的机器人运行速度，是一个百分比。通过外部 IO 修改速度后（工位预约模式下的速度加、速度减），该值失效，机器人以设置的速度运行。

(5) 机器人设置

机器人设置包含结构参数、减速比、耦合参数，按照实际情况填写，如图 6.111 所示。

(6) 零点设置

零点设置包括绝对零点、增量式回零两种方法，绝对零点适用于使用绝对编码器的机器人，增量式回零适用于使用增量式编码器的机器人。

① 绝对零点。切换到绝对零点界面，如图 6.112 所示，显示的是机械零点的脉冲值。其中取当前值的作用是获取各个轴当前的脉冲值。

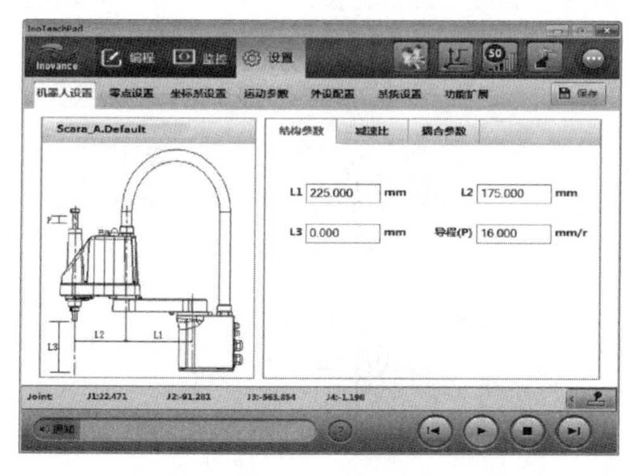

图 6.111 机器人设置

图 6.112 绝对零点

a. 在零点值丢失的情况下，将机器人运动到机械零点位置，运动状态切换到急停状态，“取当前值”—“保存”，此时机器人位置栏会显示零点位置。

b. 在零点脉冲已知情况下，将机器人运动状态切换到急停状态，输入每个轴的脉冲值，然后保存。

② 工作原点。工作原点与零点不同，是用户自定义的位置变量，可在程序中使用。系

统可以设置 5 个工作原点，保存在变量 Home [0]～Home [4] 中。工作原点坐标可手动输入，也可通过示教使机器人运动到原点位置，点击“当前值”自动获取。获取零点坐标后点击“保存”，原点被保存下来，如图 6.113 所示。

图 6.113　工作原点

具体调零操作步骤如下：

a. 第 1 和 2 关节零点调整。

ⅰ. 登录用户权限。手持示教盒主界面，单击“用户设置”快捷键，打开“用户设置”界面。在“密码输入框”输入密码，并单击“登录”按钮，如图 6.114 所示。

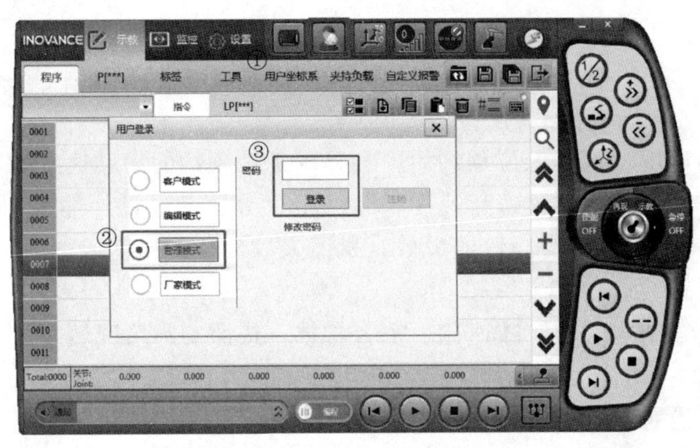

图 6.114　登录

ⅱ. 切换到回零校准界面。手持示教盒主界面，选择“设置→零点设置→回零校准”，打开设置界面，如图 6.115 所示。

ⅲ. 选择轴号，进入回零模式。在下拉菜单“选中校准轴及方向”选择轴号。

ⅳ. 回零操作。以 J2 轴为例，选择 J2＋，启动回零。回零完成后，界面状态显示“回零成功”，“零点校准值”随之更新，如图 6.116 所示。

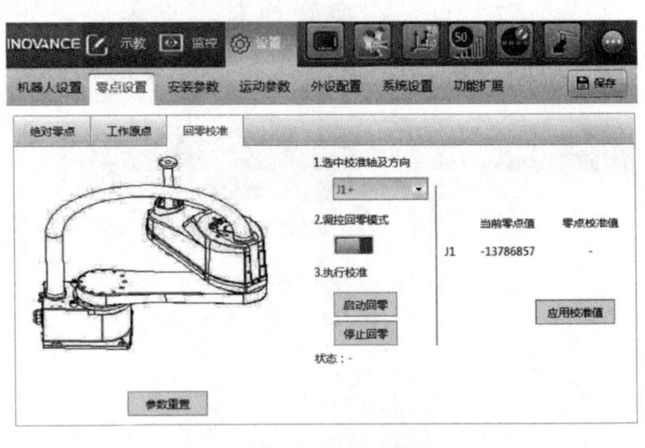

图 6.115　回零校准界面

ⅴ. 切换到紧急停止状态。此时示教盒显示屏右上角的状态指示灯显示为“急停状态”（红色状态），如图 6.117 所示。

ⅵ. 更新零点。

单击“应用校准值”，如图 6.118 所示。

单击“是”，确认更新零点，同时“零点校准值”替代当前零点，如图 6.119 所示。

b. 第 3 和 4 关节零点调整。

ⅰ. 先将回零柱 1 螺纹端固定在小臂底部的 M4 螺纹孔，位置如图 6.120 所示。

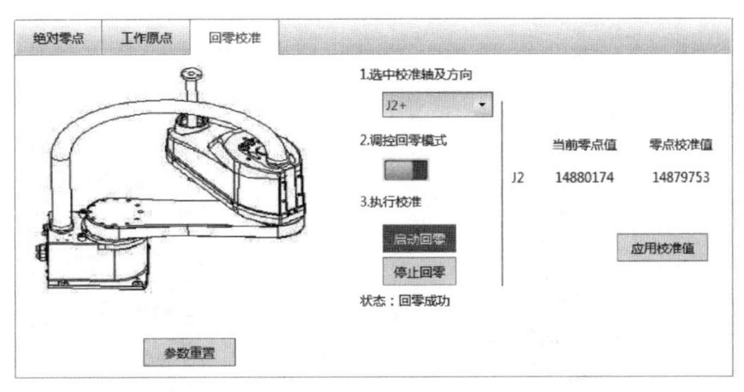

图 6.116　回零操作

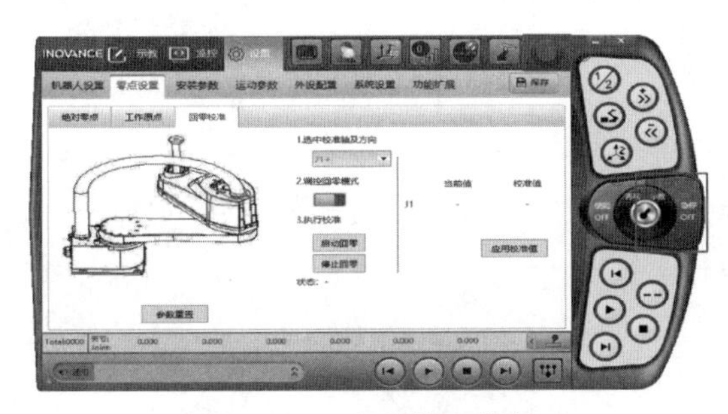

图 6.117　紧急停止状态

图 6.118　应用校准值

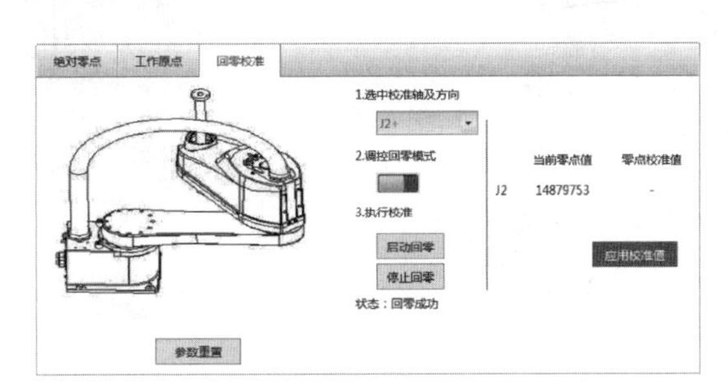

图 6.119　零点更新

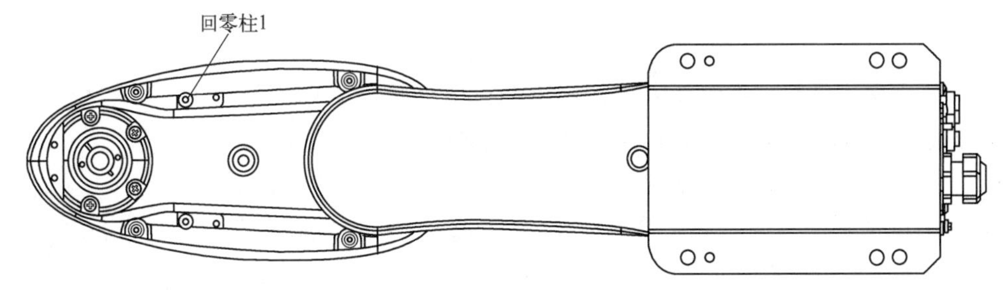

图 6.120　回零柱 1 固定

ⅱ. 将回零柱 2 螺纹端固定在丝杆限位环的 M5 螺纹孔，位置如图 6.121 所示。

ⅲ. 将回零柱 2 向正方向旋转接触到回零柱 1 停止，然后将定位块装配到丝杆上，位置如图 6.122 所示。

ⅳ. 按下抱闸按钮，将丝杆往上推动直到定位块与花键螺母下端接触，即推不动为止，如图 6.123 所示，其余操作参考自动回零步骤。注意在选择回零轴时选择“J3J4＋”，即可完成回零操作。

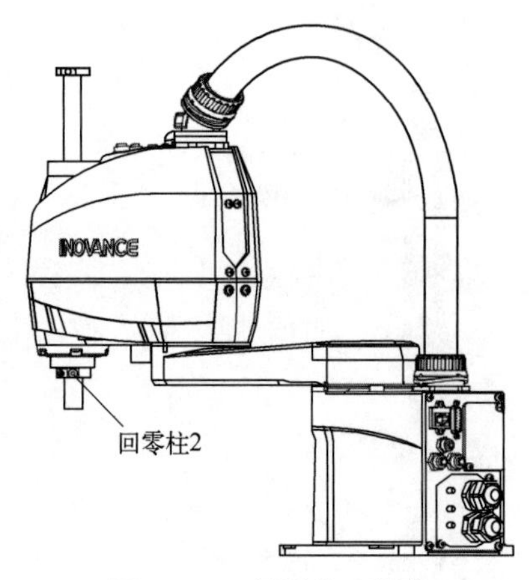

图 6.121 回零柱 2 固定

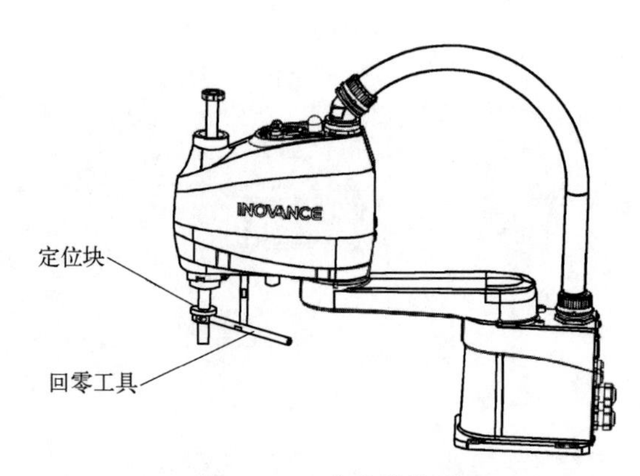

图 6.122 定位块装配

(7) 坐标系设置

① 关节坐标系。主要描述各关节相对于标定零点的绝对位置，旋转轴常用（°）表示，线性轴常用 mm 描述，如图 6.124 所示。

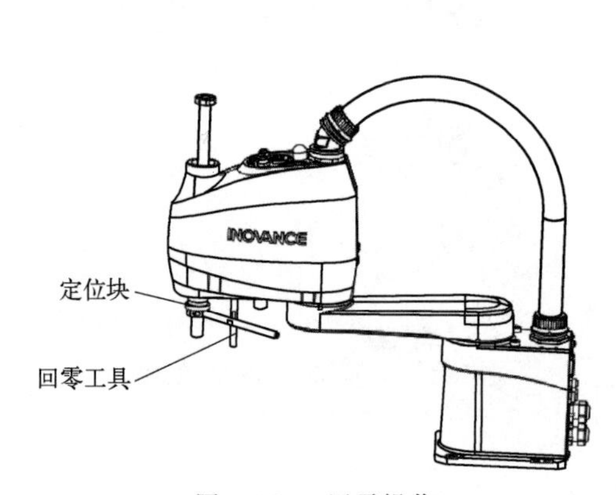

图 6.123 回零操作

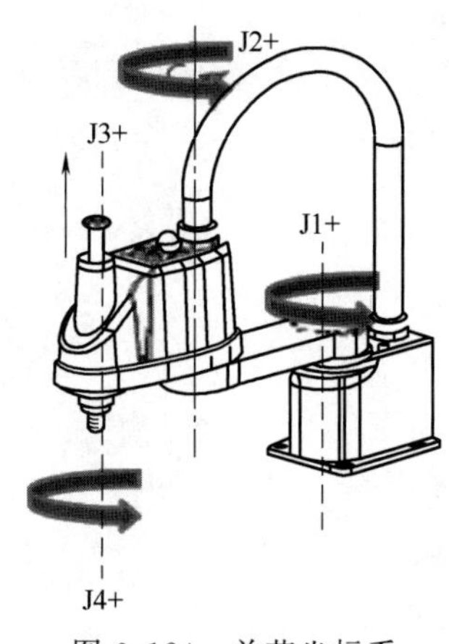

图 6.124 关节坐标系

作用：

a. 单轴点动：单轴示教机器人，常用于调试时验证关节的旋转方向、软限位；解除机器人奇异位置，当机器人出现奇异报警时，只能在关节坐标系下通过单轴点动解除奇异报警；

b. 轴正负极限报警：只能在关节坐标系下通过单轴点动解除正负超限报警；关节坐标系下的坐标值均为机器人关节的绝对位置，方便用户调试点位时观察机器人的绝对位置，避免机器人出现极限位置或奇异位置。

② 基坐标系。描述机器人末端在空间的一个位置和姿态，它是 4 个轴联动组成的一个空间位置关系：X、Y、Z、A。如图 6.125 所示。

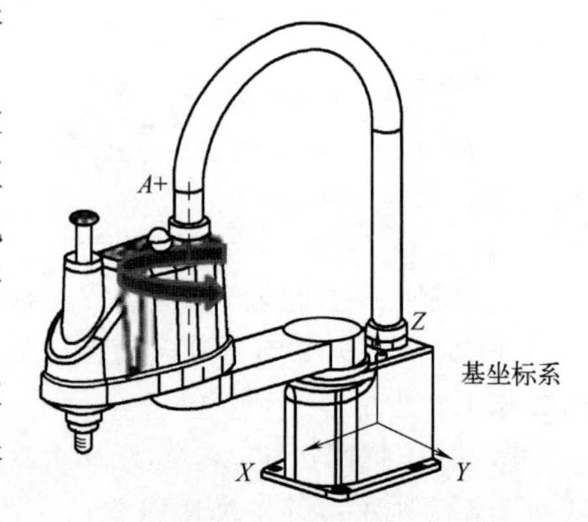

图 6.125 基坐标系

基坐标系下，用户可控制机器人末端沿坐标系任一方向移动或旋转，常用于现场点位示教。当 1 轴和 2 轴共线即 1 轴和 2 轴形成一条水平线时，此时为机器人奇异位置，要消除奇异位置，必须在关节坐标系下运动解除此报警。

③ 工具坐标系。工具坐标系主要用于描述机器人所带工具中心到本体末端的位姿关联关系，如图 6.126 所示。

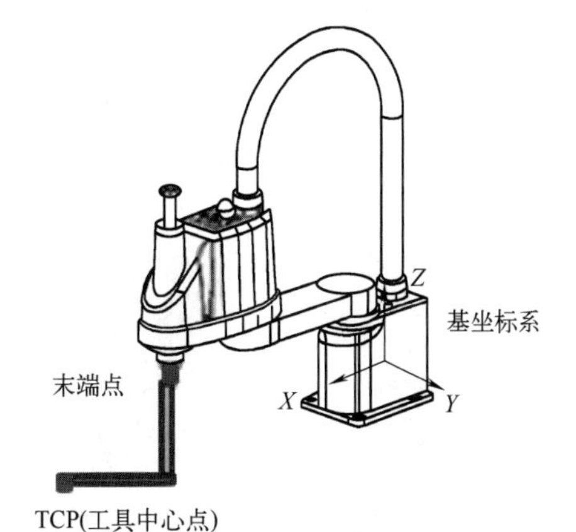

图 6.126　工具坐标系

建立工具坐标系方法：

a. 输入法：根据几何尺寸值直接输入；

b. 三点法：工具末端对一固定点示教三个不同姿态的点；

c. 五点法：工具末端对一固定点示教五个不同姿态的点。

其设置界面如图 6.127 所示。

④ 用户坐标系。用于描述各个物体或工位的方位。用户常常在自己关心的平面建立自己的坐标系，以方便示教，如图 6.128 所示。

图 6.127　工具坐标系设置界面

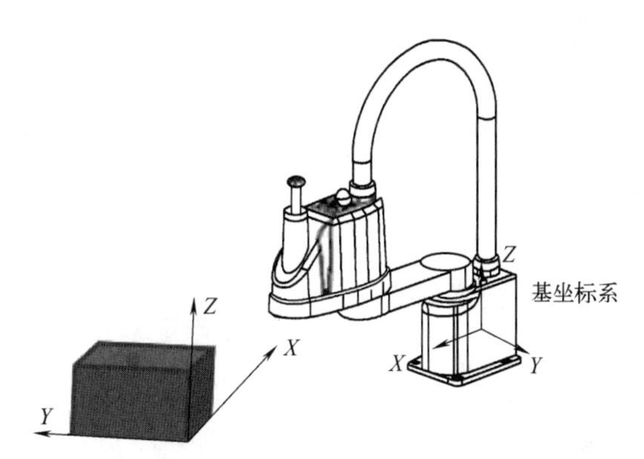

图 6.128　用户坐标系

建立用户坐标系方法：

a. 直接输入法：直接输入用户坐标系参数；

b. 三点法：第一点取用户坐标系的原点，第二点取 X 轴正方向上一点，第三点取 XY 平面上的一点；

c. 旋转法：如图 6.129 所示，在转盘上标记一个固定点，示教取点 1；再分别经过旋转 2 次，示教取点 2、3，得到以旋转中心为原点，以 P_1 为 x 正方向的用户坐标系。

其设置界面如图 6.130 所示。

(8) 外设设置

① IRLink 设置。IRLink 是 IMC100 系列的扩展产品，用于控制管理 IO，可在 IRLinkRTU 页面设置 IRLink 模块相关配置。IRLink 配置需要示教器具有 IRLink 配置权，添加顺序必须与实际的顺序保持一致，如图 6.131 所示。

② I/O 设置。I/O 设置是将外部控制信号与机器人的某些功能关联起来，以达到工位预约过程中控制机器人的目的。每个功能的 I/O 通过点击右侧的下拉框选择；对于 I/O 子程序及中断子程序，通过左键点击其按钮可设置要关联的子程序，如图 6.132 所示。

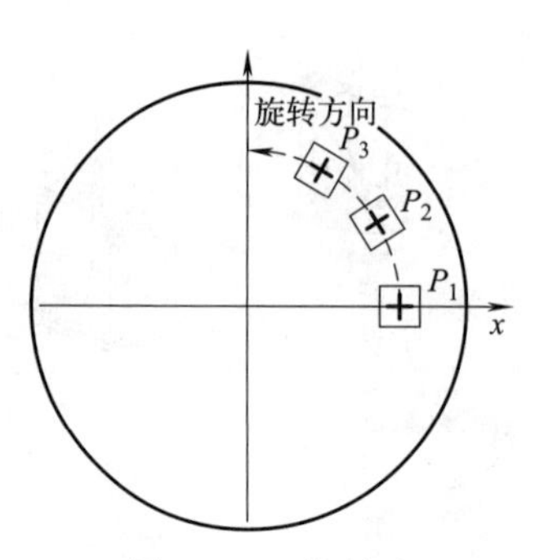

图 6.129 旋转法

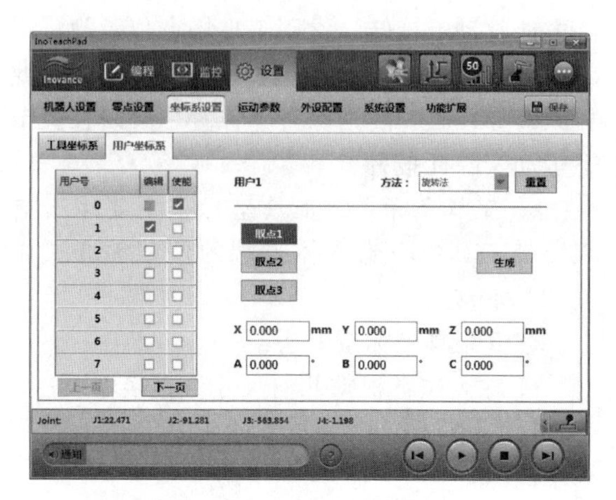

图 6.130 用户坐标系设置界面

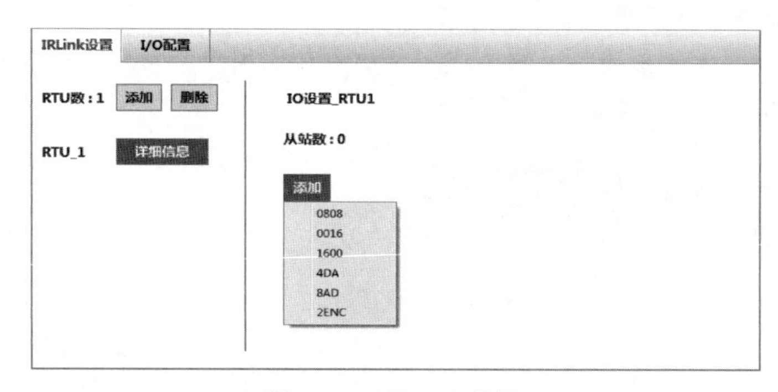

图 6.131 IRLink 设置

(9) 变量设置

如图 6.133 所示，该界面下，可以设置全局数值变量、局部数值变量、位置变量等信息。

图 6.132 I/O 设置

图 6.133 监控界面设置

① 全局数值变量

B：＜0～255＞间的任意整数；

R ：＜－65536～65535＞间任意整数；

D：＜－9999999.999～9999999.999＞间浮点数（最多包含三位小数）。

表示方法：B＊＊＊/R＊＊＊/D＊＊＊（＊＊＊为变量编号，从 0 最多取到 255）。

② 局部数值变量。对应地，存在 LB、LR、LD 三种局部数值变量，它们的作用域仅限本段程序。

LB：＜0～255＞间的任意整数；

LR：＜－65536～65535＞间任意整数；

LD：＜－9999999.999～9999999.999＞间浮点数（最多包含三位小数）。

③ 位置变量。如图 6.134 所示。

变量　IO监控　通信状态　伺服状态　日志　版本信息

替换 添加 删除 重命名 保存

全局数值变量　局部数值变量　位置变量　全局平移变量　局部平移变量　托盘变量

变量名	J1/X	J2/Y	J3/Z	J4/A	J5/B	J6/C	坐标系	工具号	用户号
P[000]	65.037	-53.558	-438.287	-106.162	0.000	0.000	1	0	0
P[001]	45.188	-53.558	-438.286	-106.162	0.000	0.000	1	0	0
P[002]	20.886	-53.558	-438.286	-106.162	0.000	0.000	1	0	0
P[003]	-2.471	-53.558	-438.287	-106.162	0.000	0.000	1	0	0
P[004]	-34.513	-53.558	-438.287	-106.162	0.000	0.000	1	0	0
P[005]	-58.893	-53.558	-438.286	-106.162	0.000	0.000	1	0	0

图 6.134　位置变量

具体表示方法为：

P[＊＊＊]=(X,Y,Z,A,B,C),(ArmType[0],ArmType[1],ArmType[2],ArmType[3]),(坐标系号,工具号,用户号);

其中，(X,Y,Z,A,B,C)表示位置坐标，当坐标系号取 1 时为(J1,J2,J3,J4,J5,J6)，坐标系号取 2、3、4 时为(X,Y,Z,A,B,C)；(ArmType[0],ArmType[1],ArmType[2],ArmType[3])表示臂参数；(坐标系号，工具号，用户号）表示坐标系参数。

(10) IO 监控设置

如图 6.135 所示，左侧列表为输入数字(In）信号，右侧列表为输出数字（Out）信号。

图 6.135　IO 监控设置

6.3.4　SCARA 机器人的编程

如图 6.136 所示为编程界面。

① 文件编辑工具栏。通过文件编辑工具栏中的工具可新建、删除程序文件，也可对已有的文件进行复制粘贴，双击程序列表中的文件名可以将其打开。

② 文件夹列表。显示全部文件夹，使用文件夹便于对程序进行分类管理，每个文件夹中可包含多个程序文件。点击“新建”可新建一个文件夹，单击某个文件夹可显示该文件夹下的程序列表，双击可进入该文件夹，点击“返回”按钮退出当前文件夹。文件夹名称要求与程序名类似，只能由字母、数字以及下划线组成，且首位必须为字母，但长度限定为 16 个字符。文件夹嵌套最多三层。

③ 程序列表。显示当前文件夹下的所有程序，程序按字母 a～z、数字 0～9 的顺序排列，双击某个程序可以将其打开。

编程界面各功能如图 6.137 所示。

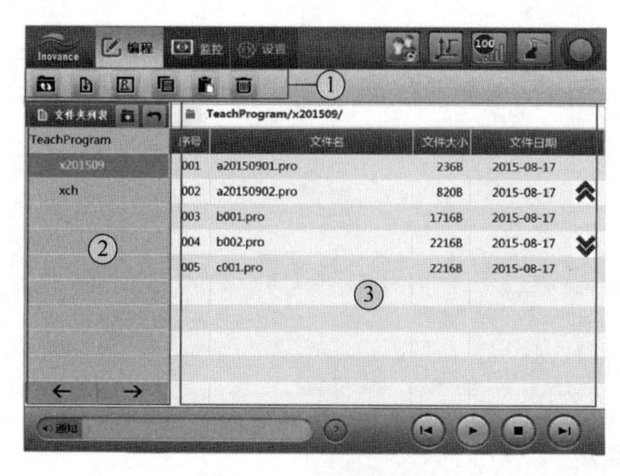

图 6.136　编程界面

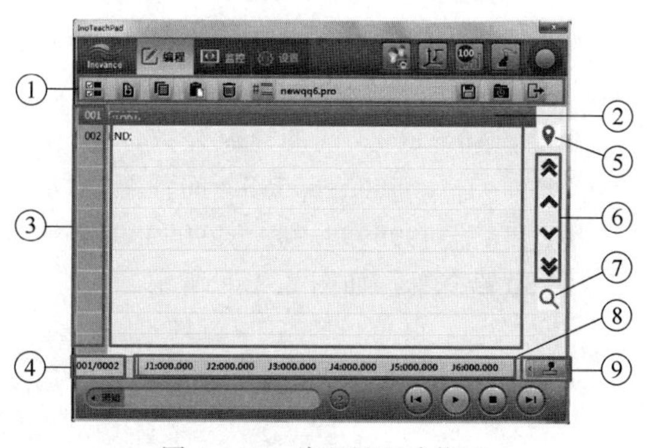

图 6.137　编程界面功能区

具体功能如表 6.9 所示。

表 6.9　功能表

编号	功能	描述
1	程序编辑工具条	对程序文件进行编辑操作
2	程序指令编辑区	该区域显示程序指令的具体内容，单击可选中某行，被选中的行变为蓝色。双击某行可修改该行指令
3	程序行号区	显示每条指令所在行的行号
4	当前行/总行数	显示被选中的命令行的行号和该程序当前包含的总行数
5	定位按钮	点击该按钮，在弹出界面输入行号，光标可跳转到指定行
6	页面滚动条	点击单箭头光标跳转一行，点击双箭头，程序翻页
7	搜索/替换按钮	搜索或替换程序中的内容
8	坐标显示区	显示机器人当前坐标信息
9	示教面板按钮	点击该按钮，调出示教控制面板

指令添加步骤如图 6.138 所示。

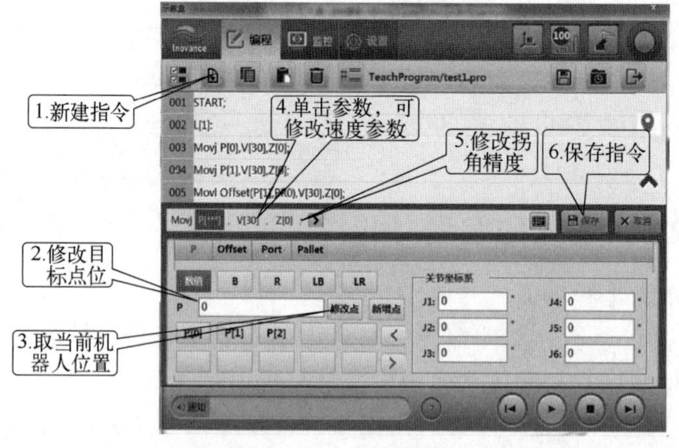

图 6.138　指令添加

基本运动指令如表 6.10 所示。

表 6.10　机器人基本运动指令

指令	格式	描述
Movj	Movj P，V，Z，Tool，[User]，[Acc]，[Dec]，[NWait]，[Until In ＝＝value]，[Out(No，value，Type)…]，[SLOn/SLOff/SLReset]；	用于将机器人从一个点快速地移动到另一个点，轨迹通常不在一条直线上。所有轴同时到达目的位置

续表

指令	格式	描述
Movl	Movl P,V,Z,Tool,[User],[Acc],[Dec],[NWait],[Until In==value],[Out(No,value,Type)…],[SLOn/SLOff/SLReset];	用于线性地移动到给定目标位置
Movc	Movc P,V,Z,Tool,[User],[Acc],[Dec],[NWait],[Until In ==value],[Out(No,value,Type)…],[SLOn/SLOff/SLReset];	按圆弧运动移动到给定目标位置
Jump	Jump P,V,Z,Tool,[User],[Acc],[Dec],[NWait],[Out(No,value,Type)…],LH,MH,RH,[SLOn/SLOff/SLReset];	运动过程分为三段:开始上升段、中间段和下降段
JumpL	JumpL P,V,Z,Tool,[User],[Acc],[Dec],[NWait],[Out(No,value,Type)…],LH,MH,RH,[SLOn/SLOff/SLReset];	运动过程分为三段:开始上升段、中间段和下降段
Home	Home[Index],[V],[SLOn/SLOff/SLReset];	回工作原点,可以指定期间的运动速度
ArmChange	ArmChange value,V;	用于SCARA机器人切换左右手

基本信号处理指令如表6.11所示。

表6.11 机器人基本信号处理指令

指令	格式	描述
Set	Set Out,value;	设置单个数字输出信号
	Set OG,BValue;	设置一组数字输出信号
	Set DA,Value;	设置模拟量输出信号
Get	Get In,Var;	读取单个数字输入信号
	Get Out,Var;	读取单个数字输出信号
	Get IG,Var;	读取一组数字输入信号
	Get OG[***],Var;	读取一组数字输出信号
Wait	Wait 条件判断不等式; 含义:等待条件不等式成立后执行下一行指令。 Wait T[时间]; 含义:等待指定时间后执行下一行指令。 Wait 条件判断不等式,T[时间]; 含义:指定时间内等待条件不等式成立后执行下一行指令,否则超时之后报警。 Time:时间值,double型数据,范围0~65535,单位:秒,Time=0时表示只判断一次。 Wait 条件判断不等式,T[时间],Goto L[***]; 含义:指定时间内等待条件不等式成立后执行下一行指令,否则超时之后跳转至标签L[i]所在的行。 Time:时间值,double型数据,范围0~65535,单位:秒,Time=0时表示只判断一次	等待直至检测到输入输出信号满足条件
Group	Group OG,n0,n1,n2…,n7; Group IG,n0,n1,n2…,n7;	配置输入、输出组信号。一个组信号,最多包含8个信号,使用Group指令后,可定义组IO输出。新组中信号的数目可小于8
Invert	Invert Out;	反转输出信号

案例分析:如图6.139所示,$P[0]$、$P[1]$、$P[2]$是空间中的三个点,要使机器人末端完成以下轨迹:$P[0]$—$P[1]$—$P[2]$—$P[1]$—$P[2]$—$P[1]$—$P[0]$。

将机器人末端移动到$P[0]$点,在程序编辑工具条中点击“添加”按钮,弹出指令编辑器界面，如图 6.140 所示。图中右边部分给出了常用指令，左边部分对指令进行了分类，点击“指令类别”按钮，右边将显示该类型的全部指令。

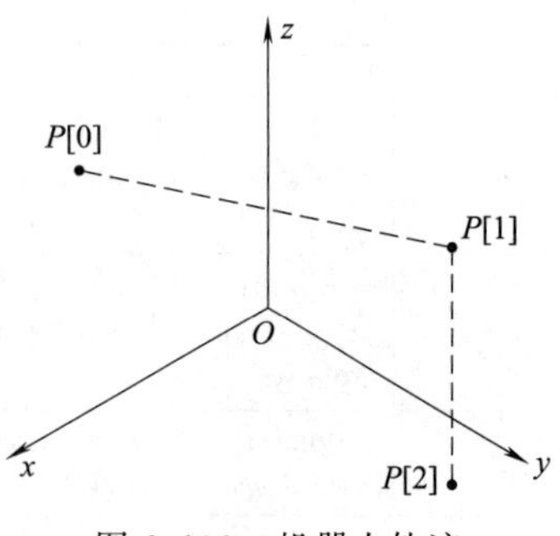

图 6.139 机器人轨迹

当点击某个指令时，将显示该指令的语法结构和参数列表，此处选择“运动指令”→“Movl”，显示如图 6.141 所示的界面。

通过 Movl 指令将机器人移动到期望位置点，完成该指令的编辑需要以下四步：

① 示教期望位置。通过示教将机器人移动到期望的点 $P[0]$，图 6.141 中框①显示了机器人当前位置的坐标。

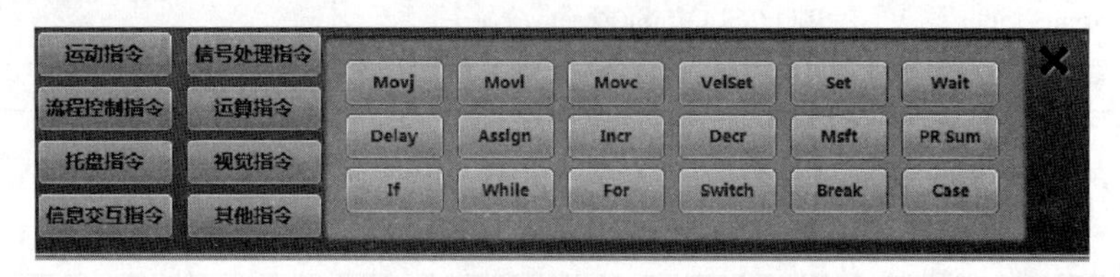

图 6.140 指令编辑器界面

② 添加位置点变量。图 6.141 中框②部分可添加/修改位置点变量，点击“新增点”，当前位置点 $P[0]$ 被保存为新的位置变量；选中某个已有的位置变量后点击“修改点”，位置变量更新为当前位置数据。

③ 指令参数编辑。如图 6.141 中框③所示，指令列表已经给出，用户只需修改参数值，“[]”内为用户可修改的参数值，参数值可以是数值或变量。

④ 插入指令。点击图 6.141 框④中的保存，编辑的指令被插入当前行的下一行，如图 6.142。

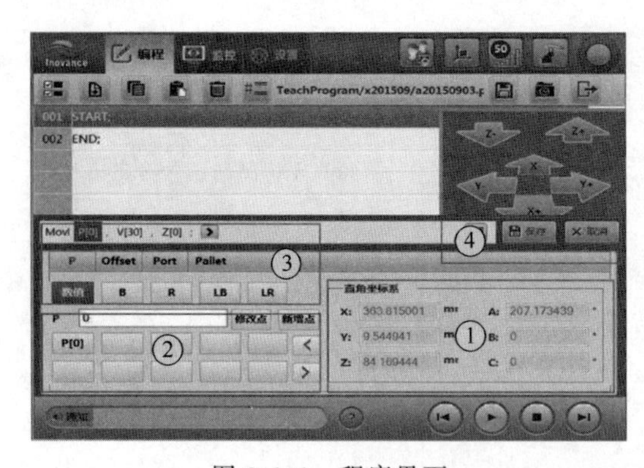

图 6.141 程序界面

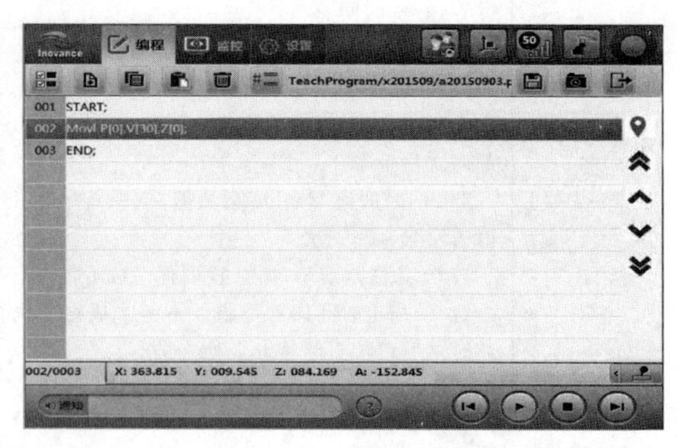

图 6.142 插入指令

执行图 6.142 中指令机器人可实现从当前位置运动到 $P[0]$ 点的任务。任务中需要在 $P[1]$、$P[2]$ 间循环两次，此处选择使用 For 指令。点击：流程控制指令→For，弹出 For 指令编辑窗口，如图 6.143 所示，For 指令有三个参数，分别点击各参数对其进行编辑，如图 6.144 所示。

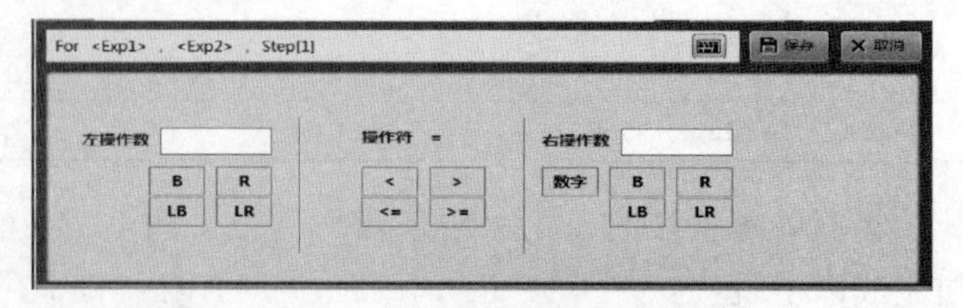

图 6.143 For 指令编辑窗口

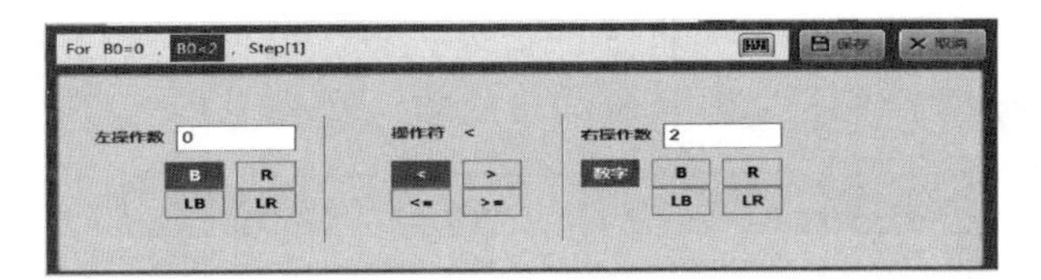

图 6.144　For 指令参数设置

最后点击“保存”，For 循环指令插入程序中，如图 6.145 所示。

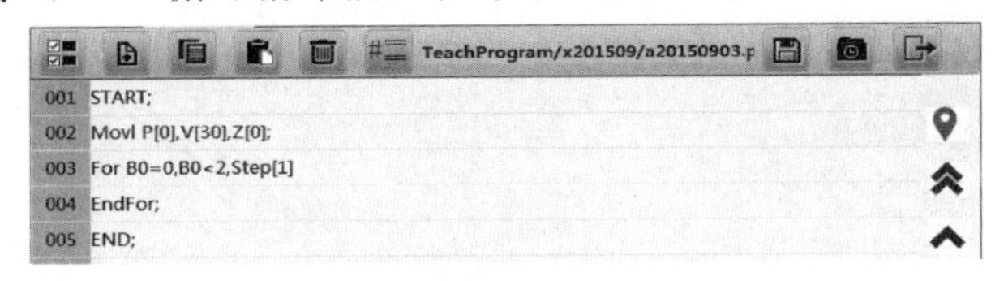

图 6.145　For 语句插入

重复上述步骤，添加到达 B 点和 C 点的运动指令，如图 6.146 所示。

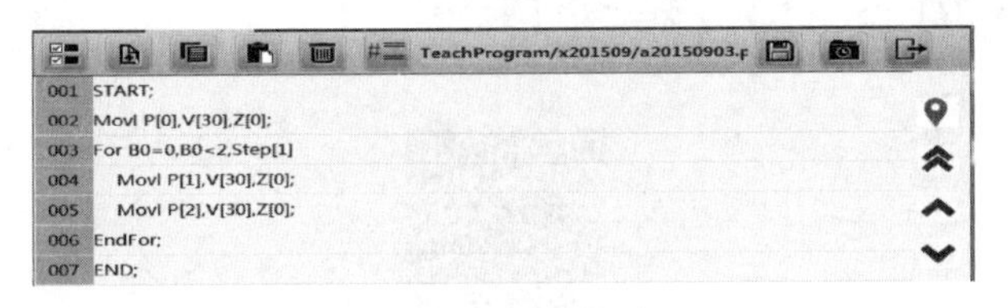

图 6.146　程序添加

任务中机器人需要从 $P[2]$ 点返回 $P[1]$ 点，指令与图 6.146 中第 4 行指令相同，最后回到 $P[0]$ 点，与第 2 行指令相同，可以选择使用复制/粘贴工具。

第一步：单击选中要复制的指令，点击“复制”按钮；

第二步：选中粘贴位置的上一行，点击“粘贴”按钮，如图 6.147 所示。

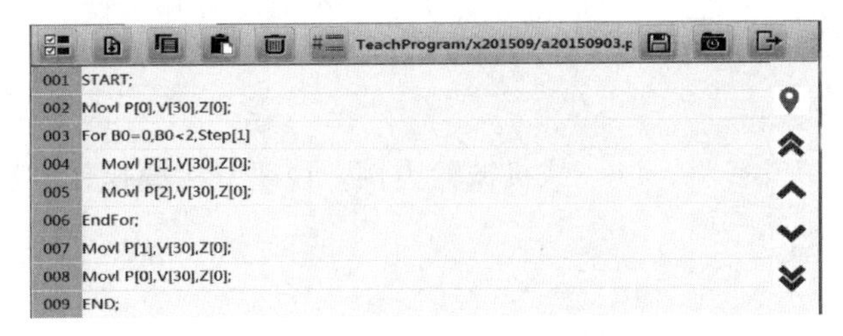

图 6.147　程序复制与粘贴

程序中使用了循环语句。如果不使用循环，可将三行指令复制，此时需要用到多选，点击“多选”按钮，行号前出现多选框，此时可选中多行指令，如图 6.148 所示。

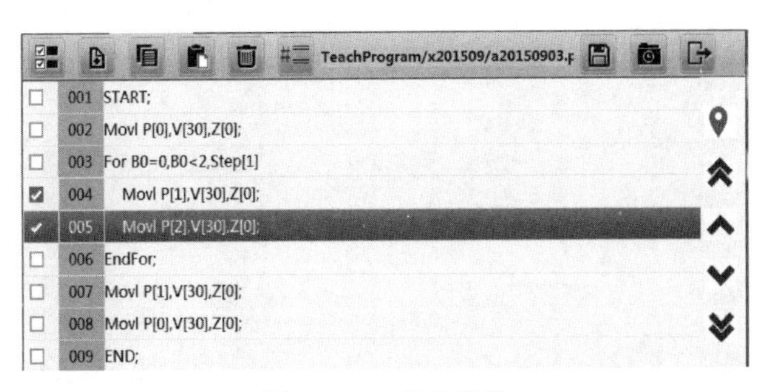

图 6.148　多选操作

选中后进行复制/粘贴操作，并将 For 指令去掉，也可实现任务中的运动轨迹，如图 6.149 所示。

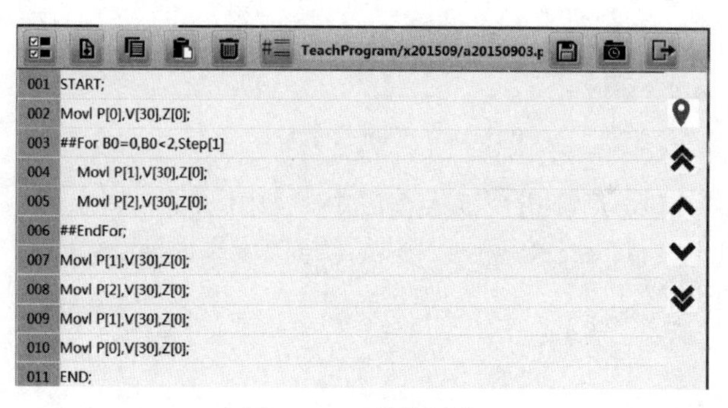

图 6.149　最终程序

6.4　Delta 机器人的基本操作

扫码获取 6.4 节内容

【本章小结】

本章介绍了工业机器人的基本操作，主要介绍了 ABB 机器人的工业机械臂、汇川的 SCARA 机器人及华数基于视觉的 Delta 机器人系统的具体使用方法。

【思考题】

查找相关文献及参考资料，以一款机械臂为例，说明其主要操作方法。

第7章

工业机器人的虚拟仿真

【学习目标】

学习目标	学习目标分解	学习要求
知识目标	工业机器人的虚拟仿真软件	了解
	RobotStudio	掌握
	基于 PQArt 的工业机器人仿真	熟悉

【知识图谱】

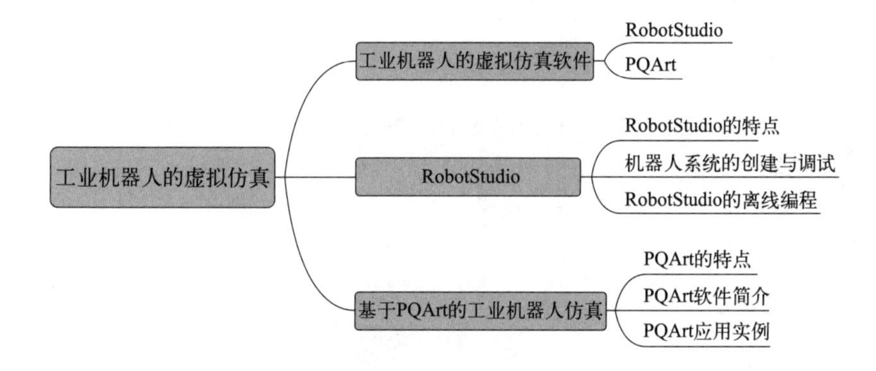

7.1 工业机器人的虚拟仿真软件

随着科技的不断发展，机器人已经成为现代工业生产和日常生活中不可或缺的一部分。机器人的出现不仅使得生产效率大大提高，而且还可以完成一些人类难以完成的任务。然而，机器人的研发和生产需要大量的时间、人力和物力，而且机器人的实验环境还需要一定的保障。因此，机器人虚拟仿真软件的出现就成了机器人研发和生产的重要辅助工具。

机器人虚拟仿真是将虚拟现实技术应用于机器人仿真环境，在原有的视觉临场感技术的基础上，增加了虚拟场景技术。如今在新产品生产之始，需要花费大量时间检测或试运行，就要停止现有的产品生产，以对新的或修改的部件进行编程，这样大大提高了生产时间成本。

工业机器人虚拟仿真软件的主要作用包括：

① 节省时间和成本。利用仿真软件在计算机上模拟机器人的操作和工作，可以减少实

际操作中出现的失误和浪费，如模拟机器人的运作和任务规划等，这样可以保证成果的品质和生产效率，同时降低成本。

② 提高生产效率。通过仿真软件可以对机器人的操作规划和流程进行优化，减少因错误操作而带来的损失，提高生产效益和生产效率。

③ 提高员工技能水平。通过仿真软件的模拟训练，员工可以更加明确机器人操作流程和注意事项，从而提升员工的技能和注意力，避免因操作不当而导致的成本风险。

④ 优化机器人性能。仿真软件可以帮助评估机器人在不同情况下的性能，找出问题并进行改进，以提高机器人的工作效率和质量。

⑤ 消除碰撞障碍。仿真软件能够在机器人运动过程中检测到潜在的碰撞，并提供路径规划功能，确保机器人能够安全、准确地移动，提高工作安全性和效率。

⑥ 优化任务调度。仿真软件可以帮助测试不同的任务调度算法和策略，优化机器人的工作流程，通过模拟不同的工作场景，找到最佳的任务调度方案，提高生产效率和响应能力。

⑦ 提供多种应用功能包。工业机器人仿真软件开发商会推出对应的功能包，这些功能包通常具备强大的能力，可以使工业机器人更好地融入工艺应用。

⑧ 提供二次开发平台。仿真软件还提供了功能强大的二次开发平台，允许更多人参与工业机器人的开发，增加其功能和适应更多的生产与研究需求。

⑨ 在产业数字化转型中的应用。工业仿真软件在制造业中扮演着重要的角色，它不仅有助于产业数字化转型的推进，而且在数字化治理中也发挥着重要作用。

目前，工业机器人虚拟仿真软件主流有：ABB 公司的 Robotstudio、加拿大的 Robotmaster、西门子的 Robcad、FANUC 公司的 Roboguide、以色列的 RobotWorks、北京华航唯实的 PQArt 等。本章主要介绍瑞士 ABB 公司的 Robotstudio 以及我国北京华航唯实的 PQArt。

7.1.1 RobotStudio

RobotStudio 是瑞士 ABB 公司配套的软件，是机器人本体软件做得较好的一款。RobotStudio 支持机器人的整个生命周期，使用图形化编程、编辑和调试机器人系统来创建机器人的运行，并模拟优化现有的机器人程序。其界面如图 7.1 所示。

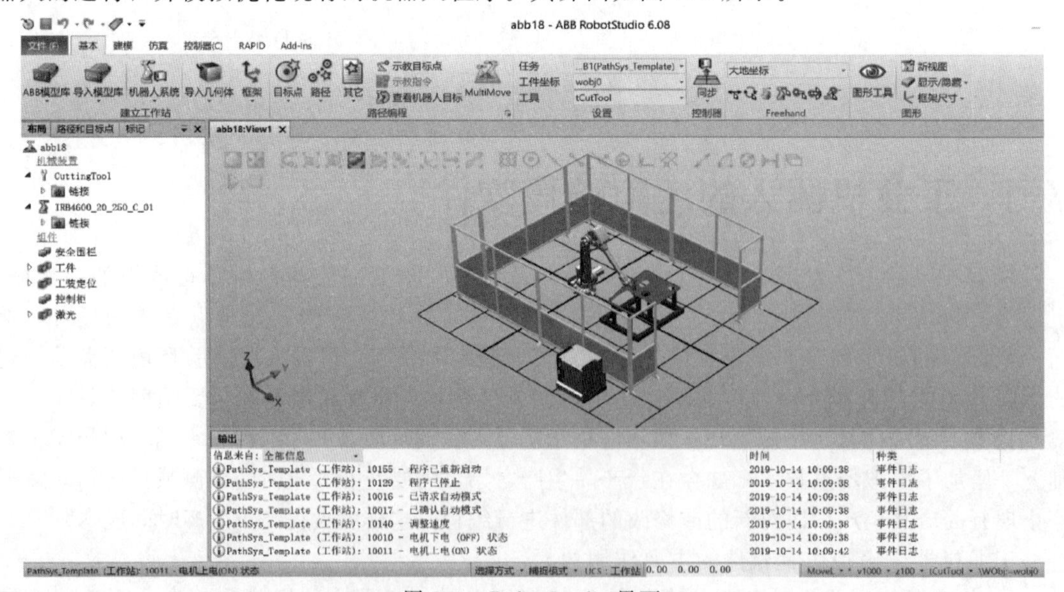

图 7.1　RobotStudio 界面

7.1.2 PQArt

原名 RobotArt，是目前国内品牌离线编程软件中顶尖的软件。软件根据几何数模的拓扑信息生成机器人运动轨迹，之后轨迹仿真、路径优化、后置代码一气呵成，同时集碰撞检测、场景渲染、动画输出于一体，可快速生成效果逼真的模拟动画。其界面如图 7.2 所示。

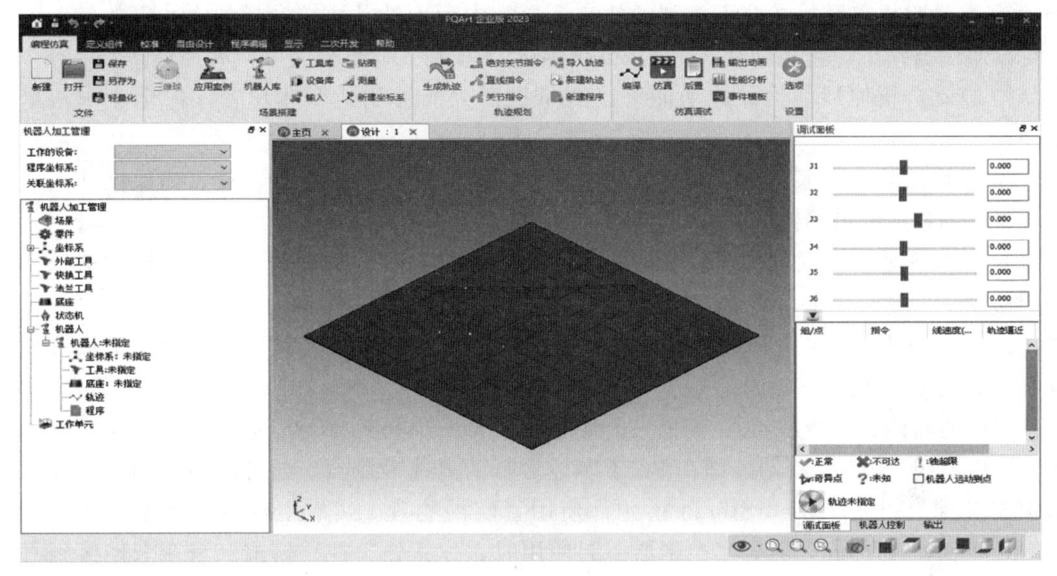

图 7.2　PQArt 界面

7.2 RobotStudio

7.2.1 RobotStudio 的特点

RobotStudio 是 ABB 公司开发的一款集成了离线编程仿真、在线监测及机器人编程功能的软件，它具备以下特点：

① 功能强大。通过配合不同的 PowerPacs（功能包），RobotStudio 可以实现包括线下离线轨迹抓取、打磨路径生成、喷涂轨迹生成以及节拍计算的强大功能。此外，它还能支持多台机器人的协同工作。

② 兼容性广泛。该软件支持所有 ABB 品牌的机器人模型，并且兼容变位机、导轨等多种设备。用户可以在 RobotStudio 中进行完全和现场实际应用一样的示教器操作，因为机器人运动仿真与真实环境是一致的，从而减少了在实际环境中进行调试的需要。

③ 自动化流程。RobotStudio 提供了一个高效且易于使用的代码调试环境，有助于简化编程过程。此外，它还包含了丰富的 PowerPac 功能，这些功能可以根据不同行业的需求快速解决机器人轨迹生成和编程方面的问题。

④ 提升效率。使用 RobotStudio 可以提高生产效率并降低购买与实施机器人解决方案的总成本。它能够还原现实工作中相似的工作场景，使得机器人系统的设计和优化更加直观和便捷。

该软件的基本功能有：

① 编程。软件既是仿真软件，又是编程软件（可以把编好的程序下载到真实机器人中）。

② 构建工作站。软件可以创建工作站，并且模拟真实场景，测量节拍时间，这样工作人员就可以在办公室把整个工作站流水线生产测试；构建工作站时，软件支持 CAD、UG、SW 等软件模型导入，支持 IGES、VRML 、CATIA、SAT、VDAFS 等格式。

③ 自动生成路径。一些不规则的轨迹，通常人为示教是比较麻烦的，并且效率低，我们可以使用自动生成路径功能，把生成好的路径下载到真实机器人中，大大提高效率。

④ 自动分析伸展能力。此功能可以测量机器人能够到达哪些位置，优化工作站单元布局。

⑤ 碰撞监测。碰撞监测功能可以测量机器人与周边设备是否会碰撞，确保机器人离线编程得出的程序的可用性。

⑥ 在线作业。使用软件与真实的机器人进行连接通信，对机器人进行便捷的监控、程序的修改、参数的设定、文件的传送、程序的备份与恢复等。

⑦ 二次开发。提供二次开发的功能，使工作人员更方便地调试机器人以及更加直观地观察机器人生产状态。

软件的具体安装方法不再介绍，下面将基于 Robotstudio 6.08 进行介绍。RobotStudio 允许使用离线 IRC5 控制器，即在 PC 上本地运行的离线控制器。这种离线控制器也被称为虚拟控制器（VC）。RobotStudio 还允许使用真实的物理 IRC5 控制器（简称“真实控制器”）。当 RobotStudio 随真实控制器一起使用时，称其处于在线模式。当在未连接到真实控制器或在连接到虚拟控制器的情况下使用时，我们说 RobotStudio 处于离线模式。

7.2.2 机器人系统的创建与调试

(1) 机器人的创建

① 打开 RobotStudio 离线编程软件，创建工作台，在弹出界面点击“文件”，并保存到工作空间中，如图 7.3 所示。

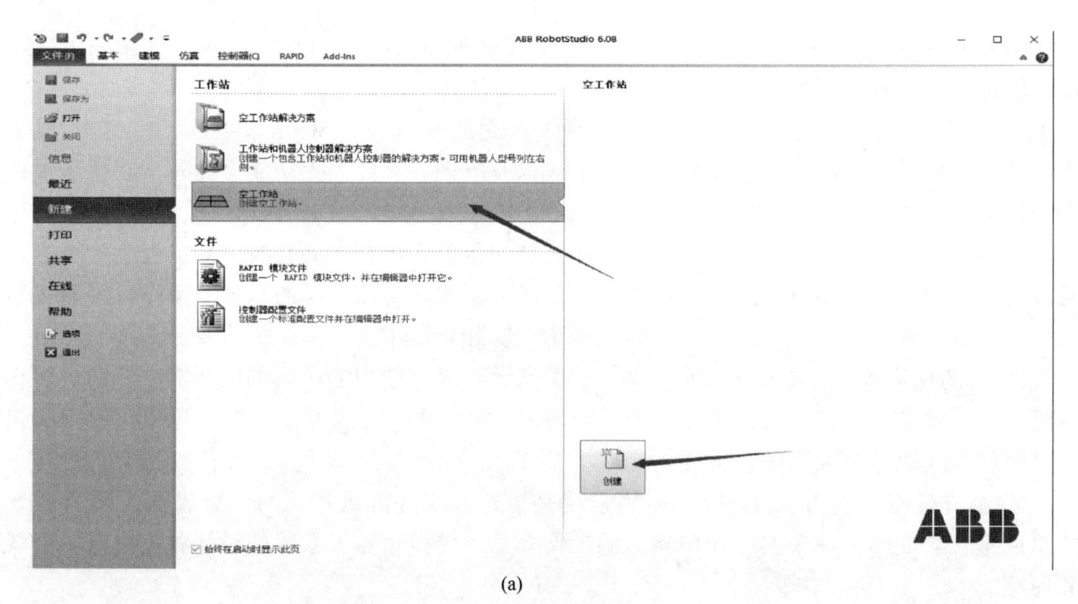

(a)

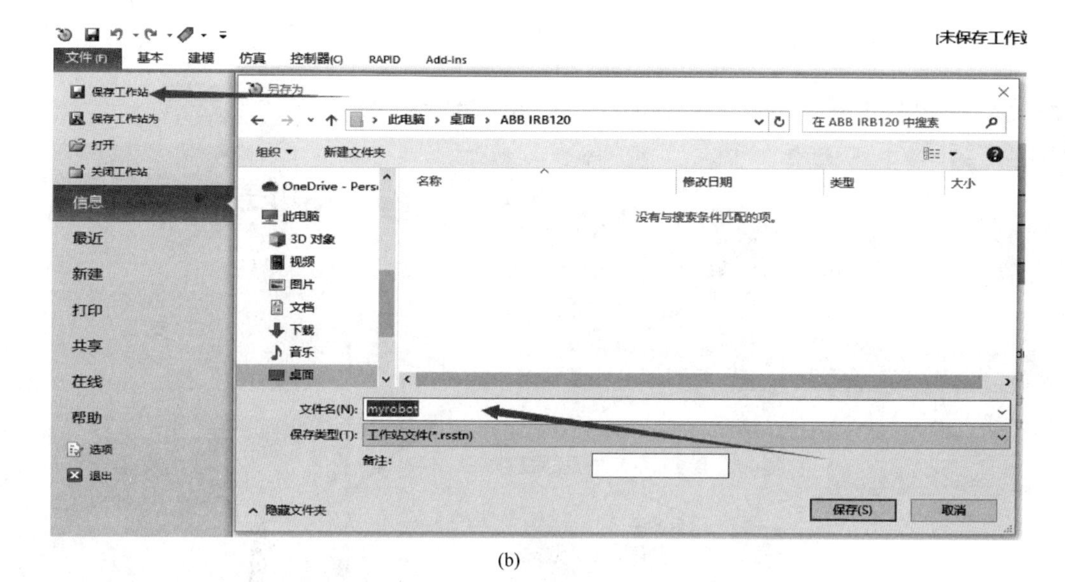

(b)

图 7.3　创建新的工作台

② 打开 ABB 模型库，选择 IRB 120 机械手，如图 7.4 所示。

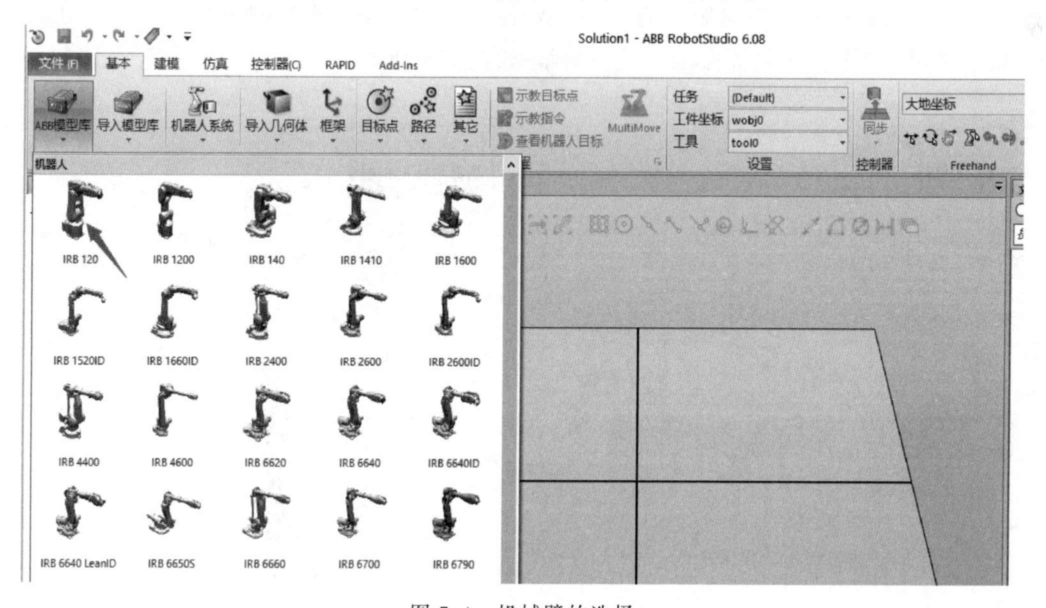

图 7.4　机械臂的选择

③ 选择好相应的机器人型号，点击“确定”，如图 7.5 所示。

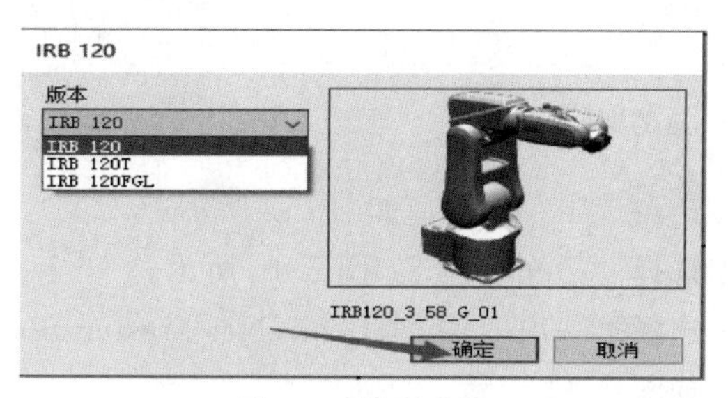

图 7.5　模型选择

④ 点击机器人系统，选择“从布局”，如图 7.6 所示。

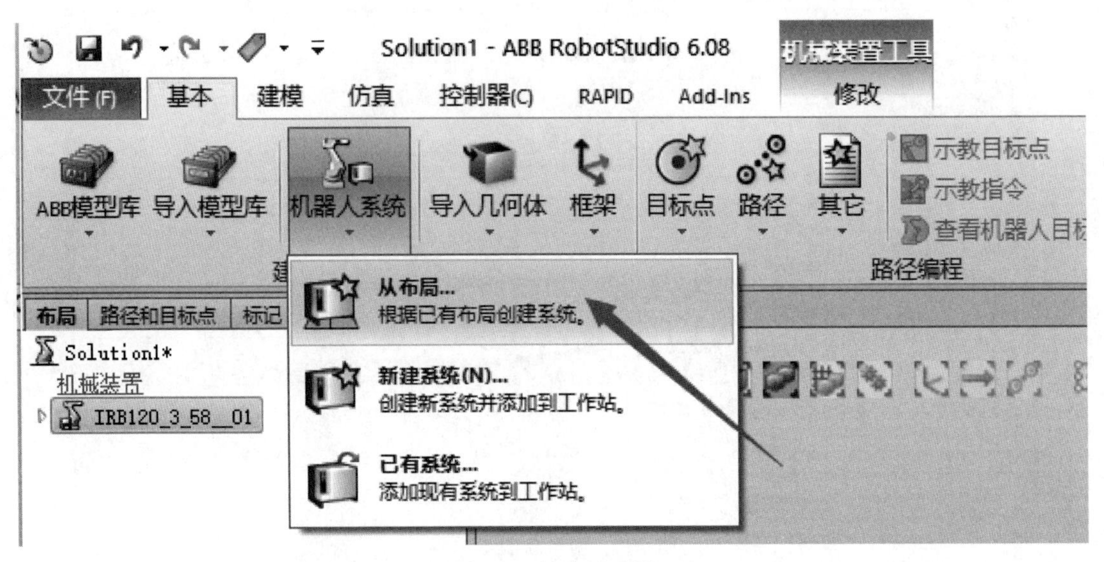

图 7.6　从布局选择

在弹出的页面中选择相应版本的 RobotWare 并点击“下一个”，如图 7.7 所示，然后机械装置中选择 IRB120 并继续点击“下一个”，如图 7.8 所示。

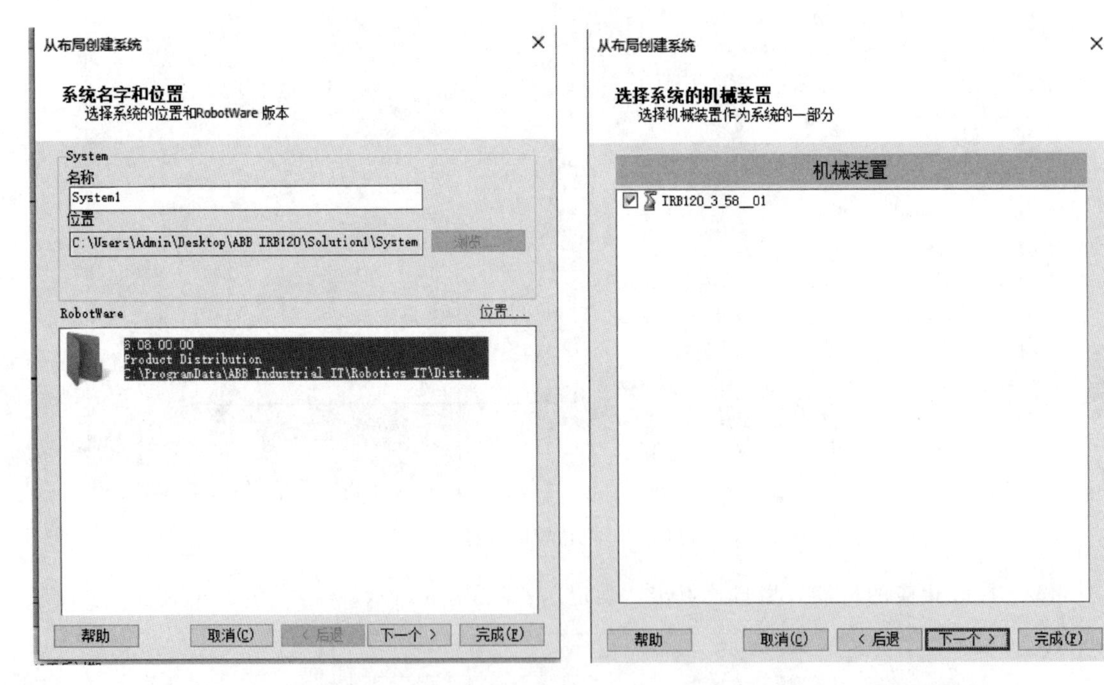

图 7.7　RobotWare 的选择　　　　图 7.8　机械装置的选择

在弹出的界面中，点击“选项”按键，如图 7.9 所示。

在第一个类别选项中选择“Chinese”，如图 7.10 所示。

在第二个类别选项中选择第一项“709-1 DeviceNet Master/Slave”，通信方式可以根据具体实际情况进行选择，如图 7.11 所示。

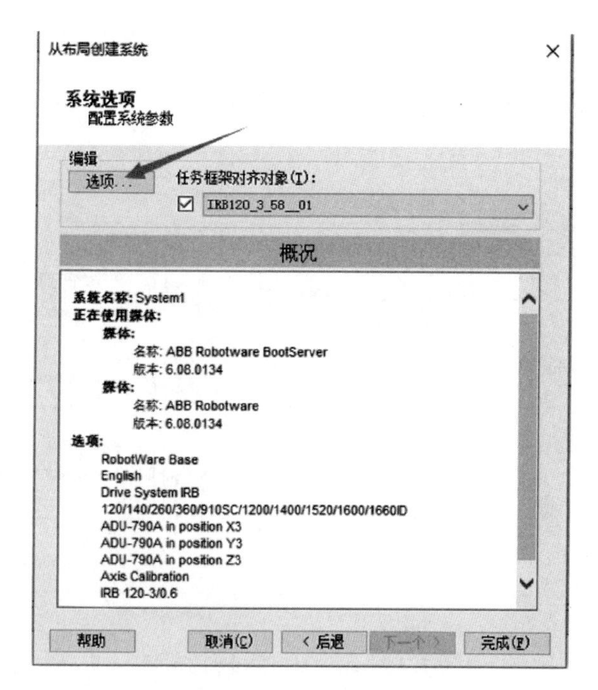

图 7.9 选项的选择

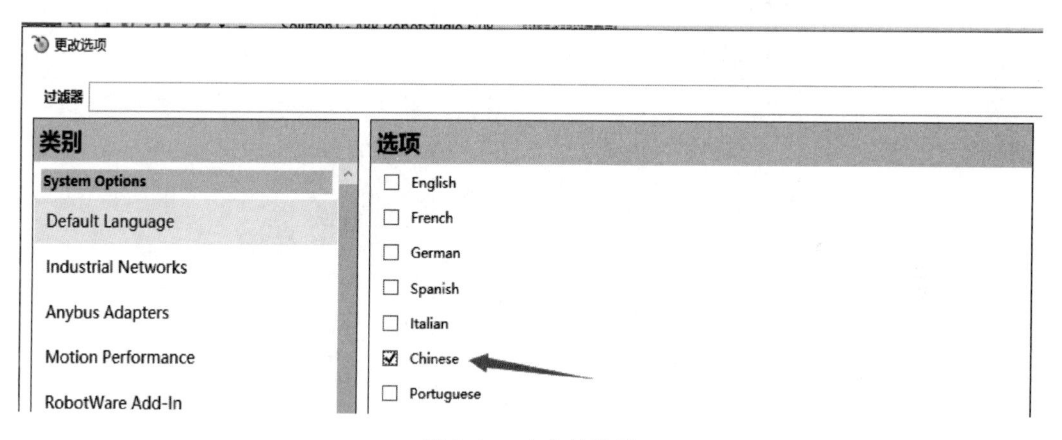

图 7.10 中文的选择

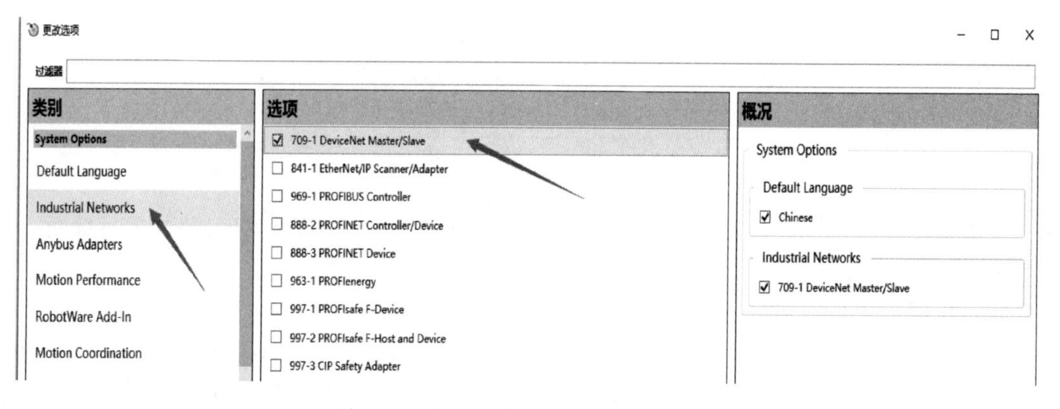

图 7.11 DeviceNet Master/Slave 选项

在第三个类别选项中选择第二项“840-2 PROFIBUS Anybus Device”，然后在右下方点击“确定”，如图7.12所示。

最后，在系统选项界面点击“完成”，如图7.13所示。

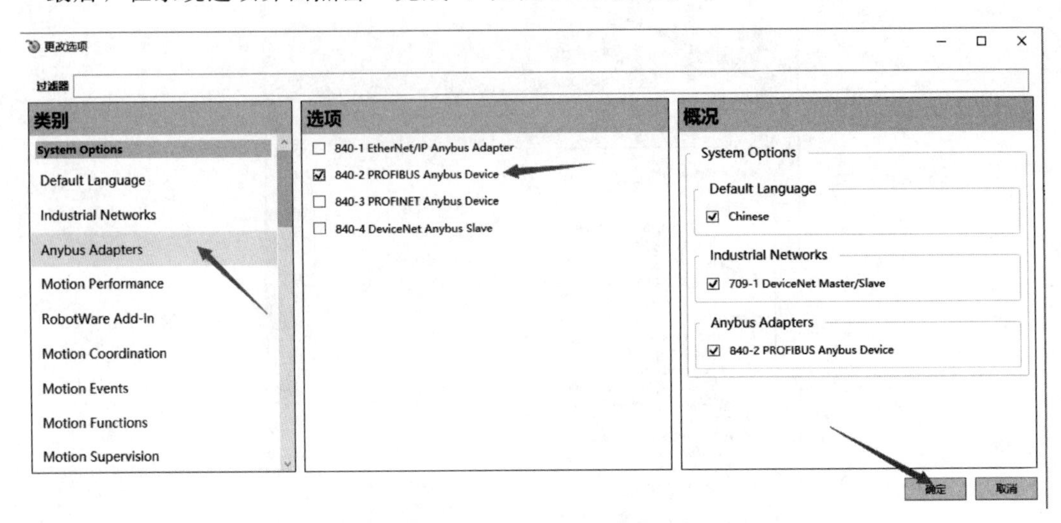

图7.12 Anybus Device的选择

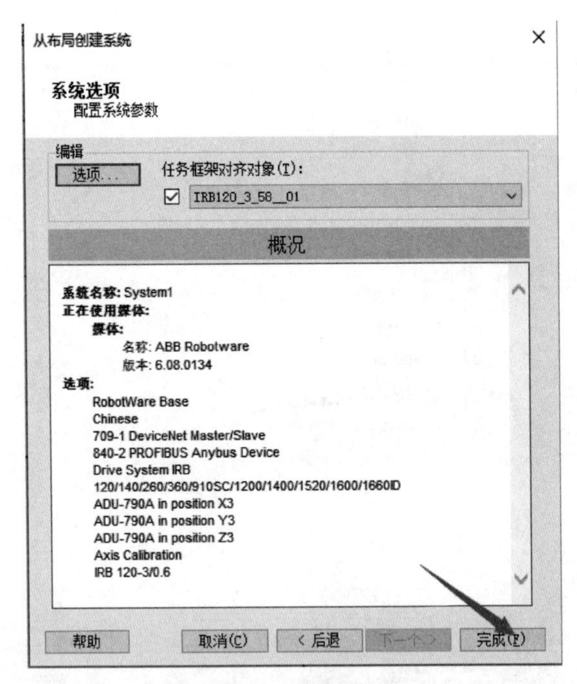

图7.13 选项完成界面

至此，机器人系统创建完成，同时控制器状态由“0/1”状态到“1/1”并显示绿色，如图7.14所示，机器人线性关节、示教器等功能被激活，可以使用。

(2) 机器人工具的加载

单击“基本”选项卡，打开“导入模型库”中的“设备”选项，选择所需工具“myTool”，如图7.15所示，或者也可以选择其他的工具型号，在视图窗口中，可以看到导入的工具，其位置在坐标原点。

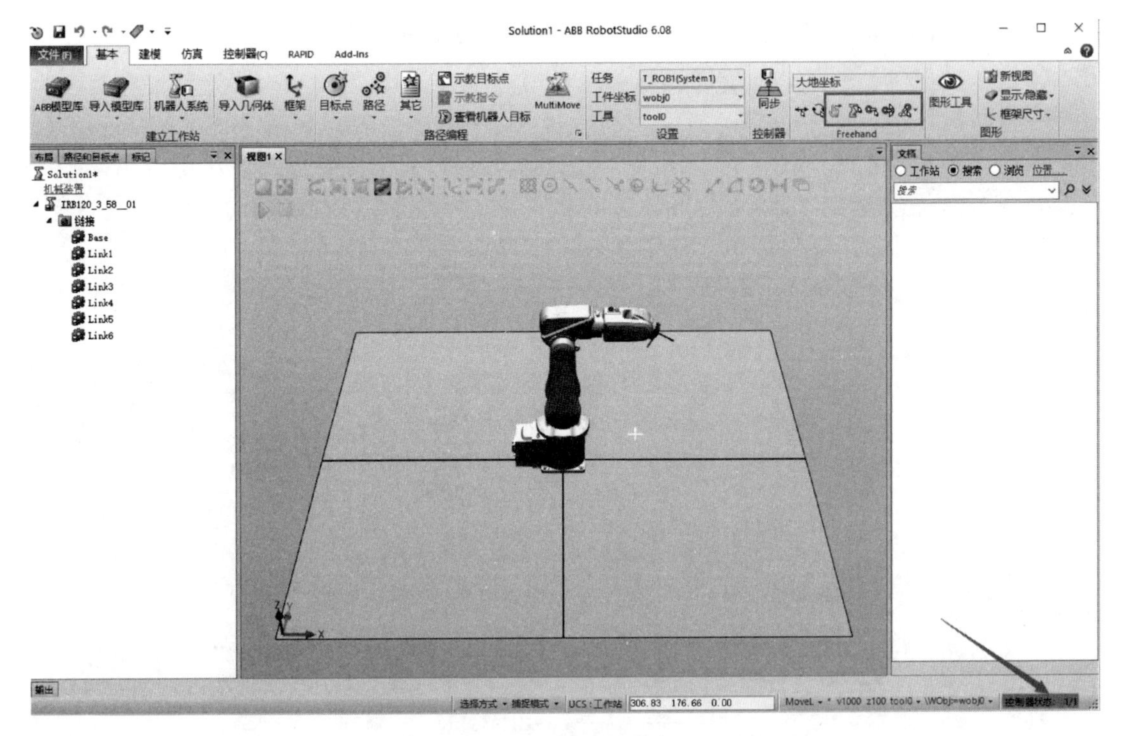

图 7.14　机器人系统布局

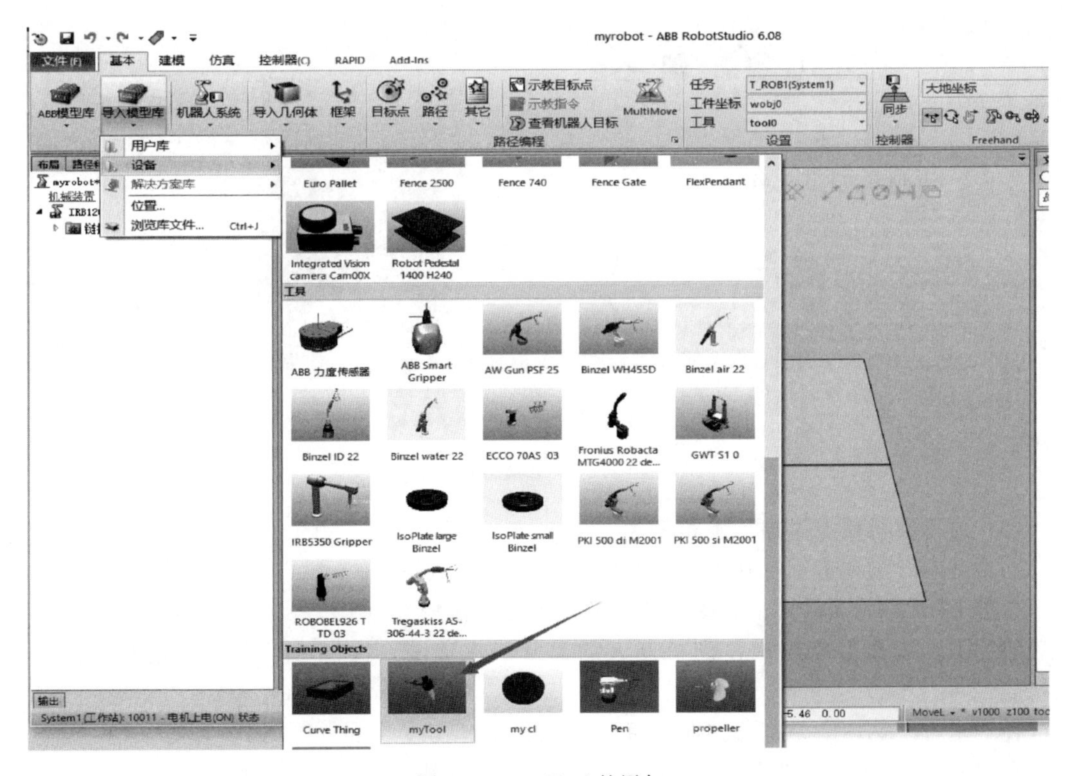

图 7.15　myTool 的添加

在“布局”中，右键 My Tool，点击“安装到”→“IRB120_3_58_01(T_ROB1)”，并在弹出的对话框中选择“是”，然后完成工具的安装，如图 7.16 所示。

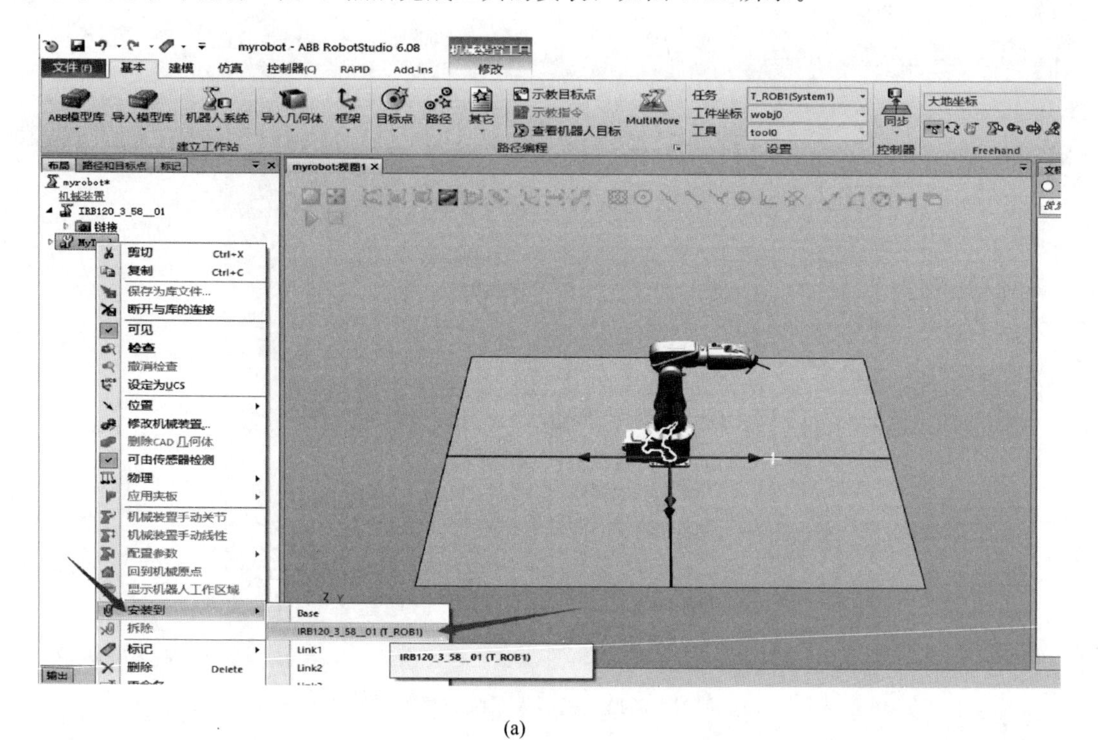

(a)

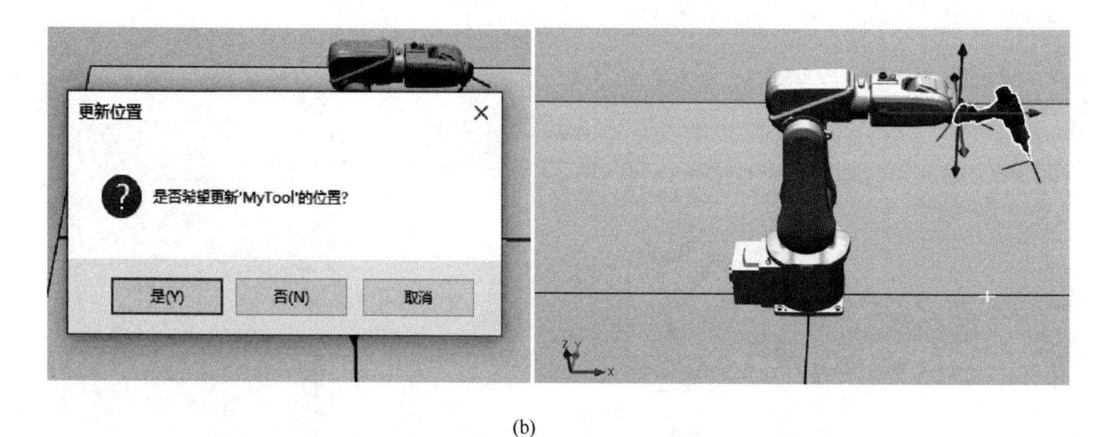

(b)

图 7.16 工具的安装

(3) 为工业机器人添加工装和工件

在“基本”选项卡，打开“导入模型库→设备→propeller table”，如图 7.17 所示。

右键 IRB120_3_58_01，选择“显示机器人工作区域”。图 7.18 中白色区域为机器人可到达的范围。工作对象应调整到机器人的最佳工作范围，这样可以提高节拍和方便轨迹规划。

在“基本”选项卡，打开“导入模型库→设备→Curve Thing”，如图 7.19 所示。

右键 Curve Thing，选择“位置”→“放置”→“三点法”，如图 7.20 所示。

打开捕捉工具的“选择部件”和“捕捉末端”，如图 7.21 所示。

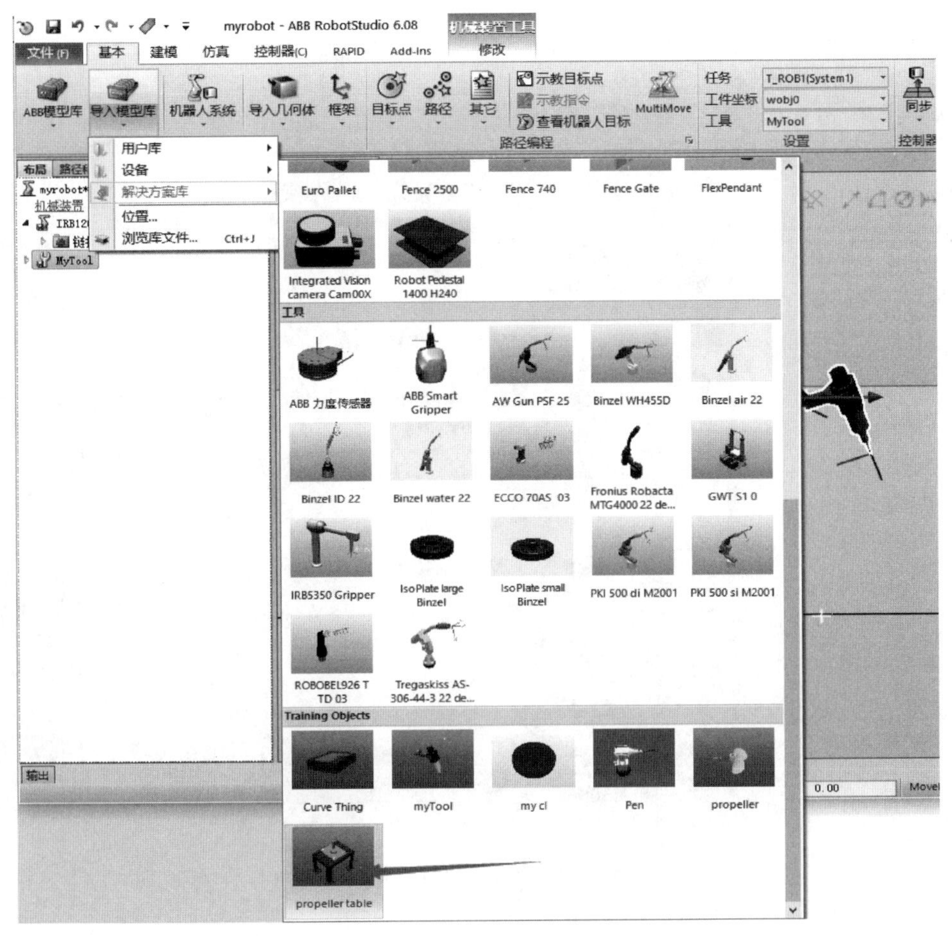

图 7.17　propeller table 选项

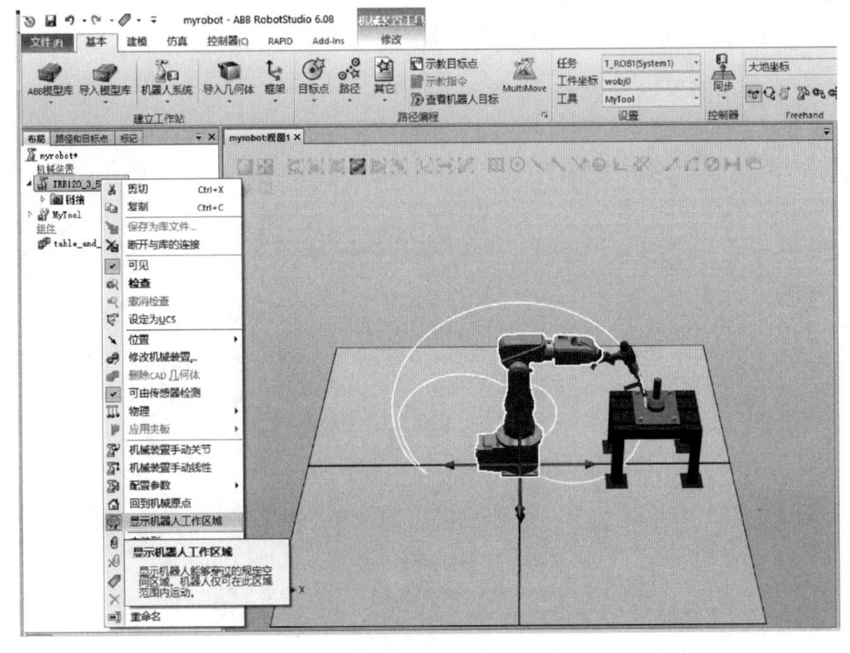

图 7.18　机器人工作区域

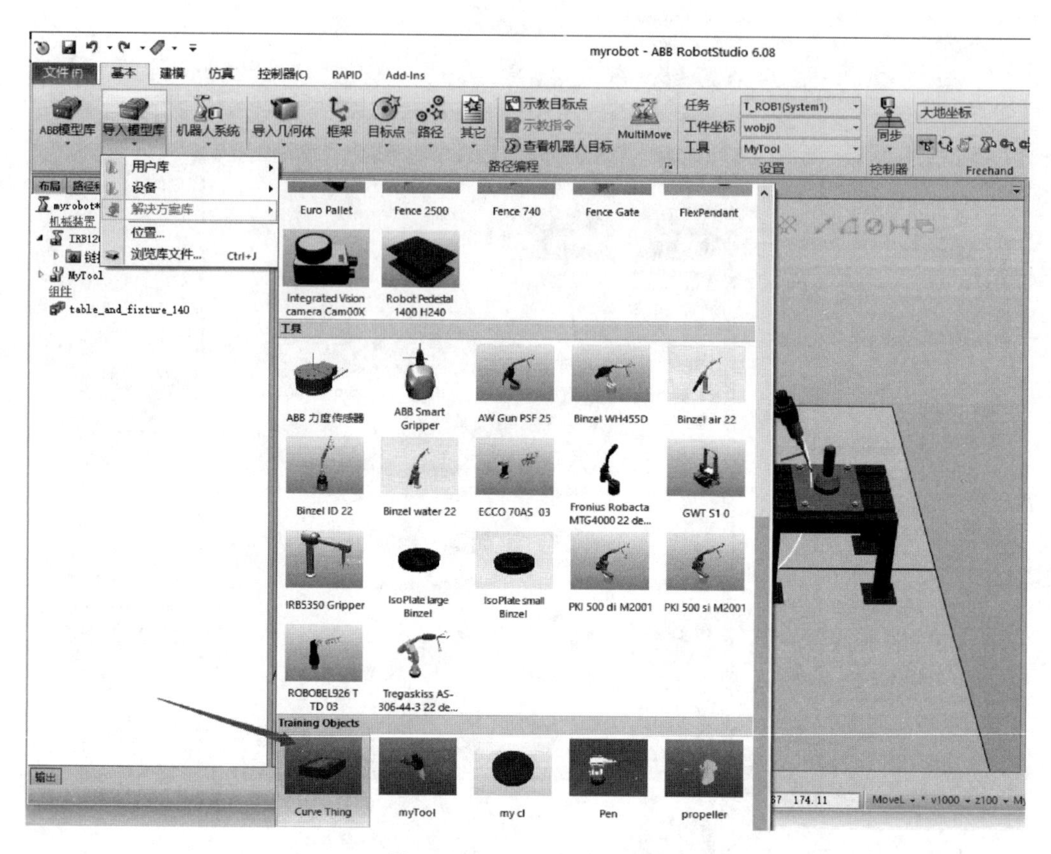

图 7.19　Curve Thing 添加

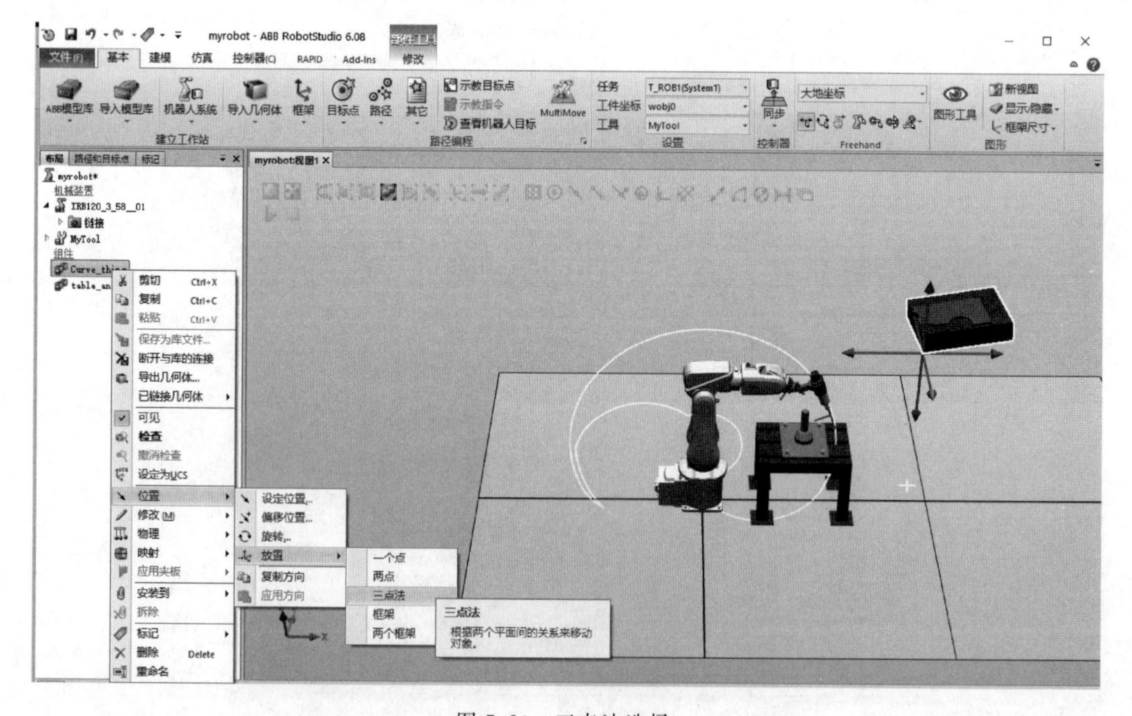

图 7.20　三点法选择

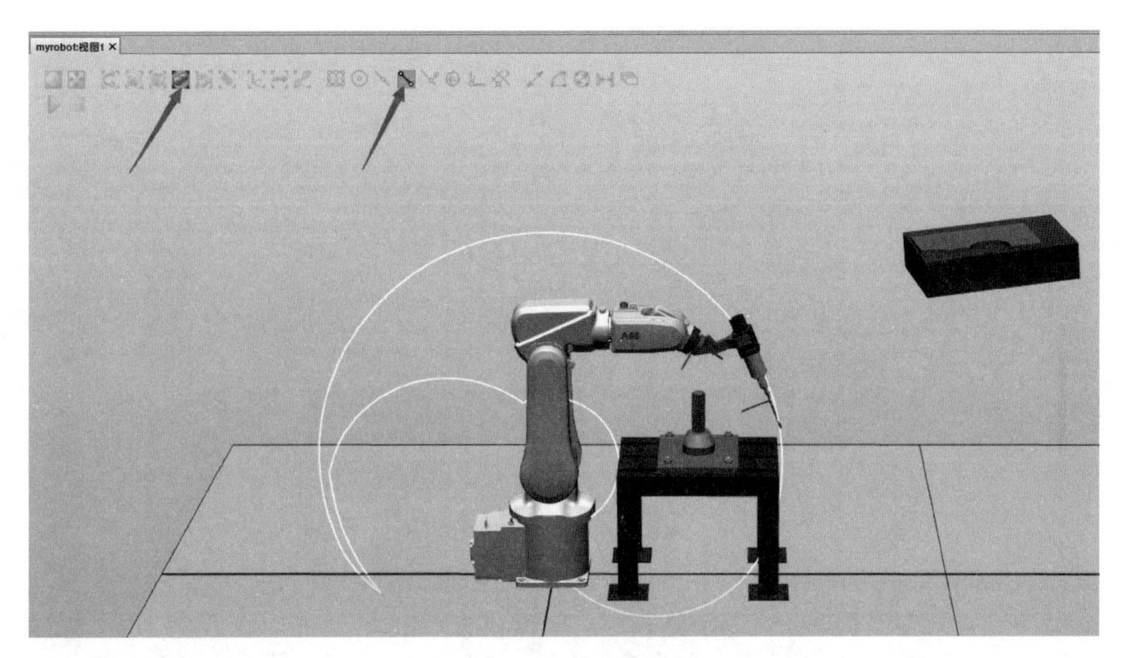

图 7.21　捕捉工具的选择

鼠标点在左侧坐标窗口的第一个点，然后在右侧依次选择 6 个对应的端点，如图 7.22 所示。

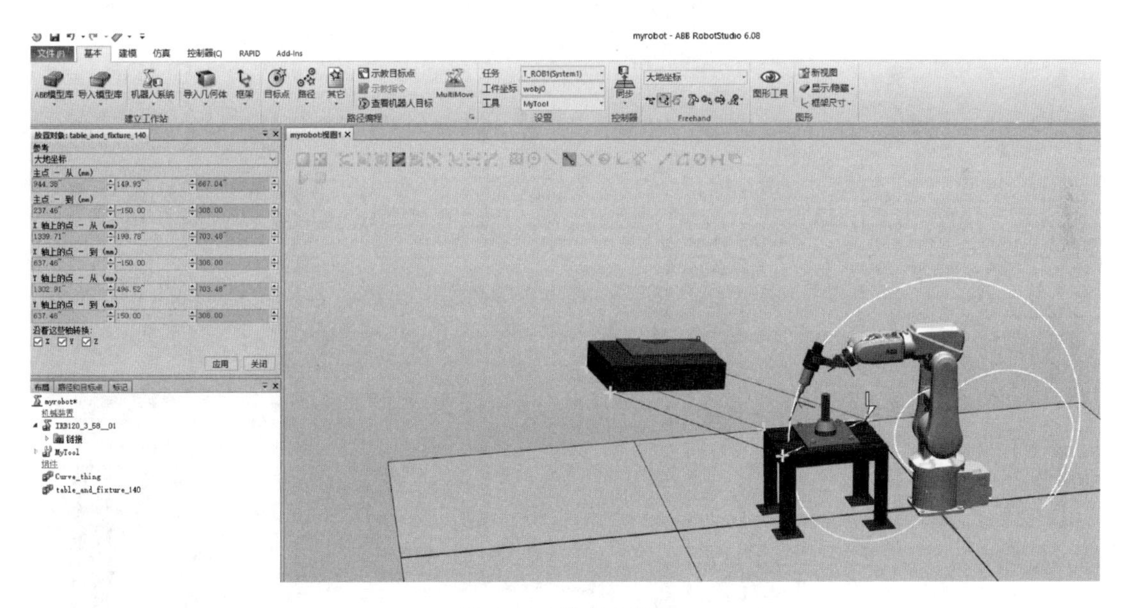

图 7.22　端点的选择

点“应用”，工件就放在桌子上了，点“关闭”，关闭坐标窗口。至此一个最简单的工业机器人系统建立完成，如图 7.23 所示。

(4) 虚拟示教器的使用

机器人配置完成后，点击控制器菜单栏，可以看到示教器按键，点击可以弹出虚拟示教器，如图 7.24 所示。

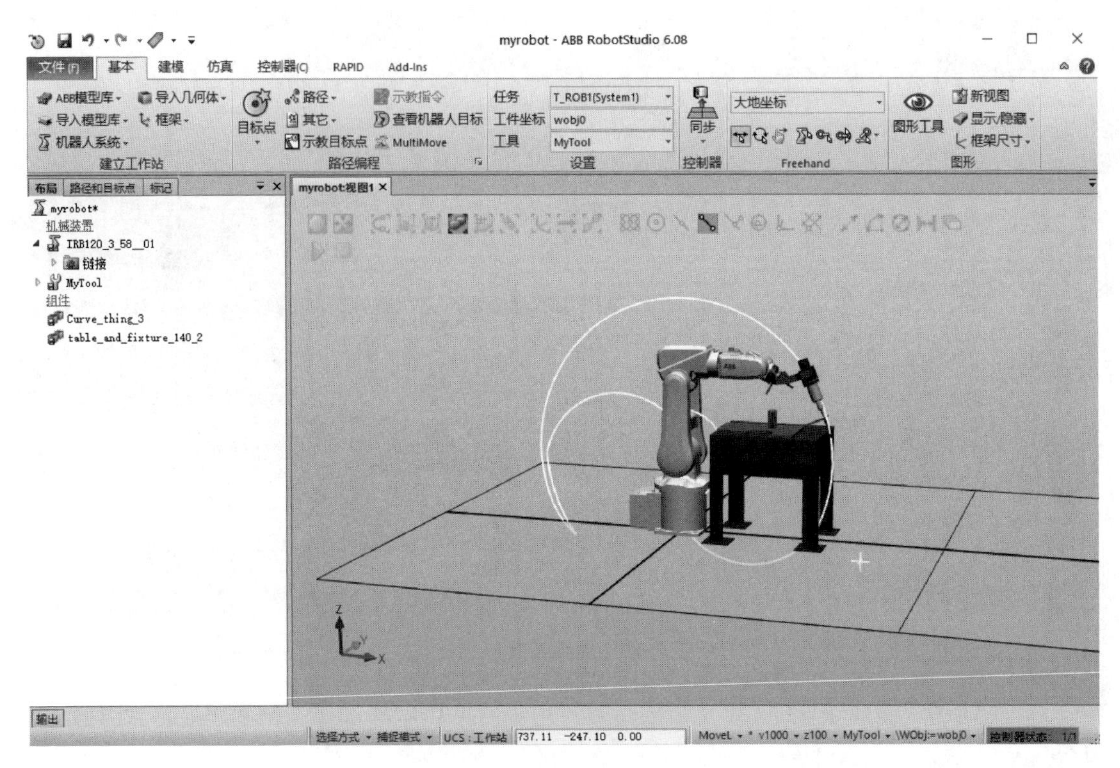

图 7.23 机器人系统的建立

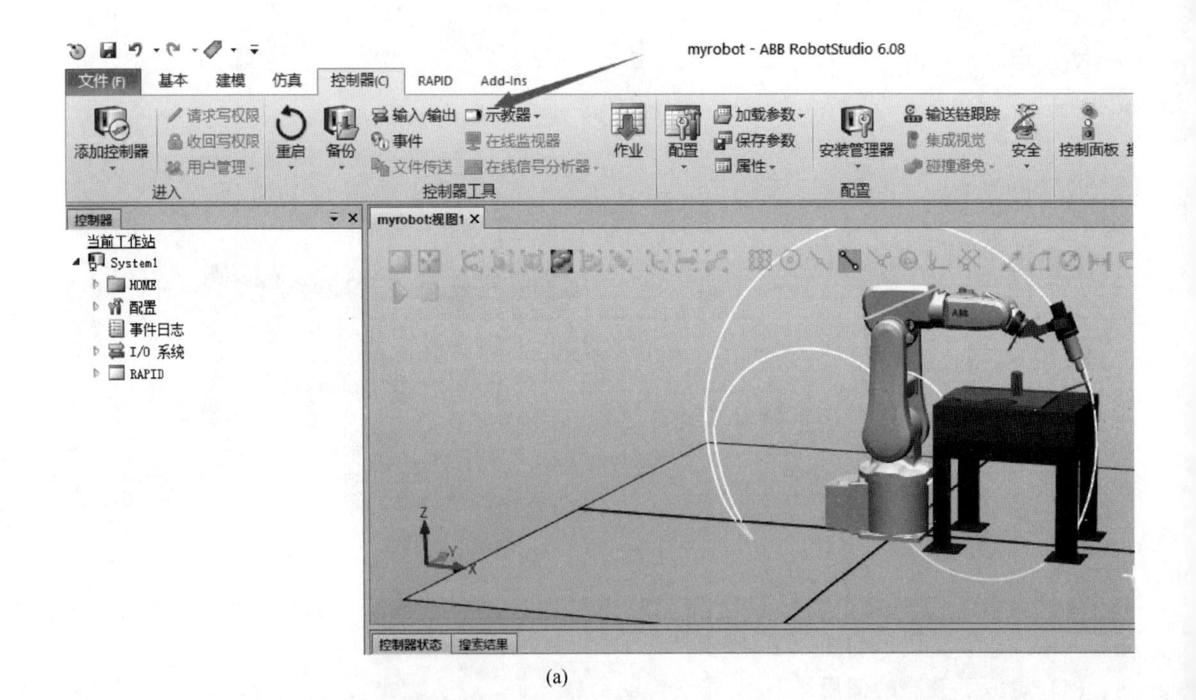

(a)

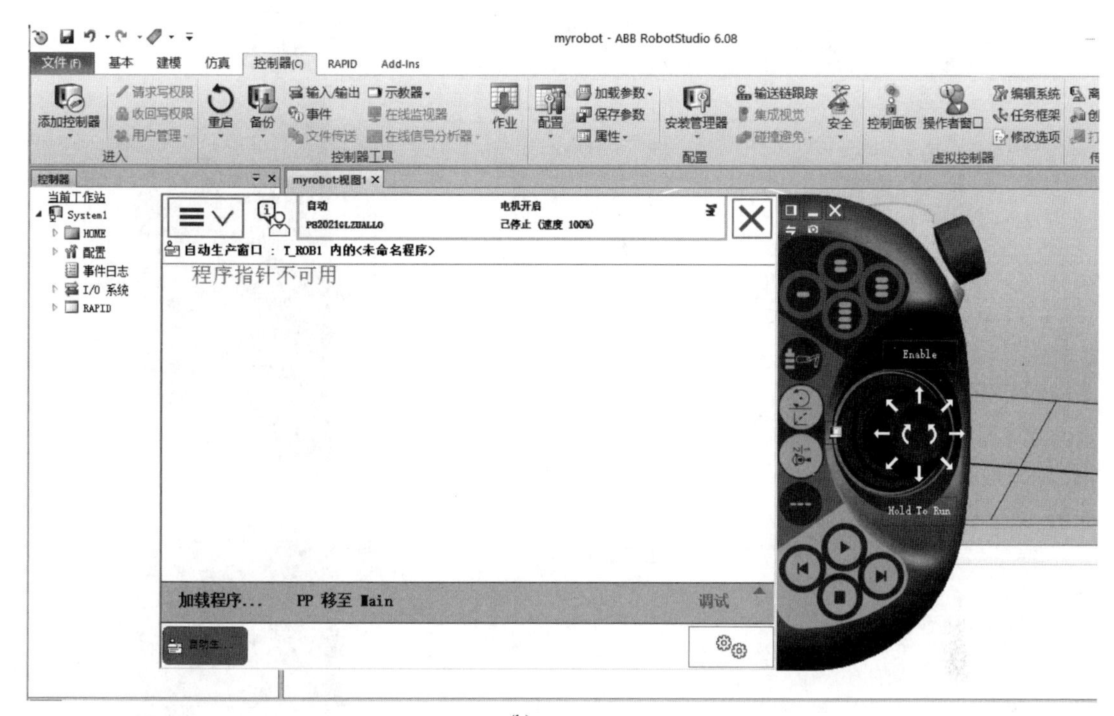

(b)

图 7.24 虚拟示教器

对虚拟示教器进行操作，并切换至手动模式，如图 7.25 所示。

如打开“Enable”，则可以看到电机开启的字样，如图 7.26 所示。

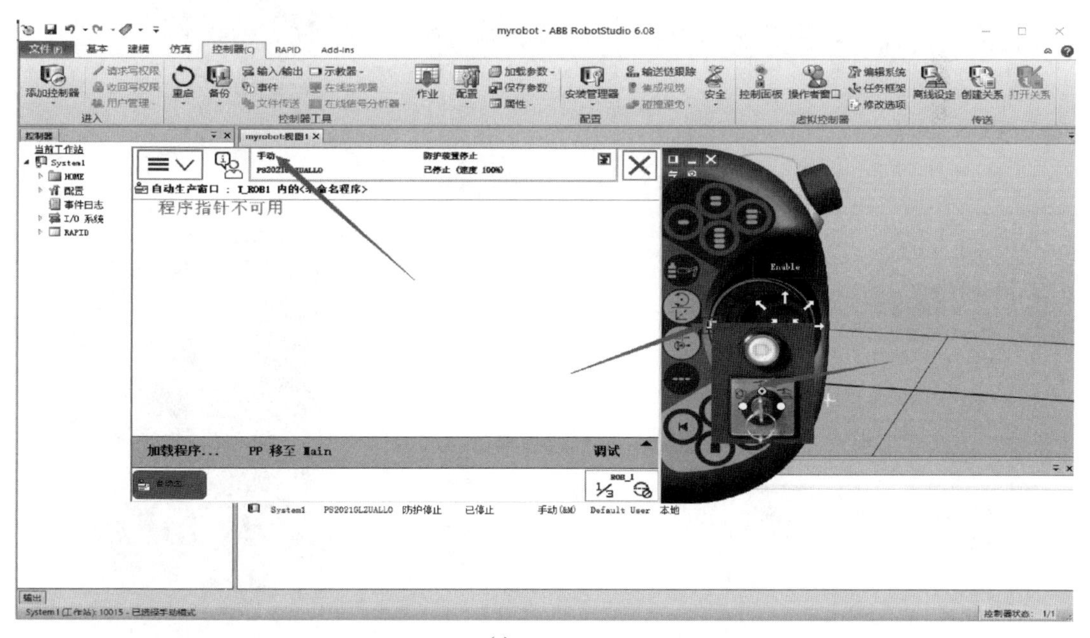

(a)

图 7.25

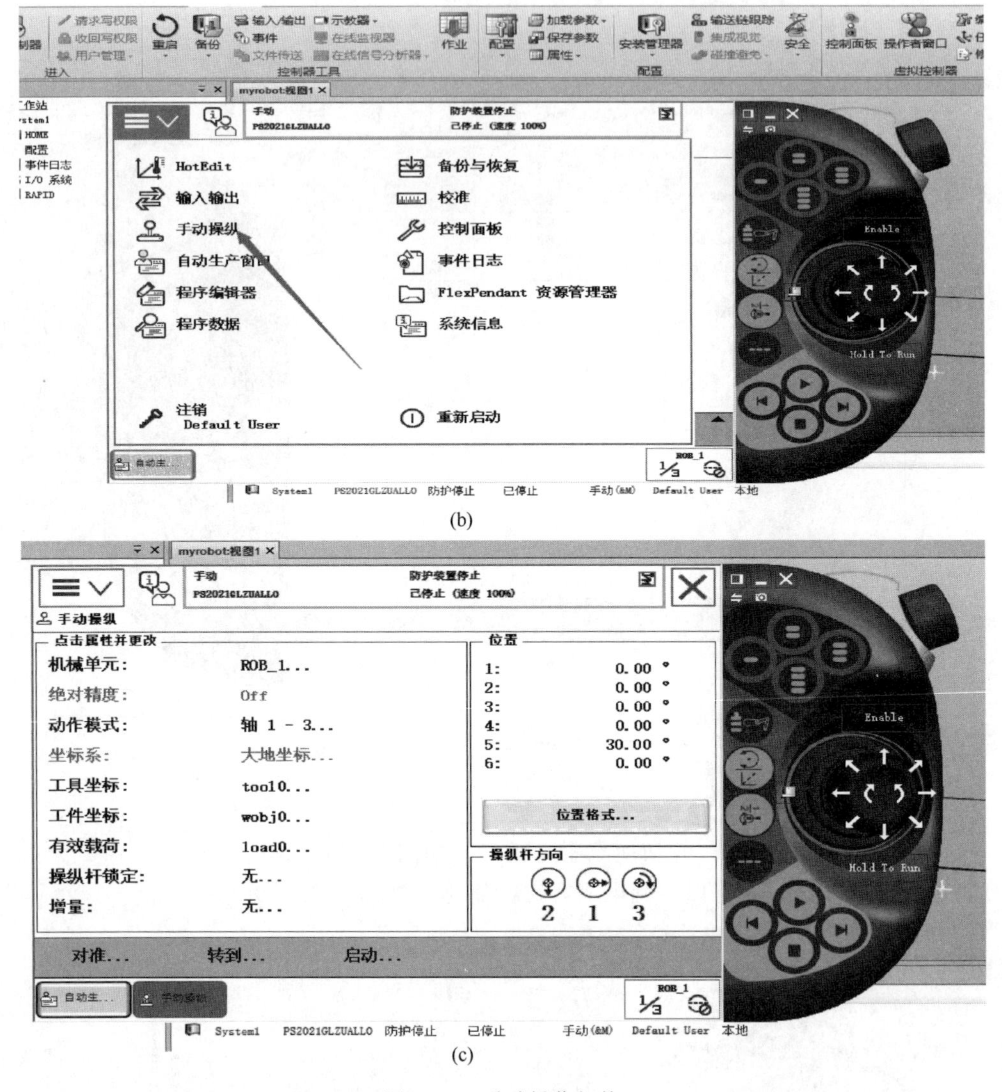

(b)

(c)

图 7.25 手动操作切换

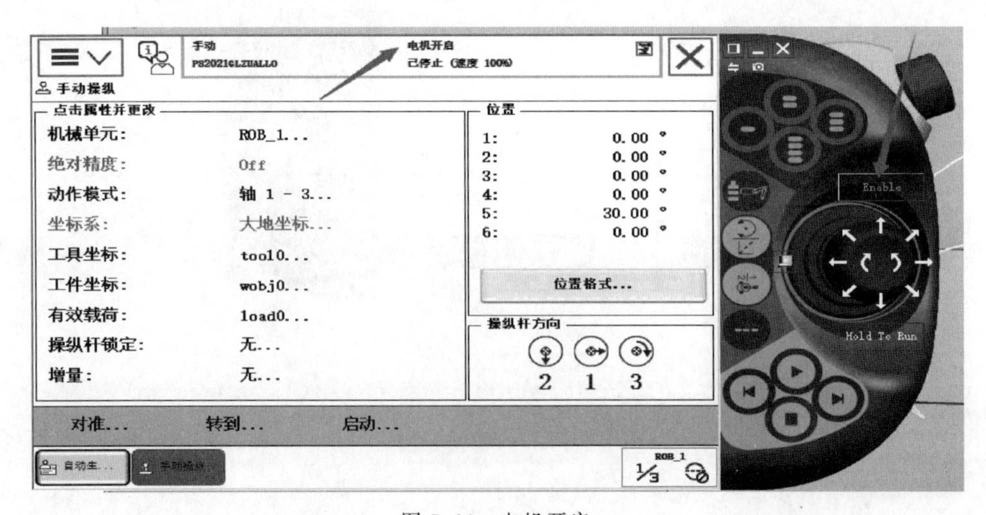

图 7.26 电机开启

当电机打开后，可以利用虚拟示教器对机器人进行操作，点击操作杆中的按键，可以对机器人的轴 1、2、3 进行操作，如图 7.27 所示。点击如图 7.28 中箭头所示按键，可以切换对机器人的轴 4、5、6 进行操作，从图中可以看到机器人位置角度发生了变化。

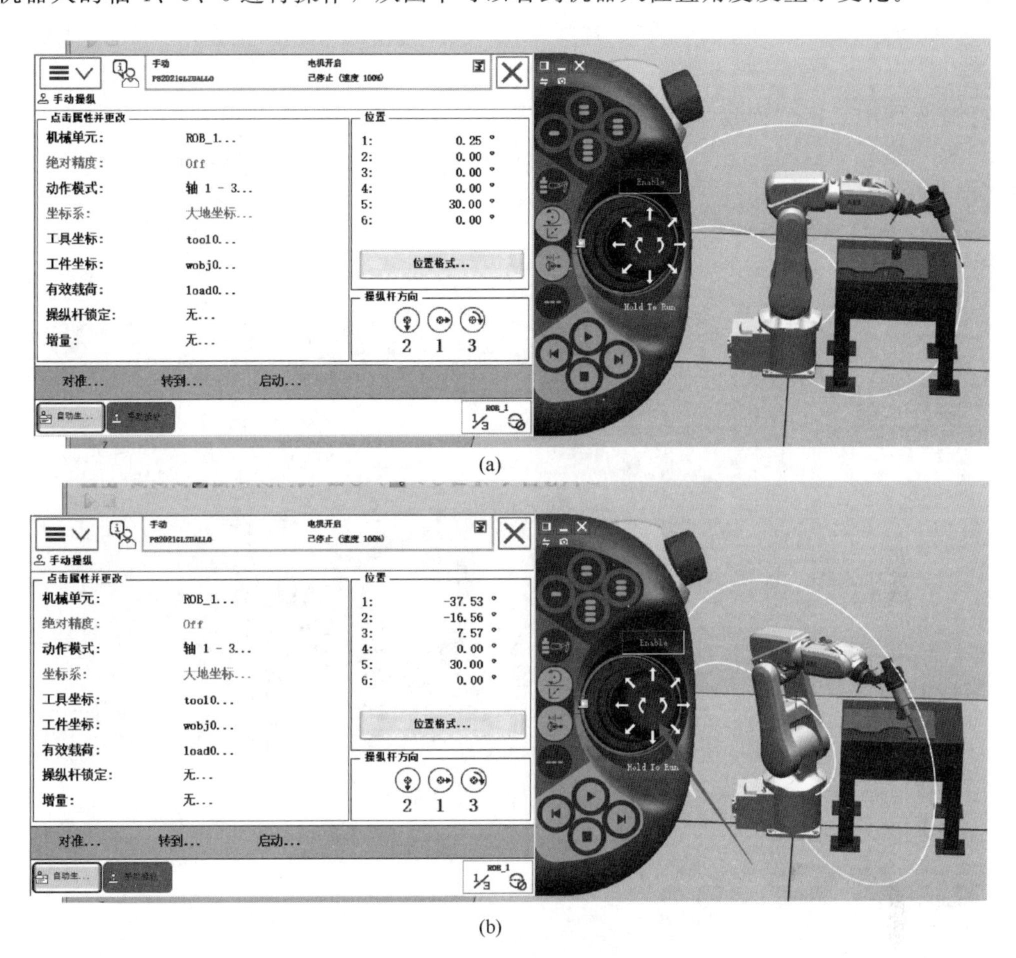

图 7.27　机器人的轴 1、2、3 操作

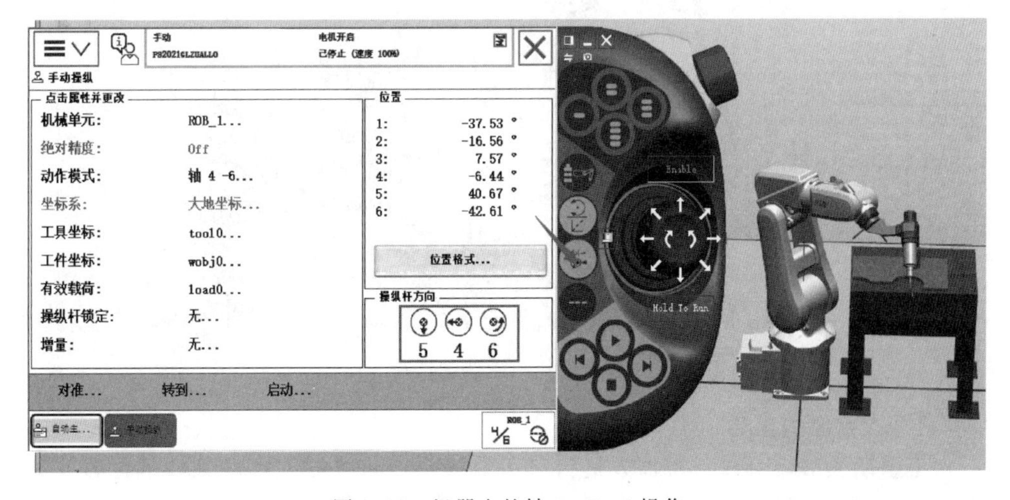

图 7.28　机器人的轴 4、5、6 操作

(5) 工件坐标的建立

① 选择“基本”→“其它”→“创建工件坐标”，如图 7.29 所示；

② 弹出的界面中，线框中的名称可以根据自己的需求进行命名，然后选择“用户坐标框架”→“取点创建框架”→“三点法”，选择如图 7.30 所示三个点的位置，并点击“Accept”按键；

③ 在界面中点击“创建”，如图 7.31 所示；

④ 在“路径和目标点”下，可以看到新创建的“Workobject _ 1”，从右边视图区也可以看到新创建的工件坐标系，如图 7.32 所示。

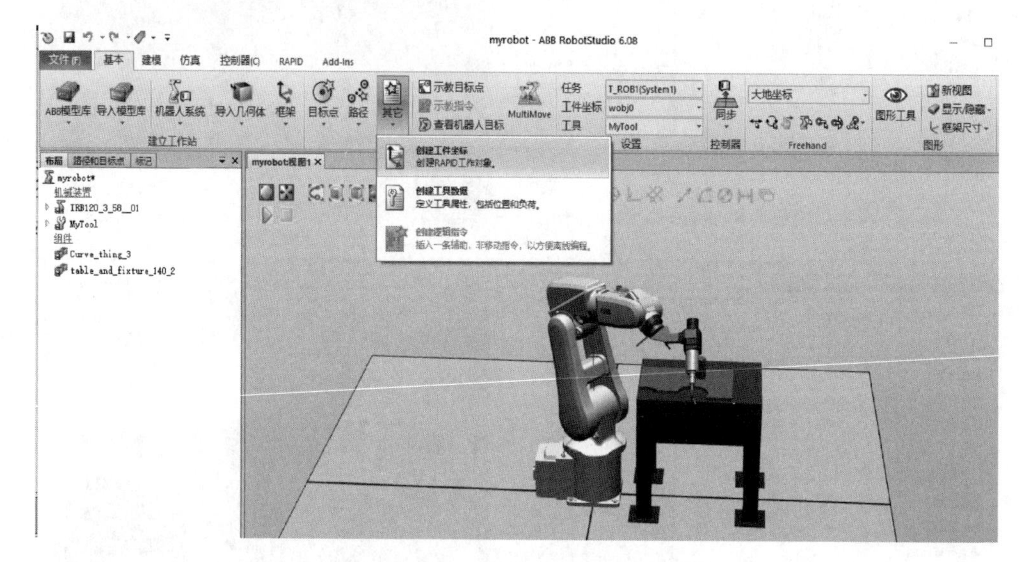

图 7.29 工件坐标系创建

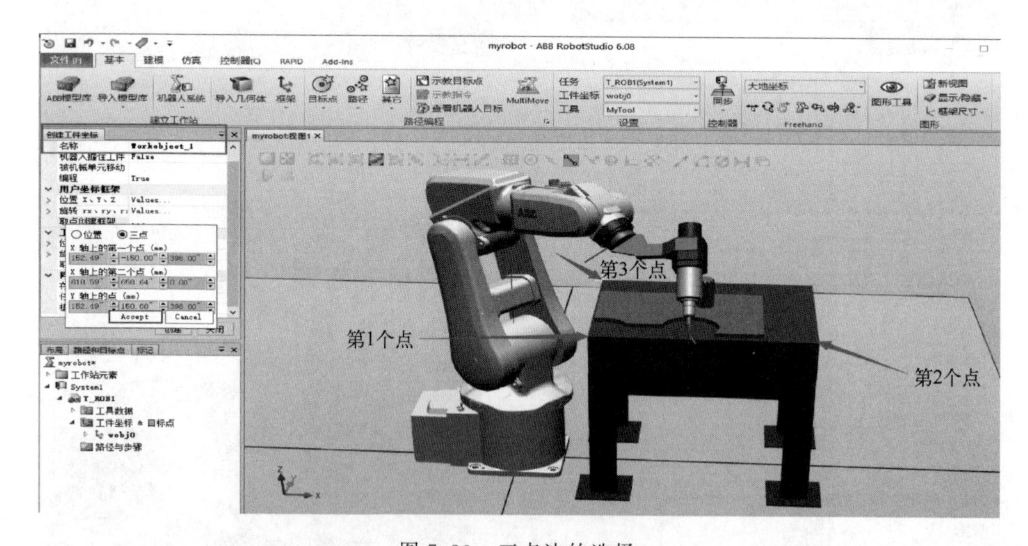

图 7.30 三点法的选择

(6) 机器人路径的创建

① 点击手动关节，可以对机器人进行分关节操作，将机器人移动到如下位置，该位置作为机器人的初始位置，如图 7.33 所示。

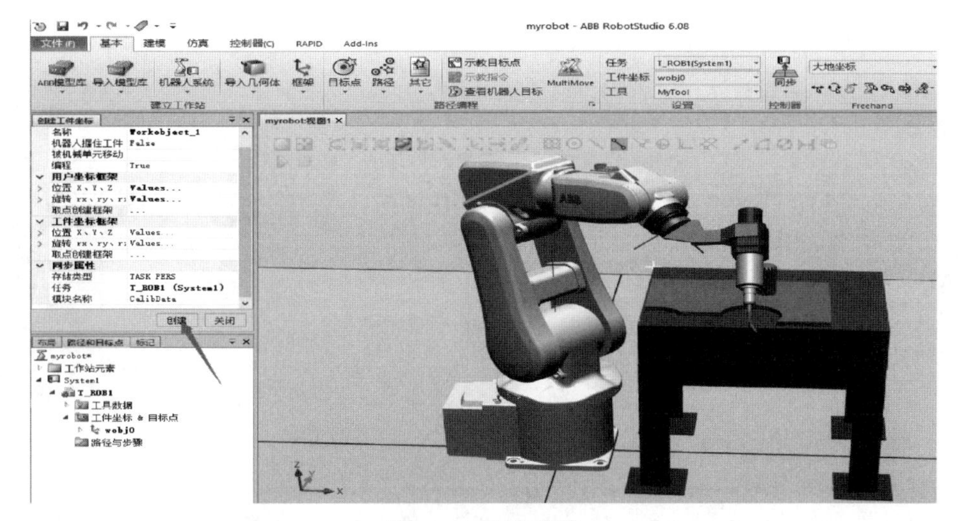

图 7.31　创建步骤

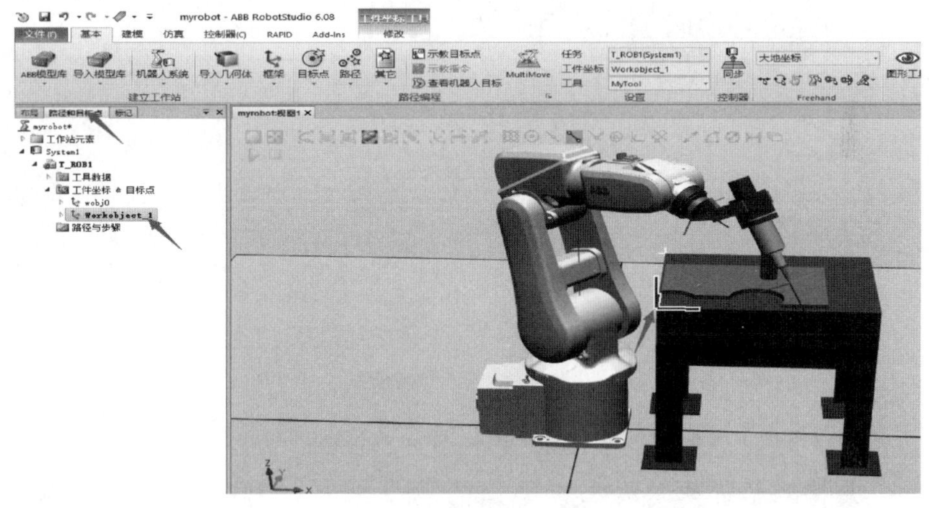

图 7.32　工件坐标系

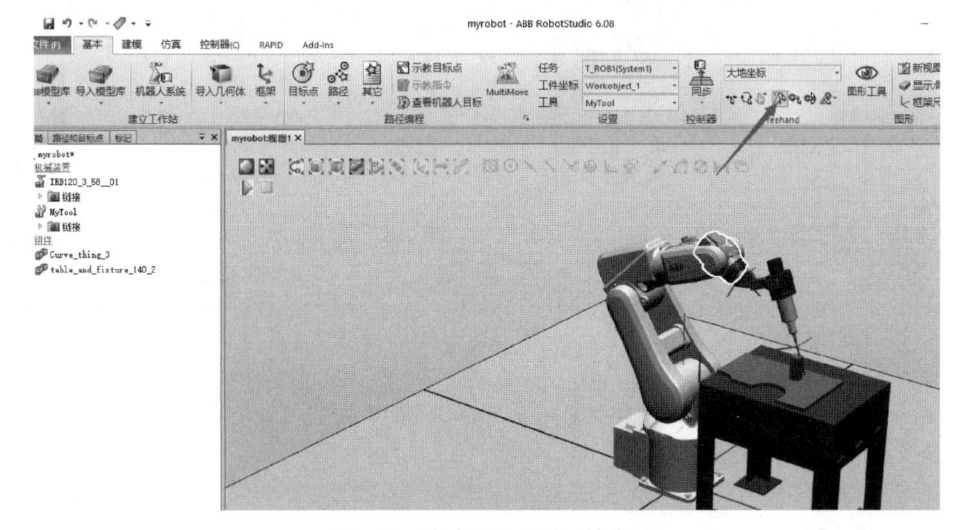

图 7.33　移动机器人到初始位置

② 点击“路径”→“空路径”，然后可以建立路径 Path_10，如图 7.34 所示。

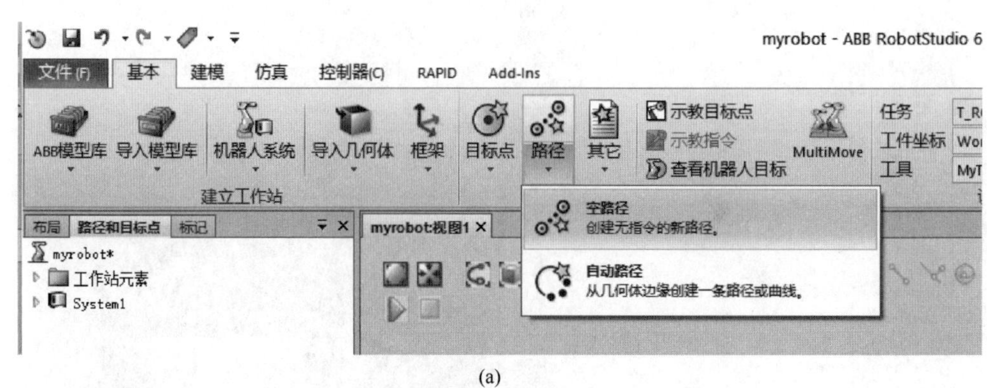

(a)

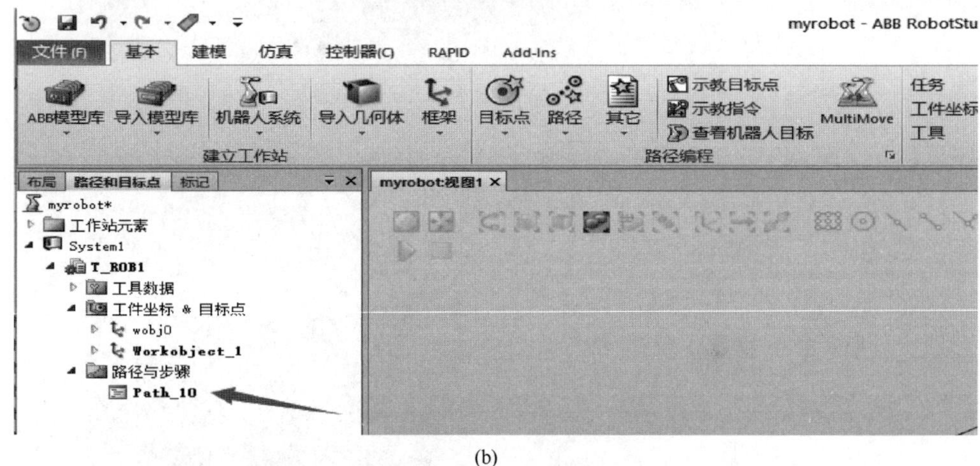

(b)

图 7.34 路径的创建

③ 点击右下角指令模板，选择“MoveJ”，即关节移动，如图 7.35 所示。

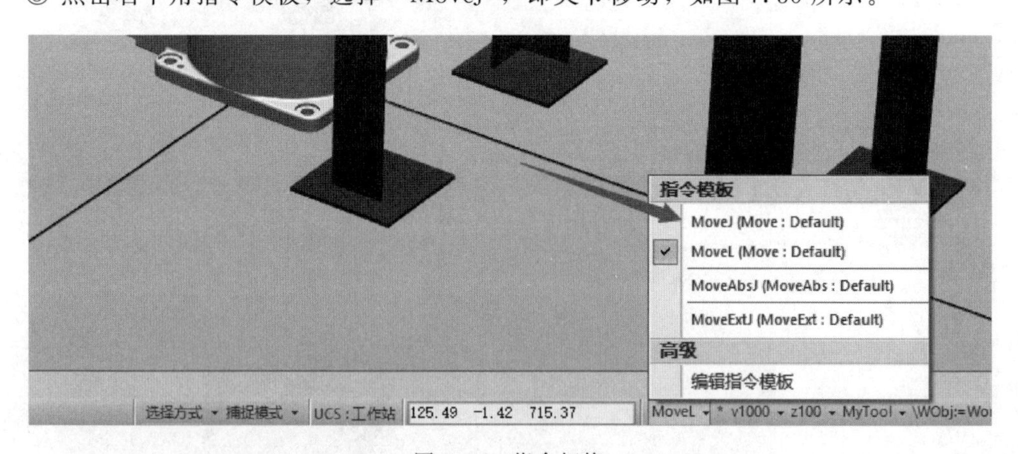

图 7.35 指令切换

④ 点击“示教指令”或者按住“Ctrl+Shift+R”，可在 Path_10 下产生第一条指令，即移动到该位置，如图 7.36 所示。

⑤ 点击“手动线性”，可以对机器人进行移动，如图 7.37 所示，将机器人末端移动到如图 7.38 所示位置。

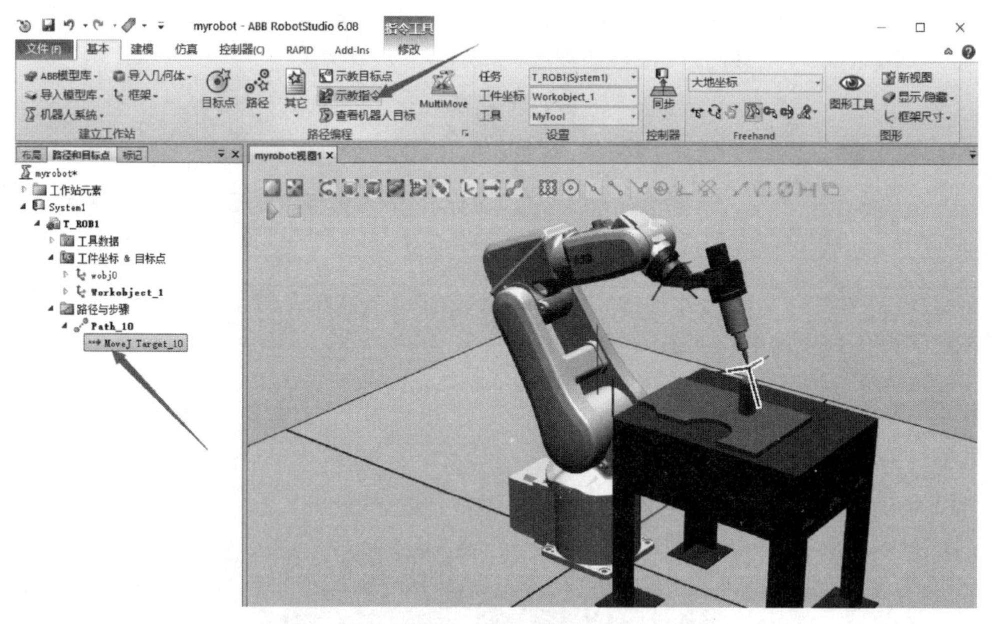

图 7.36　指令生成

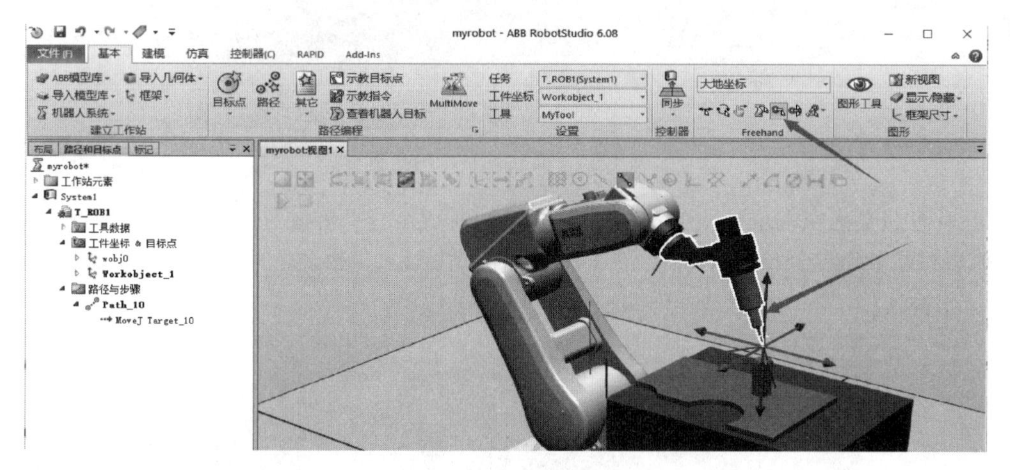

图 7.37　手动线性

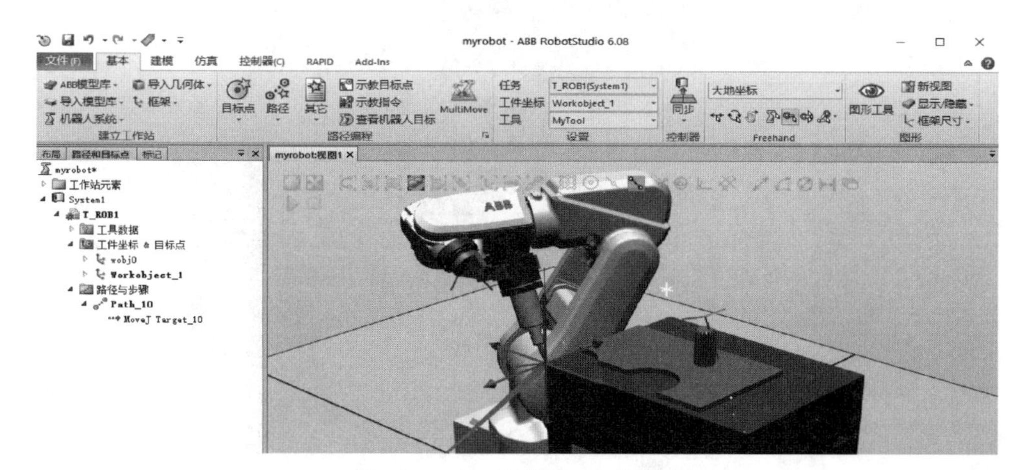

图 7.38　移动机器人至相应点位

⑥ 右下角的设置中，分别选择 MoveJ、v500（速度的选择）、fine（Zone 的选择，是否是精确?）、MyTool（工具的选择），如图 7.39 所示。

图 7.39 参数设置

⑦ 点击“示教指令”或者按住“Ctrl+Shift+R”，可在 Path_10 下产生第二条指令，并在视图区产生路径曲线，如图 7.40 所示。

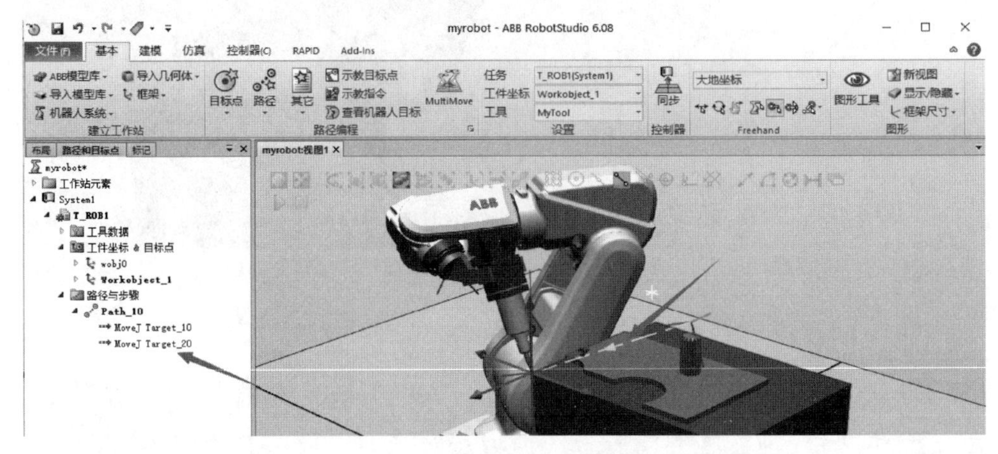

图 7.40 路径与指令的生成

⑧ 移动机器人末端至如图 7.41 所示位置，同时切换右下角指令为 MoveL，点击“示教指令”或者按住“Ctrl+Shift+R”，可在 Path_10 下产生第三条指令，并在视图区产生路径线。

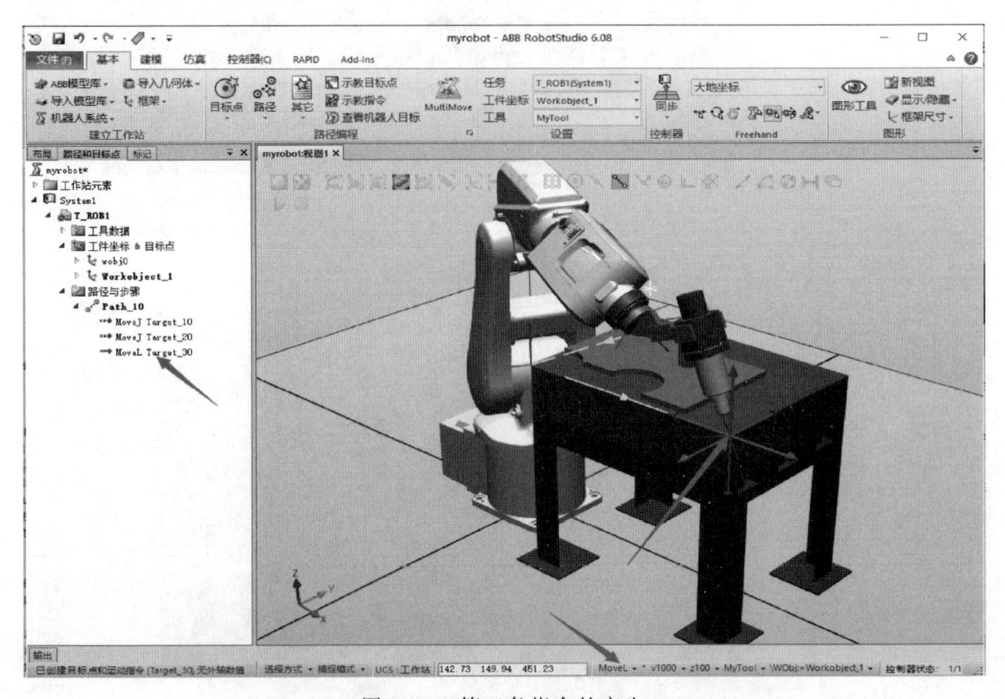

图 7.41 第三条指令的产生

⑨ 移动机器人末端至如图 7.42 所示位置，同时切换右下角指令为 MoveJ，点击“示教指令”，可在 Path_10 下产生第四条指令，并在视图区产生路径线。

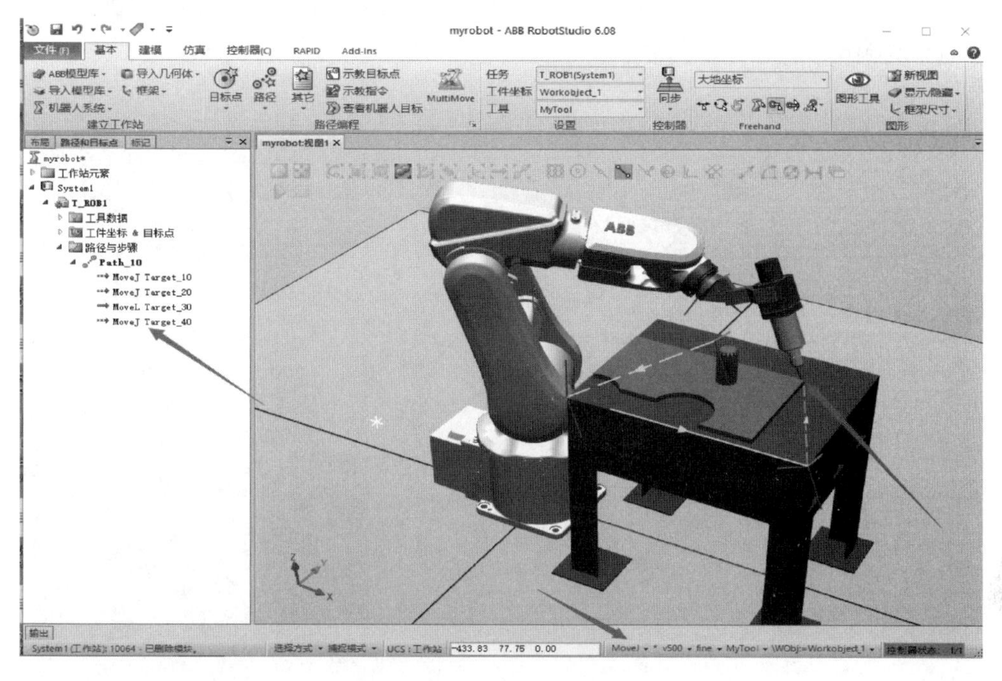

图 7.42　第四条指令的产生

⑩ 在 Path_10 位置点击鼠标右键，选择“沿着路径运动”，可以观察到机器人沿着之前创建的路线进行运动，如图 7.43 所示。

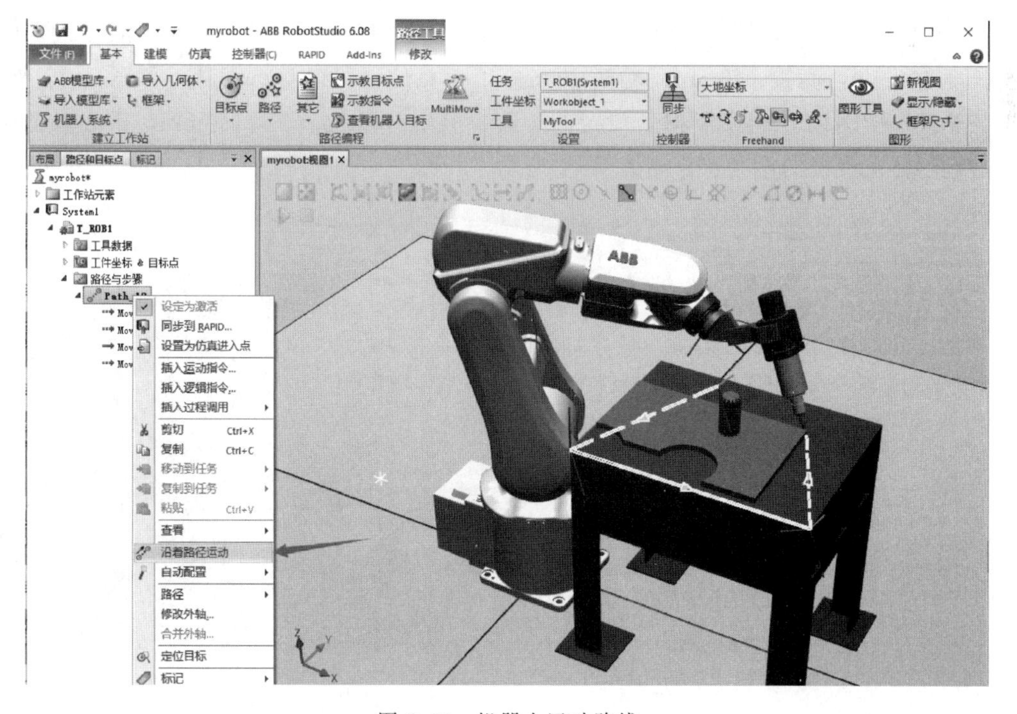

图 7.43　机器人运动路线

7.2.3 RobotStudio 的离线编程

对如图 7.44 所示的机器人焊接的工程进行离线编程。从图示位置，移动到原点，然后到第 1 点，再到第 2 点，之后回原点。

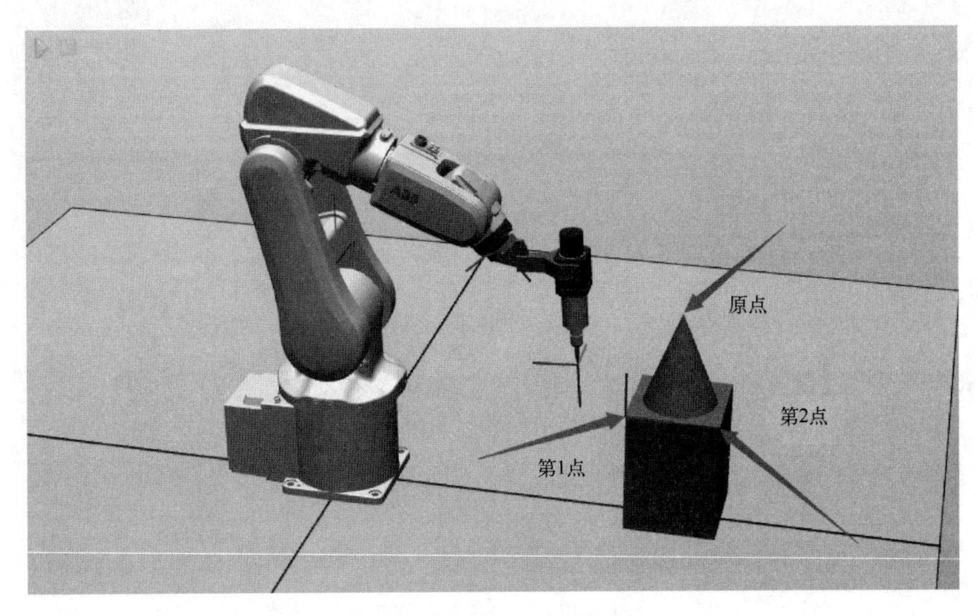

图 7.44　编程示意图

(1) 创建机器人工作站

① 参考 7.2.2 小节中的步骤，添加 ABB IRB 120 机械手。

② 添加矩形工作台及与其连接的锥形体。点击“建模”→“固体”→“矩形体”，设定的参数为长度 150mm，宽度 150mm，高度 200mm，角点位置可以自行设置，如图 7.45 所示；点击“建模”→“固体”→“圆锥体”，设定的参数为半径 60mm，高度 150mm，中心点选择上一步创建物体上表面的中心点，如图 7.46 所示。

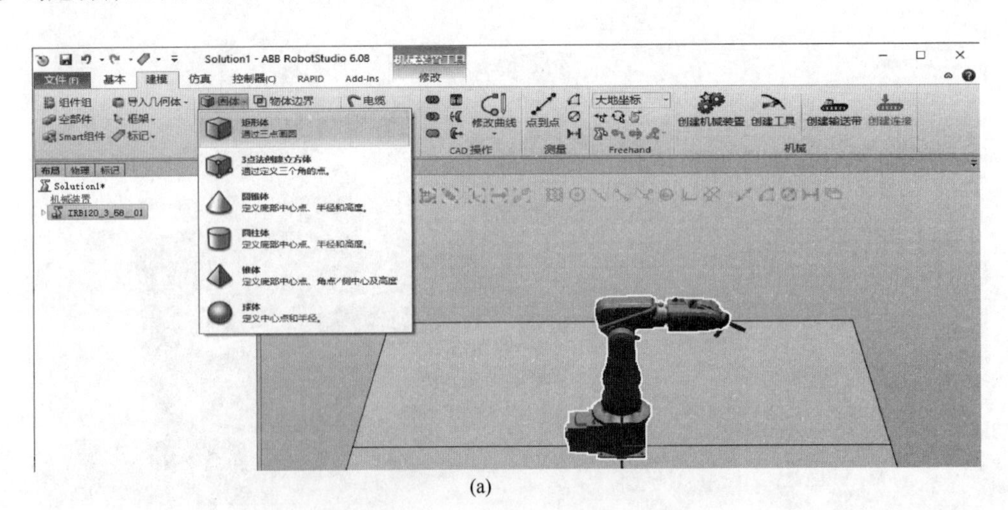

(a)

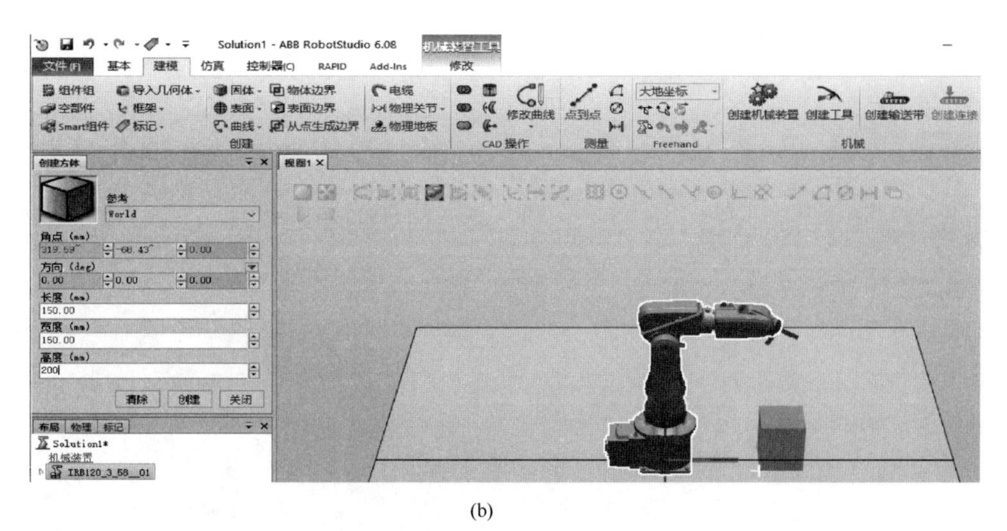

(b)

图 7.45　矩形体的创建

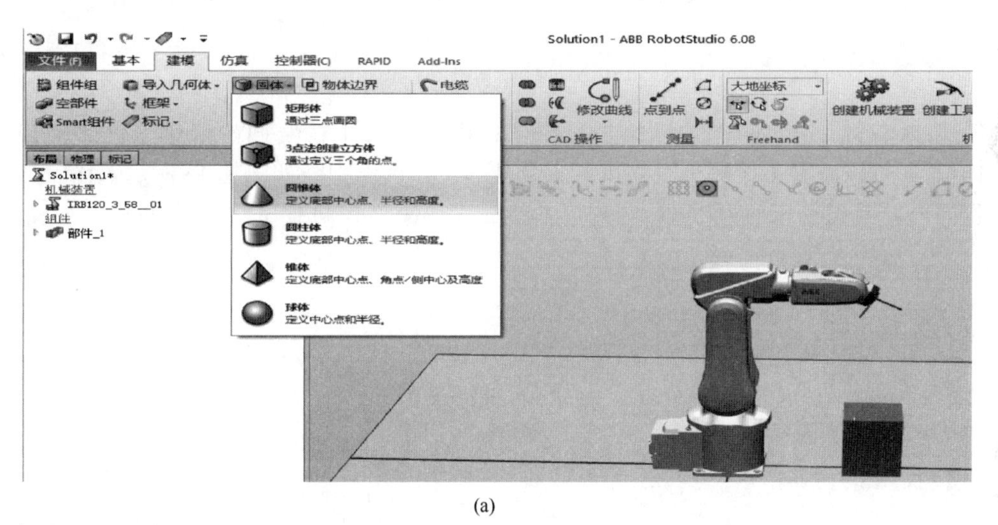

(a)

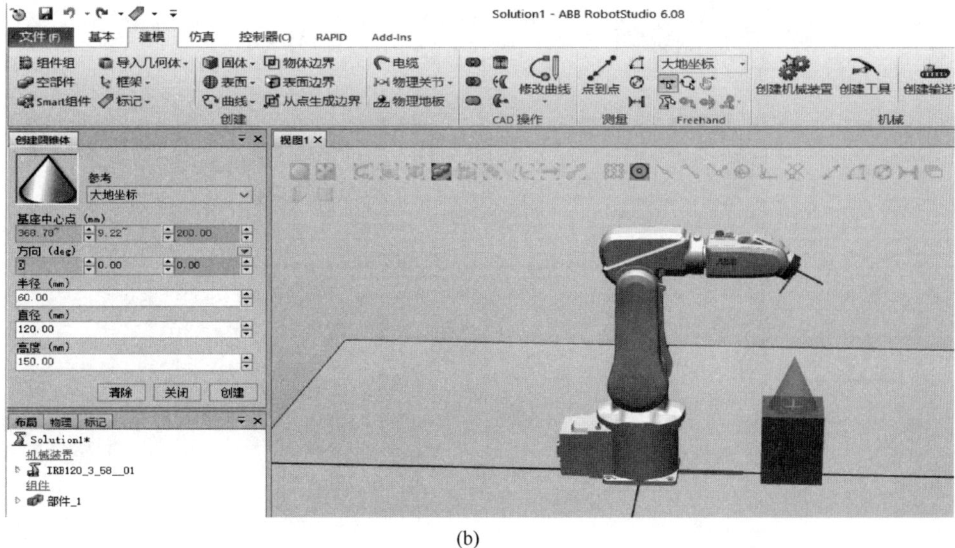

(b)

图 7.46　锥形体的创建

③ 导入 MyTool 并安装到机器人末端，如图 7.47 所示。

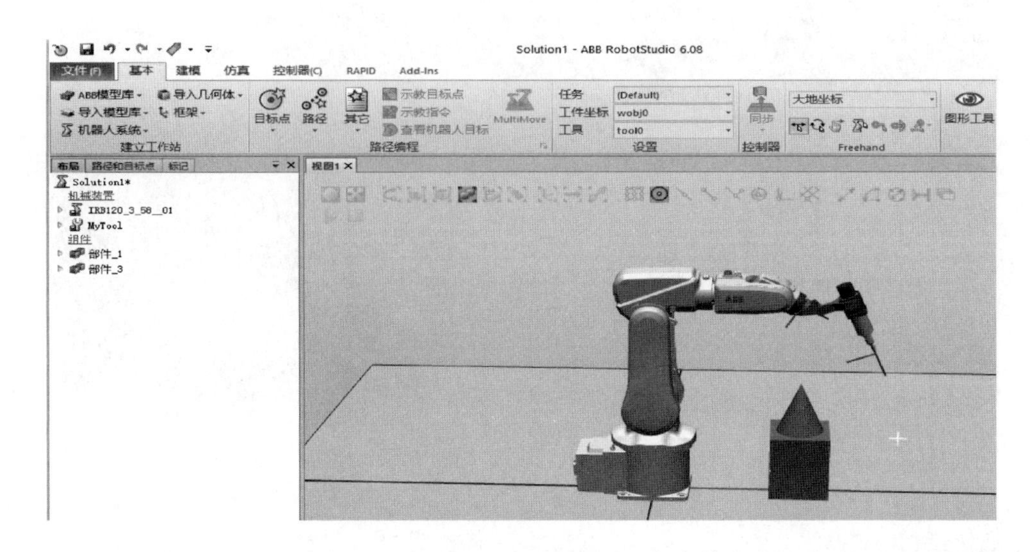

图 7.47　添加工具

④ 鼠标右键点击 IRB120 机械手，并显示机器人的工作空间，选择“当前工具”和“3D 体积”，可以查看工作台是否在机器人合理的工作区间中，如图 7.48 所示，该位置不在合理区间内，因此可以移动机器人或工作台位置，使其在机器人工作空间中，如图 7.49 所示。

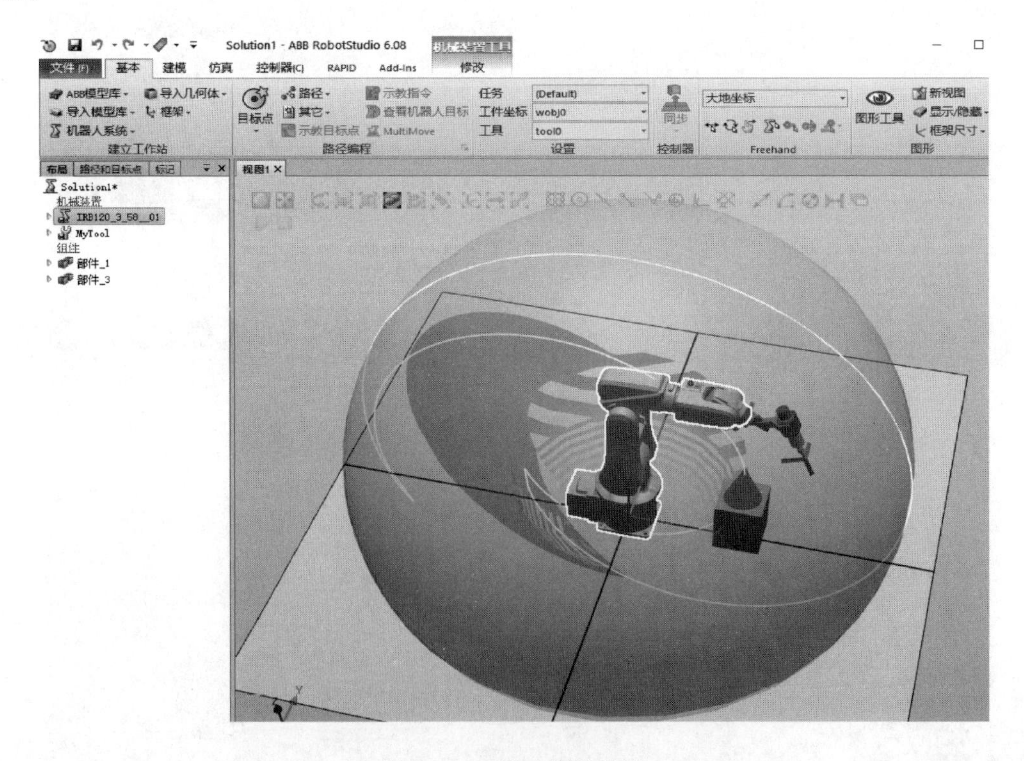

图 7.48　工作空间的显示

⑤ 创建工件坐标系，如图 7.50 所示。

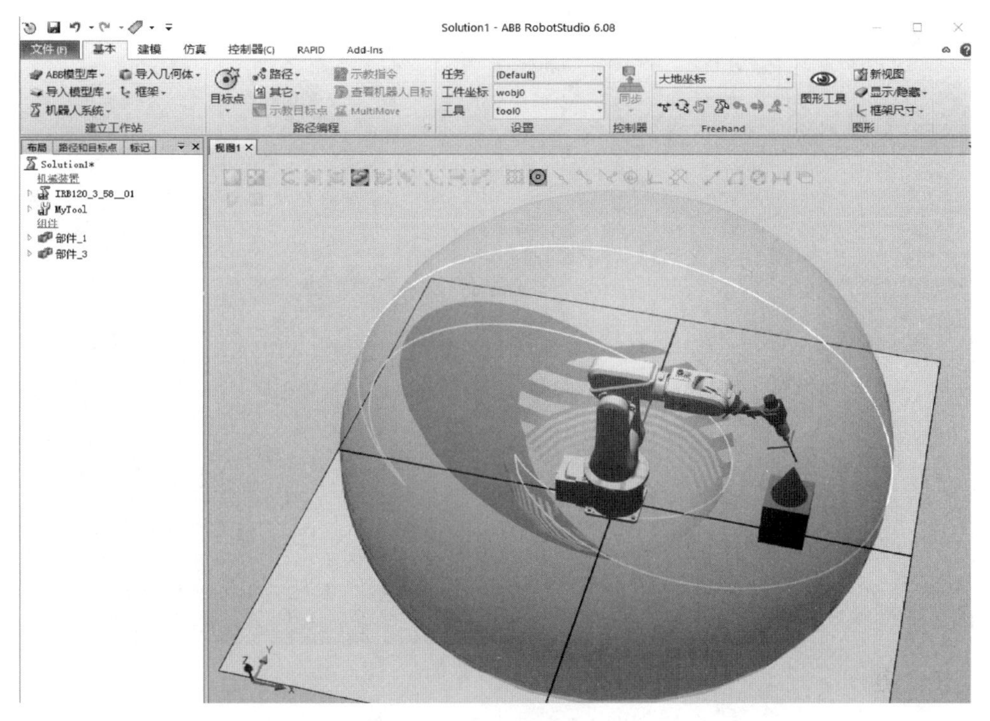

图 7.49　移动工作台

⑥ 参考 7.2.2 小节中“机器人的创建”中的机器人布局的相关步骤进行设置，其中在第二个类别选项中选择第一项 709-1 DeviceNet Master/Slave 和第三项 969-1 PROFIBUS Controller，如图 7.51 所示，然后点击“确定”，之后可以完成机器人系统的布局。

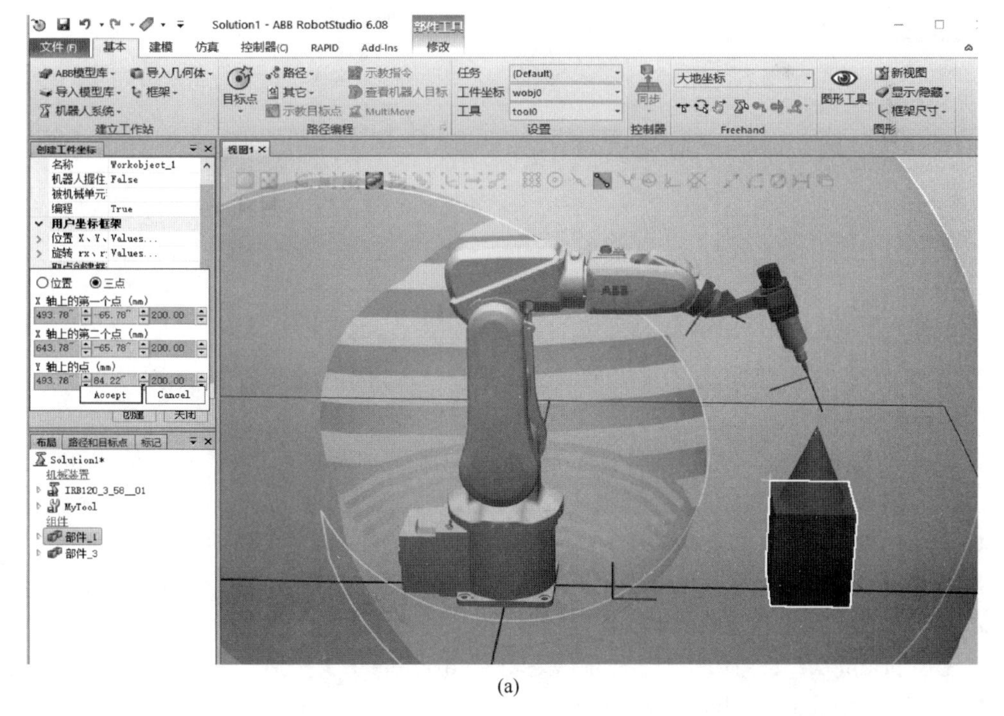

(a)

图 7.50

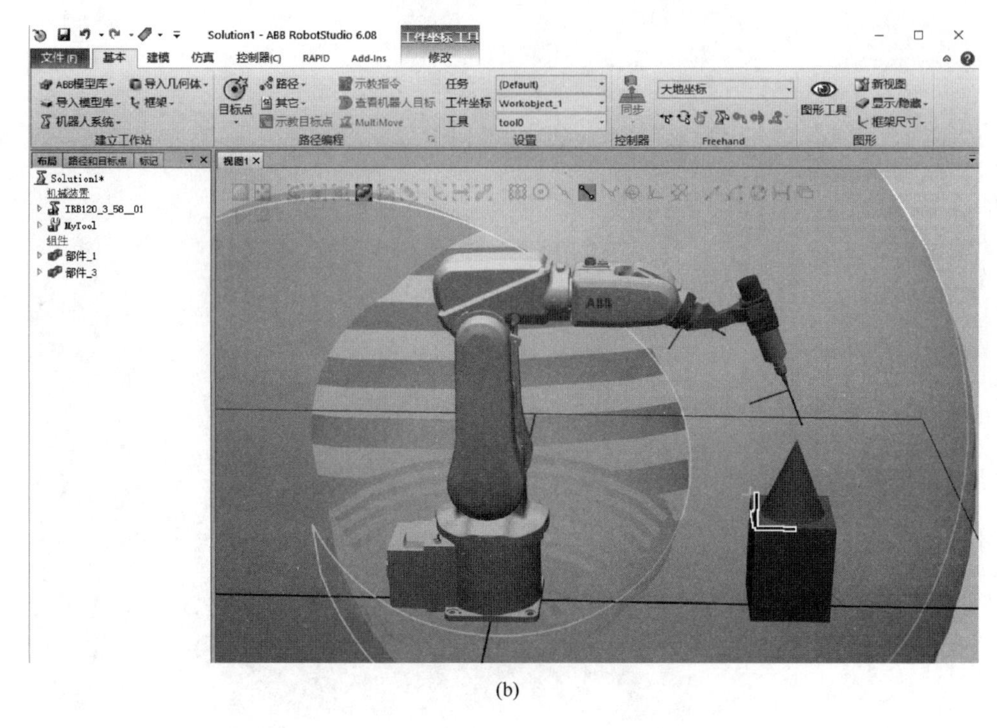

(b)

图 7.50 工件坐标系创建

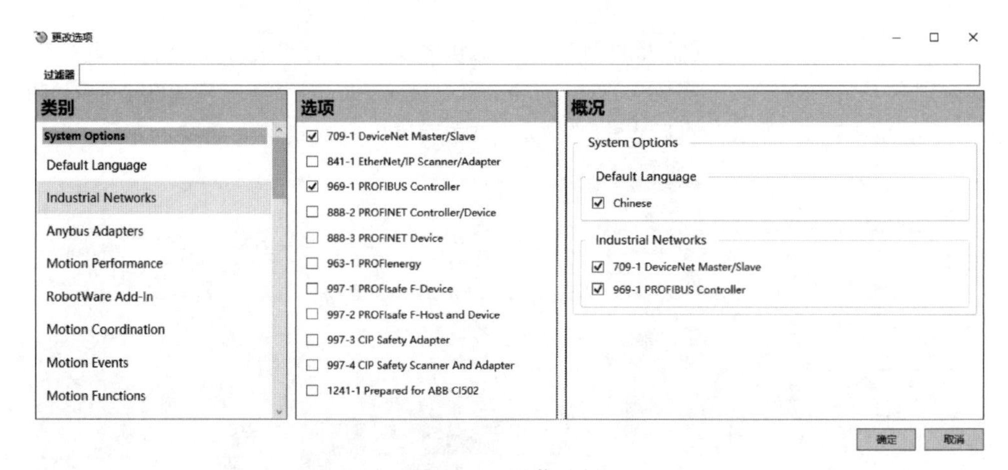

图 7.51 通信选择

⑦ 选择“同步”→“同步到 RAPID”，然后选择“确定”，如图 7.52 所示。

(2) 程序编制

① 打开示教器，选择“程序编辑器”，进入编程界面，切换成手动模式，如图 7.53 所示。

② 点击“例行程序”，然后分别创建 Initial_all、main、rHome、routine1 四个程序，如图 7.54 所示。

③ 在图 7.52 的同步中，可以看到并没有工件坐标系，这是因为工件坐标系是在机器人系统之前创建的，因此并没有被同步，因此，可以先删除之前创建的 Workobject_1，然后重新创建 Workobject_2，具体方法和前文创建 Workobject_1 一致，之后再重新进行同步，可以在同步界面中看到新创建的 Workobject_2，选择并点击“确定”，完成工件坐标系的同步，如图 7.55 所示。

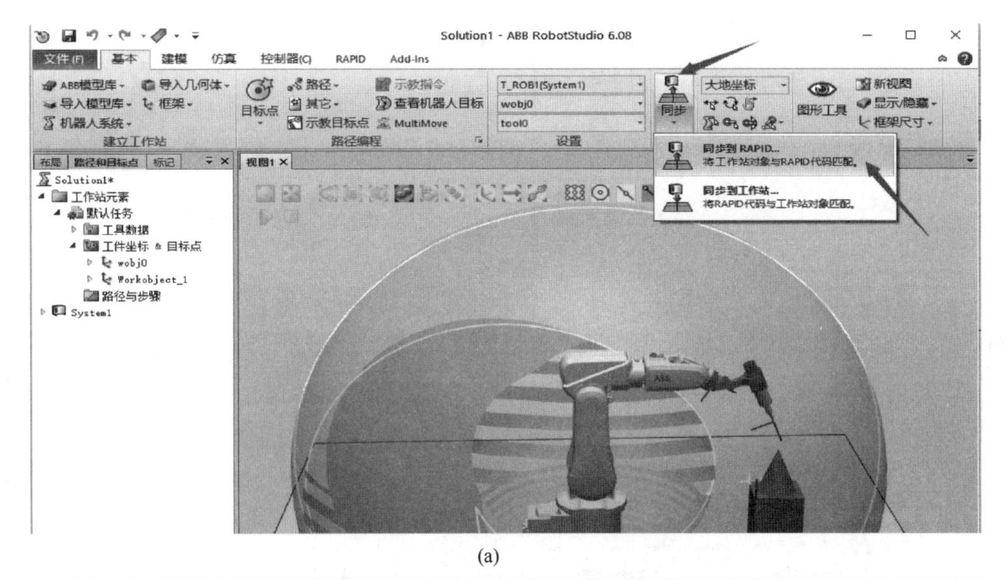

(a)

同步到 RAPID

名称	同步	模块	本地	存储类	内嵌
System1	■				
T_ROB1	■				
工作坐标	☑				
工具数据	☑				
MyTool	☑	CalibData	☐	PERS	
路径 & 目标	☐				

确定　取消

(b)

图 7.52　同步设置

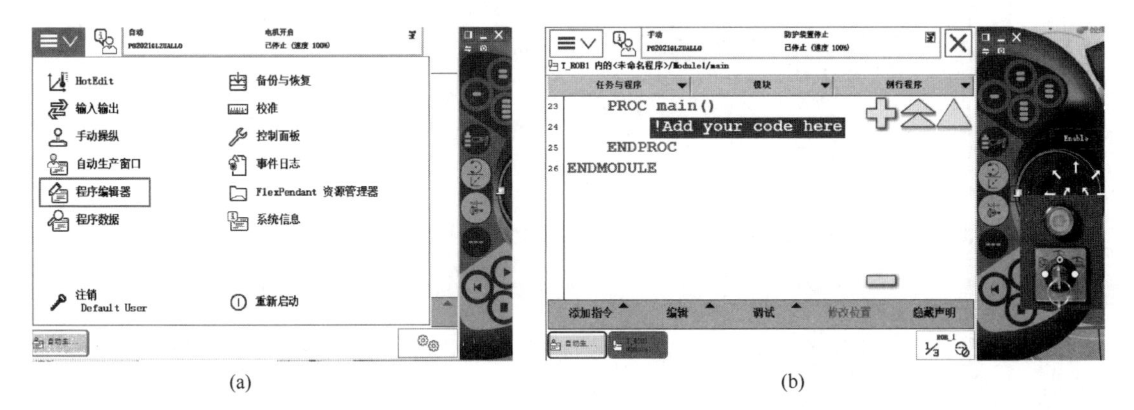

(a)　　(b)

图 7.53　编程界面

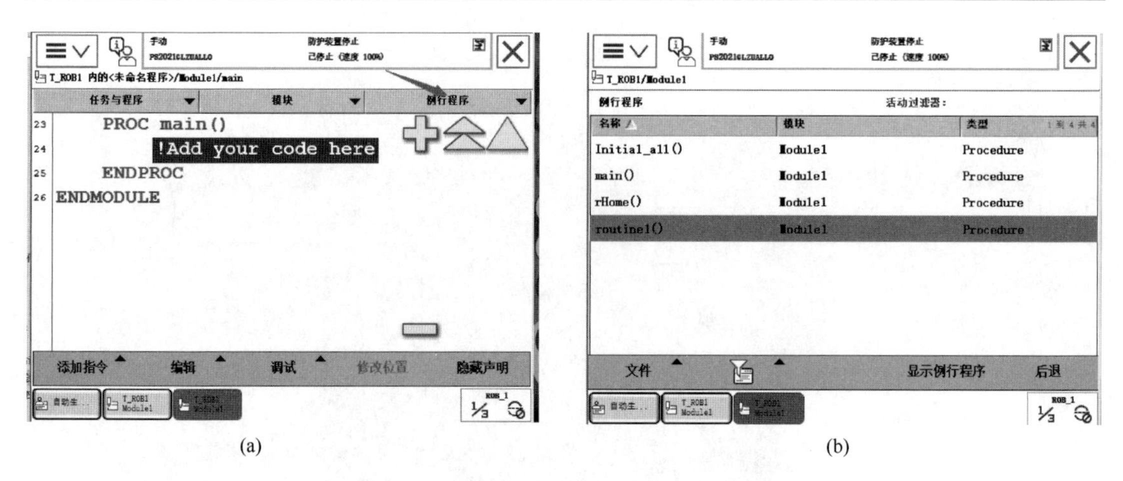

(a)　　　　　　　　　　　　　　　　(b)

图 7.54　程序的创建

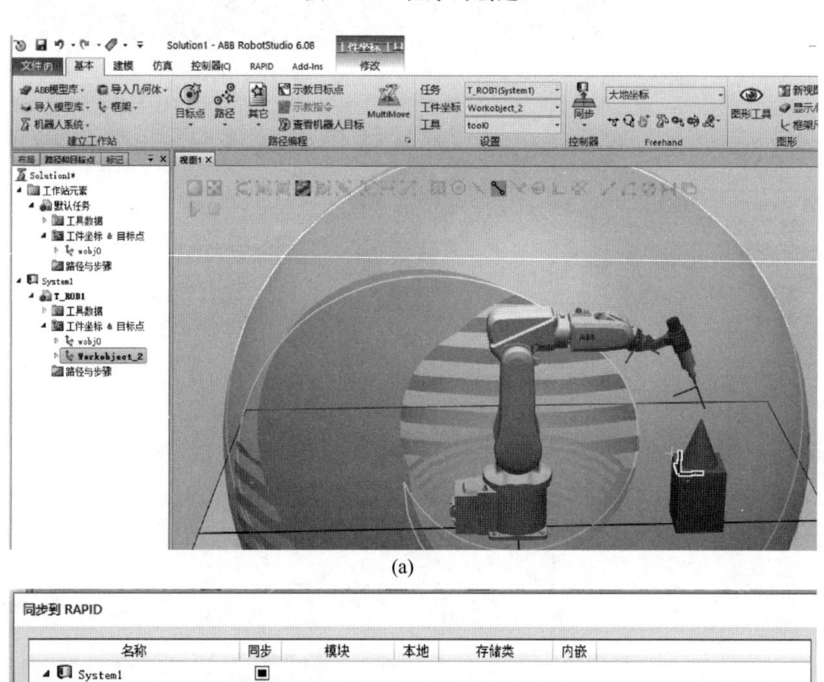

(a)

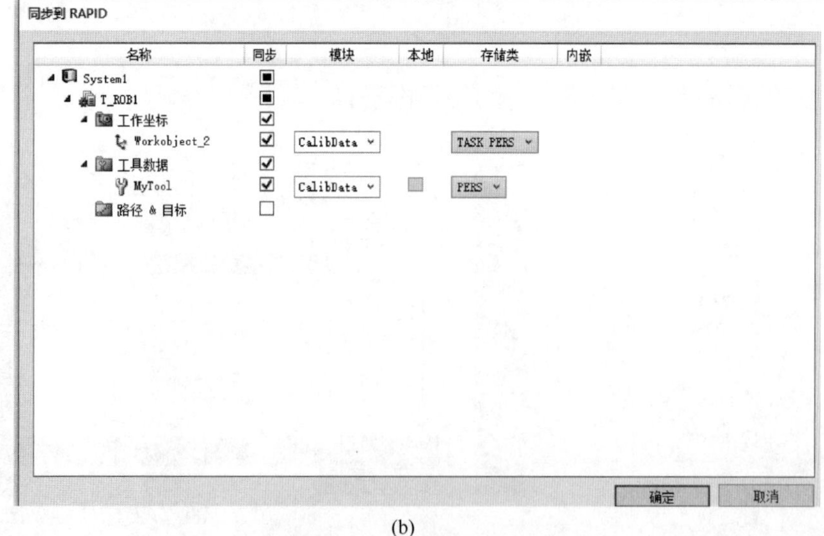

(b)

图 7.55　工件坐标系的重新创建

④ rHome 程序的创建。该程序主要是创建机器人的初始位置。

a. 可以看到程序界面中有许多可选模块，点击“隐藏声明”，可以只显示 rHome 模块，如图 7.56 所示。

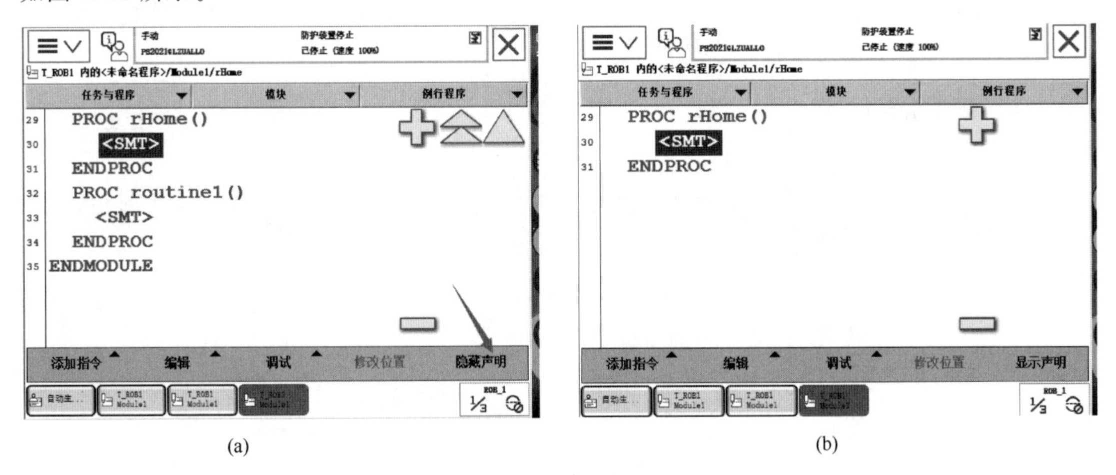

图 7.56　rHome 模块

b. 添加指令，选择“MoveJ”，其中“*”表示当前位置，点击 *，并创建 Home 位置。具体步骤如图 7.57 所示。

c. 坐标系的设定。在手动操作界面，设定工具坐标和工件坐标，分别选择 MyTool 和 Workobject_2，具体步骤如图 7.58 所示。

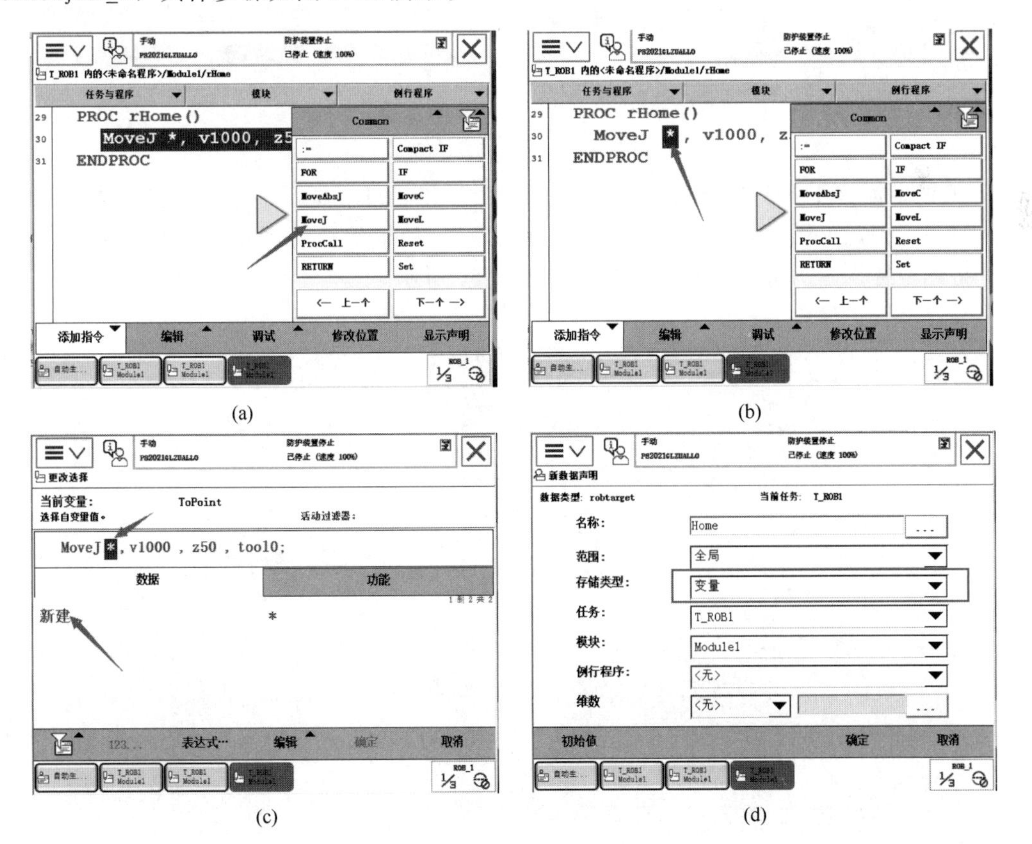

图 7.57

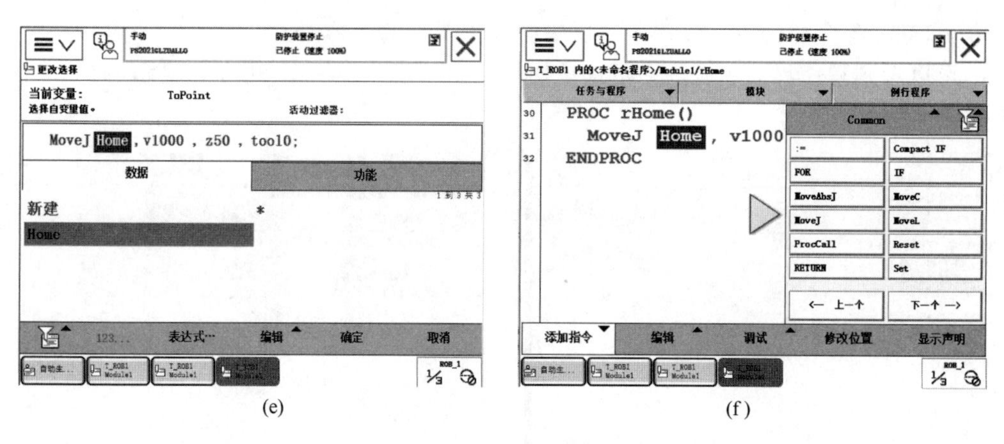

(e) (f)

图 7.57 Home 位置的创建

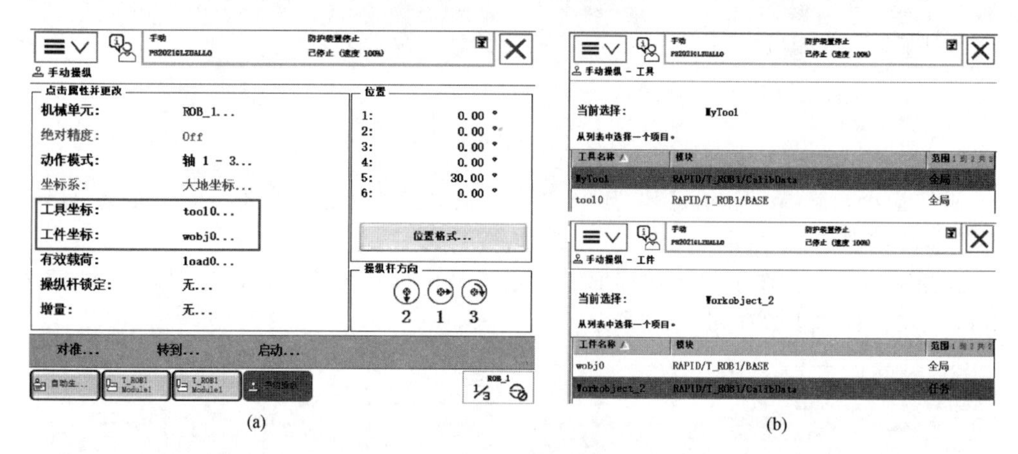

(a) (b)

图 7.58 坐标系设定

d. 工件坐标和工具分别选择“Workobject_2”和“MyTool”，并把机器人末端移动到圆锥体的顶点处，如图 7.59 所示，点击“重定位”，使末端执行器接近垂直于圆锥体的位置，可将此位置设定为机器人初始位置，如图 7.60 所示。

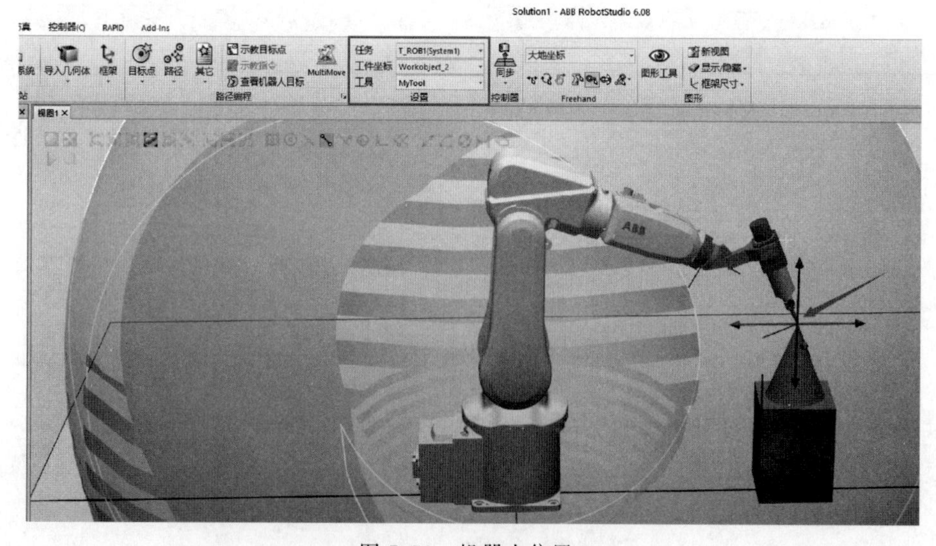

图 7.59 机器人位置

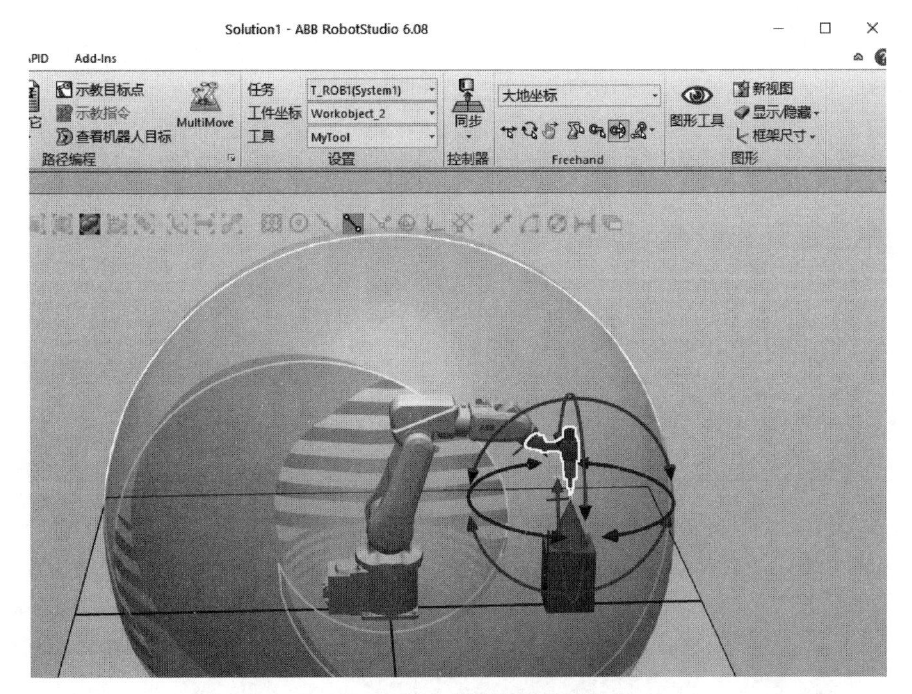

图 7.60　机器人初始位置

e. 进入 rHome 程序编辑界面，修改 tool0 为 MyTool，如果提示不能修改，切换一下自动和手动模式，最终打到手动模式挡位，如图 7.61 所示。

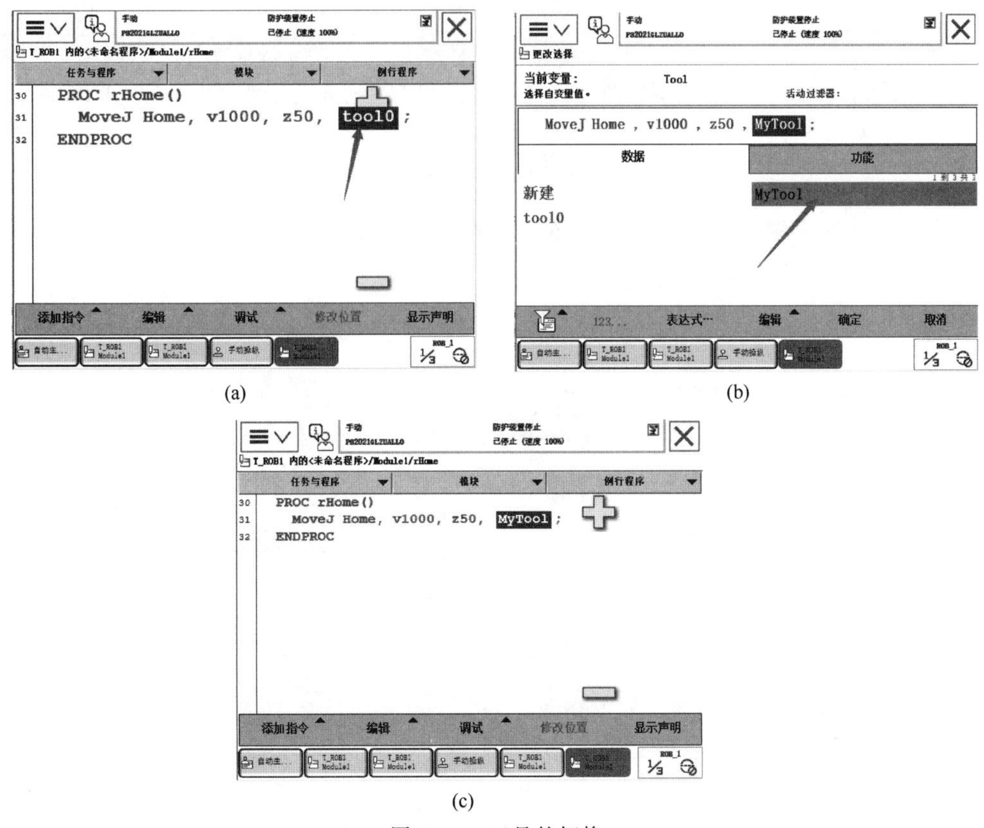

图 7.61　工具的切换

点击程序中的“MoveJ”→“可选变量”，选择［\ WObj］并启用，如图 7.62 所示。

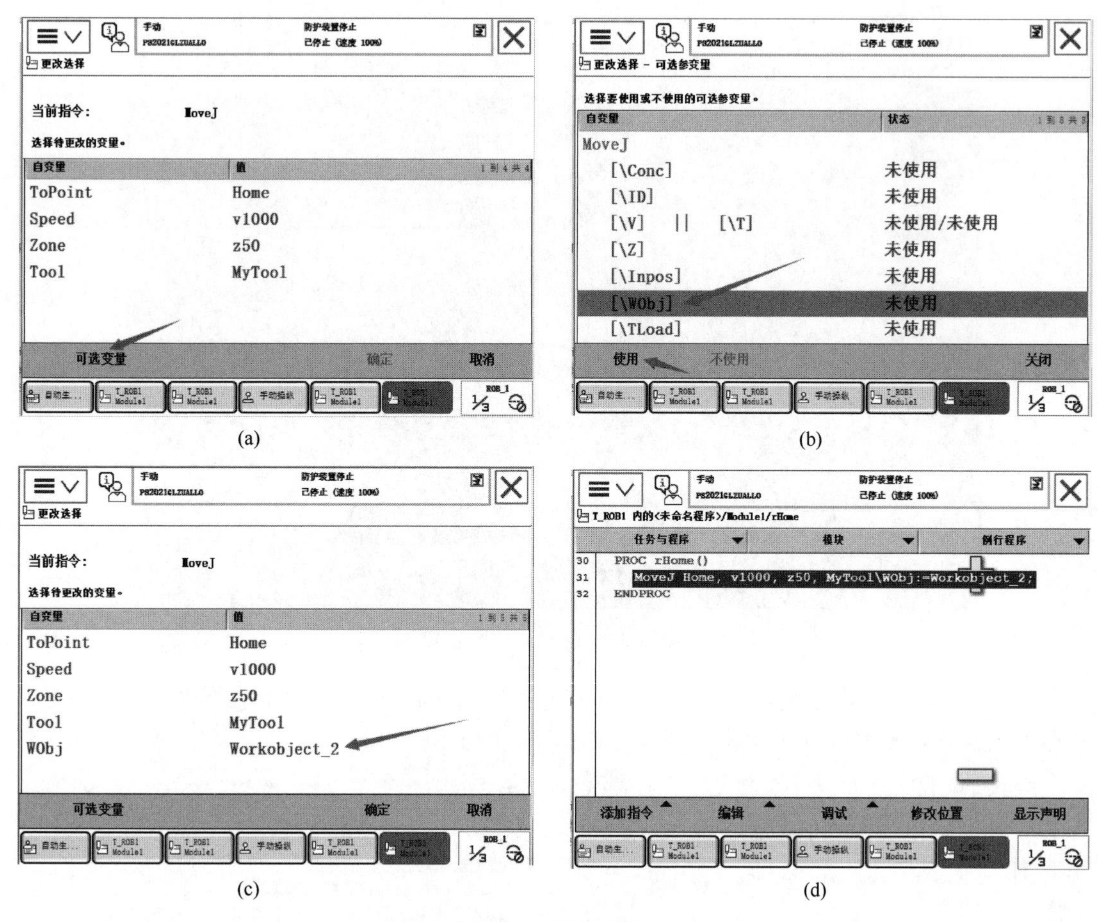

图 7.62 添加变量

f. 当前位置的查看，点击“修改位置”→“调试”→“查看值”，如图 7.63 所示，该位置信息是相对于工件坐标系的坐标值。

将机器人位置进行移动，然后查看其位置坐标信息，如图 7.64 所示。

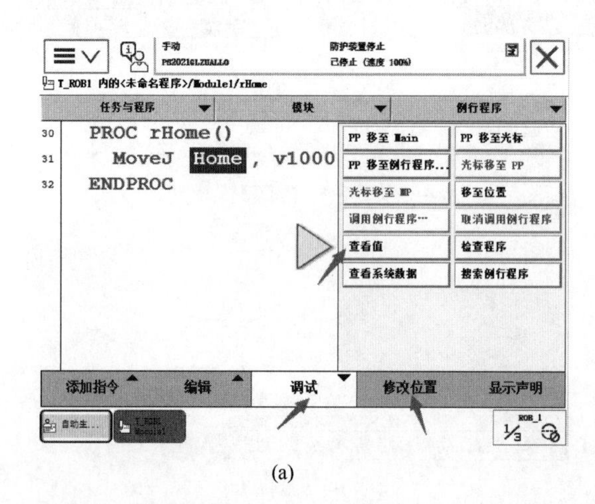

(a)

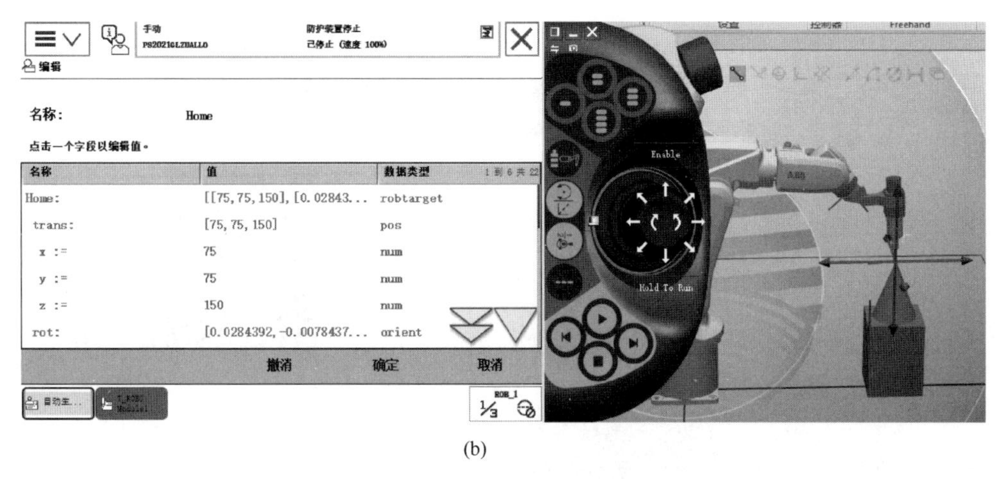

(b)

图 7.63　当前位置坐标查看

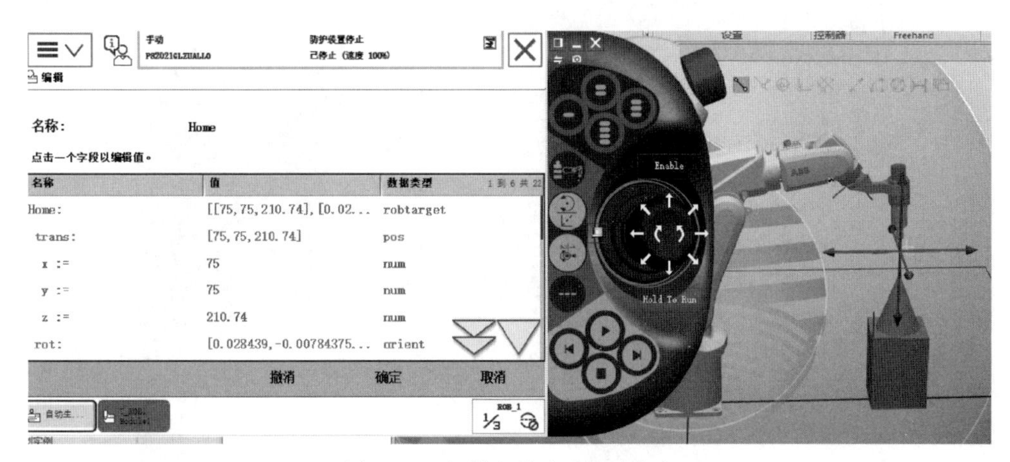

图 7.64　机器人移动后位置信息

g. 将机器人移动到其他位置，同时使能电机，如图 7.65 所示。

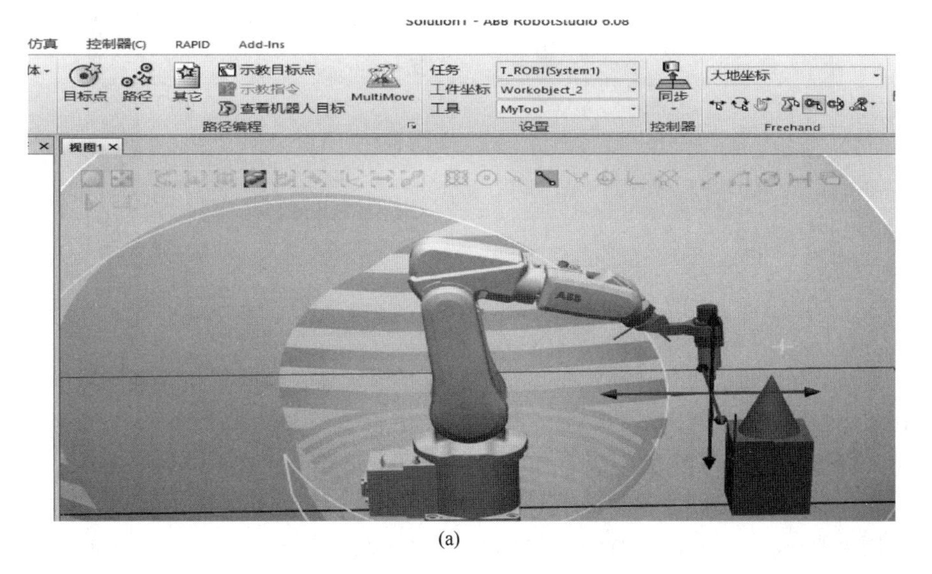

(a)

图 7.65

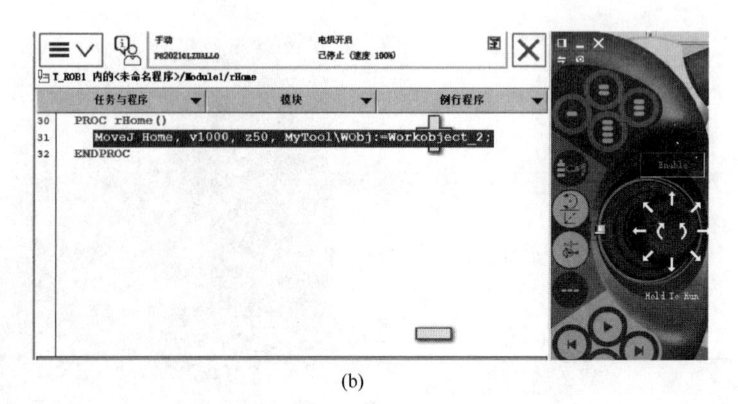

(b)

图 7.65 机器人移动与电机开启

点击“PP 移至例行程序”，选择 rHome 并确认，如图 7.66 所示。

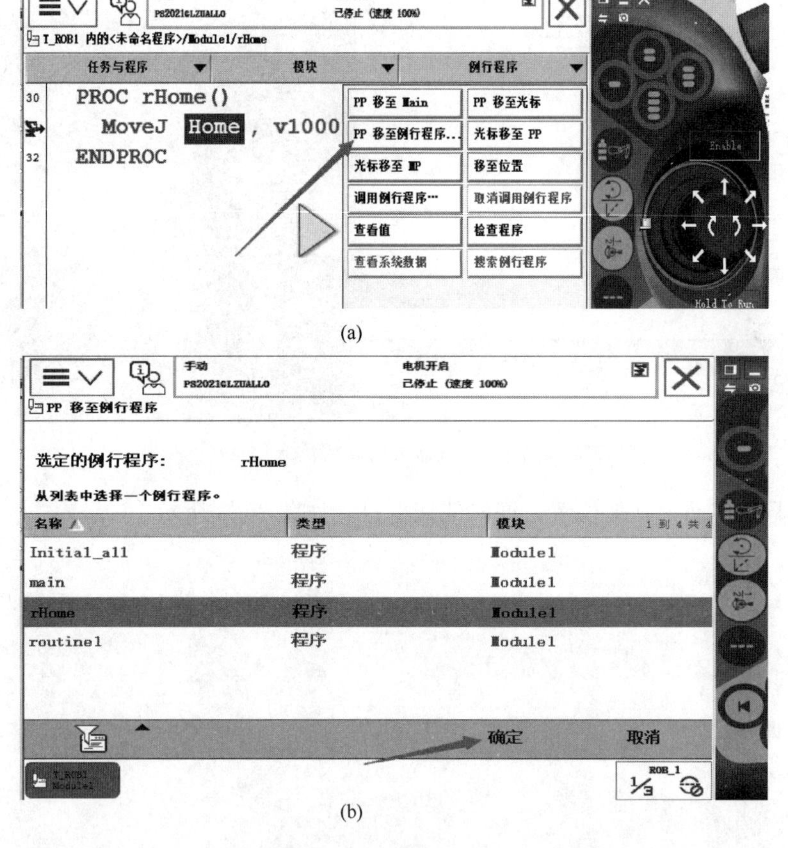

(b)

图 7.66 示例程序的选择

单击“调试”按键，如图 7.67 所示，可以观察到机器人从目前的位置移动到初始位置。

⑤ Initial_all 程序的创建。

a. 设置加速度、速度指令：点击添加指令→Common→Settings，点击第 1 项 AccSet，后翻页点击 VelSet，如图 7.68 所示。

b. 调用 rHome：切换回 Common 界面→ProcCall，选择 rHome 并点击“确定”，如图 7.69。

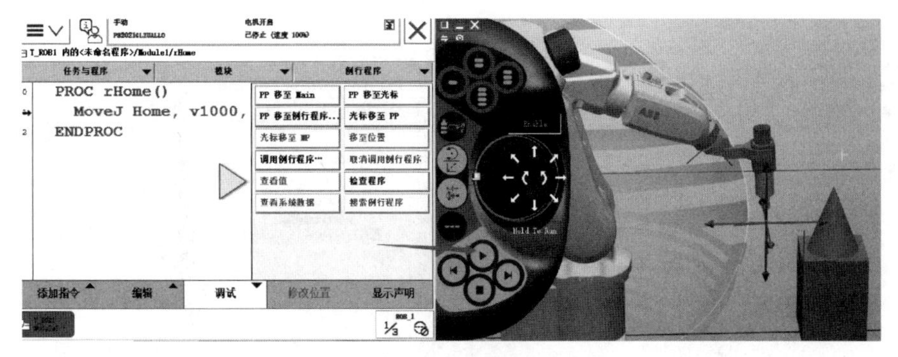

图 7.67　调试

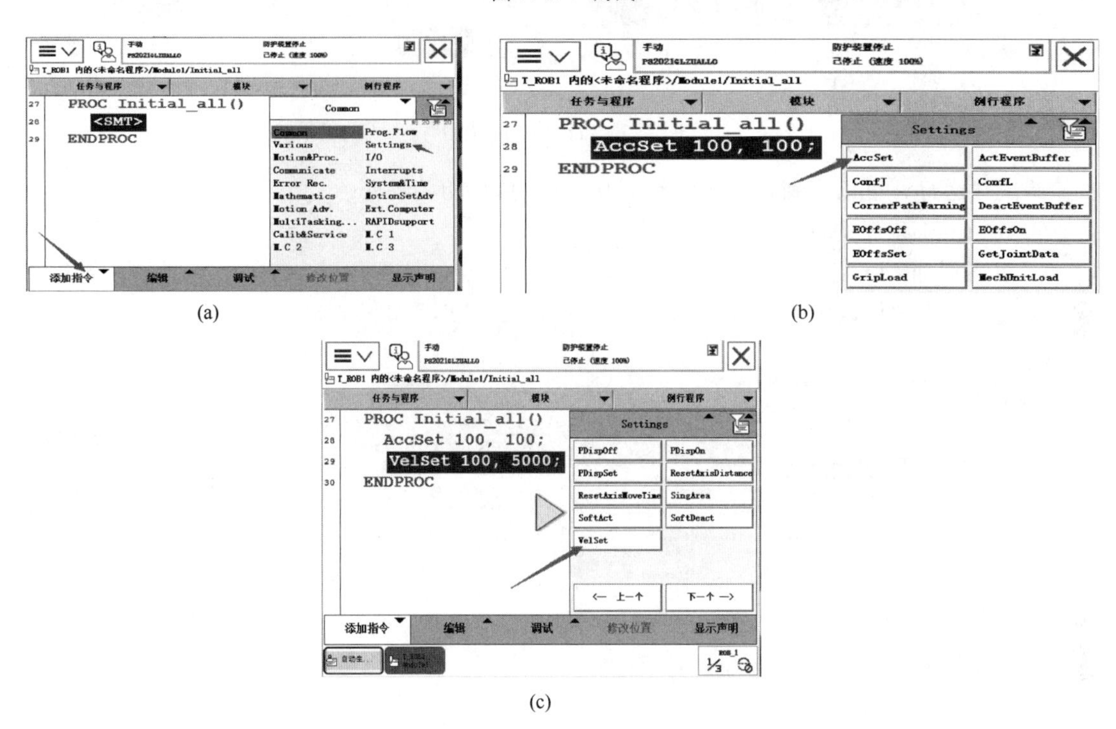

图 7.68　加速度、速度指令添加

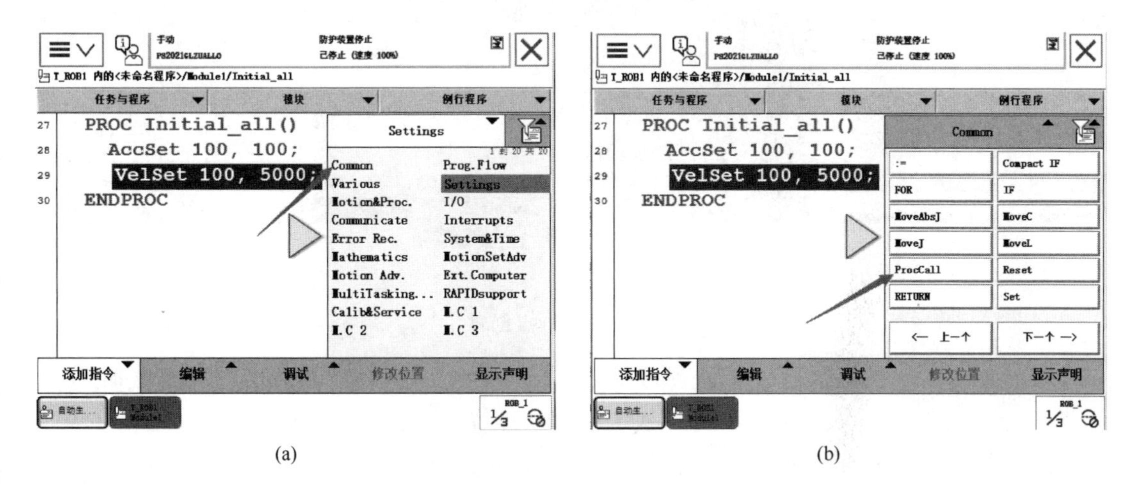

图 7.69

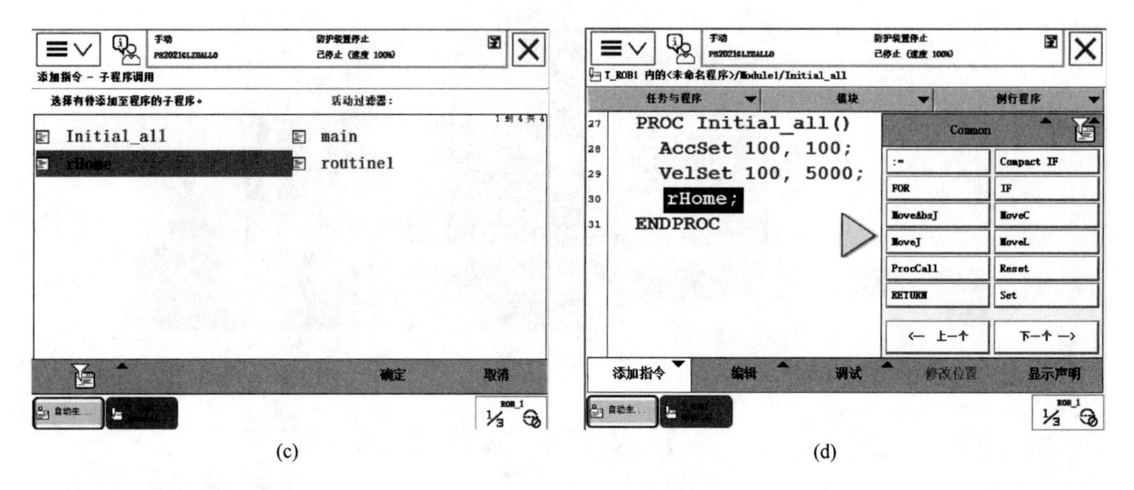

图 7.69 rHome 的调用

调试并运行，可以看到程序跳转到 rHome 并执行相关动作。

⑥ routine1 程序的创建。

a. 点击添加 MoveJ 指令，点击“*”，新建 p10 点，位置如图 7.70（c）所示，新建并添加完成后点击“修改位置”，即完成 p10 点的设置，步骤如图 7.70 所示。

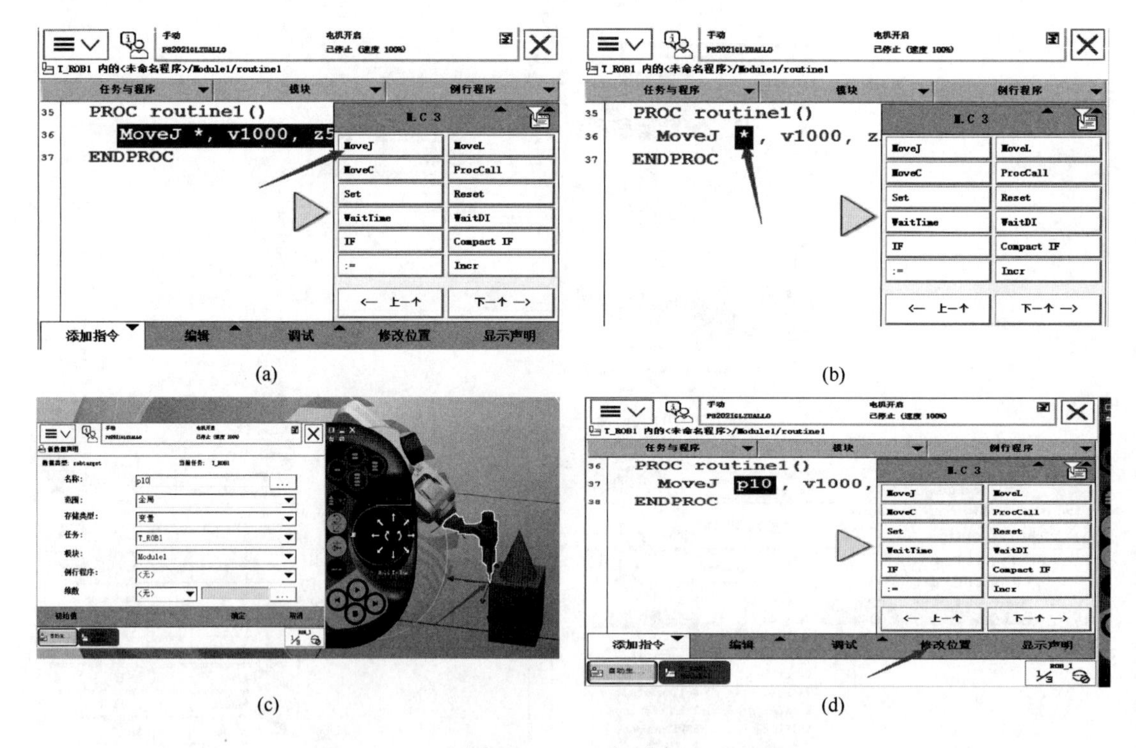

图 7.70 p10 点创建

b. 新建 p20 点，位置如图 7.71（a）所示，由于该段为直线路径，因此点击添加 MoveL 指令，然后点击“修改位置”，即完成 p20 点的设置，步骤如图 7.71 所示。

c. 运行程序，可以发现机器人运行过程中都达不到两个端点的位置，因此需要修改程序段中的 z50 为 fine，步骤如图 7.72 所示。

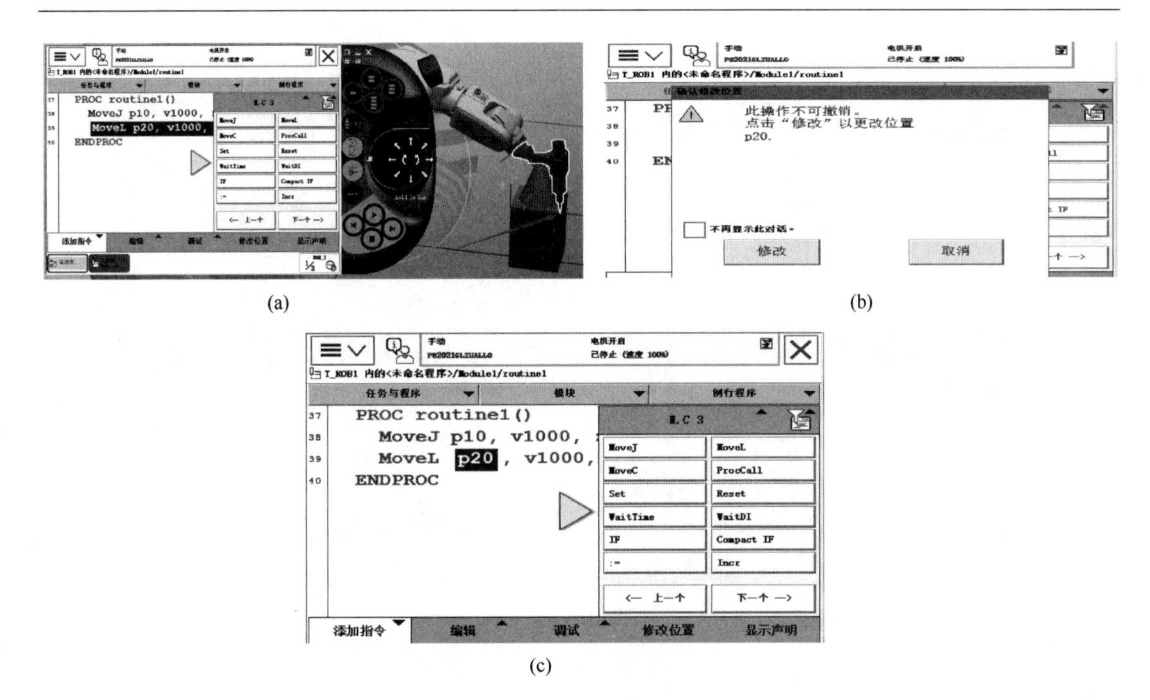

图 7.71　p20 的创建

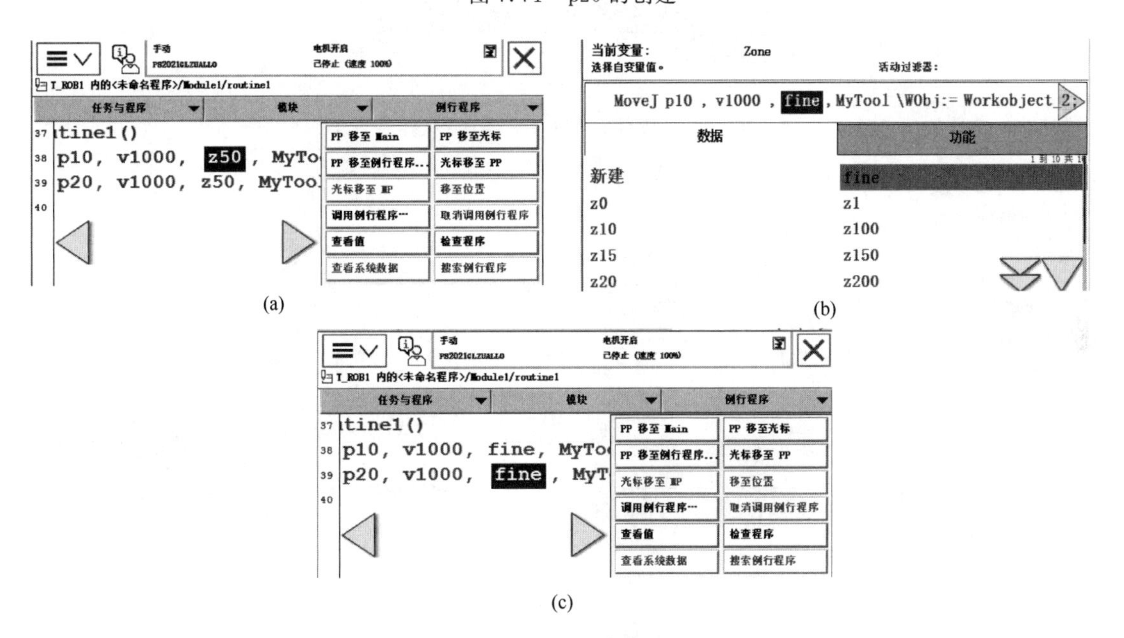

图 7.72　程序修改

⑦ main 程序的创建。

a. 调用 Initial_all：切换回 Common 界面→ProcCall，选择 Initial_all 并点击“确定”。

b. 添加 WHILE 指令，修改 EXP 为 TRUE，即程序始终运行 WHILE 循环，如图 7.73。

c. 添加 IF 指令，点击“+”，然后修改为“=0”，然后修改<EXP>并创建新的数据 di11，具体步骤如图 7.74 所示。

d. 调用 routine1 和 rHome：切换回 Common 界面→ProcCall，分别选择 routine1 和 rHome 并点击“确定”，如图 7.75 所示。

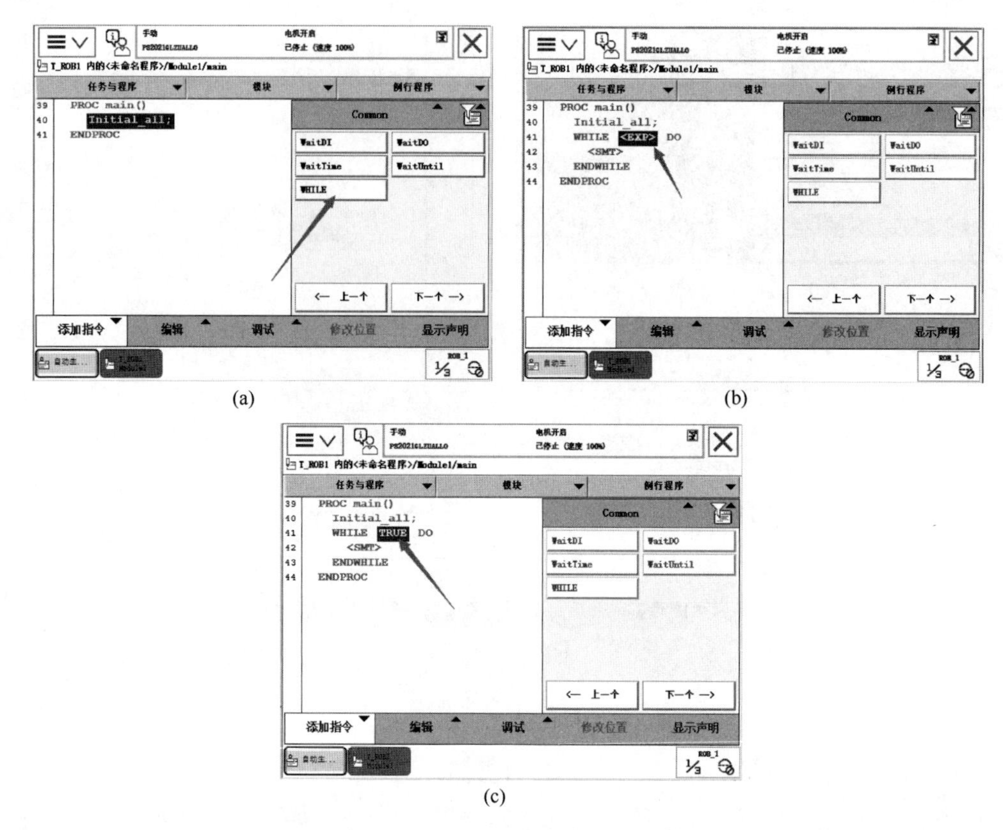

图 7.73 WHILE 指令的添加与修改

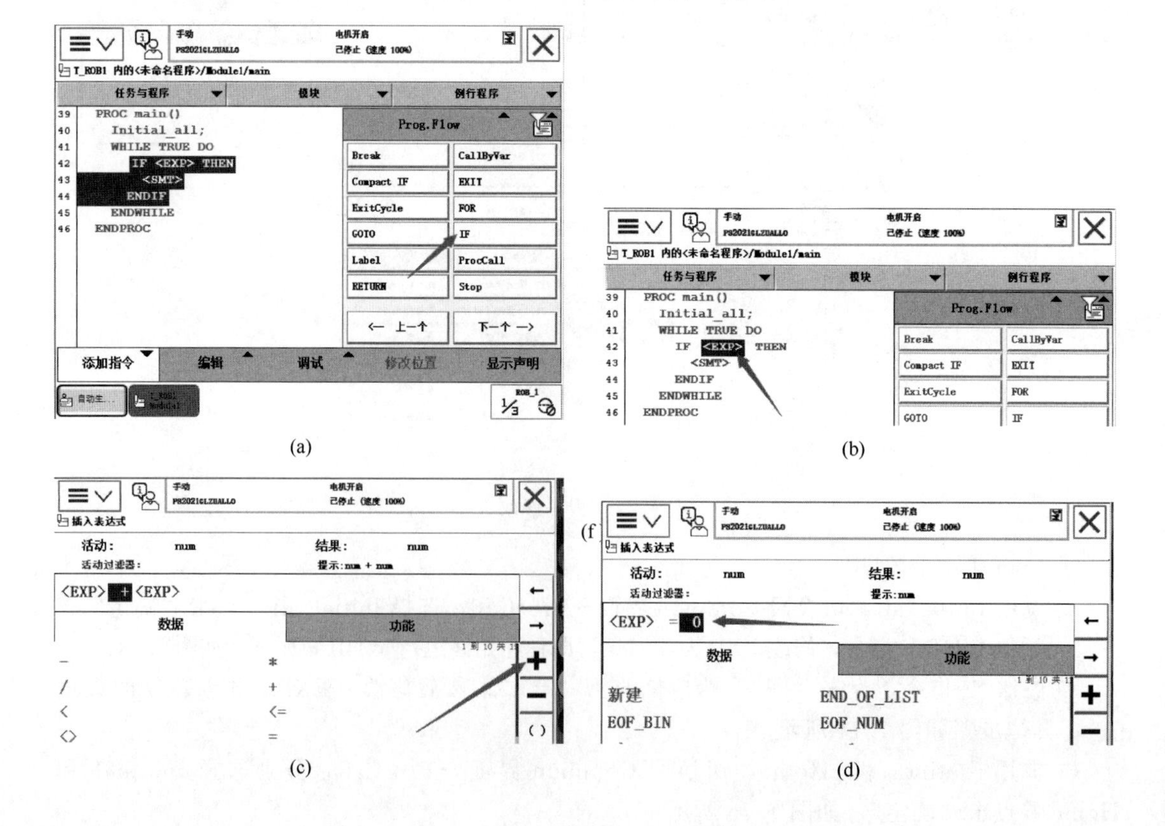

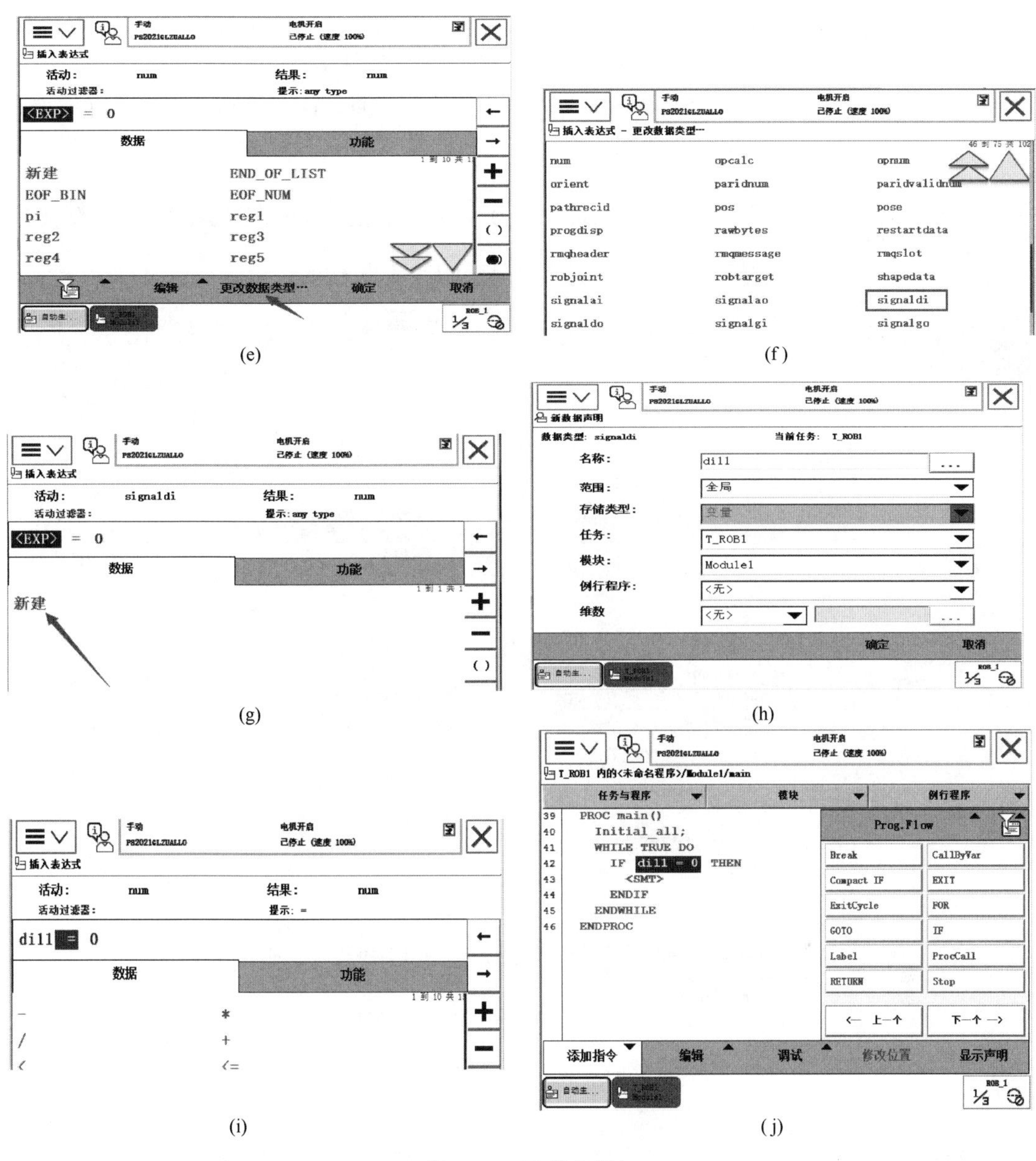

图 7.74　IF 指令添加

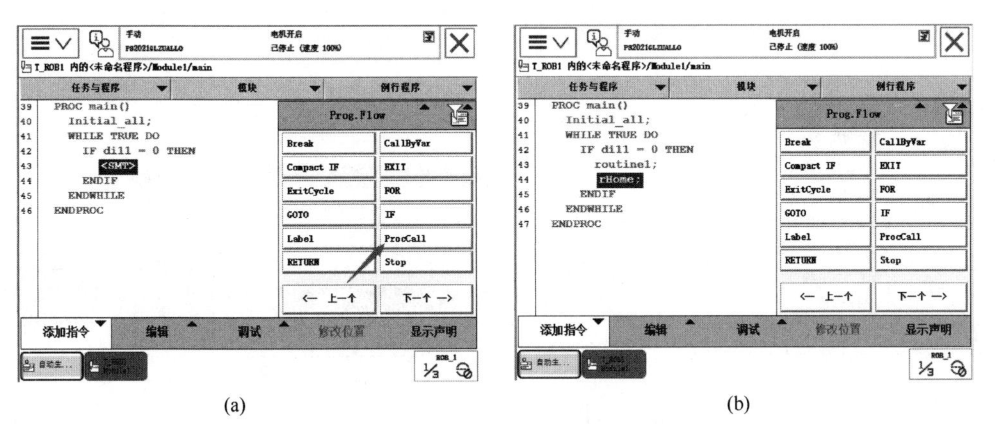

图 7.75　程序调用

e. 添加等待时间：在 IF 循环下方添加 WaitTime 指令，时间填写 0.3s，如图 7.76 所示。

f. 通信模块的添加：选择控制面板→配置→DeviceNet Device→添加，选择 DSQC 651 Combi I/O Device，并进行重启，即完成模块的添加，步骤如图 7.77 所示。

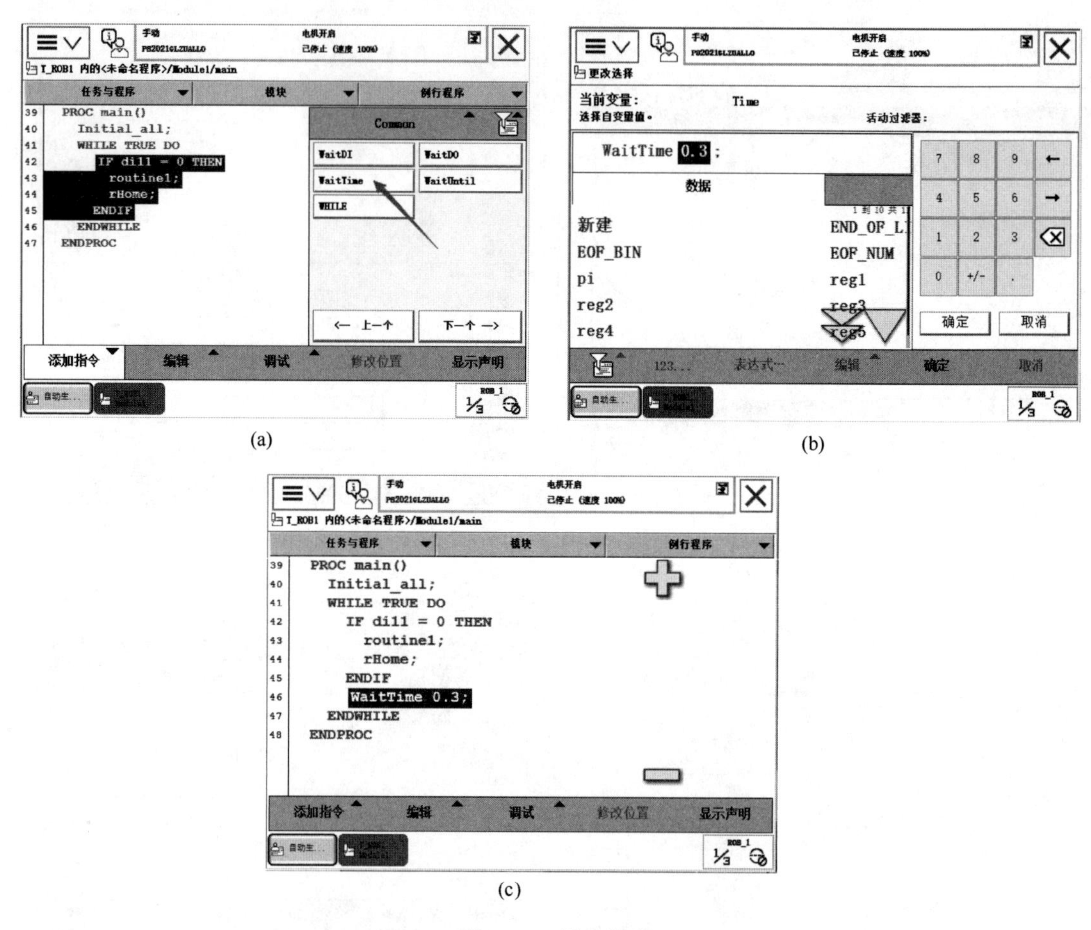

图 7.76　最终程序

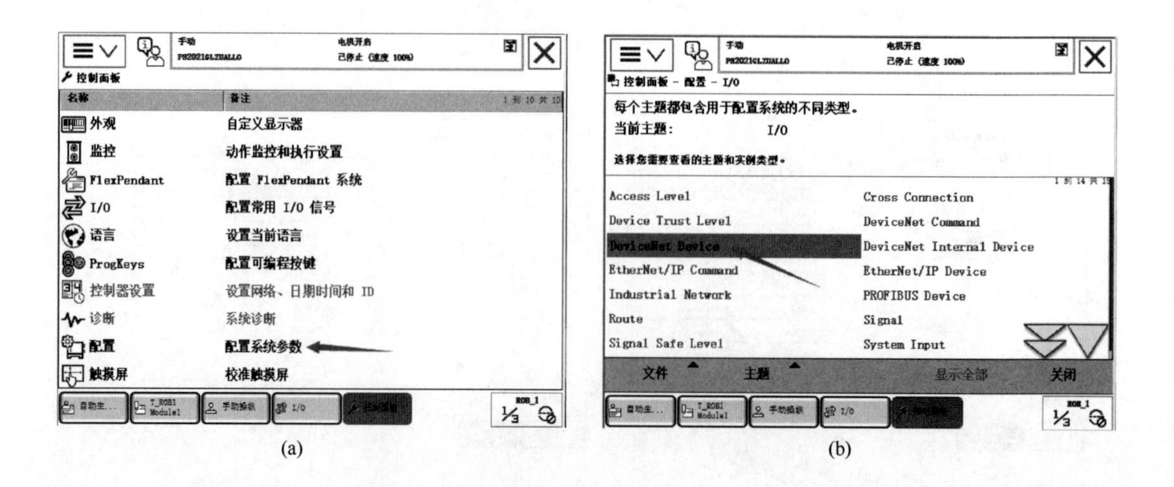

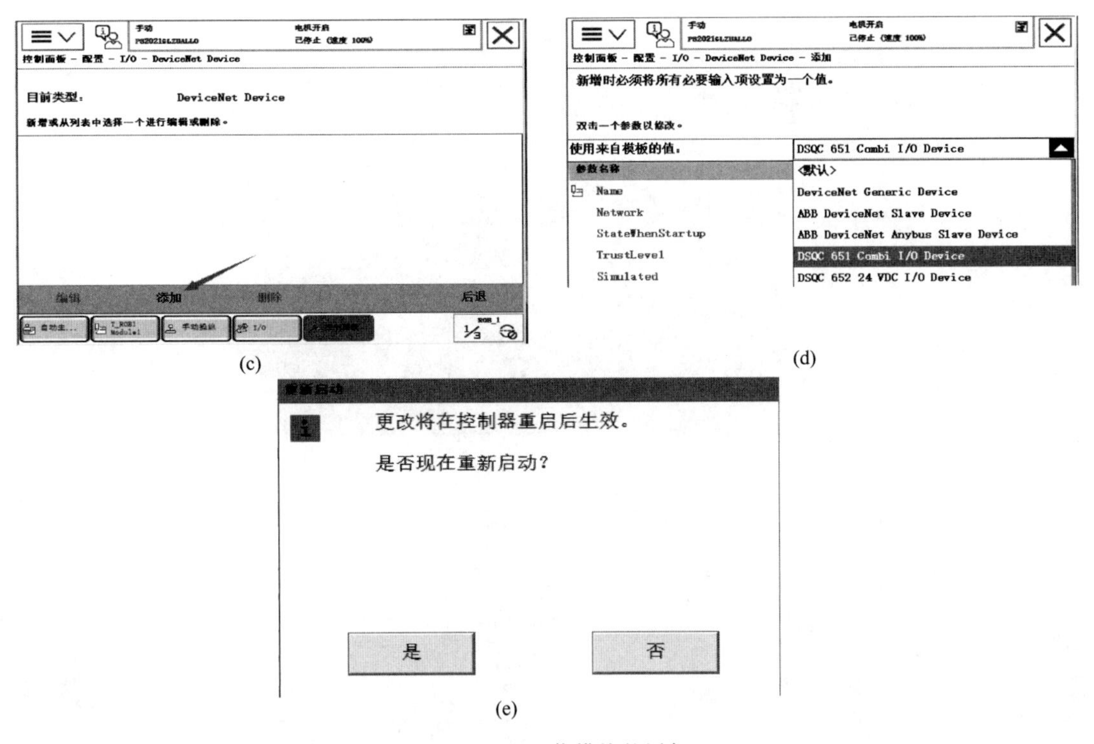

(c)　(d)

(e)

图 7.77　通信模块的添加

g. 添加信号：步骤如图 7.78 所示。

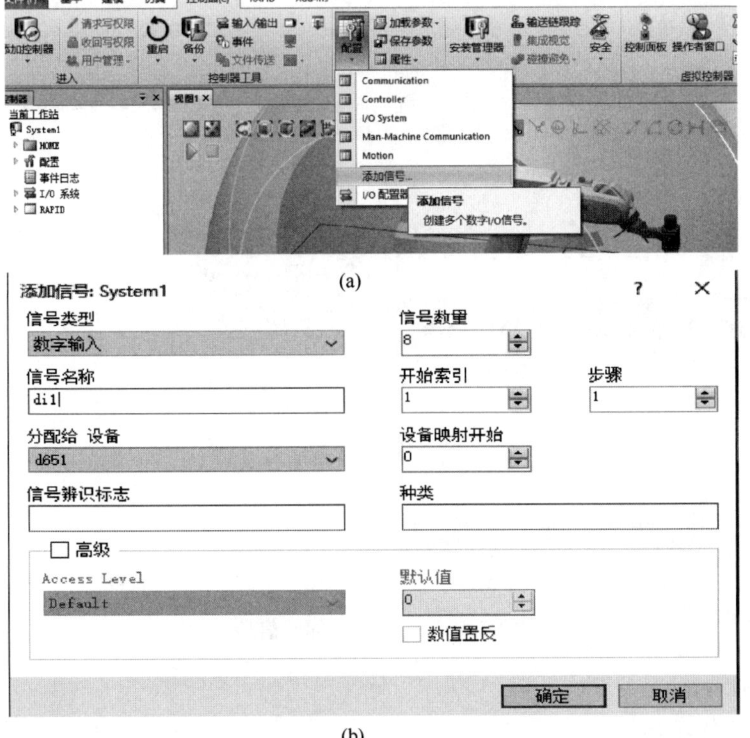

(a)

(b)

图 7.78

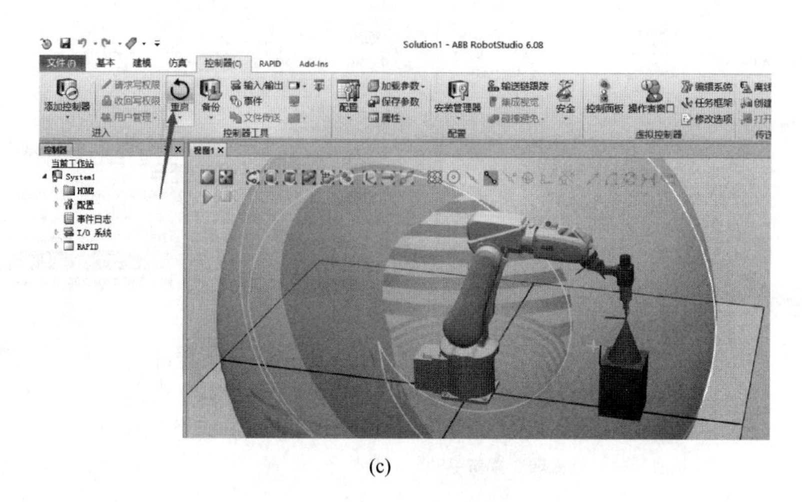

(c)

图 7.78 信号的添加

查看已添加的信号：步骤如图 7.79 所示。

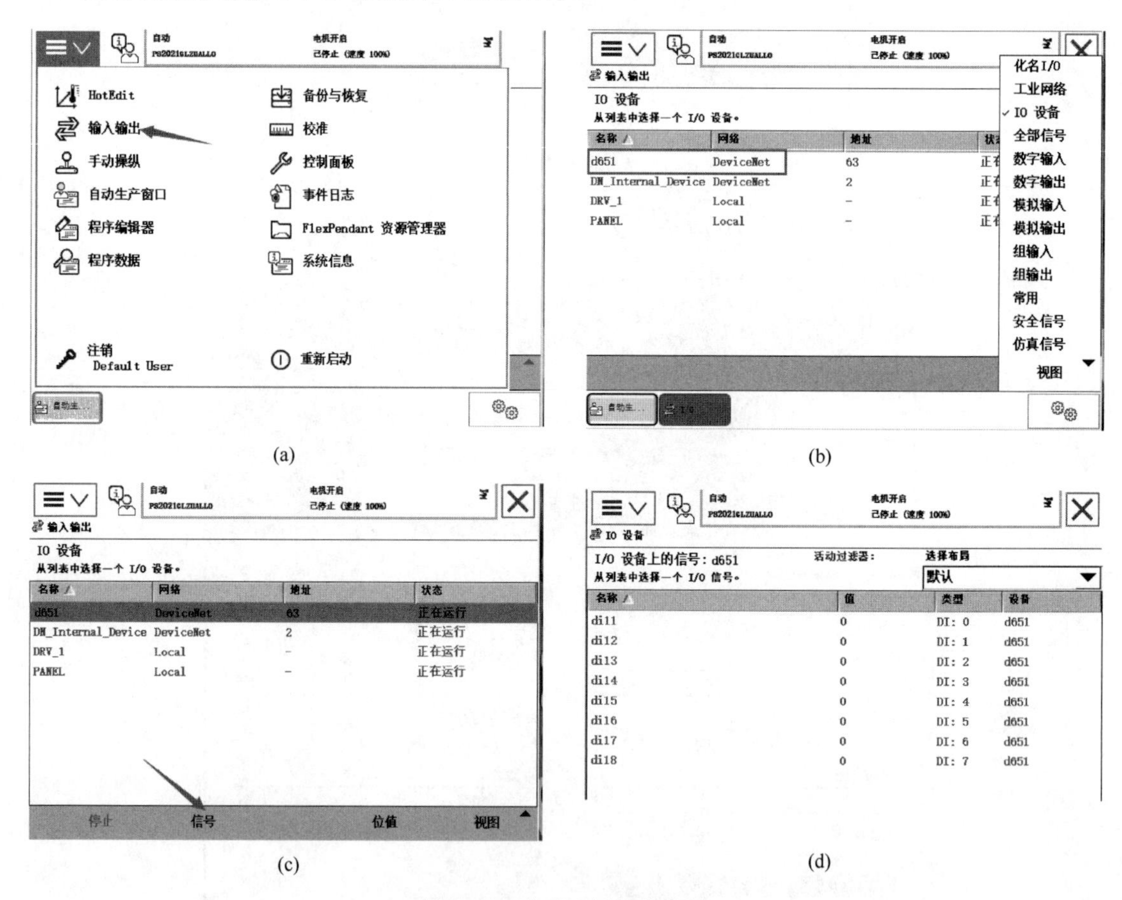

图 7.79 查看已添加的信号

(3) 程序的调试

切换至手动模式并使能电机，点击“PP 移至 Main”，并进行单步调试，如图 7.80 所示。

若调试过程中出现如图 7.81 所示错误，说明第一次自己定义的 di11 和系统产生冲突，原因是 di11 的设置是在配置信号之前，因此，可以选择配置信号之后的 di12 或者其他信号进行配置，如图 7.82 所示。

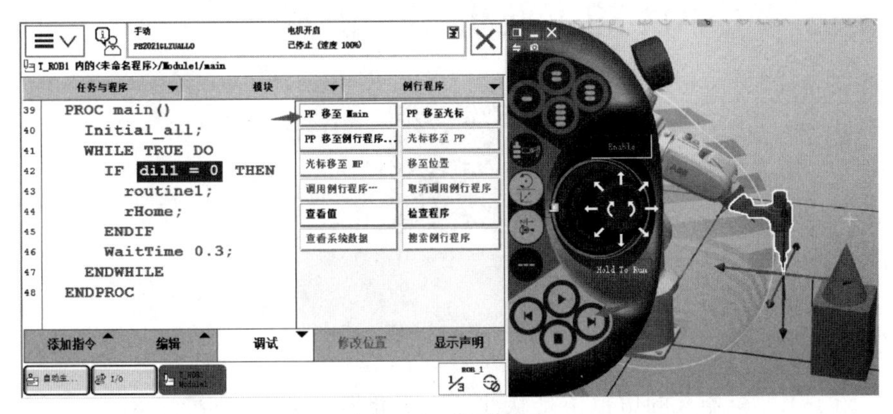

图 7.80　调试设置

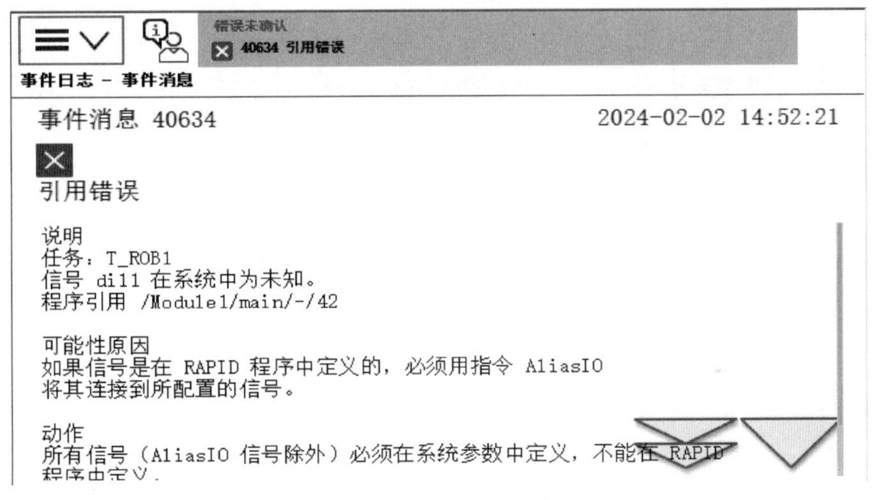

图 7.81　错误的提醒

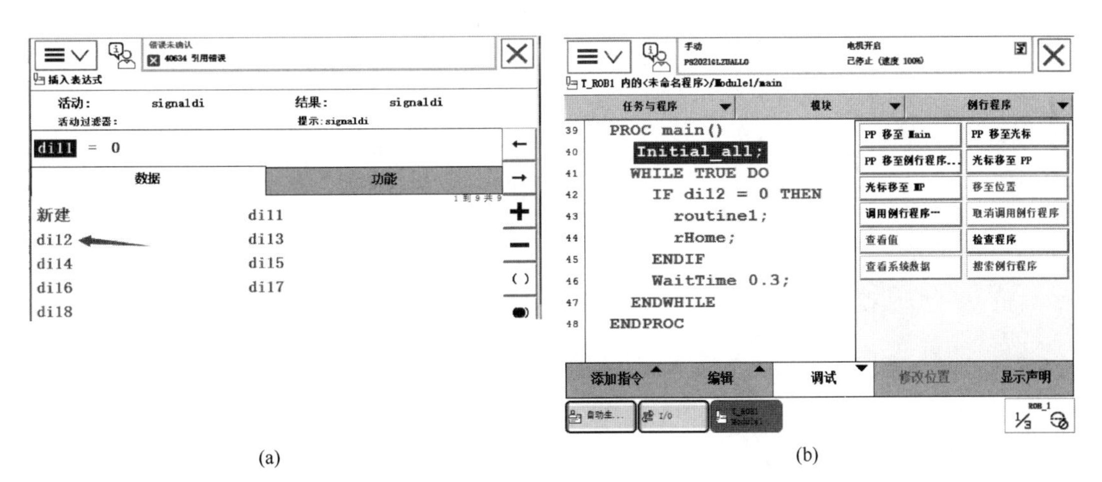

(a)　　(b)

图 7.82　修改配置

修改完成后，可以对机器人进行程序的调试。至此，通过一个简单的工程，说明了 RobotStudio 中离线编程的基本步骤和关键点所在。

7.3 基于 PQArt 的工业机器人仿真

扫码获取 7.3 节内容

【本章小结】

本章介绍了工业机器人的虚拟仿真软件，主要介绍了 ABB 公司的 RobotStudio 以及我国北京华航唯实的 PQArt 两款软件的基本使用方法。

【思考题】

查找相关文献及参考资料，以一款机械臂为例，利用 RobotStudio 和 PQArt 进行仿真。

第8章

工业机器人工作站

【学习目标】

学习目标	学习目标分解	学习要求
知识目标	概述	掌握
	工业机器人工作站系统分析	熟悉
	工业机器人码垛工作站虚拟仿真	掌握

【知识图谱】

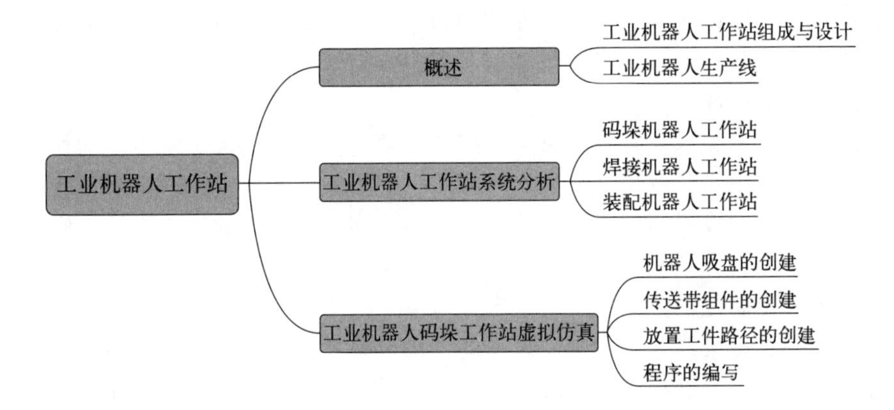

8.1 概述

随着科技的进步和智能化的发展，智能工厂已经成为制造业转型升级的方向。在智能工厂中，工业机器人系统起着至关重要的作用。而实现工业机器人系统的集成解决方案，可以说是迈向智能工厂的关键一步。

8.1.1 工业机器人工作站组成与设计

工业机器人按作业任务的不同可以分为焊接、搬运、码垛、喷涂等类型的机器人。工业机器人仅是一台控制运动和姿态的操作机，在工业现场中，往往单台工业机器人不能满足作业任务和机器人工程系统的功能要求，还需要根据作业内容、工件形式、质量和大小等工艺因素，选择或设计辅助设备和与工业机器人作业相配合的周边设备，同工业机器人一起组成一个工业机器人工作站，这样工业机器人才能成为实用的加工设备。

8.1.1.1 工业机器人工作站的组成

工业机器人工作站是指使用一台或多台工业机器人，配以相应的辅助设备和周边设备，用于完成某一特定工序作业的独立生产系统，也可称为机器人工作单元。工业机器人工作站是以工业机器人作为加工主体的作业系统，工业机器人只是整个作业系统的一部分，作业系统还包括工装、变位器、辅助设备等周边设备，应该对它们进行系统集成，使之构成一个有机整体，才能完成任务，满足生产需求。一般情况下一个工业机器人工作站应由以下几部分组成。

(1) 工业机器人

工业机器人是机器人工作站的组成核心，应尽可能选用标准工业机器人。工业机器人控制系统一般随机器人型号已经确定，对于某些特殊要求，例如除机器人控制之外，希望再提供几套外部控制单元、视觉系统、有关传感器等，可以单独提出，由机器人厂家提供配套装置。

(2) 工业机器人末端执行器

工业机器人末端执行器是工业机器人的主要辅助设备，也是工业机器人工作站中重要的组成部分。同一台机器人，由于安装的末端执行器不同，能够完成不同的作业，用于不同的生产场合，多数情况下需专门设计，它与机器人的机型、总体布局、工作顺序都有直接关系。

(3) 夹具和变位机

夹具和变位机是固定作业对象并改变其相对于工业机器人的位置和姿态的设备，它可在工业机器人规定的工作空间和灵活度条件下，获得高质量的作业效果。

(4) 工业机器人底座

工业机器人必须牢固地安装在底座上，底座必须有足够的刚性。对不同的作业对象，底座可以是标准正立支撑座，也可以是加高支撑座、侧支座或倒挂支座。不同底座可改变机器人的运动方位，便于完成不同位置的作业。有时为了加大机器人的工作空间，底座可设计成移动式。

(5) 配套及安全装置

配套及安全装置是机器人及其辅助设备的外围设备及配件。它们各自相对独立，又比较分散，但每一部分都是不可缺少的。配套及安全装置包括配套设备、电气控制柜、操作箱、安全保护装置和走线走管保护装置等。各类型的机器人工作站，其配套及电气装置会有所不同。一般来说，电气控制柜和操作箱则是共同需要的。

(6) 动力源

在工业机器人的周边设备中多采用气、液作为动力，因此，常需配置气压站、液压站以及相应的管线、阀门等装置。对于电源有一些特殊需要的设备或仪表，也应配置专用的电源系统。

(7) 工作对象的储运设备

对于作业对象，常需要在工作中暂存、供料、移动或翻转，所以机器人工作站也常配置暂置台、供料器、移动小车或翻转台架等设备。

(8) 检查、监视和控制系统

检查和监视系统对于某些工作站来说是非常必要的，特别是用于自动化生产线的工作站，如工作对象是否到位、有无质量事故、各种设备是否正常运转，都需要配置检查和监视系统。

一般说来，工业机器人工作站多是一个自动化程度相当高的工作单元，它多备有自己的控制系统。目前使用最多的是 PLC 系统，该系统既能管理工作站正常有序地工作，又能和上级管理计算机相连，向它提供各种信息。以上所总结的工业机器人组成部分，并不是任何一个工业机器人工作站都必须具有的，有些机器人工作站就可能少一些部分，或者对于一些特殊的工作站也可再配备其他的必要设备，所以工作站最终构成要因作业及投资程度而定。

8.1.1.2　工业机器人工作站设计

(1) 设计原则

由于工作站的设计是一项较为灵活多变、关联因素甚多的技术工作，因此只能将共同因素抽象出来，得出一些一般的设计原则：

① 设计前必须充分分析作业对象，拟定最合理的作业工艺。对作业对象（工件）及其技术要求进行认真细致的分析，是整个设计的关键环节，它直接影响工作站的总体布局、机器人型号的选择、末端执行器和变位机等的结构以及其周边机器型号的选择等方面。工件越复杂，作业难度越大，投入的精力就越多；分析得越透彻，工作站的设计依据就越充分，将来工作站的性能就可能越好，调试时间和修改变动量就可能越少。

② 必须满足作业的功能要求和环境条件。机器人工作站的生产作业是由机器人连同它的末端执行器、夹具和变位机以及其他周边设备等共同完成的，其中起主导作用的是机器人，所以在选择机器人时必须首先满足这一设计原则，满足作业的功能要求。具体到选择机器人时可从三方面加以保证：有足够的持重能力，有足够大的工作空间和有足够多的自由度。环境条件可由机器人产品样本的推荐使用领域加以确定。

③ 必须满足生产节拍要求。生产节拍是指完成一个工件规定的处理作业内容所要求的时间，也就是用户规定的年产量对机器人工作站工作效率的要求。生产周期是机器人工作站完成一个工件规定的作业内容所需要的时间，也就是工作站完成一个工件规定的处理作业内容所需要花费的时间。在总体设计阶段，首先要根据计划年产量计算出生产节拍，然后对具体工件进行分析。

④ 整体及各组成部分必须全部满足安全规范及标准。

⑤ 各设备及控制系统应具有故障显示及报警装置。

⑥ 便于维护修理。

⑦ 操作系统便于联网控制。

⑧ 工作站便于组线。

⑨ 操作系统应简单明了，便于操作和人工干预。

⑩ 经济实惠，快速投产。

(2) 设计步骤

① 规划及系统设计。包括设计单位内部的任务划分，机器人考查及询价，编制规划单，运行系统设计，外围设备（辅助设备、配套设备以及安全装潢等）能力的详细计划，关键问题的解决等。

② 布局设计。包括机器人选用，人机系统配置，作业对象的物流路线，电、液、气系统走线，操作箱、电气柜的位置以及维护修理和安全设施配置等内容。

③ 扩大机器人应用范围辅助设备的选用和设计。此项工作的任务包括机器人用以完成作业的末端操作器、固定和改变作业对象位姿的夹具和变位机、改变机器人动作方向和范围

的机座的选用和设计。一般来说，这一部分的设计工作量最大。

④ 配套和安全装置的选用和设计。此项工作主要包括配套设备（如弧焊的焊丝切断和焊枪清理设备等）的选用和设计、安全装置（如围栏、安全门等）的选用和设计以及现有设备的改造等内容。

⑤ 控制系统设计。此项设计包括选定系统的标准控制类型与追加性能；确定系统工作顺序与方法及互锁等安全设计；液压、气动、电气、电子设备及备用设备的试验；电气控制线路设计；机器人线路及整个系统线路的设计等内容。

⑥ 支持系统。此项工作为设计支持系统，该系统应包括故障排队与修复方法、停机时的对策与准备、备用机器的筹备以及意外情况下的救急措施等内容。

⑦ 工程施工设计。此项设计包括编写工作系统的说明书、机器人详细性能和规格的说明书、接收检查文本、标准件说明书，以及绘制工程制图、编写图纸清单等内容。

⑧ 编制采购资料。此项任务包括编写机器人估价委托书、机器人性能及自检结果、标准件采购清单、培训操作员计划、维护说明及各项预算方案等内容。

8.1.2 工业机器人生产线

机器人生产线是工厂生产自动化程度进一步提高的必然产物，它由两个或两个以上的机器人工作站、物流系统和必要的非机器人工作站组成，如图 8.1 所示。

图 8.1 工业机器人生产线

根据自动化程度的要求，作业量、工厂的生产规模和生产线的大小有着较大的差异。以机械制造业为例，有的是对某个零件若干个工序的作业，属于小型生产线；有的是针对某个部件，从各个零件的加工作业到完成部件的组装，作业工序较多，有时还要由几个子生产线构成，属于中型生产线；更有以整机装配为主的生产线，派生着若干条部件装配、零件加工的子生产线，体积庞大，甚至可以实现产品生产的无人操作，属于大型生产线。

对于机器人生产线设计，除了满足机器人工作站的设计原则外，还应遵循以下原则：

① 各工作站必须具有相同或相近的生产周期。在总体设计中，要根据工厂的年产量及预期的投资目标，计算出一条生产线的生产节拍，然后参照各工作站的初步设计、工作内容和运动关系，分别确定出各自的生产周期，使得各工作站的生产周期均小于或等于生产线的生产节拍。

② 工作站间应有缓冲存储区。在人工转运的物流状态下，尽量使各工作站的周期接近或相等，但是总会存在站与站的周期相差较大的情形，这就必然造成各站的工作负荷不平衡和工件的堆积现象。因此要在周期差距较大的工作站（或作业内容复杂的关键工作站）间设立缓冲存储区，把生产速度较快的工作站所完成的工件暂存起来，通过定期地停止该站生产或增加较慢工作站生产班时的方式，处理堆积现象。

③ 物流系统必须顺畅，避免交叉或回流。物流系统是机器人生产线的大动脉，它的传输性、合理性和可靠性是维持生产线畅通无阻的基本条件。

④ 生产线要具有混流生产的能力。混流生产是衡量机器人生产线水平的一项重要指标，混流能力越强，则生产线的价值、使用效率及寿命就越高。混流生产的基本要求是工件夹具共用或可更换，末端执行器通用或可更换，工件品种识别准确无误，机器人控制程序分门别类和物流系统满足最大工件传送等。

⑤ 生产线要留有再改造的余地。工厂生产的产品应当随着市场需求的变化而变化，高新技术的进步和市场竞争也会促使企业引入新技术、改造旧工艺。而生产线又是投资相对较大的工程，因此要用发展的眼光对待生产线的总体设计和具体部件设计，为生产线留出再改造的余地。

⑥ 夹具要有一致的精度要求。

⑦ 各工作站的控制系统必须兼容。

⑧ 生产线布局合理，占地面积力求最小。

⑨ 安全监控系统合理可靠。

⑩ 对于最关键的工作站或生产设备应有必要的替代储备。

8.2 工业机器人工作站系统分析

8.2.1 码垛机器人工作站

码垛机器人具有作业高效、码垛稳定等优点，可以解放工人繁重体力劳动，已在各个行业的包装物流线中发挥强大作用。在实际生产中，码垛机器人多数不能进行横向或纵向移动，通常安装在物流线末端。常见码垛机器人结构多为关节式、摆臂式和龙门式，如图 8.2 所示。

(a) 关节式

(b) 摆臂式

(c) 龙门式

图 8.2　码垛机器人

(1) 工作站组成

码垛机器人工作站包括：码垛机器人、控制器、编程器、机器人手爪、自动拆/叠盘机、托盘输送及定位设备和码垛模式软件等。

以关节码垛机器人为例，常见的码垛机器人由操作机、控制系统、码垛系统和安全保护装置组成，如图 8.3 所示，操作者通过示教器和操作面板进行码垛机器人运动位置和动作程序示教，设定速度、码垛参数等。

关节式码垛机器人常见本体多为 4 轴，亦有 5、6 轴码垛机器人，但在实际包装码垛物流线中 5、6 轴码垛机器人相对较少。码垛机器人主要在物流线末端进行工作，4 轴码垛机器人足以满足日常码垛。

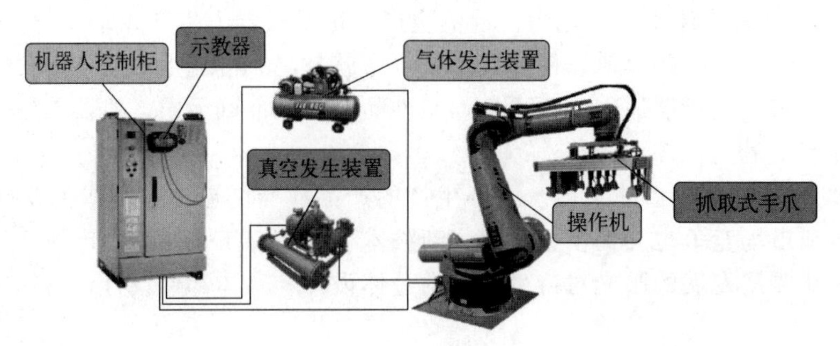

图 8.3　码垛机器人组成

码垛机器人末端执行器是夹持物品移动的一种装置，常见形式有：吸附式、夹板式、抓取式和组合式。

(2) 码垛生产线

码垛工作站是一种集成化系统，可以和生产系统相连接形成一个完整的集成化包装码垛生产线，如图 8.4 所示。除了工业机器人系统，还包括相应的辅助装置，主要有：金属检测机、重量复检机、自动剔除机、倒袋机、整形机、代码输送机、传动带等。

图 8.4　码垛生产线

① 金属检测机。为防止在生产制造过程中混入金属等异物，需要金属检测机进行流水线检测。如图 8.5 所示为金属检测机。

② 重量复检机。在自动化码垛流水作业中起到重要作用，可以检测出前工序是否漏装、装多，以及对合格品、欠重品、超重品进行统计，进而达到产品质量控制的目的，如图 8.6 所示。

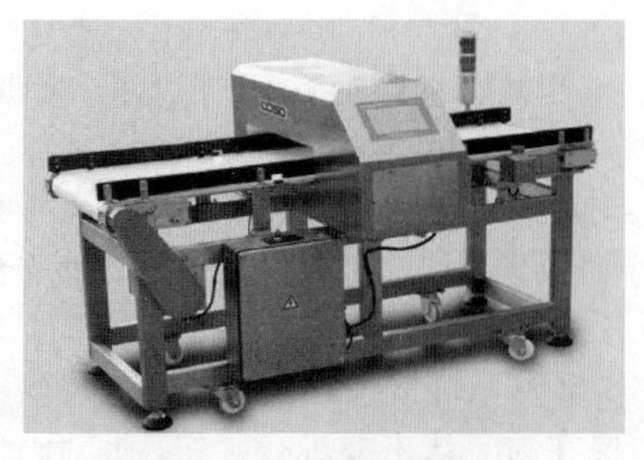

图 8.5　金属检测机

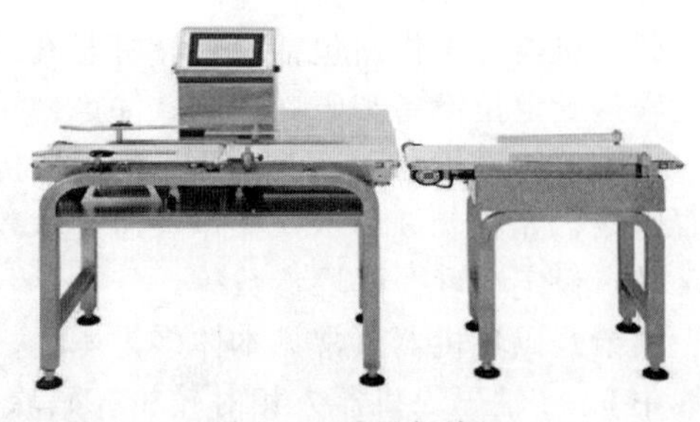

图 8.6　重量复检机

③ 自动剔除机。自动剔除机是安装在金属检测机和重量复检机之后的，主要用于剔除含金属异物及重量不合格的产品，如图 8.7 所示。

④ 倒袋机。倒袋机是将输送过来的袋装码垛物按照预定程序进行倒袋、转位、输送等操作，以使码垛物按流程进入后续工序，如图 8.8 所示。

图 8.7　自动剔除机

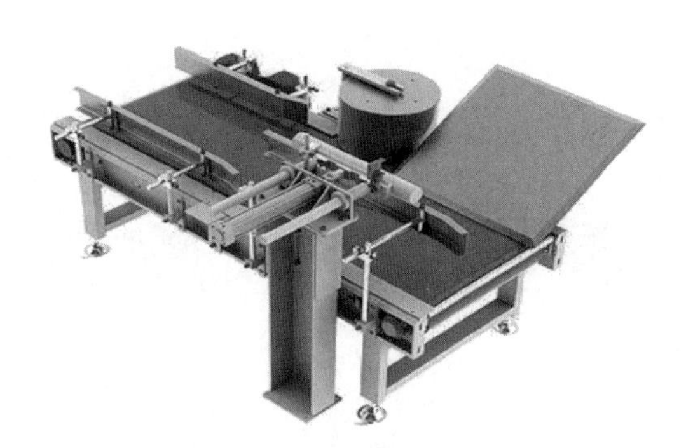

图 8.8　倒袋机

⑤ 整形机。主要针对袋装码垛物，经整形机整形后袋装码垛物内可能存在的积聚物会均匀分散，之后进入后续工序，如图 8.9 所示。

⑥ 待码输送机。待码输送机是码垛机器人生产线的专用输送设备，码垛货物聚集于此，便于码垛机器人末端执行器抓取，可提高码垛机器人灵活性，如图 8.10 所示。

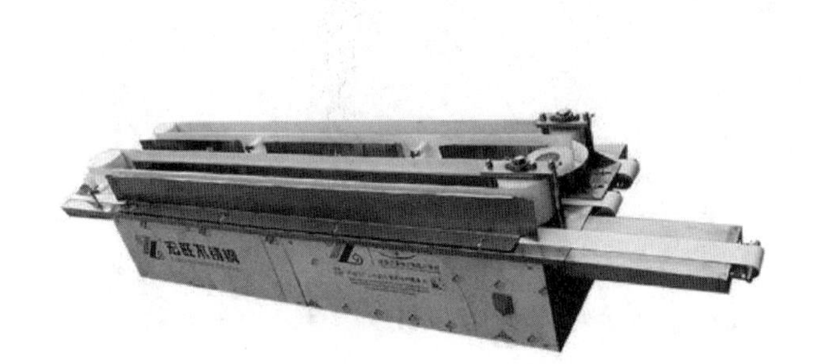

图 8.9　整形机

图 8.10　待码输送机

⑦ 传送带。传送带是自动化码垛生产线上必不可少的一个环节，针对不同的厂源条件可选择不同的形式，如图 8.11 所示。

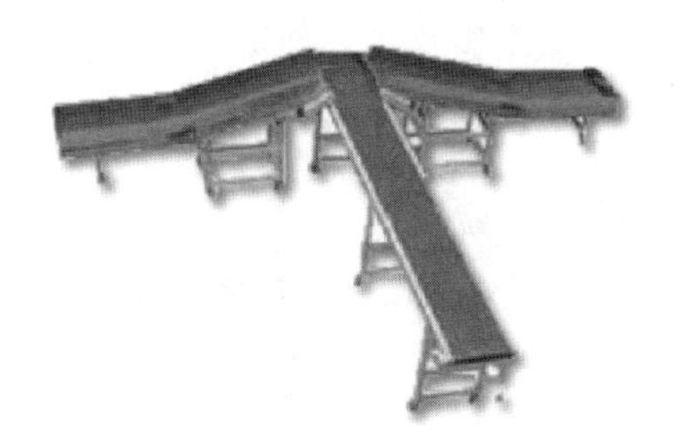

(a) 组合式传送带

(b) 转弯式传送带

图 8.11　传送带

(3) 工位布局

码垛机器人工作站布局以提高生产效率、节约场地、实现最佳物流码垛为目的，常见的码垛工作站布局主要有全面式码垛和集中式码垛两种。

① 全面式码垛。码垛机器人安装在生产线末端，可针对一条或两条生产线，具有较小的输送线成本与占地面积、较大灵活性和增加生产量等优点，如图 8.12 所示。

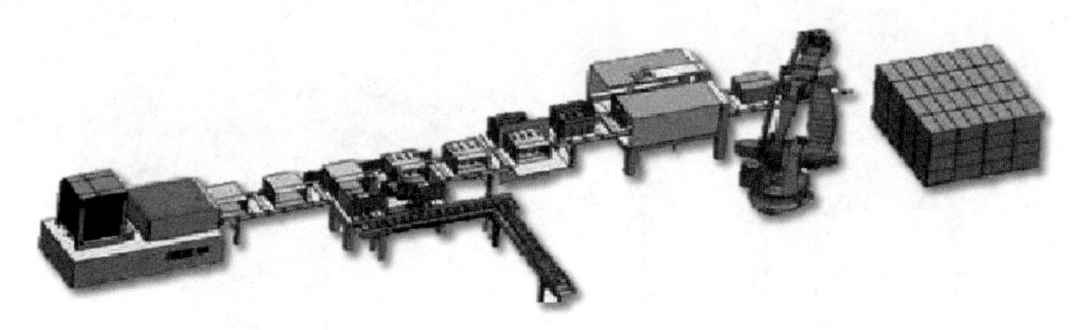

图 8.12 全面式码垛

② 集中式码垛。码垛机器人被集中安装在某一区域，可将所有生产线集中在一起，具有较高的输送线成本，节省生产区域资源，节约人员维护，一人便可全部操作，如图 8.13 所示。

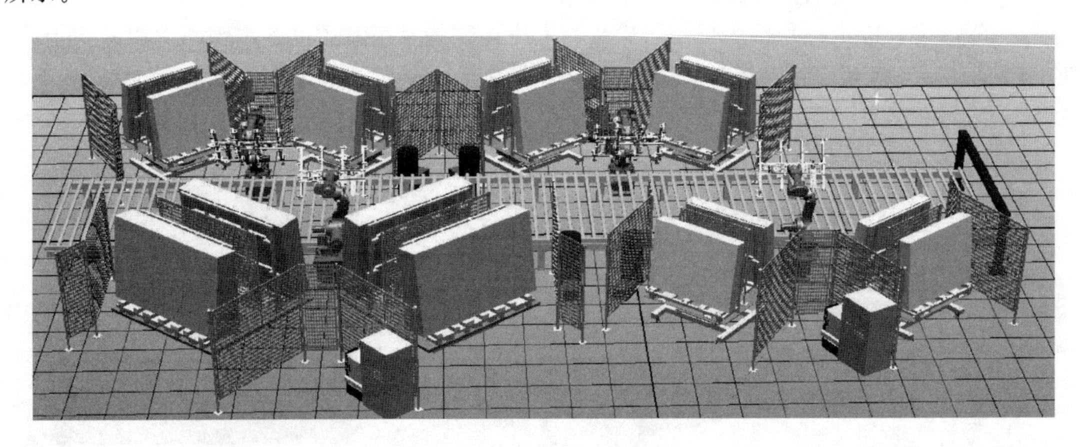

图 8.13 集中式码垛

(4) 码垛进出规划

按码垛进出情况常见规划有：一进一出、一进两出、两进两出和四进四出等形式。

① 一进一出。常出现在厂源相对较小、码垛线生产比较繁忙的情况，此类型码垛速度较快，托盘分布在机器人左侧或右侧，缺点是需人工换托盘，浪费时间，如图 8.14 所示。

② 一进两出。在一进一出的基础上添加输出托盘，一侧满盘信号输入，机器人不会停止等待直接码垛另一侧，码垛效率明显提高，如图 8.15 所示。

③ 两进两出。是两条输送链输入，两条码垛输出，多数两进两出系统不需要人工干预，码垛机器人自动定位摆放托盘，是目前应用最多的一种码垛形式，也是性价比最高的一种规划形式，如图 8.16 所示。

④ 四进四出。系统多配有自动更换托盘功能，主要应对多条生产线的中等产量或低等产量的码垛，如图 8.17 所示。

图 8.14　一进一出

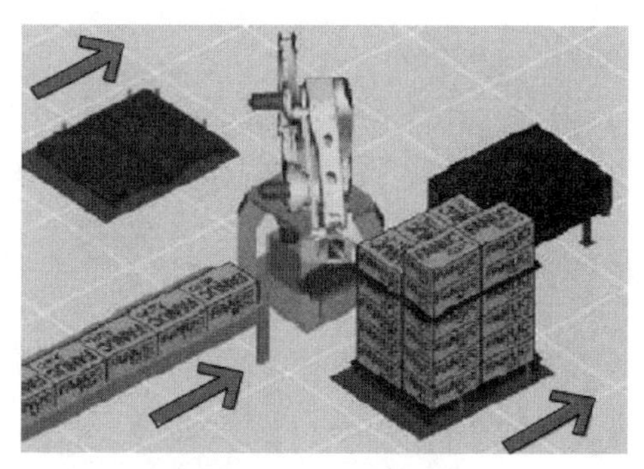

图 8.15　一进两出

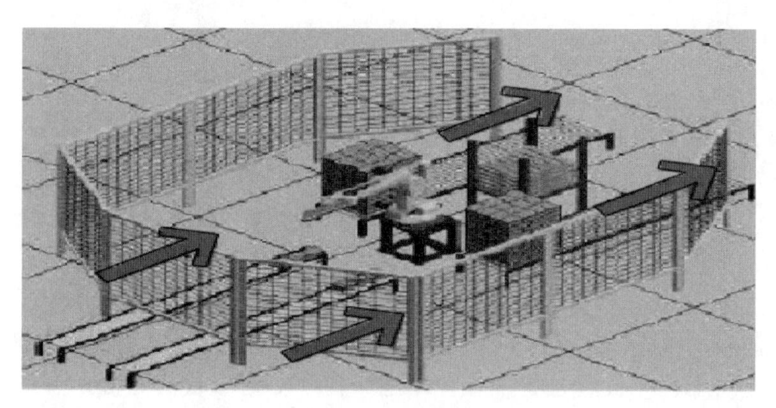

图 8.16　两进两出

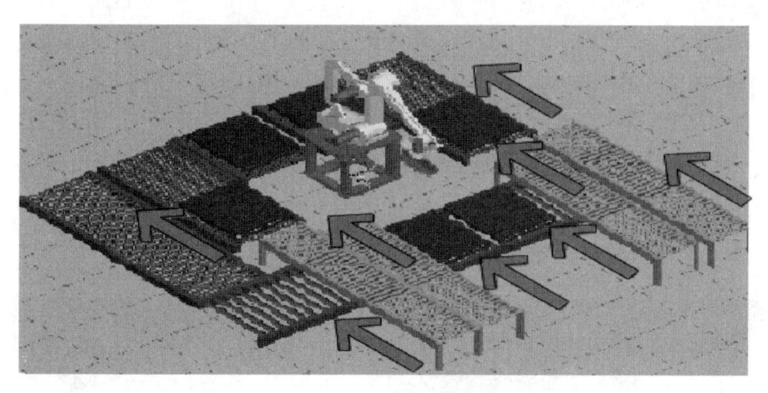

图 8.17　四进四出

8.2.2　焊接机器人工作站

(1) 分类及特点

世界各国生产的焊接用机器人基本上都属于关节型机器人，绝大部分有 6 个轴，目前焊接机器人应用中比较普遍的主要有 3 种：点焊机器人、弧焊机器人和激光焊接机器人，如图 8.18 所示。

① 点焊机器人。点焊是指焊接时利用柱状电极，在两块搭接工件接触面之间形成焊点的焊接方法。点焊可分为单点焊及多点焊。多点焊是用两对或两对以上电极，同时或按自控

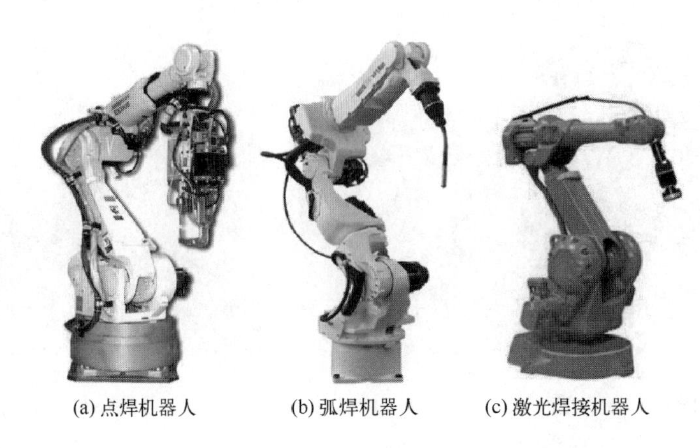
(a) 点焊机器人 (b) 弧焊机器人 (c) 激光焊接机器人

图 8.18 焊接机器人

程序焊接两个或两个以上焊点的点焊。

点焊机器人（spot welding robot）是用于点焊自动作业的工业机器人，末端持握的作业工具是焊钳。一般来说，装配一台汽车车体大约需要几千个焊点，其中半数以上的焊点由机器人操作完成。最初，点焊机器人只被用于增强焊接作业，后来逐渐被用于定位焊接作业，如图 8.19 所示。

② 弧焊机器人。电弧焊是以电弧作为热源，利用空气放电的物理现象，将电能转换为焊接所需的热能和机械能，从而达到连接金属的目的的焊接方法。它是应用最广泛、最重要的熔焊方法，适用于各种金属材料、各种厚度、各种结构形状的焊接，占焊接生产总量的60%以上。

弧焊机器人是指用于进行自动电弧焊的工业机器人，其末端持握的工具是焊枪。由于弧焊过程比点焊过程要复杂一些，因此工具中心点（TCP），也就是焊丝端头的运动路径、焊枪的姿态、焊接的参数都要求精确掌控。所以弧焊用机器人还必须具备一些适应弧焊要求的功能。

理论上讲，具有 5 个轴的机器人可用于弧焊，但对于复杂焊缝，采用五轴机器人会存在一定困难，应尽量选择六自由度机器人。弧焊机器人在通用机械、金属结构等行业得到广泛应用，图 8.20 所示为弧焊机器人用于汽车零部件的焊接作业。

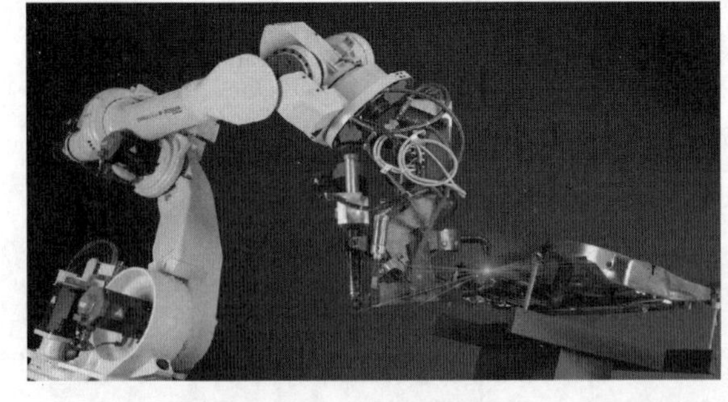
图 8.19 点焊机器人

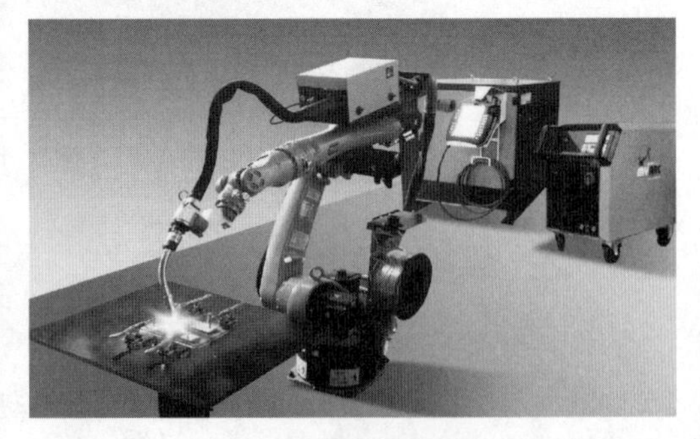
图 8.20 弧焊机器人

③ 激光焊接机器人。激光焊接是利用高能量密度的激光束作为热源的一种高效精密焊接方法。激光焊接是激光材料加工技术应用的重要方面之一。20 世纪 70 年代主要用于焊接薄壁材料和低速焊接，激光焊接过程属热传导型。激光焊接生产效率高和易实现自动化控制

的特点使得激光焊接非常适用于大规模生产线和柔性制造系统。

激光焊接机器人是用于激光焊自动作业的工业机器人，通过高精度工业机器人实现更加柔性的激光加工作业，其末端持握的工具是激光加工头。图 8.21 为激光焊接机器人。

图 8.21　激光焊接机器人

激光焊接机器人以半导体激光器作为焊接热源，广泛应用于手机、笔记本电脑等电子设备摄像头零件的焊接。激光焊接机器人具有以下特征：

a. 具有非接触性，激光形成的点径最小可以到 0.1mm，送锡装置尺寸最小可达 0.2mm，可实现微间距封装（贴装）元件焊接；

b. 由于是短时间局部加热，对基板与周边零件热影响小，焊点质量良好；

c. 无烙铁头消耗，无须更换加热器，连续作业时，工作效率高；

d. 无铅焊接时，不易发生焊点裂纹；

e. 对焊料的表面温度采用非接触测定方式，不采用实际接触焊头温度测定方法；

f. 具有良好的振动抑制和控制修正功能。

(2) 工作站

① 点焊机器人工作站。点焊机器人主要由操作机、控制系统和点焊焊接系统等组成，如图 8.22 所示。

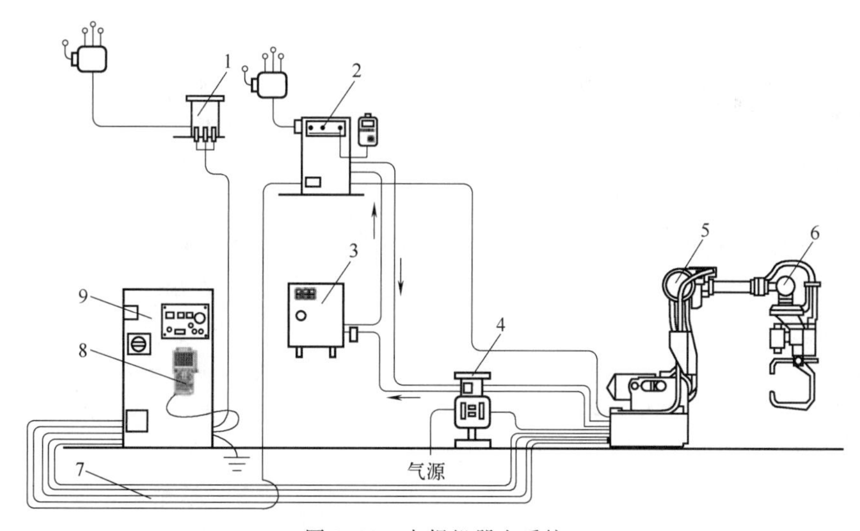

图 8.22　点焊机器人系统

1—机器人变压器；2—焊接控制器；3—水冷机；4—气/水管路组合体；5—操作机；6—焊钳；7—供电及控制电缆；8—示教器；9—控制柜

为适应灵活的动作要求，点焊机器人本体通常选用关节型工业机器人，一般具有 6 个自由度。驱动方式主要有液压驱动和电气驱动两种。其中，电气驱动具有保养维修简便、能耗低、速度高、精度高、安全性好等优点，因此应用较为广泛。

点焊机器人控制系统由本体控制和焊接控制两部分组成。本体控制部分主要是实现机器人本体的运动控制；焊接控制部分则负责对点焊控制器进行控制，发出焊接开始指令，自动控制和调整焊接参数（如电流、压力、时间），控制焊钳的大小行程及夹紧/松开动作。

点焊焊接系统主要由点焊控制器（时控器）、焊钳（含阻焊变压器）及水、电、气等辅助部分组成。

② 弧焊机器人工作站。弧焊机器人的组成与点焊机器人基本相同，主要由操作机、控制系统、弧焊系统和安全设备等组成，如图 8.23 所示。

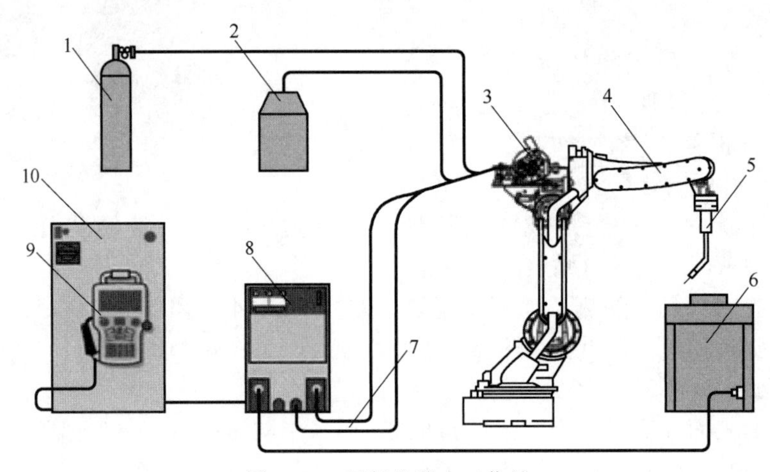

图 8.23 弧焊机器人工作站

1—气瓶；2—焊丝桶；3—送丝机；4—操作机；5—焊枪；6—工作台；
7—供电及控制电缆；8—弧焊电源；9—示教盒；10—机器人控制柜

弧焊机器人操作机的结构与点焊机器人基本相似，主要区别在于末端执行器——焊枪。

弧焊系统是完成弧焊作业的核心装备，主要由弧焊电源、送丝机、焊枪和气瓶等组成。弧焊机器人多采用气体保护焊，通常使用的晶闸管式、逆变式、波形控制式、脉冲或非脉冲式等焊接电源都可以装到机器人上进行电弧焊。由于机器人控制柜采用数字控制，而焊接电源多为模拟控制，所以需要在焊接电源与控制柜之间加一个接口。

送丝机可以装在机器人的上臂上，也可以放在机器人之外，前者焊枪到送丝机之间的软管较短，有利于保持送丝的稳定性；而后者软管较长，当机器人把焊枪送到某些位置，使软管处于多弯曲状态时会严重影响送丝的质量。因此，送丝机的安装方式一定要考虑保证送丝稳定性的问题。

在机器人的末端焊枪上还装有各类触觉或接近传感器，可以使机器人在过分接近工件或发生碰撞时停止工作。当发生碰撞时，一定要检验焊枪是否被碰歪，否则由于工具中心点的变化，焊接的路径将会发生较大的变化，从而出现废品。

③ 激光焊接机器人工作站。机器人是高度柔性的加工系统，这就要求激光器必须具有高度的柔性，目前激光焊接机器人都选用可光纤传输的激光器（如固体激光器、半导体激光器、光纤激光器等）。在机器人手臂的夹持下，其运动由机器人的运动决定，因此能匹配完全的自由轨迹加工，完成平面曲线、空间的多组直线、异形曲线等特殊轨迹的激光焊接。激光焊接机器人系统组成如图 8.24 所示。

激光加工头装于 6 自由度机器人本体手臂末端，其运动轨迹和激光加工参数是由机器人数字控制系统控制的。根据用途不同（切割、焊接、熔覆）选择不同的激光加工头。

智能化激光加工机器人主要由以下几部分组成：

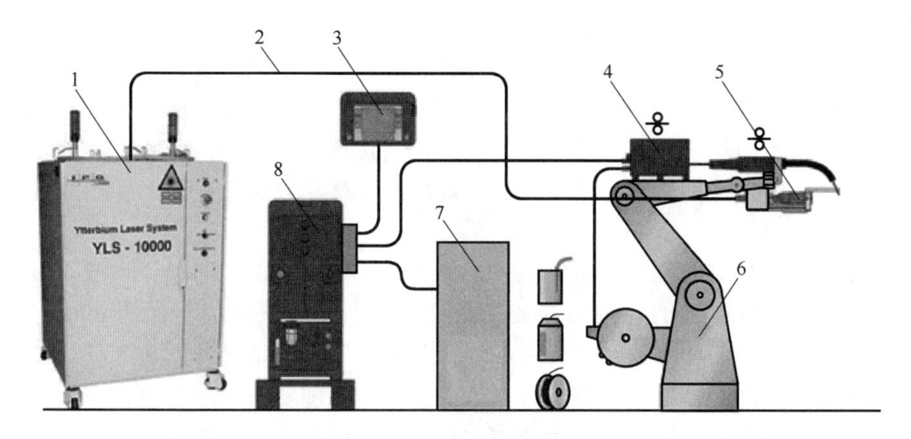

图 8.24 激光焊接机器人系统组成

1—激光器；2—光导系统；3—遥控盒；4—送丝机；5—激光加工头；
6—操作机；7—机器人控制柜；8—焊接电源

a. 大功率可光纤传输激光器；

b. 光纤耦合和传输系统；

c. 激光光束变换光学系统；

d. 六自由度机器人本体；

e. 机器人数字控制系统（控制器、示教盒）；

f. 激光加工头；

g. 材料进给系统（高压气体、送丝机、送粉器）；

h. 焊缝跟踪系统（包括视觉传感器、图像处理单元、伺服控制单元、运动执行机构及专用电缆等）；

i. 焊接质量检测系统（包括视觉传感器、图像处理单元、缺陷识别系统及专用电缆等）；

j. 激光加工工作台。

激光焊接机器人控制系统架构如图 8.25 所示。

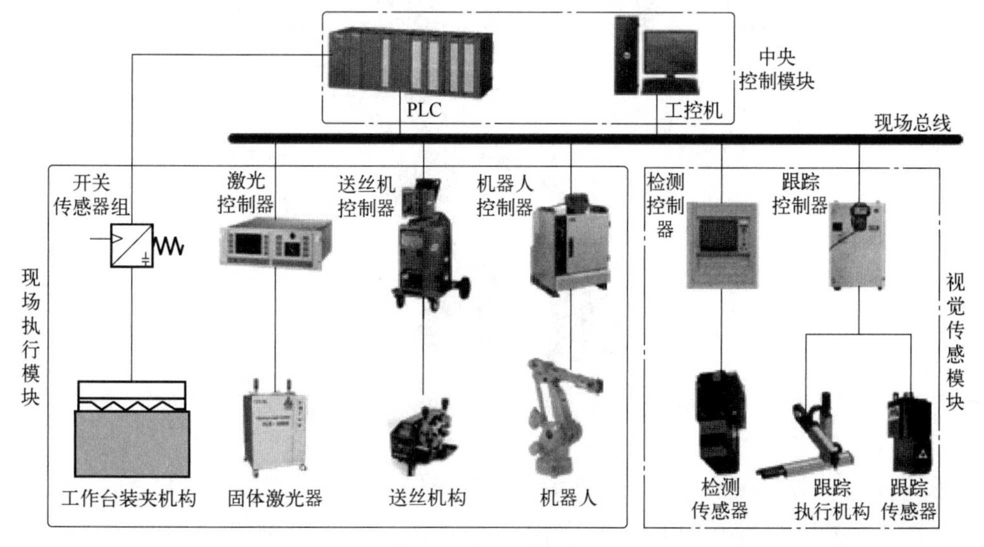

图 8.25 激光焊接机器人控制系统架构

(3) 焊接机器人工作站周边设备

目前，常见的焊接机器人辅助装置有变位机、滑移平台、清枪装置和工具快换装置等。

① 变位机。对于有些焊接场合，由于工件空间几何形状过于复杂，使焊接机器人的末端工具无法到达指定的焊接位置或姿态，此时可以通过增加1～3个外部轴的办法来增加机器人的自由度。其中一种做法是采用变位机让焊接工件移动或转动，使工件上的待焊部位进入机器人的作业空间。

变位机是专用焊接辅助设备，主要任务是将负载（焊接工夹具和焊件）按预编的程序进行回转和翻转，使工件接缝的位置始终处于最佳焊接状态。通过工作台的升降、翻转和回转，固定在工作台上的工件可以达到所需的焊接跟随角度。变位机如图8.26所示。

变位机的安装必须使工件的变位均处在机器人动作范围之内，并需要合理分解机器人本体和变位机的各自职能，使两者按照统一的动作规划进行作业。机器人和变位机之间的运动存在两种形式：协调运动和非协调运动。焊接机器人和变位机动作分解如图8.27所示。

图8.26 变位机

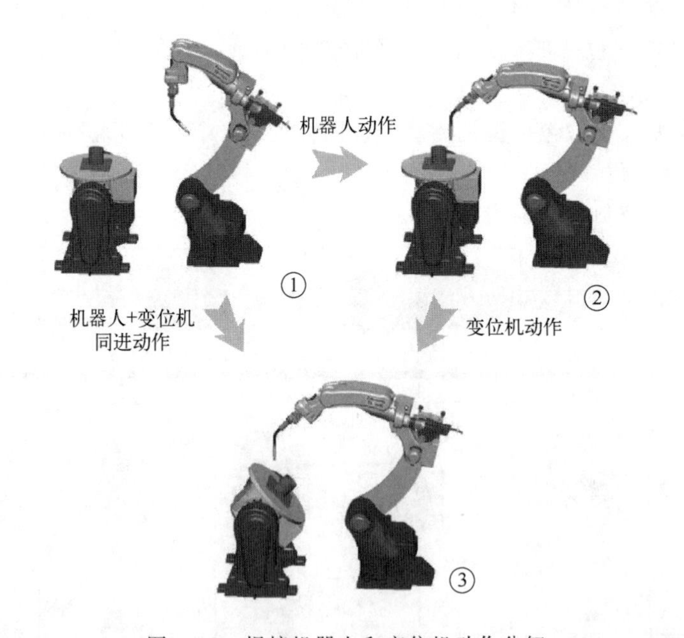

图8.27 焊接机器人和变位机动作分解

② 滑移平台。为适应机器人领域的不断延伸，保证大型结构件焊接作业，把机器人本体装在可移动的滑移平台或龙门架上，如图8.28所示，以扩大机器人本体的作业空间。

③ 清枪装置。机器人在施焊过程中，焊钳的电极头氧化磨损，焊枪喷嘴内外残留的焊

渣以及焊丝杆伸长的变化等势必影响到产品的焊接质量及其稳定性，因此需要清枪装置。常见清枪装置有焊钳电极修磨机（点焊）和焊枪自动清枪站（弧焊），如图 8.29 所示。

图 8.28　滑移平台

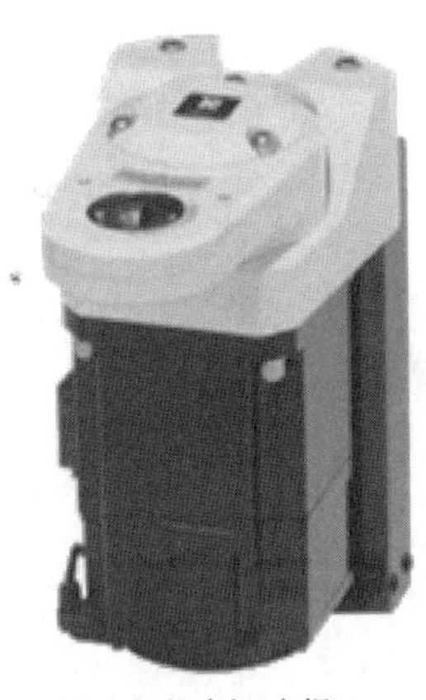

(a) 电极修磨机(点焊)

(b) 焊枪自动清枪站(弧焊)

图 8.29　清枪装置

④ 工具快换装置。多任务环境中，一台机器人甚至可以完成包括焊接在内的抓物、搬运、安装、焊接、卸料等多种任务，机器人可以根据程序要求和任务性质，自动更换机器人手腕上的工具，完成相应的任务。

在弧焊机器人作业过程中，焊枪是一个重要的执行工具，需要定期更换或清理焊枪配件，如导电嘴、喷嘴等，这样不仅浪费工时，且增加维护费用。采用自动换枪装置可有效解决此问题，使得机器人空闲时间大为缩短，如图 8.30 所示。

⑤ 焊接烟尘净化器。焊接烟尘净化器用于焊接、切割、打磨等工序中产生烟尘和粉尘的净化以及对稀有金属、贵重物料的回收等，可净化大量悬浮在空气中对人体有害的细小金属颗粒，如图 8.31 所示。

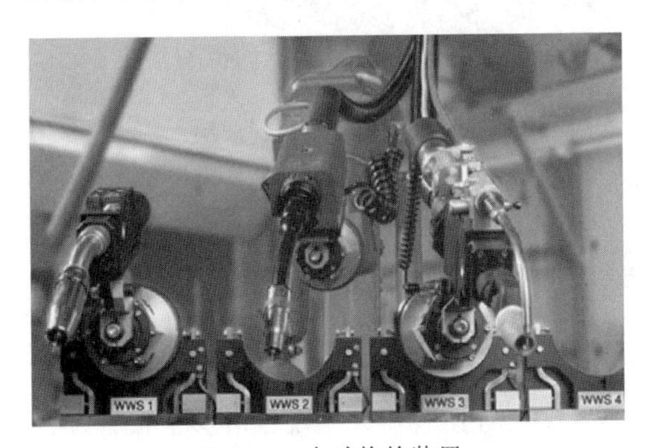

图 8.30　自动换枪装置

图 8.31　焊接烟尘净化器

焊接机器人是成熟、标准、批量生产的高科技产品，但其周边设备是非标准的，需要专业设计和非标产品制造。周边设备设计的依据是焊接工件，由于焊接工件的差异很大，因此需要的周边设备差异也就很大，繁简不一。

(4) 工位布局

焊接机器人与周边设备组成的系统称为焊接机器人集成系统（工作站）。

① 单工位固定式机器人焊接工作站。基本配置：机器人系统、焊接电源、焊枪、清枪

图 8.32 单工位固定式机器人焊接工作站

装置、机器人底座、工装夹具、防护网、焊接平台等。布局如图 8.32 所示。

② 双工位固定式机器人焊接工作站。基本配置：机器人系统、焊接电源、焊枪、清枪装置、机器人底座、工装夹具、防护网、焊接平台等。适合于小型结构件产品的自动化焊接；大大降低人力物流强度，操作方便、安全快捷；夹具拆卸更换方便，自动化拓展性强；工位排布相当于一字型，工位可呈固定式一字型，也可选工位变位式一字型排布，如图 8.33 所示。

③ 多工位固定式机器人焊接工作站。基本配置：机器人系统、焊接电源、焊枪、清枪装置、机器人底座、工装夹具、防护网、焊接平台等。适用于不需要自动翻面的小型结构件的自动化焊接；根据工件尺寸及人工物流强度来选择实际布局；站体结构简单，可靠性强，对于同类尺寸的工件自动化焊接兼容性强；站体采用整体一体式结构，对于设备的搬迁和挪动非常方便；夹具采用气动、手动均可，如图 8.34 所示。

图 8.33 双工位固定式机器人焊接工作站

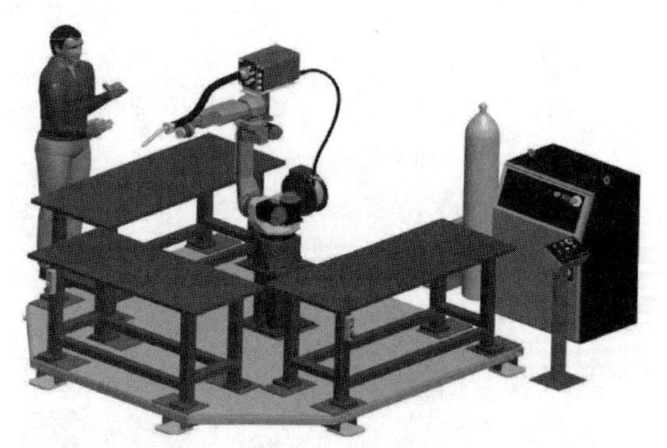

图 8.34 多工位固定式机器人焊接工作站

④ 行走＋焊接机器人组合的工作站。基本配置：机器人系统、滑移平台、焊接电源、焊枪、清枪装置、机器人底座、工装夹具、防护网、焊接平台等。适合于三维面焊接件，无论是直线、曲线、圆弧焊缝，都能较理想地使焊缝处于船形焊接位置，可有效保证焊枪的可达性及焊缝的工艺性，相对于集成块焊接的工件宽度、高度、直径小；采用高精度伺服电机及减速机保证变位的重复定位精度，夹具拆卸更换方便，自动化拓展性强，如图 8.35 所示。

⑤ U 型变位机＋焊接机器人组合的工作站。基本配置：机器人系统、滑移平台、焊接电源、焊枪、清枪装置、机器人底座、工装夹具、防护网、焊接变位机等。适合于三维面的大焊接件，无论是直线、曲线、圆弧焊缝，都能较理想地使焊缝处于船形焊接位置，可有效保证焊枪的可达性及焊缝的工艺性。其布局如图 8.36 所示。

⑥ 双工位单轴变位机 H 式机器人焊接工作站。基本配置：机器人系统、滑移平台、焊接电源、焊枪、清枪装置、机器人底座、工装夹具、防护网、焊接变位机等。适合焊缝分布在多个面的中小型焊接件，工件 360°自动翻转，无论是直线、曲线还是圆弧焊缝，都能较好地保证焊枪焊接姿态和可达性，如图 8.37 所示。

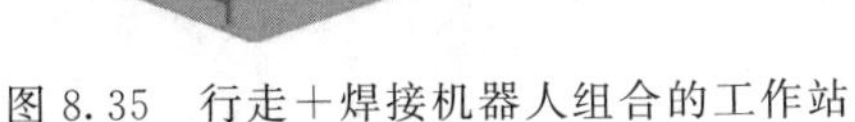

图 8.35　行走＋焊接机器人组合的工作站

图 8.36　U 型变位机＋焊接机器人组合的工作站

⑦ 双工位回转式机器人焊接工作站。基本配置：机器人系统、滑移平台、焊接电源、焊枪、清枪装置、机器人底座、工装夹具、防护网、焊接变位机等。适用于所有小型结构件产品的自动化焊接；工位自动切换，大大降低人力物流强度，操作方便、安全快捷、简洁实用。其布局如图 8.38 所示。

图 8.37　双工位单轴变位机 H 式机器人焊接工作站

图 8.38　双工位回转式机器人焊接工作站

(5) 发展趋势

纵观国内外焊接机器人的应用现状及技术程度，未来焊接机器人的发展主要有以下几个方向：

① 向更智能化方向发展。未来焊接机器人需要提高对加工模式及工作环境的识别能力，能够及时发现问题并提出解决方案加以实施，创建能够从有限的数据中快速学习的系统。

② 焊接机器人离线编程仿真技术的应用。目前使用的示教再现编程耗时长，机器人长期处于空置状态，影响加工效率。离线编程及计算机仿真技术将工艺分析、程序编制、工艺调整等工作集中于离线操作，不影响焊接机器人的正常生产，这将在提高生产率方面起到积极的作用。

③ 基于 PC 机的通用型控制。焊接机器人已经开始从之前特定的控制器控制向基于 PC 机的通用型控制转变。基于 PC 机控制的焊接机器系统能把声音识别、图像处理、人工智能等一系列研究成果更好地应用于实际工程生产中。

④ 机器人群组式处理任务（多智能焊接机器人调控技术）。在工业上可以根据生产需要将各种功能的机器人组装成一个群组加工平台，更适用于流水线式生产操作。群组加工平台代替单一的工具，执行任务后还可以进一步与人工智能相结合，更大程度地实现群体机器人的集中控制。

⑤ 焊接技术柔性化、网络化。将各种光、机、电技术与焊接技术有机结合，以实现焊接的精密化和柔性化。用微电子技术改造传统焊接工艺装备，是提高焊接自动化水平

的根本途径。无论是控制系统与传感技术，还是虚拟机技术的开发，网络化研究将是重点方向。

综上所述，随着计算机控制技术的不断进步，焊接机器人由单一的单机示教再现型向多传感、智能化的柔性加工单元（系统）方向发展。实现焊接设备的自动化、柔性化与智能化已成为发展的必然趋势。

8.2.3 装配机器人工作站

(1) 装配机器人的分类及特点

装配机器人是工业生产中用于装配生产线上对零件或部件进行装配的一类工业机器人。作为柔性自动化装配的核心设备，具有精度高、工作稳定、柔顺性好、动作迅速等优点。归纳起来，装配机器人的主要优点如下：

① 操作速度快，加速性能好，缩短工作循环时间。

② 精度高，具有极高重复定位精度，保证装配精度。

③ 提高生产效率，解放单一繁重体力劳动。

④ 改善工人劳作条件，摆脱有毒、有辐射装配环境。

⑤ 可靠性好、适应性强，稳定性高。

装配机器人在不同装配生产线上发挥着强大的装配作用，装配机器人大多由4～6轴组成。目前市场上常见的装配机器人以臂部运动形式分直角式装配机器人和关节式装配机器人，关节式装配机器人亦分水平串联关节式、垂直串联关节式和并联关节式。如图8.39所示。

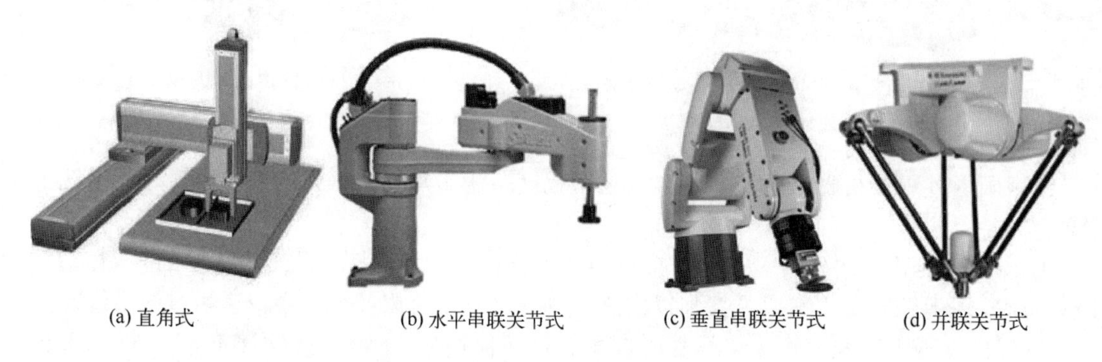

(a) 直角式　(b) 水平串联关节式　(c) 垂直串联关节式　(d) 并联关节式

图8.39　装配机器人

通常装配机器人本体与搬运、焊接、涂装、码垛机器人本体精度制造上有一定的差别，原因在于机器人在完成焊接、涂装作业时，机器人没有与作业对象接触，只需示教机器人运动轨迹即可，而装配机器人需与作业对象直接接触，并进行相应动作；搬运、码垛机器人在移动物料时运动轨迹多为开放性，而装配作业是一种约束运动类操作。所以装配机器人精度要高于搬运、码垛、焊接和涂装机器人。

尽管装配机器人在本体上较其他类型机器人有所区别，但在实际运用中无论是直角式装配机器人还是关节式装配机器人都有如下特性：

① 能够实时调节生产节拍和末端执行器动作状态。

② 可更换不同末端执行器以适应装配任务的变化，方便、快捷。

③ 能够与零件供给器、输送装置等辅助设备集成，实现柔性化生产。

④ 多带有传感器，如视觉、触觉、力传感器等，以保证装配任务的精准性。

(2) 装配机器人系统组成

装配机器人是柔性自动化装配系统的核心设备，由操作机、控制系统、装配系统（手爪、气体发生装置、真空发生装置或电动装置）、传感系统和安全保护装置组成，如图 8.40。

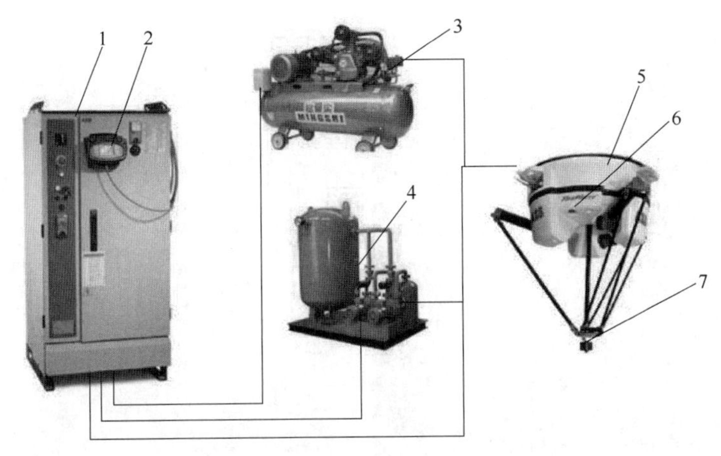

图 8.40 装配机器人系统组成

1—机器人控制柜；2—示教器；3—气体发生装置；4—真空发生装置；
5—机器人本体；6—视觉传感器；7—气动手爪

目前市场上的装配生产线多以关节式装配机器人中的 SCARA 机器人和并联机器人为主，在小型、精密、垂直装配上，SCARA 机器人具有很大优势。随着社会需求增大和技术的进步，装配机器人行业亦得到迅速发展，多品种、少批量生产方式和为提高产品质量及生产效率的生产工艺需求，成为推动装配机器人发展的直接动力。

装配机器人的末端执行器是夹持工件移动的一种夹具，类似于搬运、码垛机器人的末端执行器，常见的装配执行器有吸附式、夹钳式、专用式和组合式。

带有传感系统的装配机器人可更好地完成销、轴、螺钉、螺栓等柔性化装配作业，在其作业中常用到的传感系统有视觉传感系统、触觉传感系统。

(3) 装配机器人的周边设备与工位布局

常见的装配机器人辅助装置有零件供给器、输送装置等。

① 零件供给器。零件供给装置的主要作用是提供机器人装配作业所需零部件，确保装配作业正常进行。目前运用最多的零件供给器主要有给料器和托盘，如图 8.41 所示，可通过控制器编程控制。

② 输送装置。在机器人装配生产线上，输送装置承担将工件输送到各作业点的责任，在输送装置中以传送带为主。

(4) 工位布局

在实际生产中，常见的装配工作站可采用回转式和线式布局。

① 回转式布局。回转式装配工作站可将装配机器人聚集在一起进行配

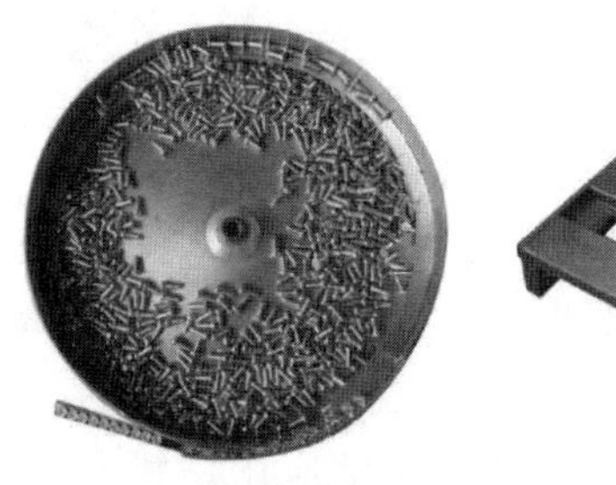

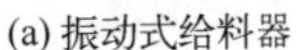
(a) 振动式给料器

(b) 托盘

图 8.41 零件供给器

合装配，亦可进行单工位装配，灵活性较大，可针对一条或两条生产线，具有较小的输送线成本，可减小占地面积，广泛运用于大、中型装配作业。布局如图 8.42（a）所示。

② 线式布局。线式装配机器人依附于生产线，排布于生产线的一侧或两侧，具有生产效率高、节省装配资源、节约人员维护、一人便可监视全线装配等优点，广泛运用于小物件装配场合。布局如图 8.42（b）所示。

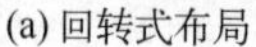
(a) 回转式布局

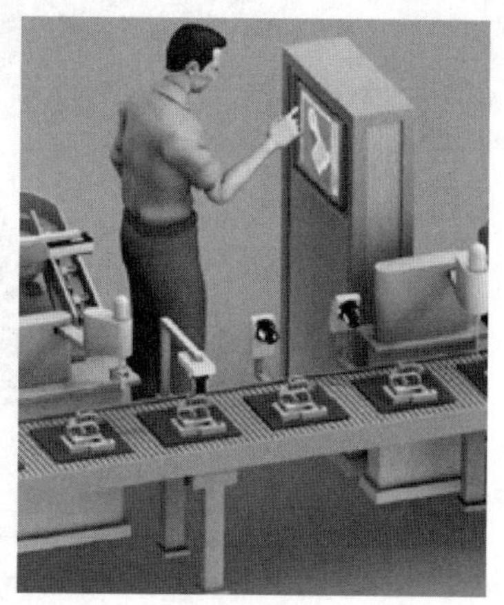

(b) 线式布局

图 8.42　布局方式

(5) 发展趋势

装配机器人在工业生产中扮演着日益重要的角色，并且在不断发展和技术创新的过程中展现出了多种发展趋势。

① 自动化与智能化融合。未来的机器人机械手将结合自动化和智能化特点，通过预设程序和指令自动执行装配和搬运任务，同时在需要时能进行智能决策和调整，提高生产效率和准确率；

② 高精度与高速度并存。机器人机械手将具备更高精度的控制能力和更快的动作速度，这不仅缩短了工作时间，而且减小了因误差导致的损失和风险；

③ 适应性与灵活性增强。机器人机械手将能够适应各种形状、尺寸和质量的物体，并通过调整抓取力度、姿态和运动轨迹来应对不同的工作条件；

④ 降低劳动强度和成本。机器人机械手的广泛应用可以减少对人力的依赖，降低劳动强度，并且由于其高效工作，也能降低企业的运营成本；

⑤ 数据驱动优化生产流程。机器人机械手将配备数据分析功能，帮助企业识别生产过程中的瓶颈和问题，并进行优化，从而提高资源利用率、改进产品设计；

⑥ 协作化发展趋势。机器人机械手将更多地与人和其他机器人协作，发挥各自的优势，实现更高效的生产和服务，同时也促进机械手间的紧密合作，形成快速、灵活的生产模式；

⑦ 绿色环保理念。未来的机器人机械手将关注环保，采用环保材料和节能设计，减小对环境的负面影响；

⑧ 智能化技术和标准化技术的应用。智能化技术如人工智能和机器学习将支持机器人更好地理解并应用于复杂的生产环境，而标准化技术促进了机器人之间零部件的可互换性。

8.3　工业机器人码垛工作站虚拟仿真

8.3.1　机器人吸盘的创建

创建矩形体，如 200mm×200mm×20mm；创建圆柱体，如半径 15mm，高度 80mm；以圆柱体底面中心为基座中心点，创建圆锥体，如半径 30mm，高度 20mm；点击“结合”，把圆柱体和圆锥体结合到一起，步骤如图 8.43 所示。

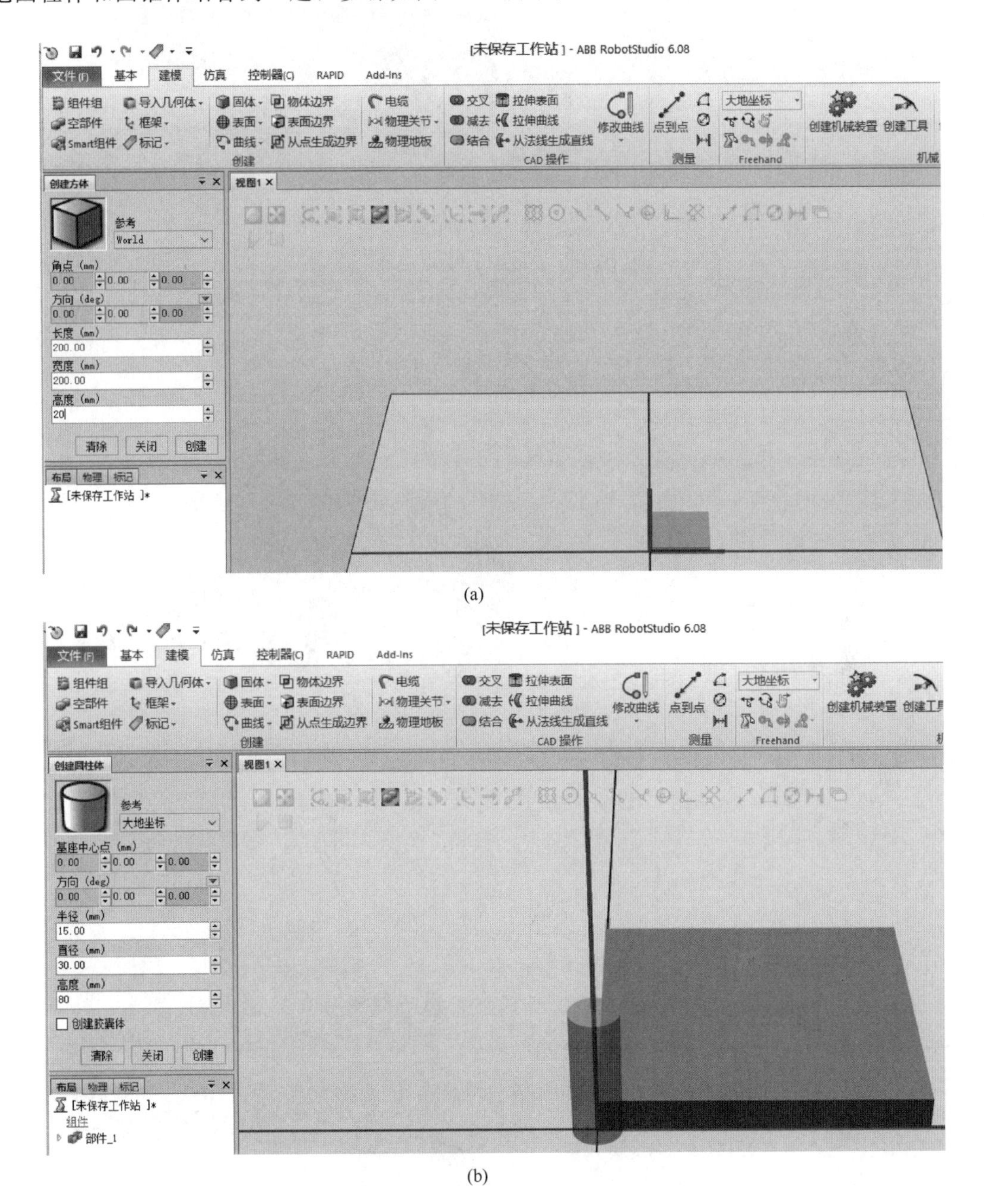

图 8.43

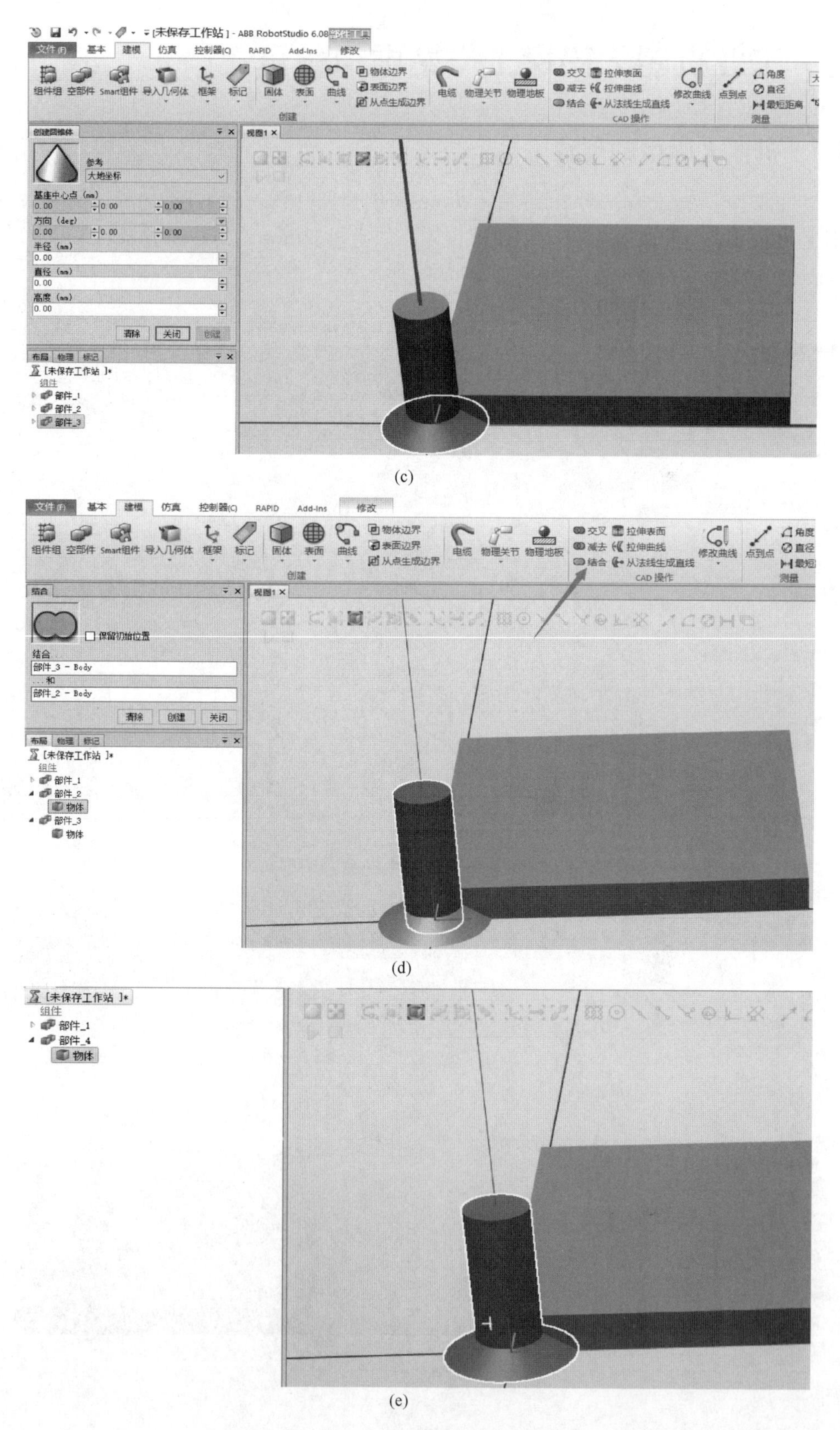

(c)

(d)

(e)

图 8.43 部件的创建

为刚才创建的组合体设定本地原点，如图 8.44 所示。

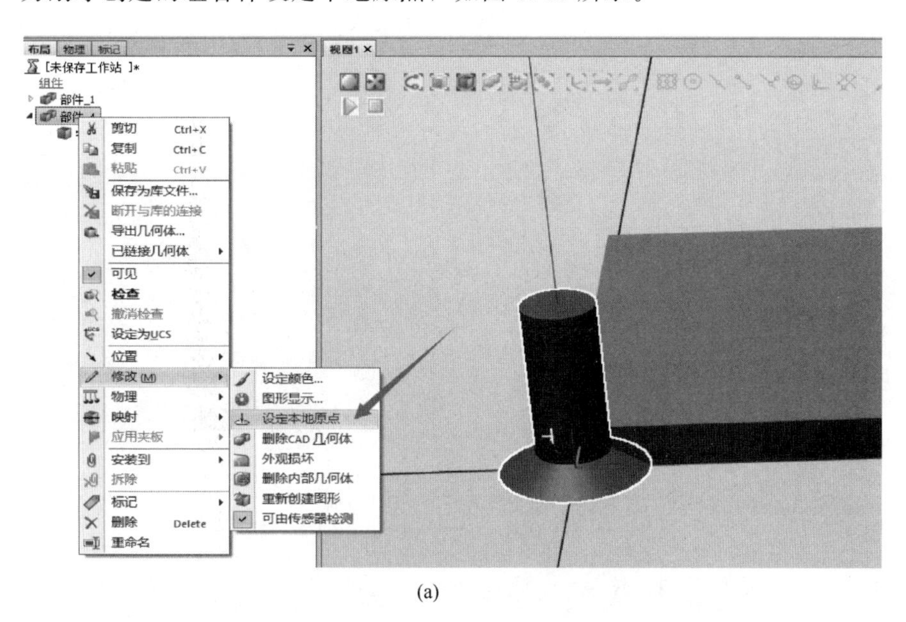

(a)

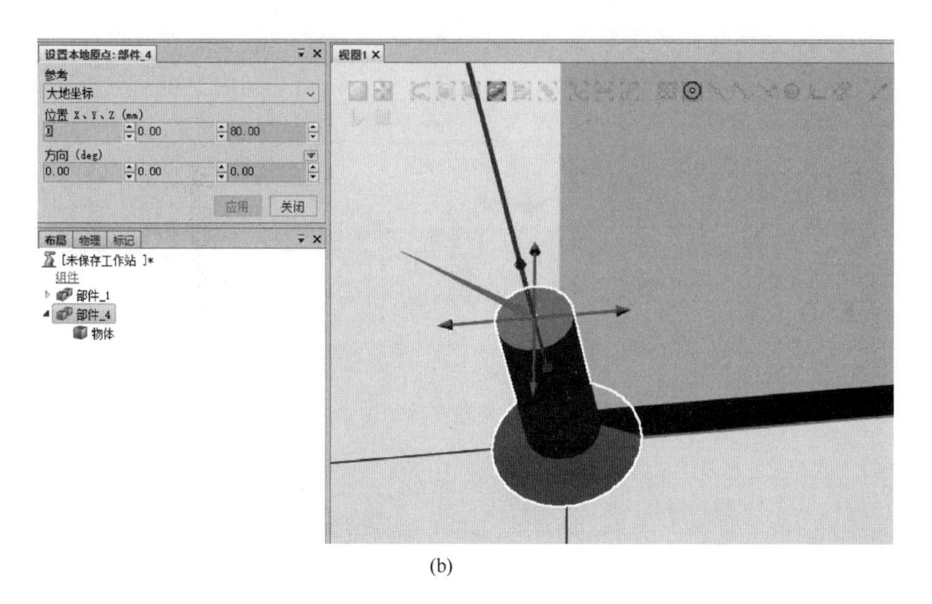

(b)

图 8.44　本地原点设置

把新创建的部件移动到合适的位置，复制创建另外 5 个，同时，利用偏移位置指令，移动新创建的部件，得到如图 8.45 所示吸盘部件。

以板的中心为基座中心，创建新的圆柱体，参考尺寸：半径 30mm，高度 40mm。如图 8.46 所示。

利用结合，将所有部件结合创建成一个完整的吸盘，并设定本地原点，如图 8.47 所示。

点击“创建工具”，选择使用已有的部件，底板中心点，距离填－10，方向可以填 180，否则安装工具时可能是倒置的。也可以不填，在安装工具的时候手动安装即可，然后创建工具，步骤如图 8.48 所示。

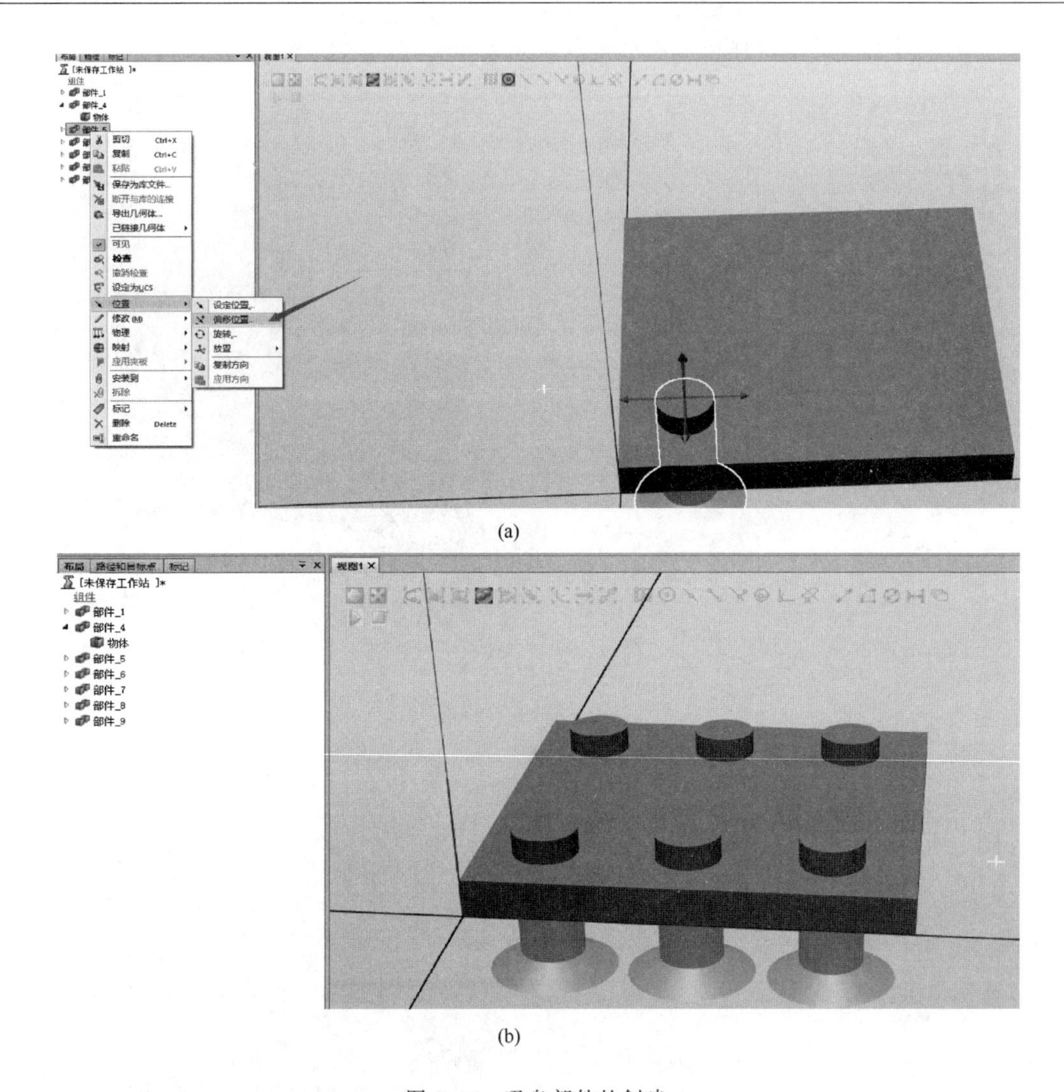

(a)

(b)

图 8.45　吸盘部件的创建

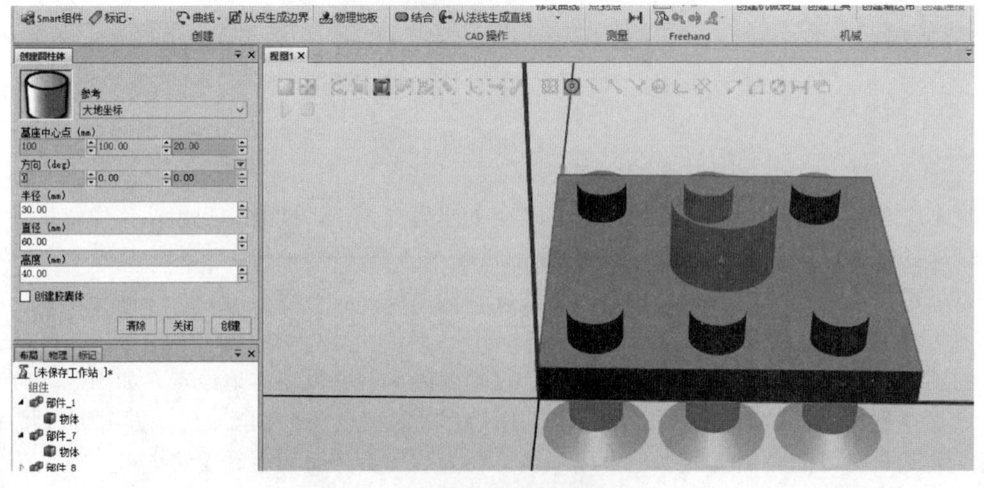

图 8.46　部件创建

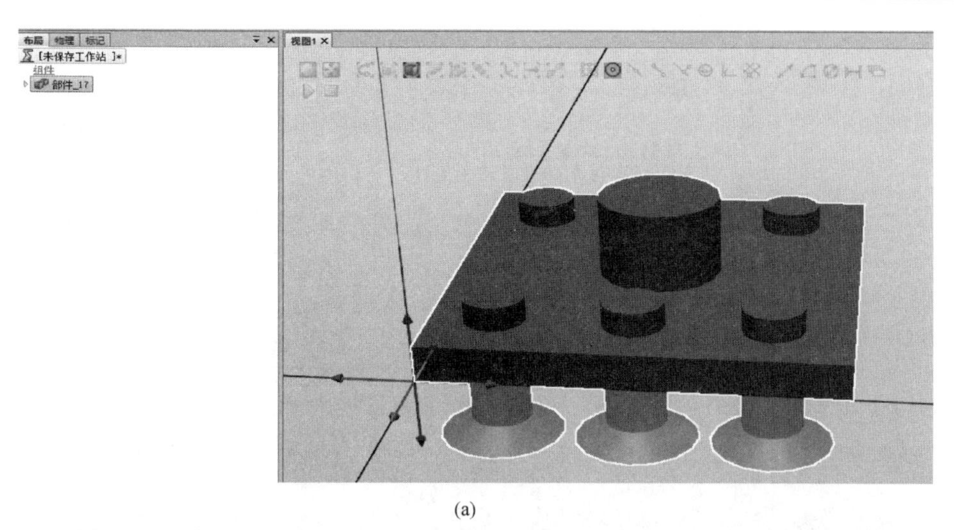

(a)

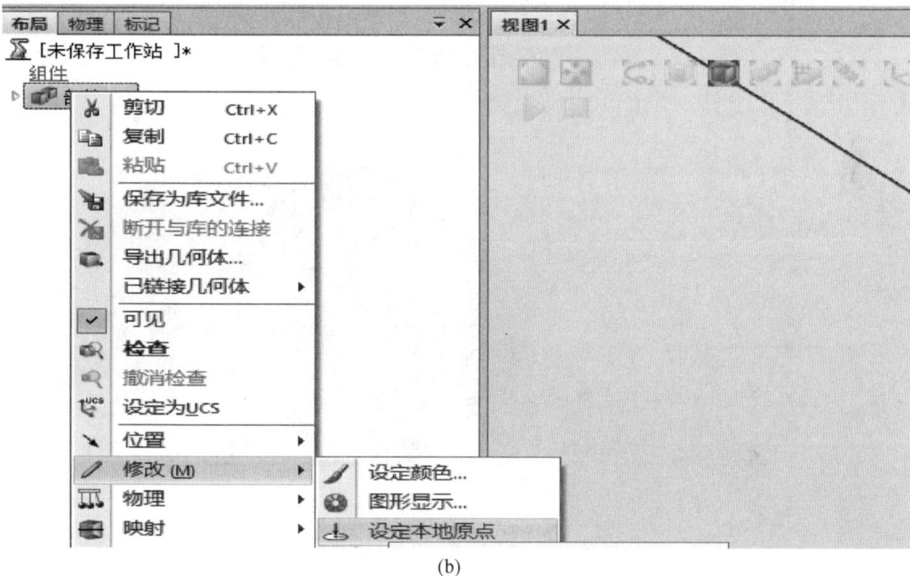

(b)

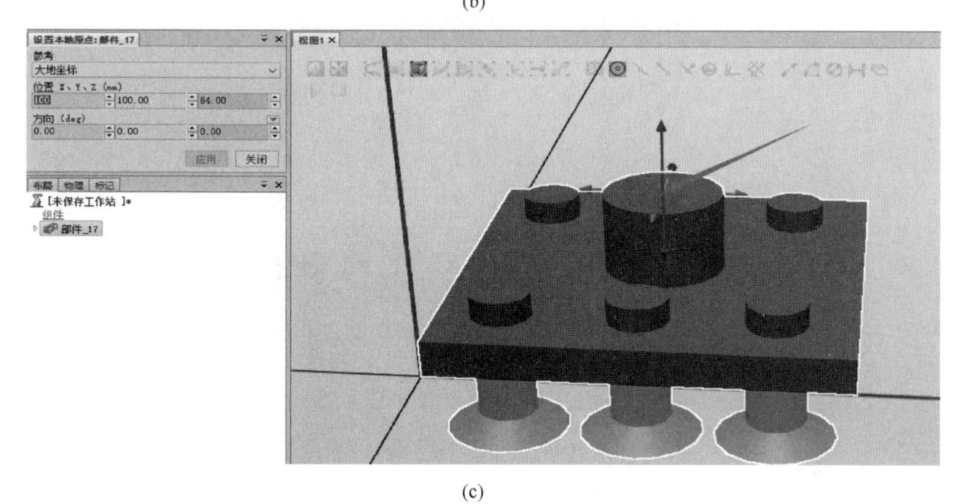

(c)

图 8.47　吸盘的创建

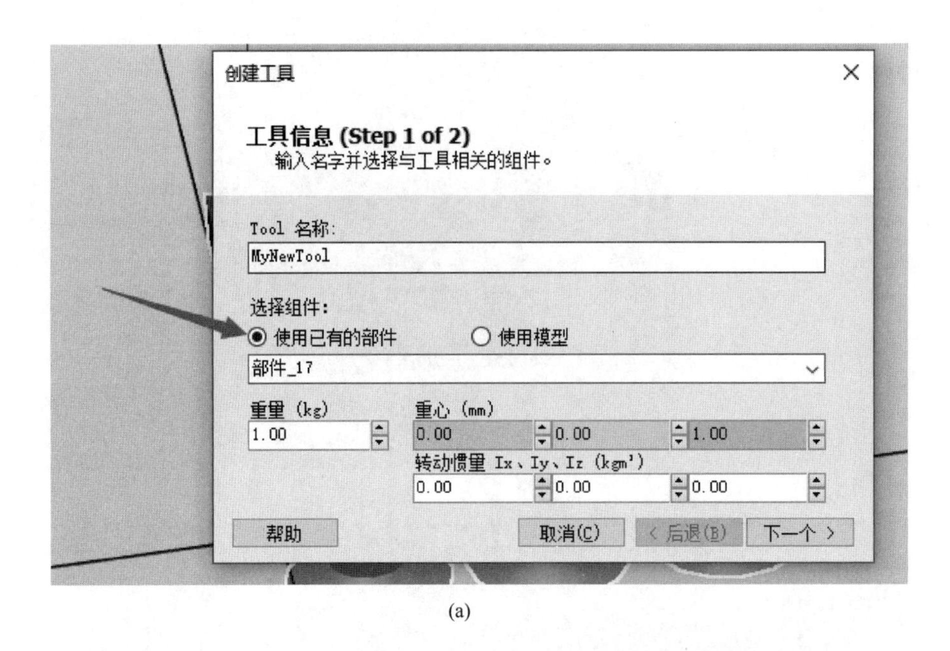

(a)

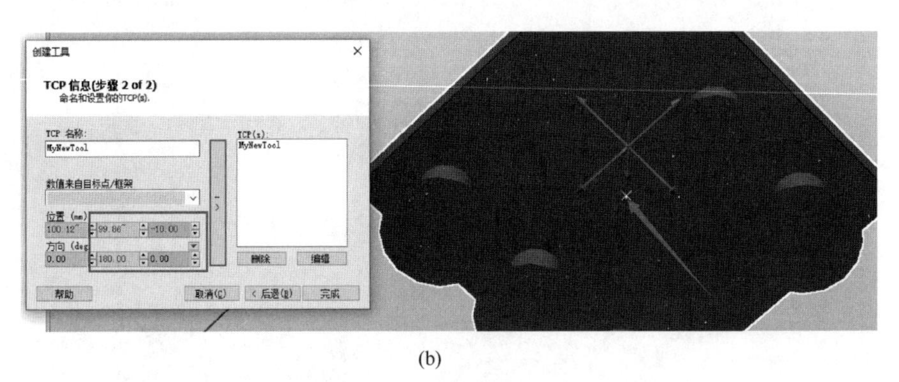

(b)

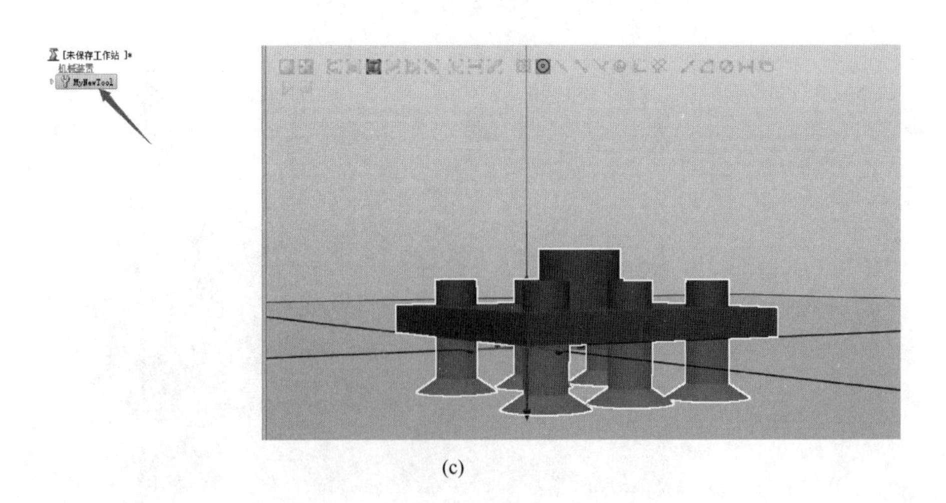

(c)

图 8.48 工具的创建

点击 Smart 组件，并命名为“吸盘”，如图 8.49 所示。

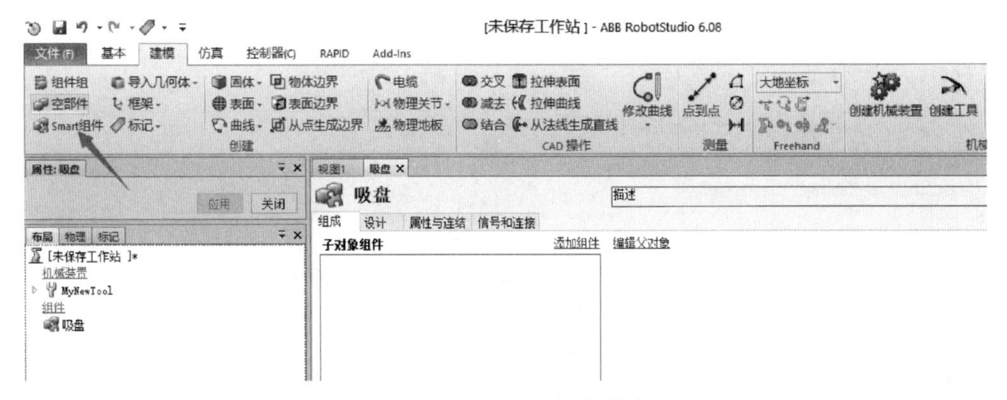

图 8.49　Smart 组件的创建

将之前创建的 MyTool 工具拖曳至吸盘模块下方，并设定为 Role，如图 8.50 所示。

图 8.50　吸盘组件的创建

实际工作中，吸盘负责吸物体和释放物体，因此，需要添加安装和拆除两个动作：添加组件→动作→Attacher；添加组件→动作→Detacher。如图 8.51 所示。

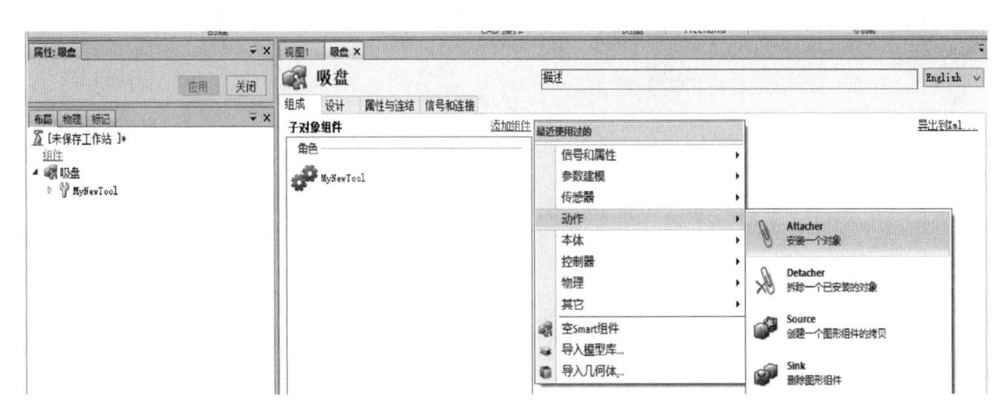

(a)

图 8.51

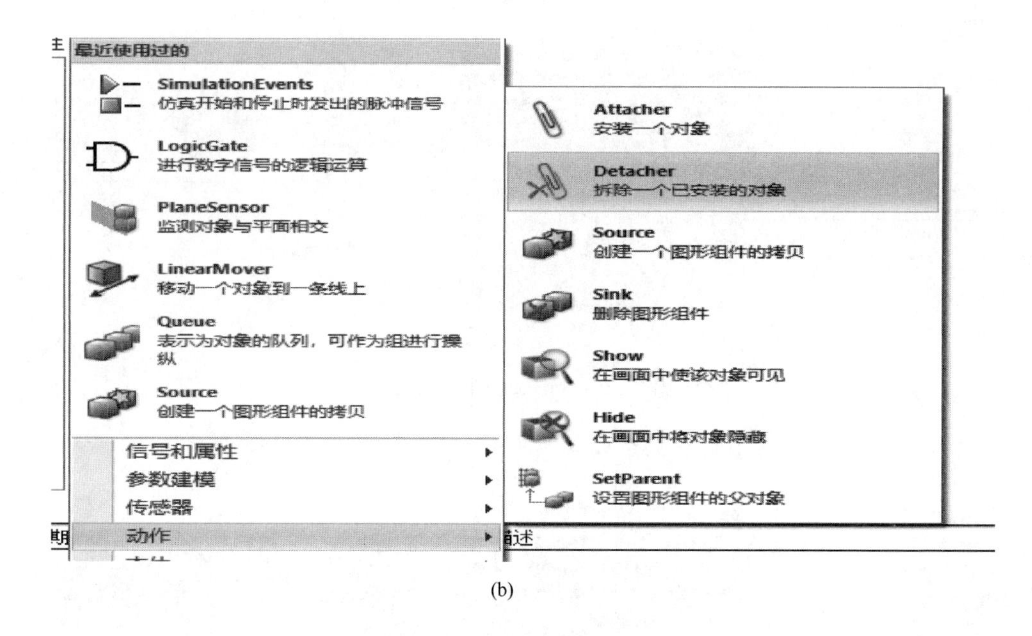

(b)

图 8.51　动作组件的添加和拆除

此外，需要添加传感器，用于检测是否有物体，并传输信号给吸盘，步骤为添加组件→传感器→LineSensor，如图 8.52 所示。

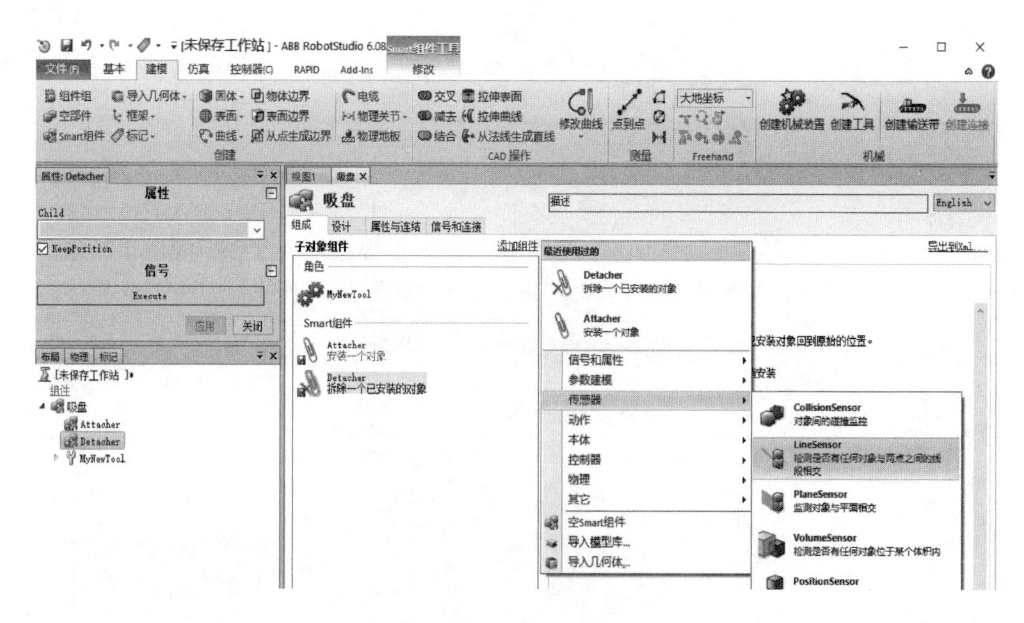

图 8.52　传感器的添加

此外，还需要一个信号属性，添加组件→信号和属性→LogicGate，并设置为 NOT，即取反的运算，用于拆除命令，如图 8.53 所示。

设计：点击“输入”，创建一个输入信号，可以自行命名，如图 8.54 所示。

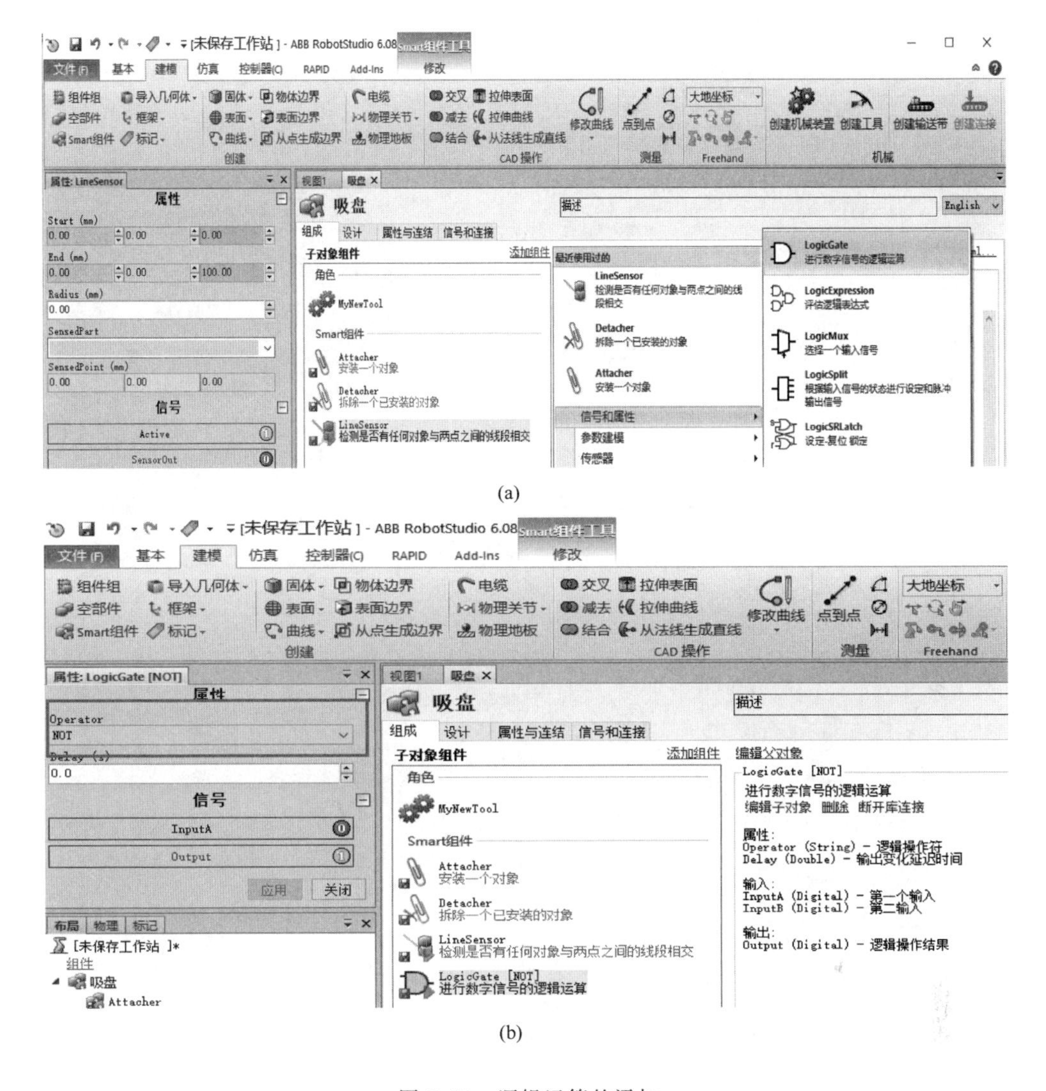

(a)

(b)

图 8.53　逻辑运算的添加

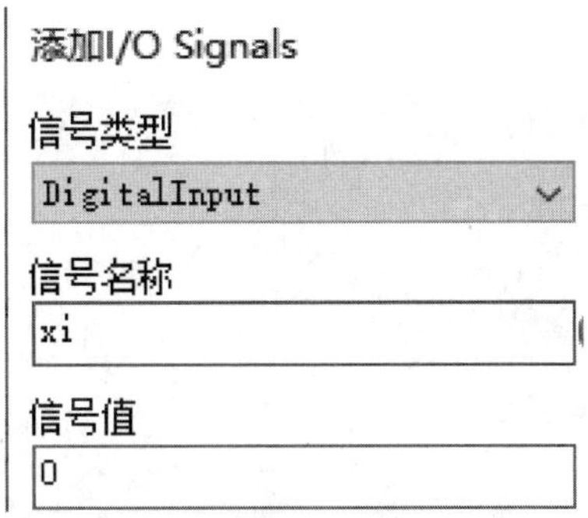

添加I/O Signals

信号类型

DigitalInput

信号名称

xi

信号值

0

图 8.54　输入信号的创建

输入信号首先连接传感器，然后给吸盘动作，若信号取反，则进行拆除动作，连线如图 8.55 所示。

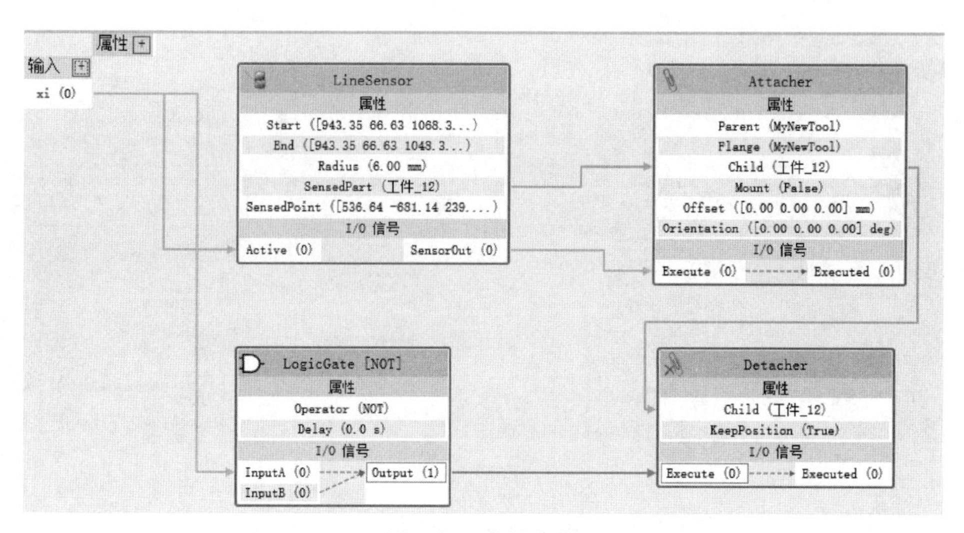

图 8.55　信号接线

Attacher 属性设置里面选择 MyNewTool（吸盘），如图 8.56 所示。

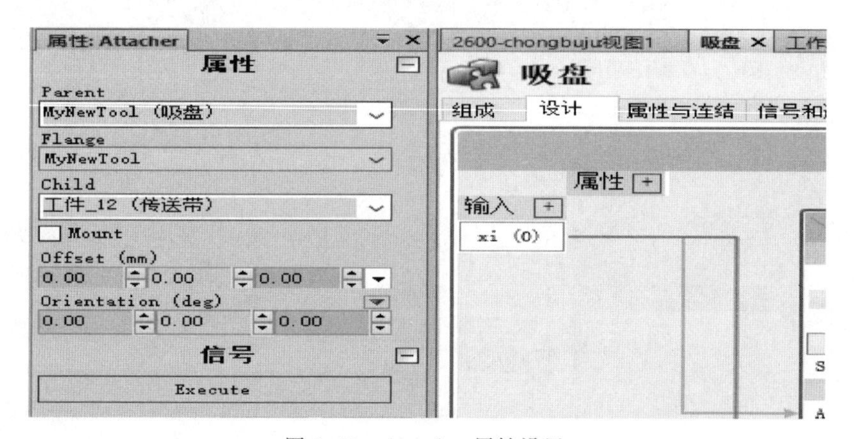

图 8.56　Attacher 属性设置

传感器属性设置，定位其中一个吸嘴的中心点，点击两次，Z 可以设置相差 20，这样传感器就可以露出来了，半径可以设置为 6，如图 8.57 可以看到传感器的具体位置。

图 8.57　传感器设置

另外，需要关闭 MyNewTool 中的可由传感器检测，否则传感器会直接探测到吸盘组件，导致仿真不能正常进行，如图 8.58 所示。

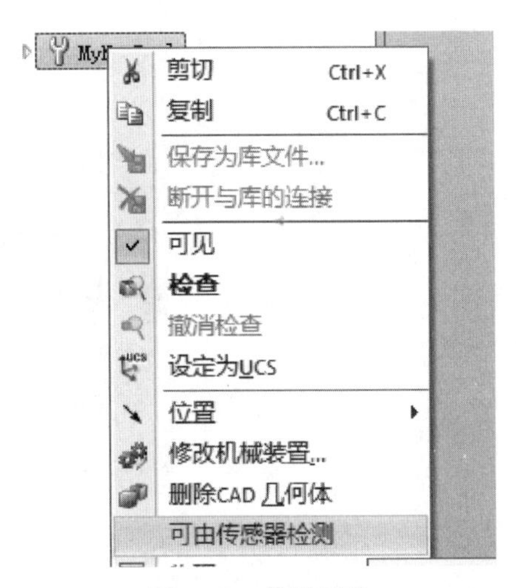

图 8.58　设置更改

导入机器人模型，选择 IRB2600，并将末端位置进行修改，如图 8.59 所示。

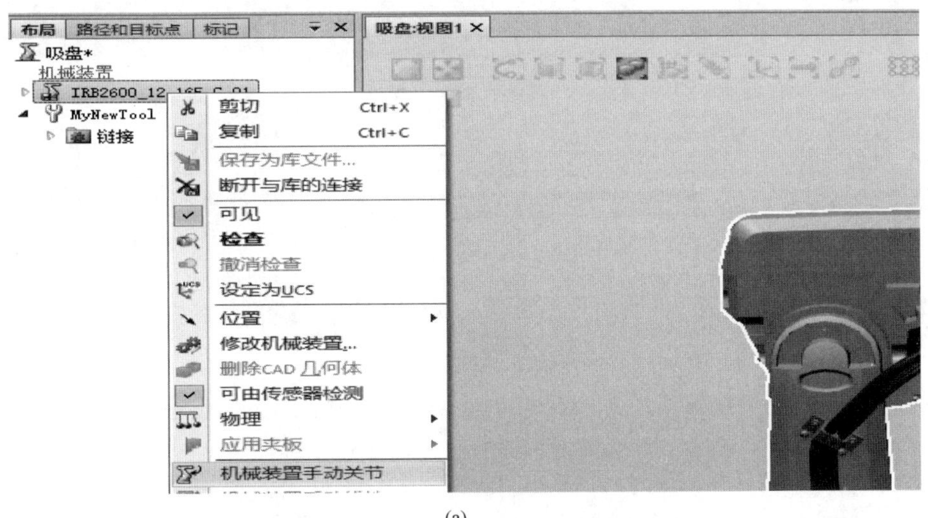

(a)

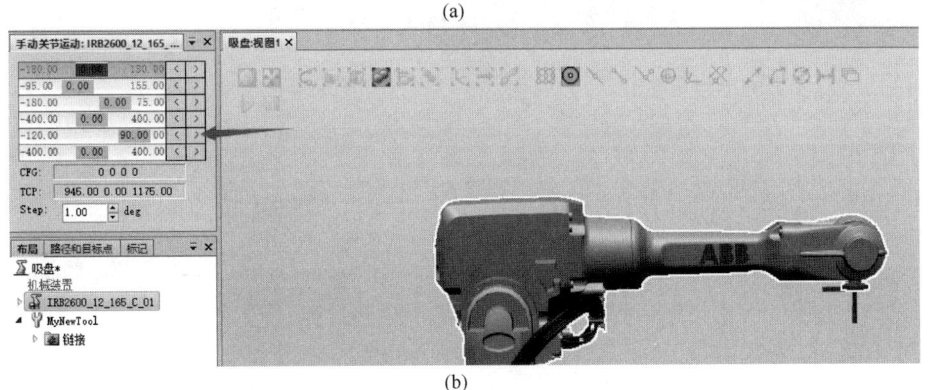

(b)

图 8.59　末端位置的修改

同时安装吸盘组件：右键 MyNewTool→位置→放置→一个点，然后分别选中两个中心点进行装配，如图 8.60 所示。

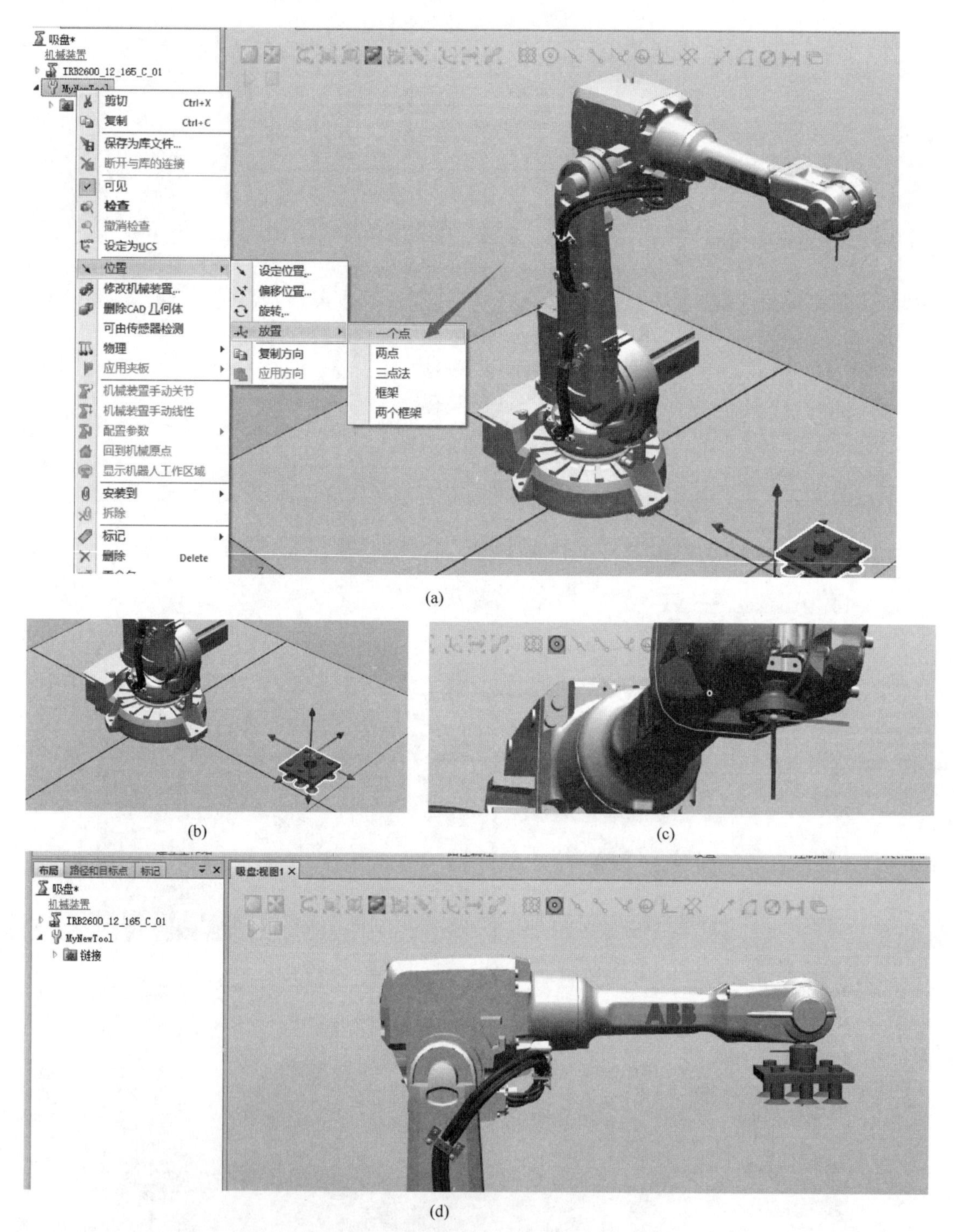

(a)

(b)

(c)

(d)

图 8.60 吸盘的安装

然后，拖住吸盘整个模块，移动到机器人本体上，同时不更新吸盘位置，如图 8.61 所示。

图 8.61　配置更详细

8.3.2　传送带组件的创建

从模型库中选择传送带并导入，并放置到合适的位置，如图 8.62 所示。

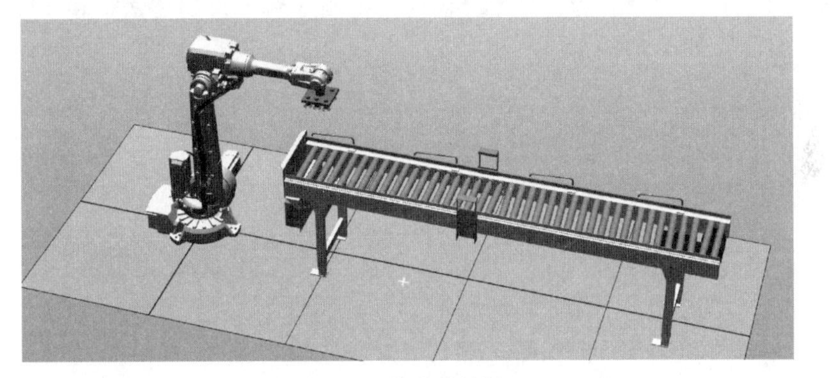

图 8.62　传送带的导入

新建矩形体并作为货物，参考尺寸如 300mm×200mm×150mm，修改为自己想要的颜色并放置到传送带上，同时设置工件的本地原点为（0，0，0），如图 8.63 所示。

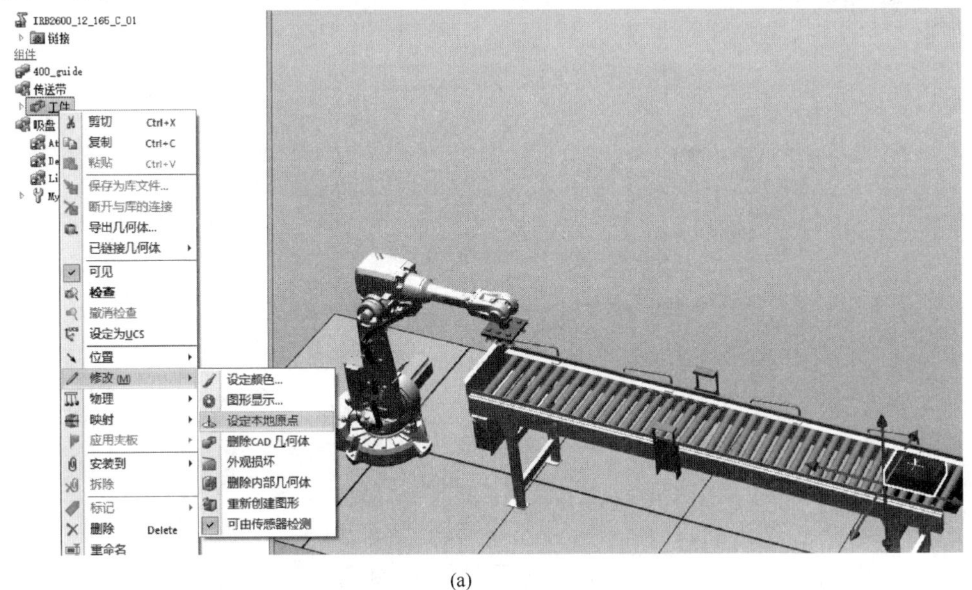

(a)

图 8.63

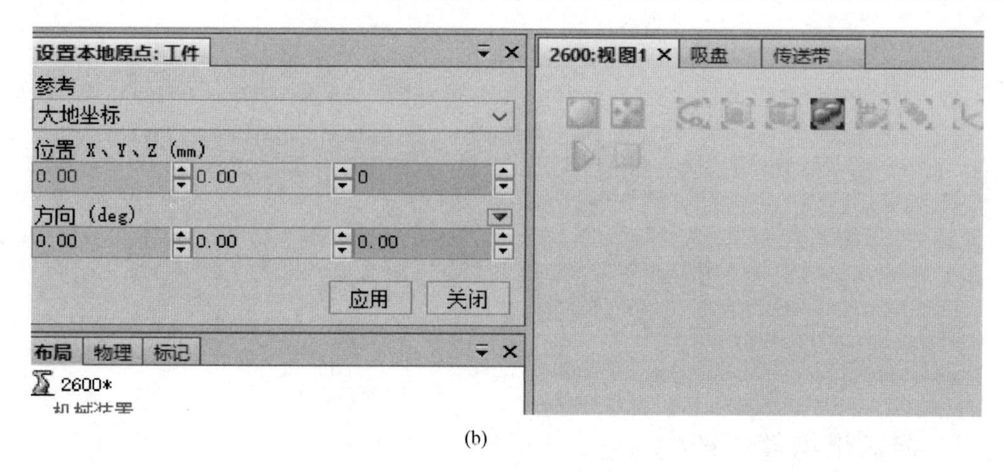

(b)

图 8.63 工件的创建

点击 Smart 组件，并命名为传送带，同时，把刚才新导入的传送带和新建的矩形体拖曳至传送带组件下，如图 8.64 所示。

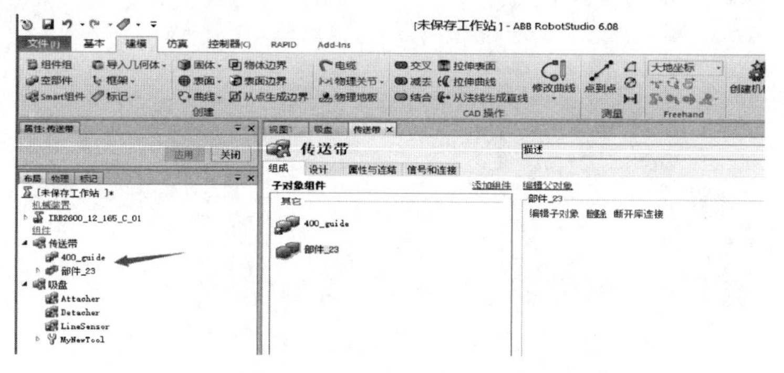

图 8.64 Smart 组件的创建

仿真过程中，需要传送带连续运动，因此需要添加一个组件的拷贝组件，步骤为添加组件→动作→Source，如图 8.65 所示。

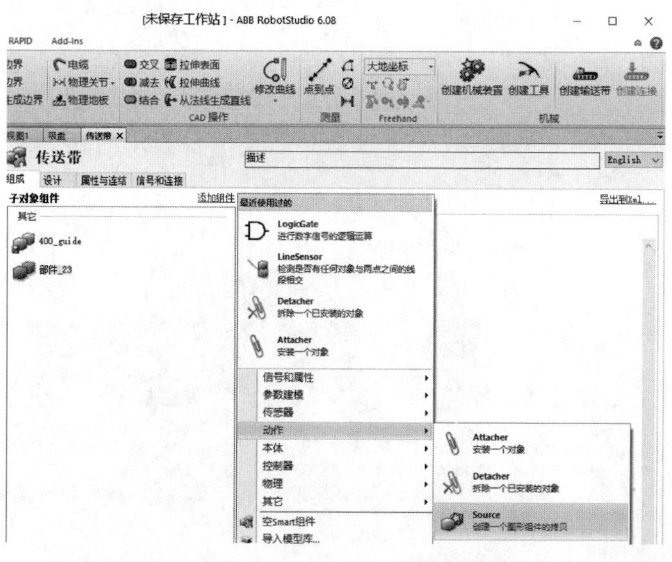

图 8.65 Source 的添加

拷贝完成后，需要物体进行移动，步骤为添加组件→本体→LinearMover，如图 8.66 所示。

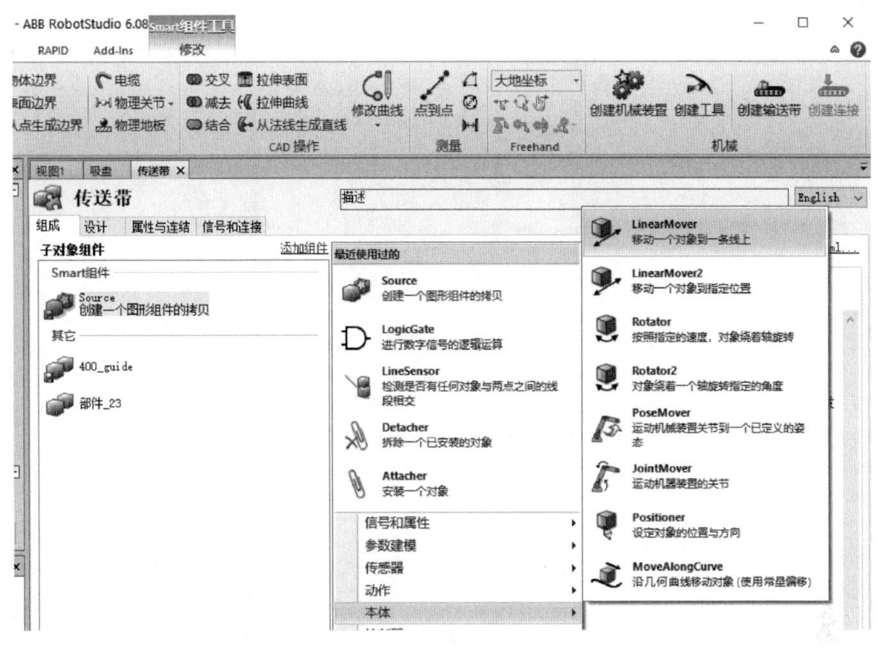

图 8.66　LinearMover 的添加

循环过程中，需要多个货物不断循环运行，因此，需要用到队列，步骤为添加组件→其它→Queue，即原地拷贝物品，并移动整个队列，如图 8.67 所示。

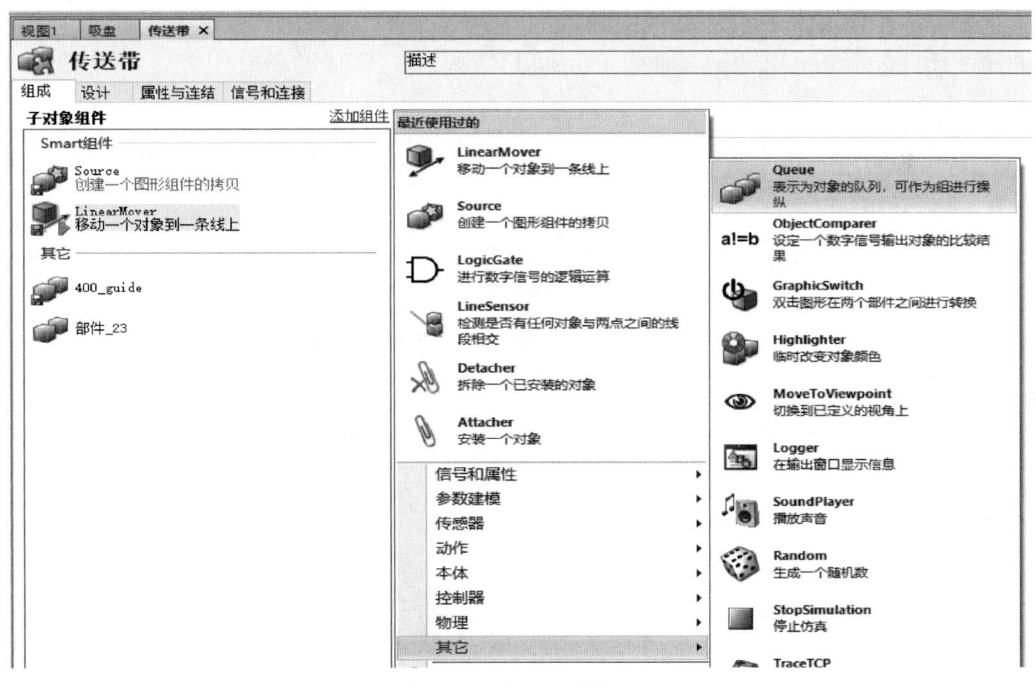

图 8.67　Queue 的添加

移动过程中还需要物品能够停止，因此需要用到传感器，步骤为添加组件→传感器→PlaneSensor，如图 8.68 所示。

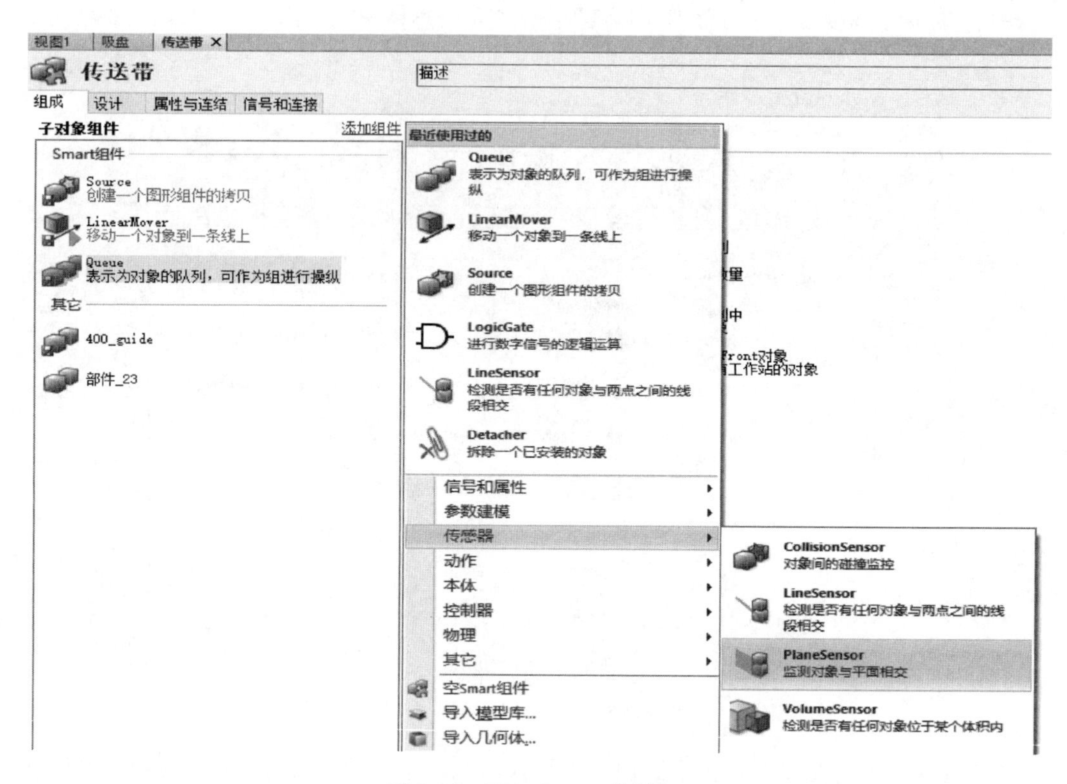

图 8.68 PlaneSensor 的添加

根据传感器是否检测到物品来进行控制，因此需要用到逻辑运算，步骤为添加组件→信号和属性→LogicGate，并将其属性设定为 NOT，如图 8.69 所示。

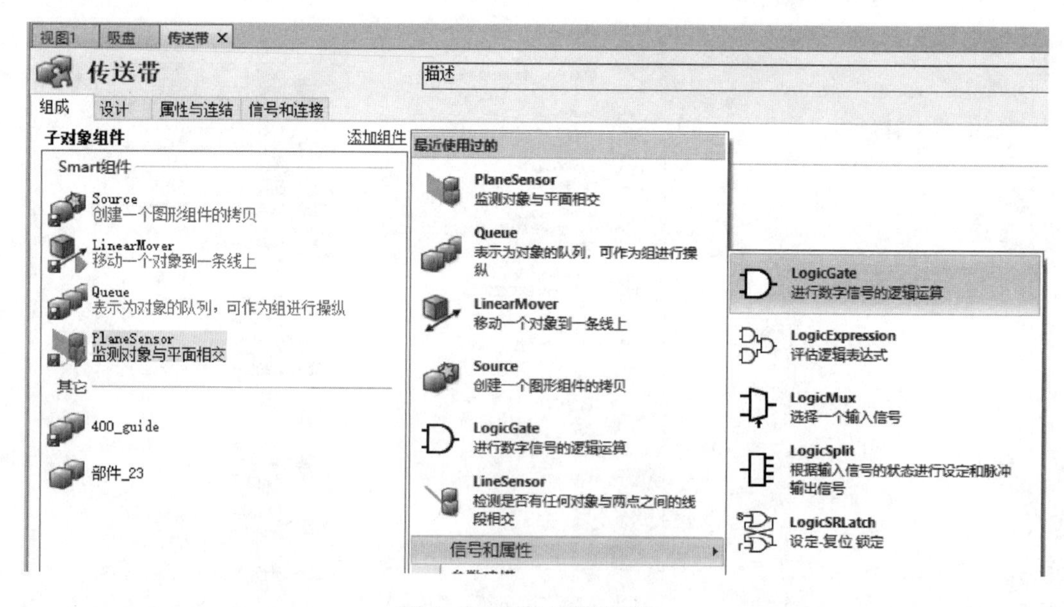

图 8.69 逻辑运算的添加

共添加了 5 个组件，如图 8.70 所示。

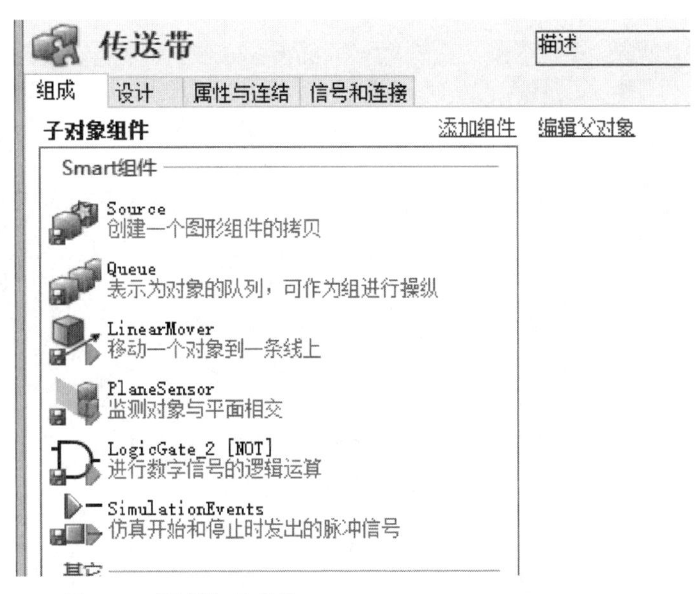

图 8.70　所添加的组件

需要添加一个仿真脉冲给定的信号，利用 SimulationEvents 组件，如图 8.71 所示。此外，还需要添加一个 daowei 的输出信号，如图 8.72 所示。

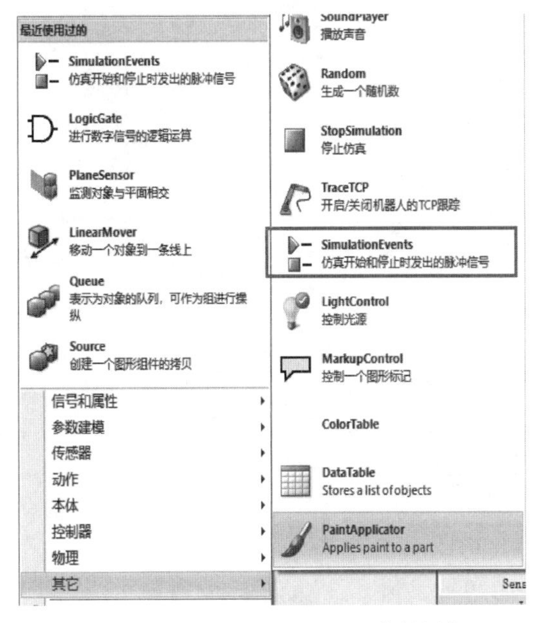

图 8.71　SimulationEvents 组件的添加

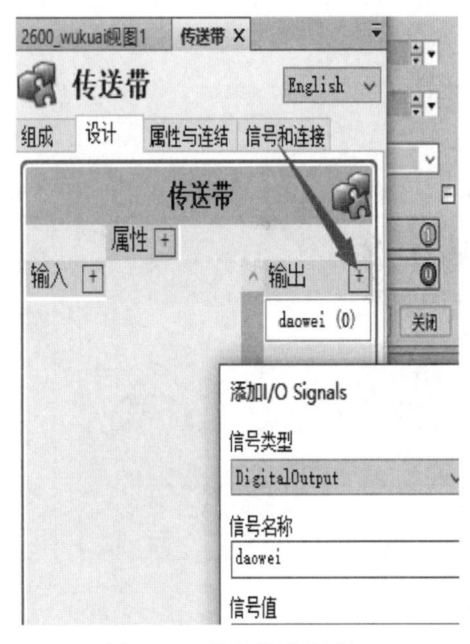

图 8.72　输出信号的添加

给到开始仿真信号后，就进行拷贝，然后每拷贝一次，就进入队列；传感器检测到后，使其离开队列，设计的程序如图 8.73 所示。

LinearMover 属性的设置：选择队列，物体沿着 x 轴负方向移动，因此 x 处填 -1，移动速度可以自行设置，这里设置为 500，如图 8.74 所示。Source 属性设置：选择要拷贝的工件即可，如图 8.75 所示。

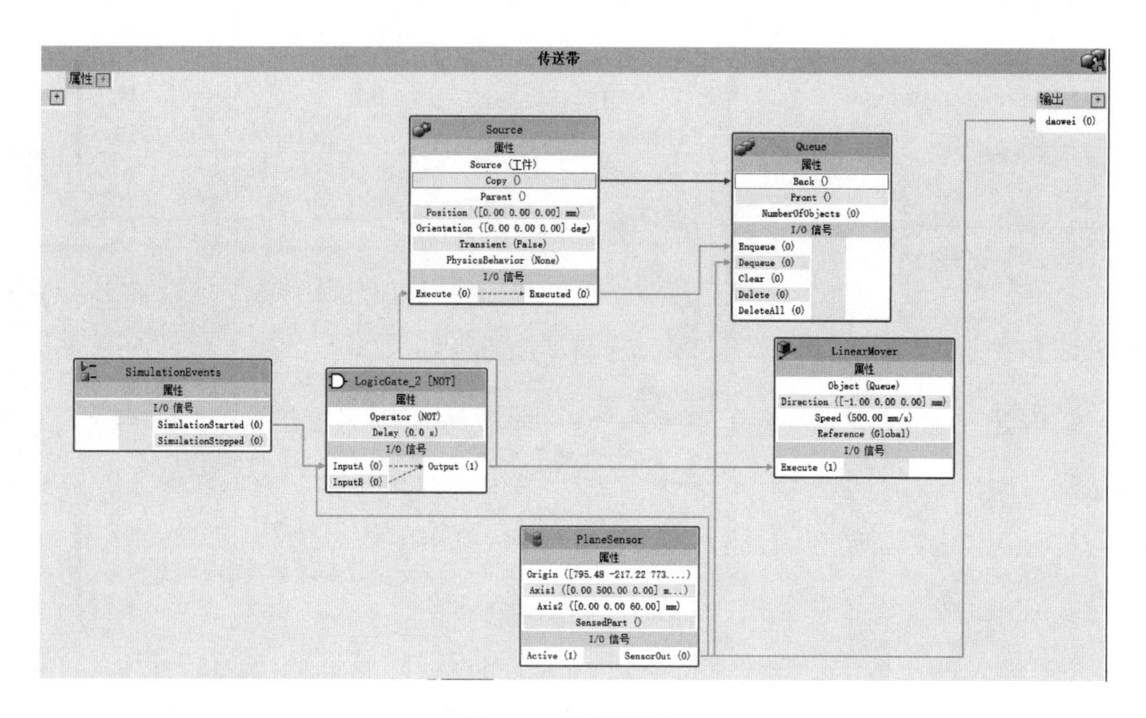

图 8.73　程序的设定

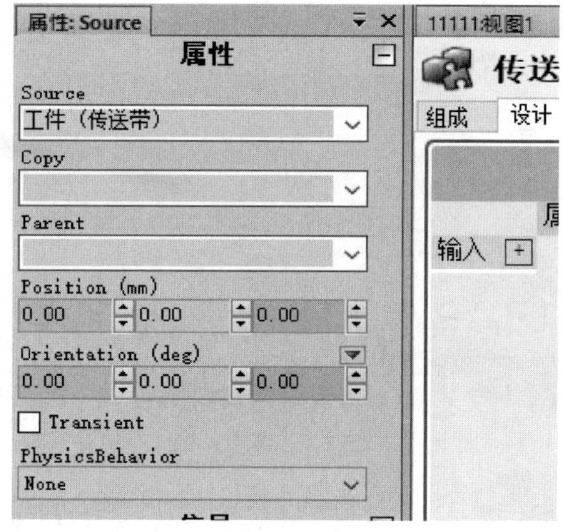

图 8.74　LinearMover 属性的设置　　　　图 8.75　Source 属性设置

PlaneSensor 传感器的属性设置：首先选择靠近传送带尾部的一个位置，同时 Axis1 的 Y 设置为 500，其他为 0；Axis2 的 Z 设置为 60，其他为 0。应用后可以看到传感器，如图 8.76。

此时可以进行仿真，可以看到有新的工件生产，将其命名为工件示教，如图 8.77 所示。

然后，从模型库中导入托盘，并放置在机器人的工作区间内，如图 8.78 所示。

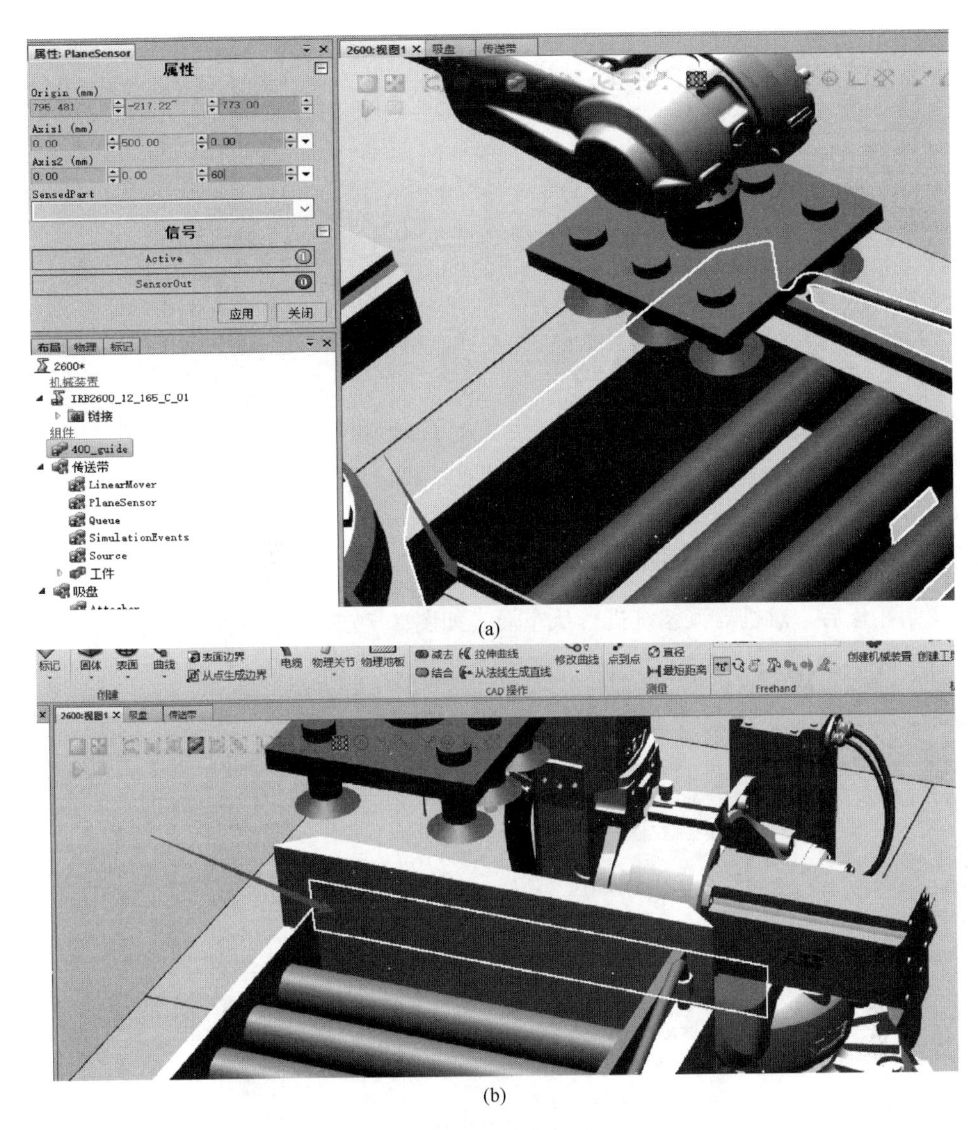

图 8.76　传感器的设置

图 8.77　仿真结果

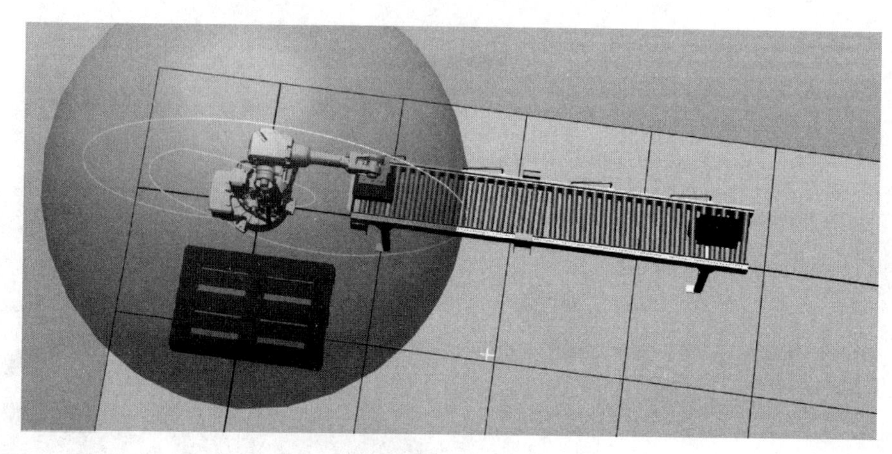

图 8.78 托盘的放置

8.3.3 放置工件路径的创建

放置完托盘后，对机器人系统进行从布局，如图 8.79 所示。

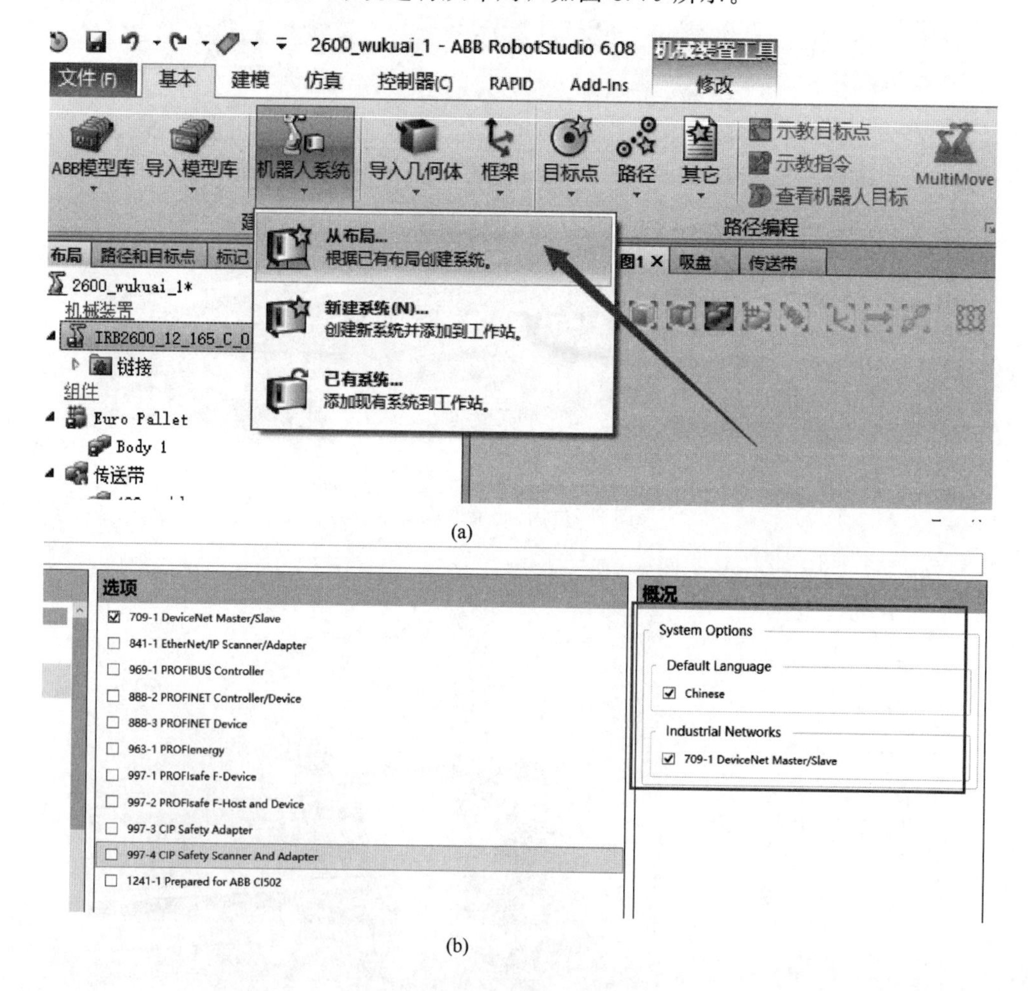

图 8.79 机器人从布局

第 1 个点位的示教：如图 8.80 所示，即为初始抓取位置，示教完成后命名为 pick 点。

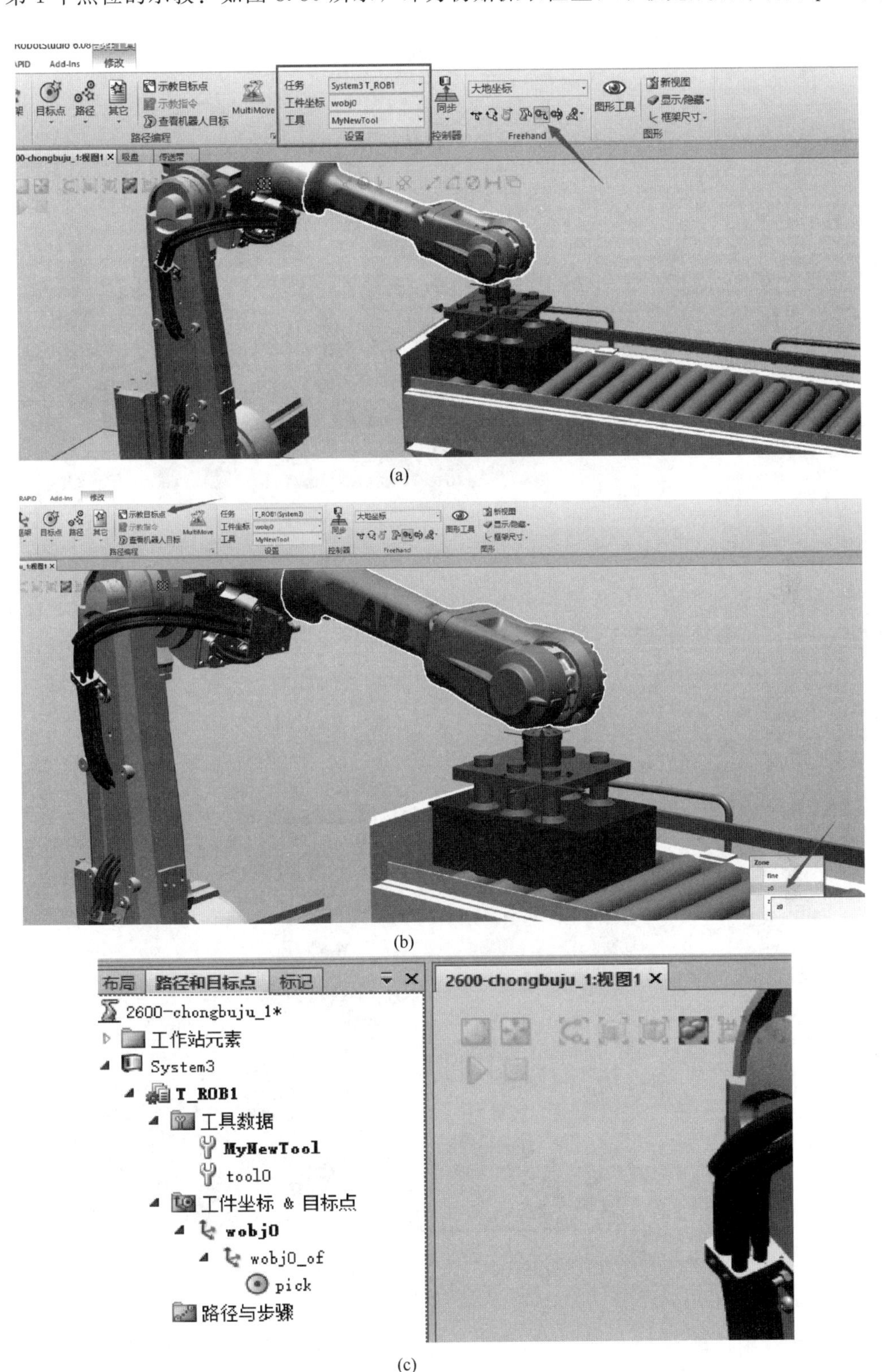

(a)

(b)

(c)

图 8.80　第 1 点位的示教

为了方便后续点位的示教，可以把吸盘打开，使得吸盘吸住示教工件，如图 8.81 所示。

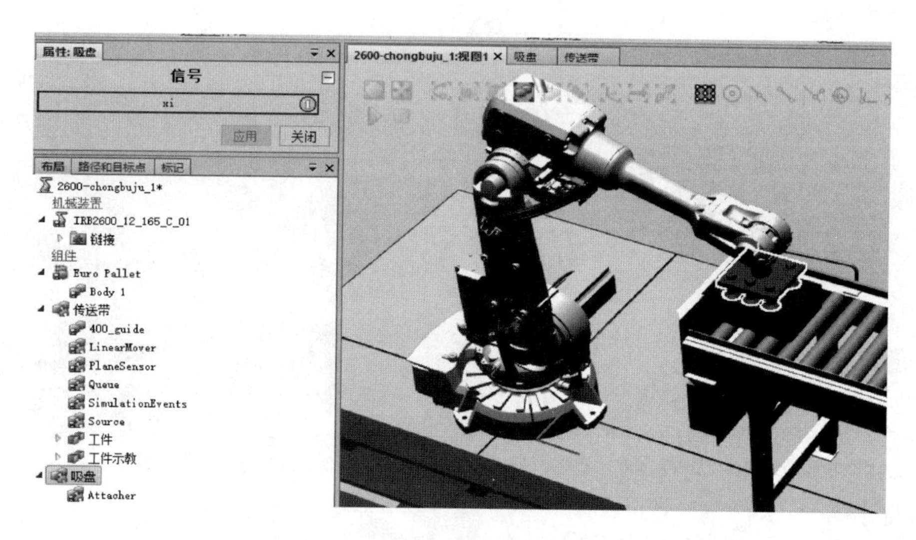

图 8.81　打开吸盘

为了使轨迹更加平滑，可以选择另外一个点，作为码垛过程中的中间点，并进行示教，命名为 home，如图 8.82 所示。

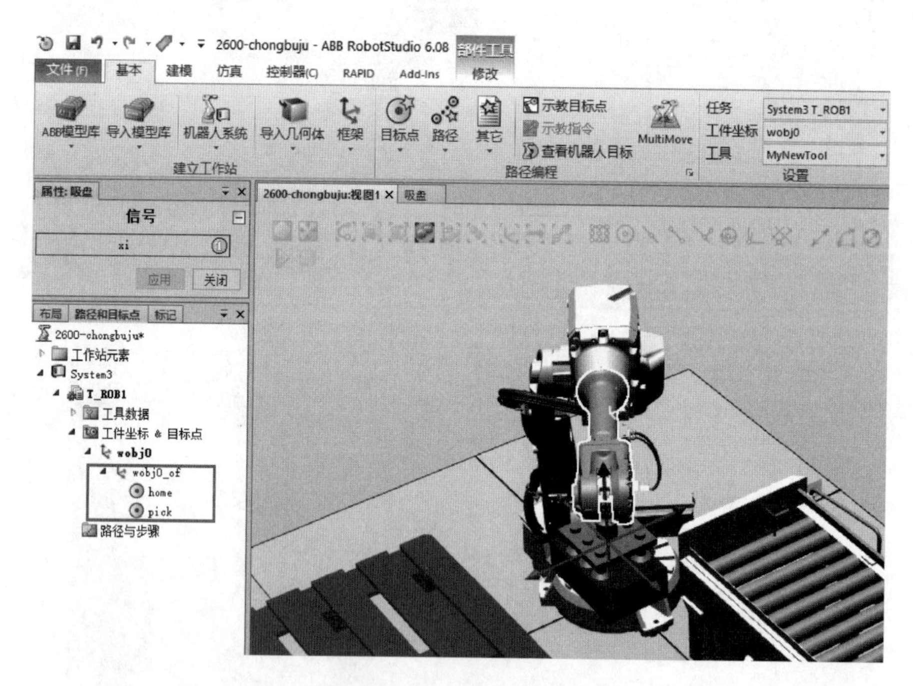

图 8.82　home 点的创建

将工件放置到托盘的一端，并作为放置点进行示教，命名为 place，如图 8.83 所示。

将新创建的 3 个点位添加到新路径中，可以生成路径，如图 8.84 所示。

点击“同步”，并选择“全部同步”，如图 8.85 所示。

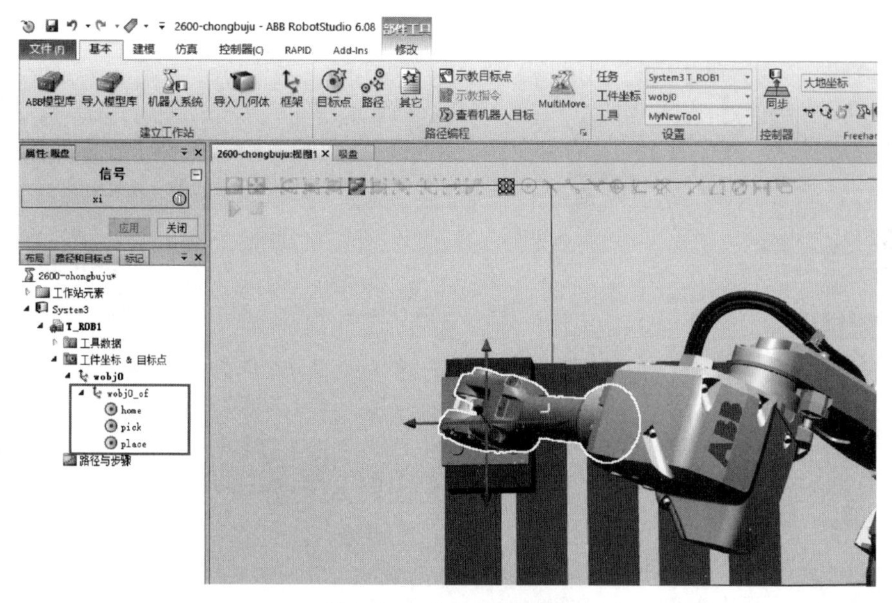

图 8.83　place 点的创建

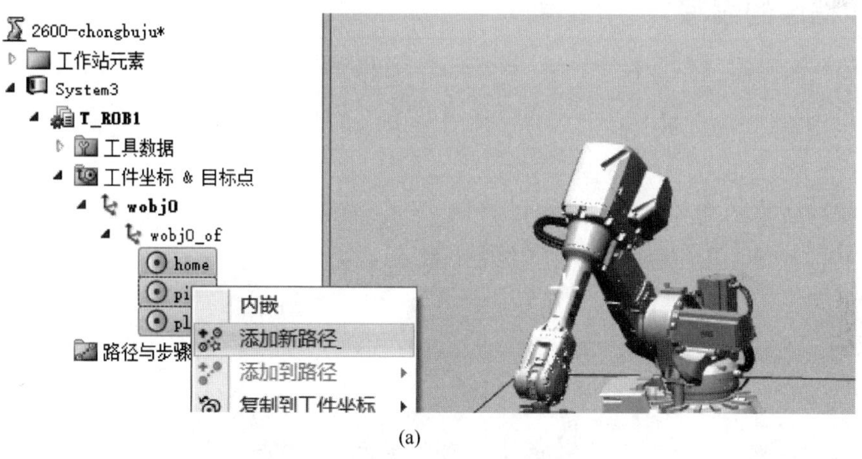

(a)

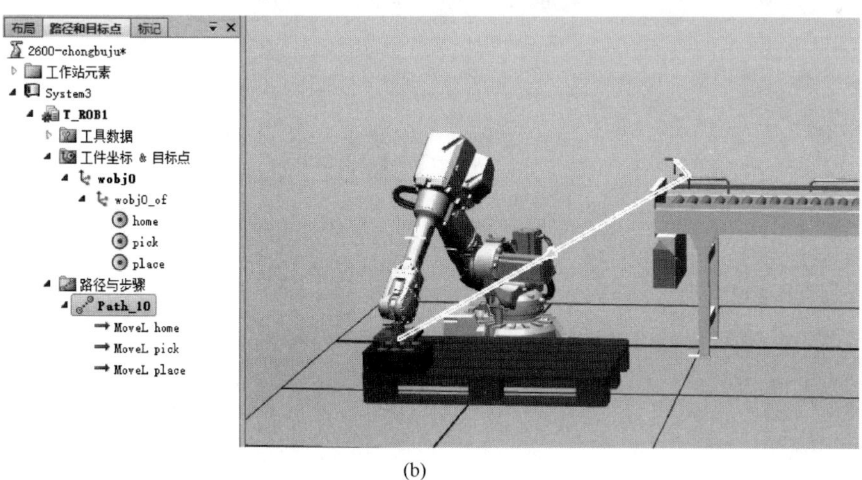

(b)

图 8.84　路径的创建

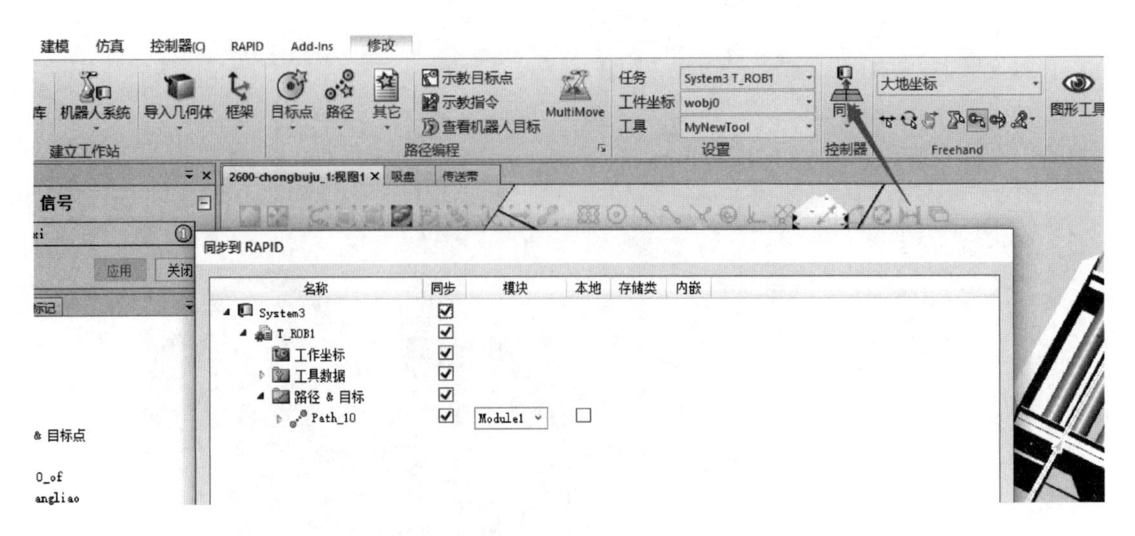

图 8.85　同步路径

8.3.4 程序的编写

选择控制器界面，并进行 I/O 配置，如图 8.86 所示。首先新建 DeviceNet Device，选择 DSQC 652 24 VDC I/O Device，并设置 Address 为 10。

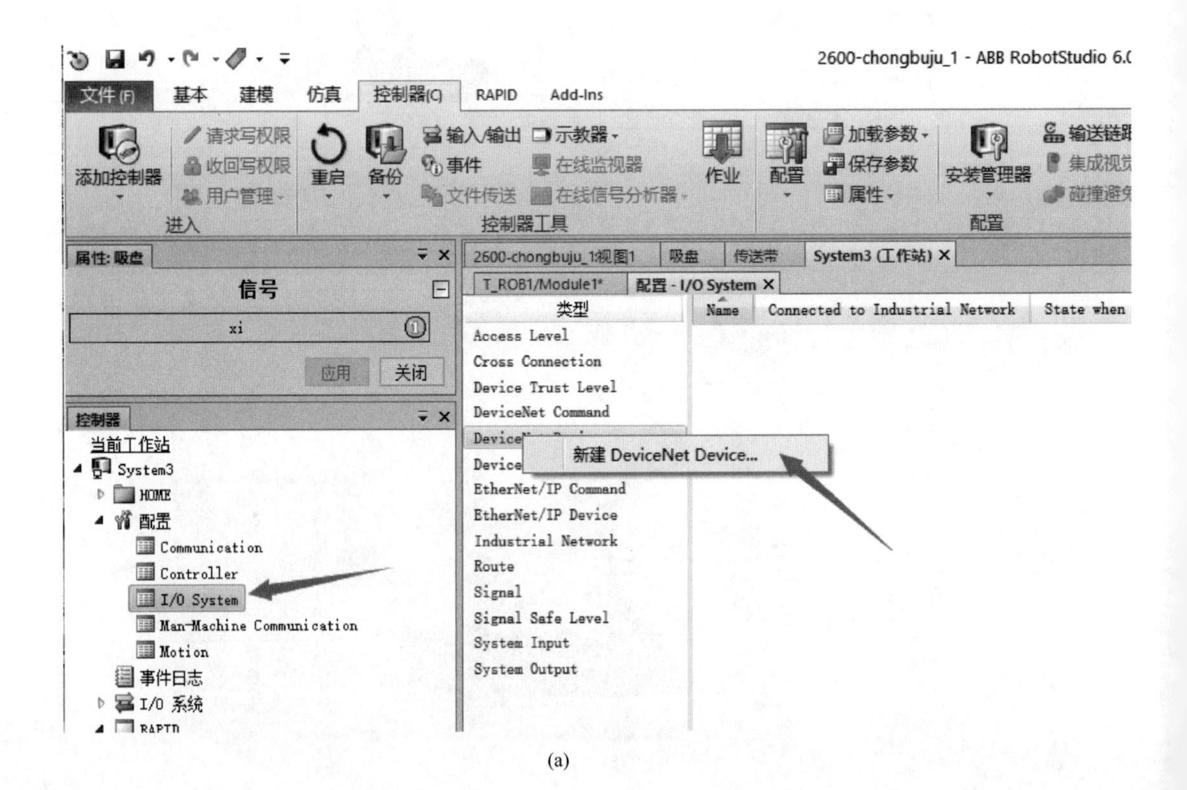

(a)

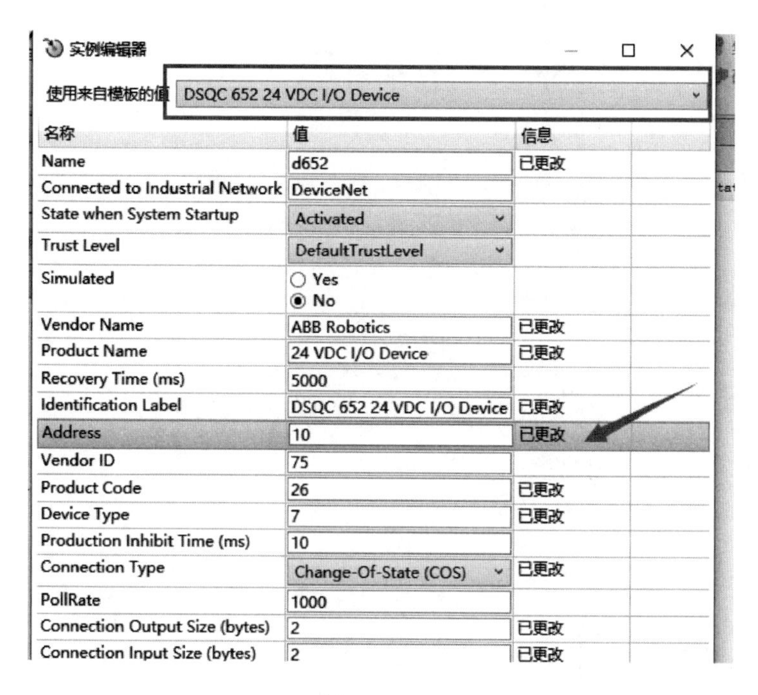

(b)

图 8.86　DeviceNet Device 配置

然后新建 Signal：输出信号 do1Xi，默认值为 0，与 d652 相关；输入信号 di1daowei，默认值为 0，与 d652 相关，如图 8.87 所示。

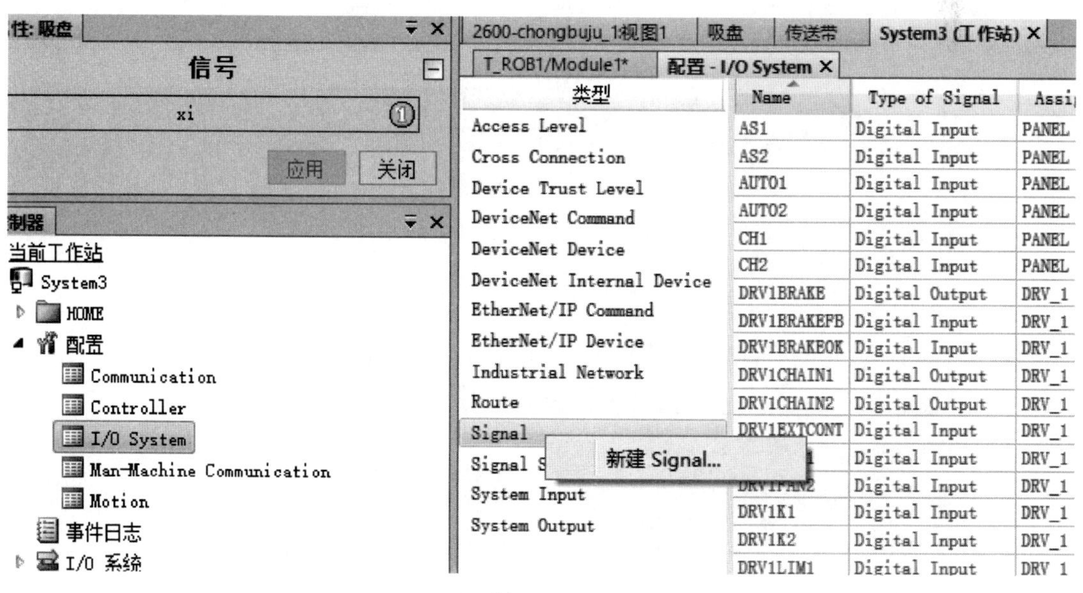

(a)

图 8.87

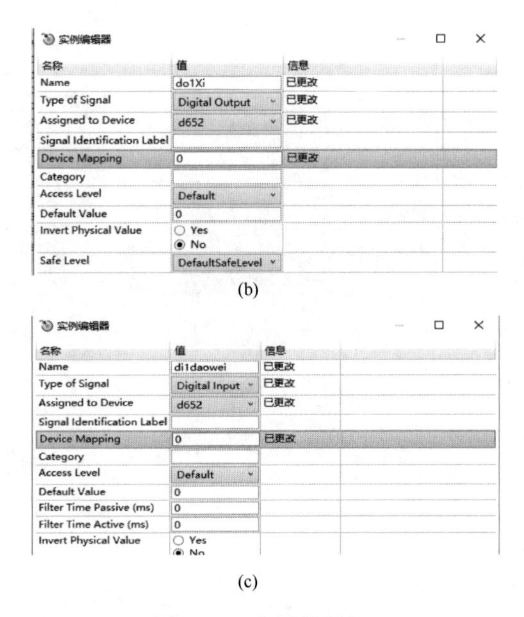

(b)

(c)

图 8.87 信号的添加

信号添加完成后，重启控制器，如图 8.88 所示。

图 8.88 重启操作

进入仿真页面，并进行工作站逻辑的设计，如图 8.89 所示。

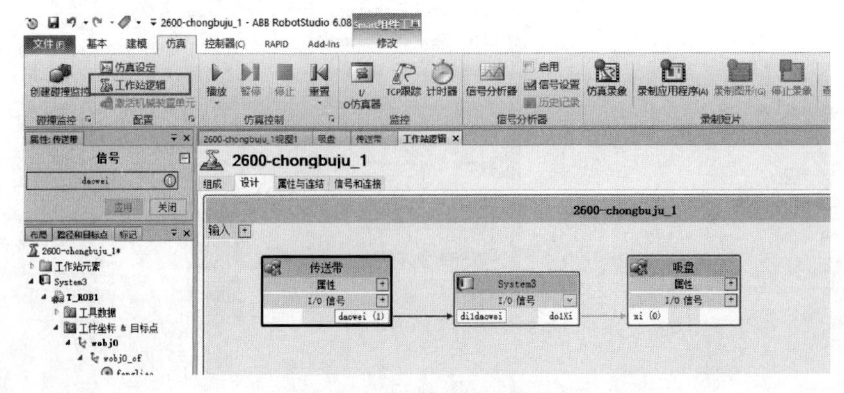

图 8.89 工作站逻辑设计

进入程序的编制页面，如图 8.90 所示。

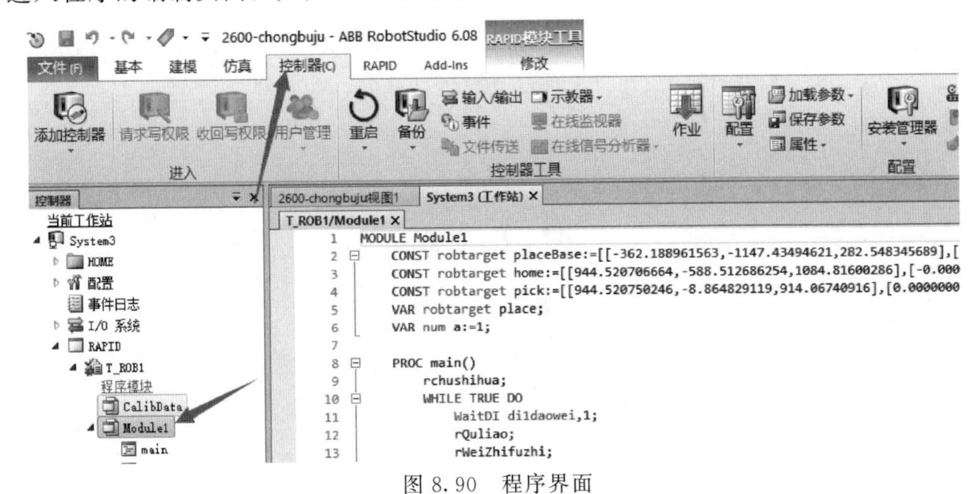

图 8.90　程序界面

参考程序为：

```
MODULE Module1
CONST robtarget placeBase:= [[-362.188961563,-1147.43494621,282.548345689],
[-0.000000004,-0.000001094,1,0.000000047],[-2,-1,-2,0],[9E+09,9E+
09,9E+09,9E+09,9E+09,9E+09]];
CONST robtarget home:= [[944.520706664,-588.512686254,1084.81600286],
[-0.000000002,0,1,0.00000001],[-1,0,-1,0],[9E+09,9E+09,9E+09,9E+
09,9E+09,9E+09]];
CONST robtarget pick:= [[944.520750246,-8.864829119,914.06740916],[0.000000014,
0,1,0],[-1,0,-1,0],[9E+09,9E+09,9E+09,9E+09,9E+09,9E+09]];
    VAR robtarget place;
    VAR num a:= 1;
    PROC main()
        rchushihua;
        WHILE TRUE DO
            WaitDI di1daowei,1;
            rQuliao;
            rWeiZhifuzhi;
            rFangliao;
            rBianliang;
        ENDWHILE
    ENDPROC
    PROC rchushihua()
        a:= 1;
        Reset do1Xi;
        MoveJ home,v1000,fine,MyNewTool\WObj:= wobj0;
    ENDPROC
```

```
PROC rQuliao()
    MoveJ offs(pick,0,0,200),v1500,z10,MyNewTool\WObj:= wobj0;
    MoveL pick,v300,fine,MyNewTool\WObj:= wobj0;
    Set do1Xi;
    WaitTime 0.5;
    MoveJ offs(pick,0,0,300),v1500,z10,MyNewTool\WObj:= wobj0;
    MoveJ home,v1000,z50,MyNewTool\WObj:= wobj0;
ENDPROC
PROC rFangliao()
    MoveJ offs(place,0,0,300),v1500,z10,MyNewTool\WObj:= wobj0;
    MoveL place,v300,fine,MyNewTool\WObj:= wobj0;
    ReSet do1Xi;
    WaitTime 0.5;
    MoveJ offs(place,0,0,300),v1500,z10,MyNewTool\WObj:= wobj0;
    MoveJ home,v1000,fine,MyNewTool\WObj:= wobj0;
ENDPROC
PROC rWeiZhifuzhi()
    TEST a
    CASE 1:
        place:= Offs(placeBase,0,0,0);
    CASE 2:
        place:= Offs(placeBase,300,0,0);
    CASE 3:
        place:= Offs(placeBase,600,0,0);
    CASE 4:
        place:= Offs(placeBase,900,0,0);
    CASE 5:
        place:= Offs(placeBase,0,200,0);
    CASE 6:
        place:= Offs(placeBase,300,200,0);
    CASE 7:
        place:= Offs(placeBase,600,200,0);
    CASE 8:
        place:= Offs(placeBase,900,200,0);
    CASE 9:
        place:= Offs(placeBase,0,400,0);
    CASE 10:
        place:= Offs(placeBase,300,400,0);
    CASE 11:
        place:= Offs(placeBase,600,400,0);
    CASE 12:
```

```
            place:= Offs(placeBase,900,400,0);
        DEFAULT:
        ENDTEST
    ENDPROC
    PROC rBianliang()
        a:= a+ 1;
        IF a> = 13 THEN
            a:= 1;
            Stop;
        ENDIF
    ENDPROC
    PROC Path_10()
        MoveL home,v1000,z0,MyNewTool\WObj:= wobj0;
        MoveL pick,v1000,z0,MyNewTool\WObj:= wobj0;
        MoveL place,v1000,z0,MyNewTool\WObj:= wobj0;
    ENDPROC
ENDMODULE
```

程序编制完成后，点击“应用”，如图 8.91 所示。

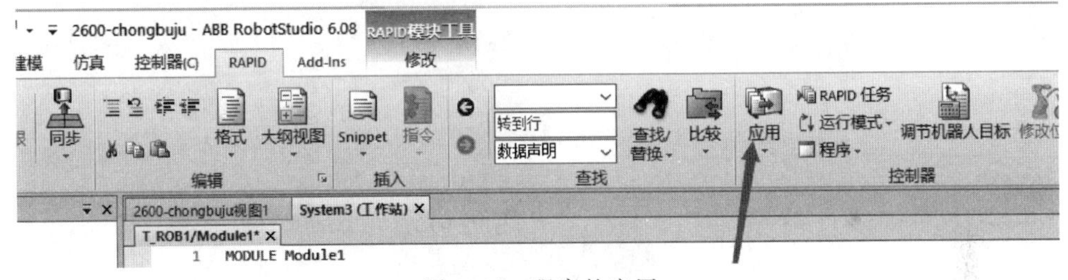

图 8.91　程序的应用

一层摆放 12 个工件的程序编制完成，然后可以进行仿真，结果如图 8.92 所示。

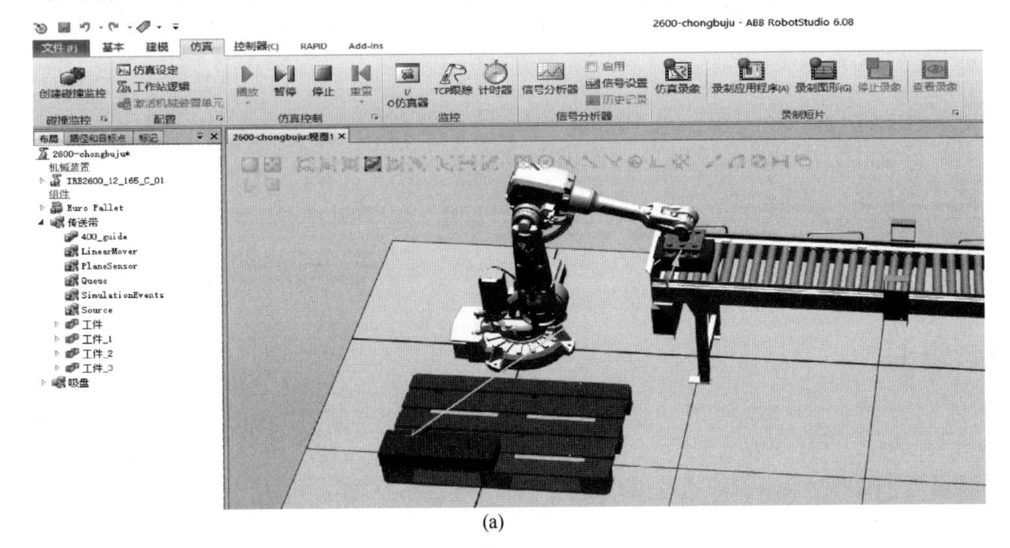

(a)

图 8.92

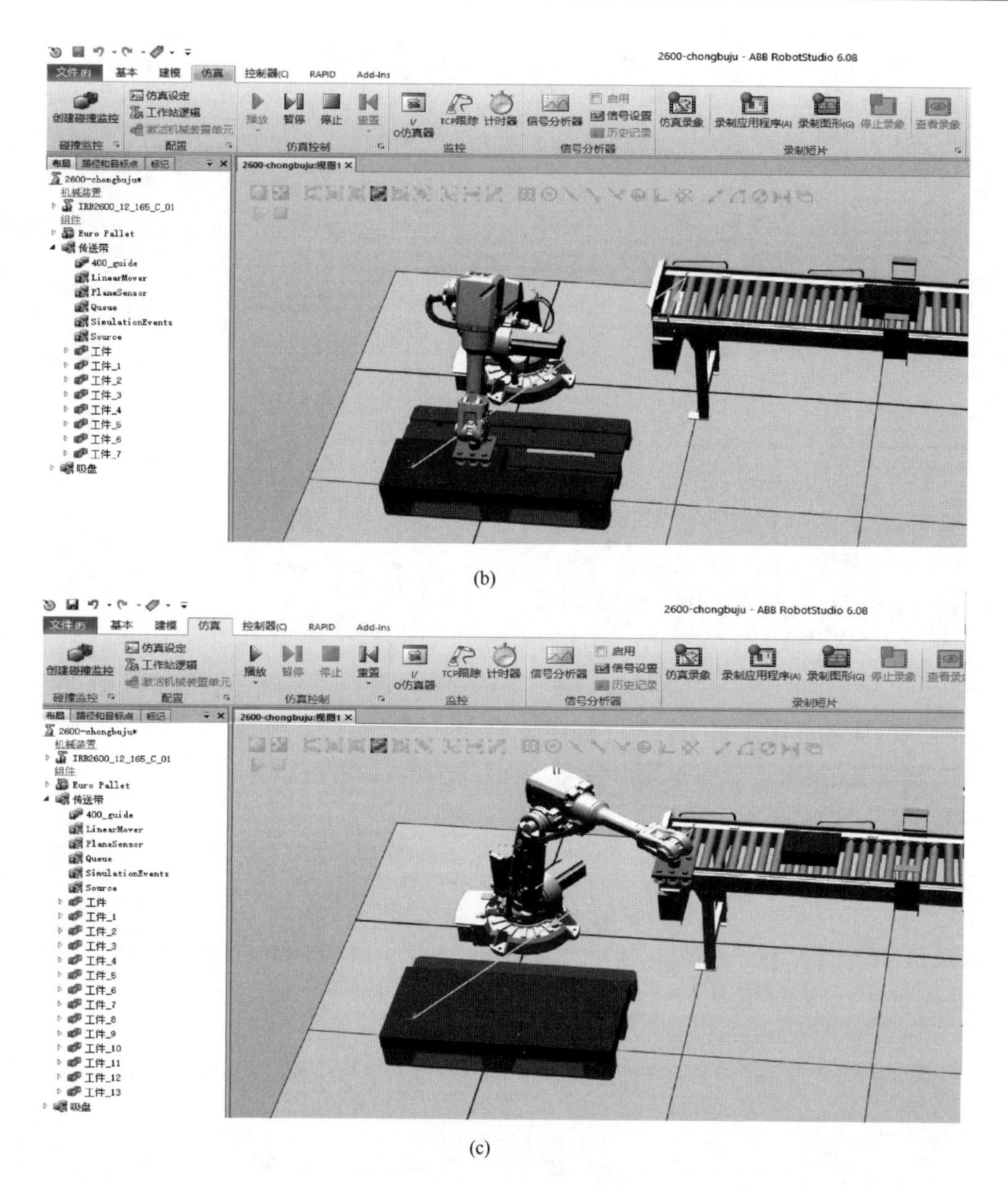

图 8.92　仿真结果截图

【本章小结】

本章介绍了工业机器人的工作站，分别介绍了工业机器人的码垛、焊接和装配工作站，最后，利用软件对码垛工作进行了虚拟仿真。

【思考题】

查找相关文献及参考资料，以码垛工作站为例，继续编制码两层垛的程序并进行仿真。

第9章

工业机器人的实际应用

【学习目标】

学习目标	学习目标分解	学习要求
知识目标	加工企业包装流水线双垛型高速码垛系统	了解
	工业机器人在智能制造中的应用	熟悉

【知识图谱】

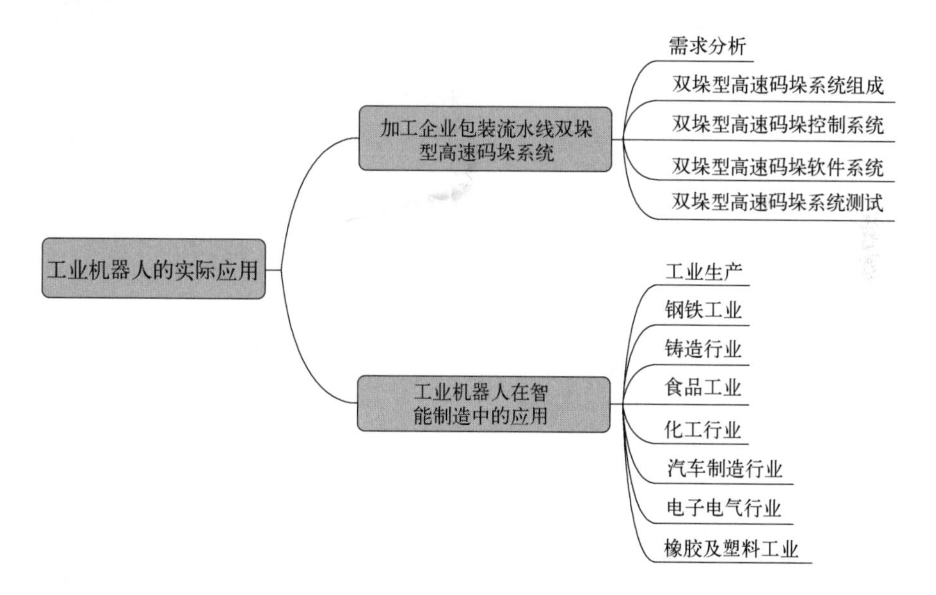

9.1 加工企业包装流水线双垛型高速码垛系统

9.2 工业机器人在智能制造中的应用

扫码获取第 9 章内容

【本章小结】

本章介绍了工业机器人的应用，首先以实际项目开发为例，介绍了加工企业包装流水线双垛型高速码垛系统的开发，然后介绍了工业机器人在工业生产、钢铁工业、铸造行业、食品工业、化工行业等领域的应用。

【思考题】

查找相关文献及参考资料，说明工业机器人在其他行业中的具体应用。

参考文献

［1］ 谢敏，钱丹浩．工业机器人技术基础［M］．北京：机械工业出版社，2021.

［2］ 李峰，李伟．工业机器人技术基础［M］．北京：机械工业出版社，2022.

［3］ 林晓辉．工业机器人原理与应用［M］．北京：机械工业出版社，2022.

［4］ 罗敏．工业机器人电气控制设计及实例［M］．北京：化学工业出版社，2023.

［5］ 孙巍伟．机器人伺服控制系统及应用技术［M］．北京：化学工业出版社，2023.

［6］ 刘全兴，蒋睿琦，李月姣，等．工业机器人驱动系统现状及未来发展研究［J］．电子技术与软件工程，2023，246（04）：154-157.

［7］ 韩昊旻．基于多传感信息融合的迎宾机器人导航系统设计与实现［D］．上海：上海师范大学，2019.

［8］ 金爽．基于多传感信息融合的机器人校准方法研究［D］．唐山：华北理工大学，2017.

［9］ 仇恒坦．基于多传感信息融合的移动机器人 SLAM 应用与算法研究［D］．无锡：江南大学，2017.

［10］ 田丽娜．多传感器技术工业机器人的应用分析［J］．黑龙江科学，2020，11（20）：160-161.

［11］ 李宏胜．机器人控制技术［M］．北京：机械工业出版社，2023.

［12］ 罗璟，赵克定，陶湘厅，等．工业机器人的控制策略探讨［J］．机床与液压，2008（10）：95-97，100.

［13］ 卢兴国．工业机器人模糊神经网络控制及最优运动规划方法研究［D］．哈尔滨：哈尔滨工业大学，2020.

［14］ 孙旭祥．工业机器人的避障路径规划与轨迹优化［D］．青岛：青岛科技大学，2021.

［15］ 戴凤智，乔栋．工业机器人技术基础及其应用［M］．北京：机械工业出版社，2022.

［16］ 刘小波．工业机器人技术基础［M］．北京：机械工业出版社，2022.

［17］ 兰虎，鄂世举．工业机器人技术及应用［M］．北京：机械工业出版社，2023.

［18］ 华航筑梦．RobotArt 五分钟入门［DB/OL］．https://art.pq1959.com/s/3ke.

［19］ 郭洪红．工业机器人技术［M］．2 版．西安：西安电子科技大学出版社，2012.

［20］ 张建勋．现代焊接制造与管理［M］．北京：机械工业出版社，2013.

［21］ 张宪民．机器人技术及其应用［M］．2 版．北京：机械工业出版社，2017.

［22］ 马凤仪．智慧工厂双垛型高速码垛装置设计及运动协作算法研究［D］．北京：北京信息科技大学，2023.

［23］ 谭春林．工业机器人技术在智能制造领域中的应用研究［J］．造纸装备及材料，2023，52（01）：56-58.